中国测绘科学研究院基础科研基金重点项目（7771510）

名实新学

地名学理论思辨

牛汝辰◎著

中国社会出版社
国家一级出版社·全国百佳图书出版单位

图书在版编目（CIP）数据

名实新学：地名学理论思辨／牛汝辰著．—北京：中国社会出版社，2015.10

ISBN 978－7－5087－5147－4

Ⅰ．①名…　Ⅱ．①牛…　Ⅲ．①地名学　Ⅳ．①P281

中国版本图书馆 CIP 数据核字（2015）第 206680 号

书　　名：名实新学——地名学理论思辨

著　　者：牛汝辰

出 版 人：浦善新

终 审 人：李　浩

责任编辑：魏光洁　白晓虹　　**责任校对**：丁　一

出版发行：中国社会出版社　邮政编码：100032

通联方法：北京市西城区二龙路甲 33 号

电　　话：编辑室：（010）58124851

邮购部：（010）58124848

销售部：（010）58124845

传　真：（010）58124856

网　　址：www. shcbs. com. cn

经　　销：各地新华书店

中国社会出版社天猫旗舰店

印刷装订：中国电影出版社印刷厂

开　　本：170mm×240mm　1/16

印　　张：28. 25

字　　数：600 千字

版　　次：2015 年 10 月第 1 版

印　　次：2015 年 10 月第 1 次印刷

定　　价：60. 00 元

中国社会出版社微信公众号

何谓名实新学（代序）

名实之学古已有之，主要是探讨名实关系的学问。通俗地说，就是给事物、地物和人物等命名的探讨名称与事物之间关系的学问。

一、何谓名实之学

命名问题自古以来就是哲学家和语言学家关心的问题，既是语言学家，又是哲学家关注的重要内容。关于命名观，在我国的春秋战国时期，曾对名与实的问题有过热烈的讨论。名与实的关系问题，就是概念与事物的关系问题。我国著名哲学家庞朴在《白马非马——中国名辩思潮》一书中，将中国古代名实之辩大约归纳为四种观点。为了精练和叙述方便，笔者将先秦的名辩观点分为正名观、无名观和控名观。

（一）正名观

春秋末年，由孔子提出的“正名”问题，便是我们所要说的中国第一场名辩思潮的开端，它在整个中国历史上都留下了深远影响。

孔子曾说过，如果要他治国，他将从正名开始。因为“名不正则言不顺，言不顺则事不成，事不成则礼乐不兴，礼乐不兴则刑罚不中，刑罚不中则民无所措手足。”（《论语·子路》）

这里说的是为什么要正名，或者正名在治国中的重要性。这个问题提出的背景是，当时在社会的经济、政治、文化等各个方面，都出现了新实和旧名不能相符乃至不能相容的混乱现象，用当时的术语说，叫作“名实相怨”“礼崩乐坏”。相怨，偏重于认识论方面，崩坏，则是从社会、历史的角度着眼的。名实关系中，的确包含着这样两个方面。就认识论说，有实先名后、名生于实之类初级层次的问题和由此派生的名滞后于实、名作用于实之类的更深一层的问题。就社会论说，有约定俗成之类初级层次的问题，也有名实背后所站立的现实力量这样更深一层的问题。孔子提出治国需从正名入手，可能就包括名之滞后现象的认识方面的因素在内，但主要的还是基于社会因素。就是说，那时候，社会发展了，旧的礼乐规范（也就是社会规范）不肯轻易退出舞台，还梦想让新的礼乐现实（也就是社会现实）来就范，这种要求，通过孔子的嘴说出来，就叫“正名”。我们从引文看到，名正→言顺→事成→乐兴→刑罚中→民知所措，一环套一环，前后有着严密的因果关系。最上的一环或最终的原因，是正名。这个所谓正名，是说用名所旧有的内容，去裁定新生的现实，使现实纳入既定的名字范围之中，绝不是鉴于名不副实，据实来端正名的意思。孔子认为当时的根本问题在“名不正”，也不是指旧名跟不上新实那样的名不正，而是说新实滥用原有的名字，玷污了原名，造成的原名不正。

（二）无名观

道家没有按照常规的要求来进行论战，因为他们压根儿藐视一切规范。他们不去纠缠正名是否有助于治国，治国应否先从正名入手，也不来论证名实先后主次之类的难题。他们不搞扬汤止沸，而是来个釜底抽薪，宣布了一个叫作“无名”的纲领，企图以之证明孔子所提的问题一文不值，并永远结束诸如此类的论争。

老子说：“道可道，非常道。名可名，非常名。”“无名天地之始；有名万物之母。”“道：常、无名、朴，虽小，天下莫能臣。”“（万物）化而欲作，吾将镇之以无名之朴。”“大象无形，道隐无名。”（《老子》）

孔子曾经宣称“名”是最高原则。老子并不针锋相对，宣称最高原则为“实”。因为在道家眼里，任何对立都只有相对的意义；必待超越对立，方是绝对，方能夺取制高点。所以他不跟孔子在一个层次上斗嘴，而是从名实对立状态退回去，退到状态以前，抵达某种无名无实或名实未分的境界。据说在那个时候或到那个地方，严格地说是在那个非时空的时空，无所谓名，无所谓实，无所谓有无，所谓无，当然更无所谓天地万物之分，只是一片混沌。为陈述方便，可以姑且称它为道，也不妨称之为常、朴或无名，以及别的什么，反正都无所谓，因为它本来不可以名，也不需要名。谁要硬给它安上一个名字，并认为非此莫属，那倒把它破坏了，不再是原来的它了。

老子的气派是够大的，而且以为问题就此都解决了，深究起来便不难发现，他用这种办法来解决问题，其实只是在逃避名实之争问题。老子的无名玄想和有名策略到了庄子手里，都得到了极度发挥和充分发展。庄子说：“泰初有无，无有、无名，一之所起。有一而未形，物得以生谓之德。未形者有分，且然无间谓之命。留动而生物，物成生理谓之形。形体保神，各有仪则，

谓之性。性修反德，德至同于初……是谓玄德。”（《庄子·天地》）

庄子在这里描绘了一幅宇宙—人生大循环的图像：宇宙最初只是无，它既无有也无名，是“一”（最早的有）所生起的地方。一虽有，却无形，万物得之而后生，因此它也被称作德。这个无形者虽是一，却内含着分；虽内含着分，倒又无间；人们常称之为命。这一切流动起来，有形之物便出现了。有形之物因之是有所禀赋的，其禀赋又奇妙到各不相同，成为它们的性。物修其性，可以回到德，德达到极顶，便又复归到和泰初一样了。

我们可以欣赏老庄文章的恣肆汪洋，可以赞叹他们智慧的深邃周详，甚至于在许多方面肯定他们的辩证思维方式。但是他们的无名论是没有太多正面价值的。作为正名论的对立面，无名论的出现，是必然的；从认识发展史来说，甚至是必要的。因为既然有人把名奉为至尊，也就使名的并不至尊的方面由于受捧而彻底暴露，而成为空子，随之而来的必将是有人出来钻这个空子，把名贬到一文不值。只有经过如此九天之上和九地之下的折腾，人类对于名的认识，才能够冷静一点、全面一点，并逐渐趋向准确。除此之外，别无良策。而历史也正是这样向我们展示的。

（三）控名观

正名、无名之在孔子、老庄思想体系中，都并不占主导地位，只是主导思想所派生出的一个侧面，一个关于名实问题的观点。我们之所以要谈到它，是因为它是中国名辩思潮的开端，或者叫序曲，有不容忽视的地位。真正的名辩大潮，是由所谓的名家人物组成并推动的。

名家，是司马迁的父亲司马谈《论六家之要旨》是对战国时代一些学者的概称，同阴阳、儒、墨、法、道五家并立而六。此后遂沿用下来。其实这些学者在战国当时，并不自称名家，也未被称名家。当时他们的通称是辩者、辩士、察士。

司马谈对名家是这样评述的：“名家使人伦而善失真，然其正名实，不可不察也。名家苛察缴绕，使人不得反其意，专决于名而失人情，故曰‘使人俭而善失真’；若夫控名贵实，参伍不失，此不可不察也。”（《史记·太史公自序》）俭、约束，名家使人约束于名而闹到丢失真实。约束于名也就是专决于名，其表现是苛察，是缴绕其追求在使人不得反其意；其结果是善失真和失人情。这是名家的弊病。但研究名实关系的学问，还是不可少的，因为它致力于“正名实”。

正名实和正名不一样，它不是以名为本而是要“控名责实，参伍不失”。这个控名的“控”字用得很妙。此字本有两个含义：一是引，如控弦就是引弦开弓；二是止，如控马使之不动。“控名”大概也有这两方面的意思：或引名就实，把那些模模糊糊的名字搞个清清楚楚，宽窄无当的名字使之恰如其分；或责实就名，名字原地不动，改正那些实不当名的现象。通过名与实的如此交互验证，错综比勘，以期既不失真，又不失人情，这就是名家、察士的察之妙用。

春秋战国时期的以惠施和公孙龙为代表的名家则认为，概念应该真实地反映客观事物，提出要“审其名实，慎其所谓”（《公孙龙子·名实论》），即要根据新的“实”来慎重地重新命名。公孙龙认为，在名实关系中，实是第一性的，名必须符合实际。他提出：“名，实谓也。”“天地与其所产焉，物也。物以物其所物而不过焉，实也。”（《公孙龙子·名实论》）名家的这一思想与荀子（约前313—前238）提出的“制名指实”观点基本相同。对名实关系问题作过深入研究的后期墨家也提出了“实”为第一性，“名”为第二性，“名”须符“实”的思想。他们认为：“所以谓，名也；所谓，实也；名实耦，合也。”（《墨子·经说上》）以上各家都认为“名”应当与“实”相符，即“名”要能够反映事物的特性，所谓“名副其实”与“实”相符的“名”，就是正确的；反之，就是不正确的。这就是控名观。

孔子“正名论”中的“名不正，则言不顺”的观点，主要是从社会伦理的角度提出的，旨在规范社会成员的等级身份。老子的“道可道，非常道。名可名，非常名。无名天地之始；有名万物之母。”主要是站在哲学的高度，从宏观层面上来谈对世界的认识，世界是从无到有的。其后，庄子的观点中涉及名实关系的有：“有名有实，是物之居；无名无实，在物之虚。”“道行之而成，物谓之而然。”可见，庄子认为客观具体的事物是有名称和实体的，是可称说的；而抽象无形的事物，即道德规律，则是没有名称和实体的，只能靠践行。公孙龙子的“白马非马”论，虽然认识到名称词语对事物的指称和区别作用，但是又过于机械偏激了，认为“白马”和“马”由于名称的不同，就是完全不同的事物。这实质上是公孙龙子还没有更深入地了解到事物和名称进一步的内部层级对应关系。

春秋墨子之后的儒家荀子不仅阐明了名的实质和名的形成过程，提出了名的形成乃是人们社会交往和约定的产物：“名无固宜，约之以命，约定俗成谓之宜，异于约则谓之不宜。名无固实，约之以命实，约定俗成谓之实名。”名实关系是人们以一种大家都能够理解的方式为事物命名，所得的名一旦被大家接受，便形成习惯，对该事物的名实关系也就固定了。所谓的控名观就是今天的地名管理和地名规范。

二、何谓名实新学

总之，先秦所谓的名实之辩，其实就是中国古代的逻辑之学，今天我们称之为逻辑学。而本书所谓的“名实新学”则是在名实之辩的专名学的基础上探讨地名的名实关系、名实互动、名实规范、名实效果、名实规律、命名机理、更名得失、地名管理、地名文化等。本书以地名学为例，探讨地名学的基础理论、命名理论和命名实践问题，以及与此有关的地名文化、地名演变和地名学史问题。

三、名实新学的意义

今天我们研究名实新学（也就是研究地名学），是因为名实新学具有重要价值。第一，助于我们寻找古代民族迁徙的踪迹。《汉书·地理志》有龟兹县，颜师古注：“龟兹国人来降服者，处之于此县，故以名云。”《新斠地理志》卷十三指出为陕西米脂县，可见有一部分龟兹人移居内地了。第二，有助于民族语言的研究。罗常培先生认为，“被征服民族的文化借字残留在征服者的语言里的，大部分是地名。”恩格斯在《法兰克时代》一文中有专节论述法兰克方言，在列举语言学证据证明法兰克时代历史和文化的特殊发展时，十分重视地名证据，把它作为“现在仍然生存着的方言”的主要部分。季羡林于1956年发表的《吐火罗语的发现与考释及其在中印文化交流中的作用》一文中，就是以地名“恒河”“须弥山”为据，指出使用吐火罗语的这个部族曾在中印文化交流的初期起过桥梁作用。第三，对地理研究也有重要意义。如今日汉阳位于汉水之南，似不符命名通则，这是由于汉水下游改道之故。明代成化初年以前，汉水在今汉阳之南入江，故名。宋代四大镇之一的汉口不是现在的汉口，是今汉阳的南市。自成化初年汉水改道经汉阳以北入江，汉阳之名依然保留至今。因此这对汉水改道的史实提供了一个方面的证据。第四，从地名可以看到一个民族的宗教信仰。如西藏桑耶的由来，系公元779年吐蕃赞普墀松德赞兴建了第一座寺院，取名桑耶寺。“桑耶”意为“（佛法）无边”。“拉萨”一名就是“神地”“佛地”之意。第五，地名对于研究祖国的疆域变迁史也有重要价值。如黑龙江以北、乌苏里江以东地区，几千年来满族就居住在这块土地上，留下了大量满语地名。如尼满河，满语意为“山羊”。明朝在这里设过“亦麻河卫”，清初杨宾著的《柳边纪略》中写作“伊瞒”。这地方直到1972年才被苏联改名为“达利涅列钦斯克”，意为“远东”。同时地名研究对于经济建设、民族团结、国家主权、领土主权以及民生、交通都具有许多现实意义。

作者识于京西莲花池
2015 年 5 月 1 日

目　录

第一章　地名理论求道

何谓地名学

地名，是人们用以区别个体地物的语言符号。它是由音、形、义（包括字面义、指位义和指类义）三要素构成的。地名学是研究地名的起源，语词构成、含义、演变、分布规律、读写标准化，以及与自然和社会环境之间相互关系的一门科学。因此，产生了一些边缘学科，如语言地名学、社会地名学等。地名学体系主要包括理论地名学和应用地名学。理论地名学包括：（1）普通地名学；（2）地名学史；（3）地名学方法论；（4）地名语源学等；（5）地名学与交叉学科。应用地名学包括：（1）地名标准化，如地名规范、地名政策的制定等；（2）地名工具书的编纂；（3）技术地名学，包括新技术的应用，如地名数据库、数字地名、数字城市地名数据库的建立和运用等；（4）地名档案管理。

在我国，地名研究源远流长。在甲骨文中就有500多处地名的记述。春秋战国时代，出现了地名研究的萌芽，如提出了“山南、水北为阳”以及“名从主人”的地名除名原则。晋代京相璠的《春秋土地名》是我国第一部地名词典。到唐宋年间，地名沿革的研究兴盛，《括地志》《太平寰宇记》等多部著作问世。到了清代，地名研究领域扩大了，出现了历史地名词典以及多种文字对照的西域地名语源辞典。民国年间，大量介绍国外研究成果，研究中有新意，方法上有突破，如把历史比较语言学的方法引入地名研究，出现了高水平的地名工具书。新中国成立后，地名学研究工作蓬勃发展。1978年出版的由谭其骧主编的《中国历史地图集》（8册），把制图学方法运用于地名研究，可谓集中国历史地名研究之大成。

地名研究的意义，第一，有助于我们寻找古代民族迁徙的踪迹。《汉书·

地理志》有龟兹县，颜师古注："龟兹国人来降服者，处之于此县，故以名云"。《新斠地理志》卷十三指出为陕西米脂县，可见有一部分龟兹人移居内地了（何健民译《隋唐时代西域人华化考》）。同样，由于地名问题没有得到解决，而使某一民族的迁徙路线成为一大难题。如裕固族有一首民歌：唱着说着才知道了，我们是从西至哈至来的人，西至哈至迷失了方向来的，千佛洞万佛峡来的。其中的地名西至哈至不见于史籍，中外学者也无研究成果，这样一个地名至今仍是研究裕固族迁徙史的重要课题。

第二，有助于民族语言的研究。罗常培先生认为，"被征服民族的文化借字残留在征服者的语言里的，大部分是地名。"（《语言与文化》）恩格斯在《法兰克时代》一文中有专节论述法兰克方言，在列举语言学证据证明法兰克时代历史和文化的特殊发展时，十分重视地名证据，把它作为"现在仍然生存着的方言"的主要部分。季羡林于 1956 年发表的《吐火罗语的发现与考释及其在中印文化交流中的作用》一文中，就是以地名"恒河""须弥山"为据，指出使用吐火罗语的这个部族曾在中印文化交流的初期起过桥梁作用。

第三，地名研究对地理研究也有重要意义。如今日汉阳位于汉水之南，似不符命名通则，这是由于汉水下游改道之故。明代成化初年以前，汉水在今汉阳之南入江，故名。宋代四大镇之一的汉口不是现在的汉口，是今汉阳的南市。自成化初年汉水改道经汉阳以北入江，汉阳之名依然保留至今。因此，这对汉水改道的史实提供了一个方面的证据。

第四，从地名可以看到一个民族的宗教信仰。如西藏桑耶的由来，系公元 779 年吐蕃赞普墀松德赞兴建了第一座寺院，取名桑耶寺。"桑耶"意为"（佛法）无边"。"拉萨"一名就是"神地""佛地"之意。

第五，从地名可以表现出时代的特点。如近几百年来，西方殖民者在北美、非洲等地霸占了大片土地，在那里的地名中往往反映了殖民主义的色彩。到了 20 世纪，民族解放运动席卷全球，出现了许多重新命名的国名和地名。因而，地名对于语言、社会、历史、民族等学科的研究是有一定的意义的。

第六，地名对于研究祖国的疆域变迁史也有重要价值。如黑龙江以北、乌苏里江以东地区，几千年来满族就居住在这块土地上，留下了大量满语地名。如尼满河，满语意为"山羊"。明朝在这里设过"亦麻河卫"，清初杨宾著的《柳边纪略》中写作"伊瞒"。这地方直到 1972 年才被苏联改名为"达利涅列钦斯克"，意为"远东"。

由于地名学的多缘性，考虑到地名学有自己特殊的研究对象和任务，虽然与语言、地理、历史等学科有关，但已形成了自己特有的综合研究方法，是一门与多学科有关的独立学科。

什么是地名要素

关于地名要素，有的说是音、形、义三要素，但没有论证；有的提出不能没有“方位”，于是说是音、形、义、位四要素；也有的说不能没有类别，于是又提出了音、形、义、位、类（或名、音、义、位、性）五要素；也有的人干脆说地名要素是地和名两项。

地名是语言符号的一部分，所以从符号学的角度来认识，也许可以找到公众相从的答案。日本符号学家池上嘉彦在《符号学入门》（张晓云译，国际文化出版公司，1985 年）一书中指出：不论是按照“符号”的形式理解，还是按照“符号功能”的形式理解，我们所看到的都是包含在“某事物代表某事物”的规定中的两个“某事物”之间相互依存的关系。我们把这两项分别称作“符号形式（能指）”和“符号内容（所指）”。这样一来，“符号”以至“符号功能”的成立基础就是“符号形式”和“符号内容”两项之间的相互依存关系，缺少这两项里的任何一项，“符号”以至“符号功能”都不能成立，在符号的两个侧面中，“符号形式”对我们来说是可以以某种形式感觉到的对象，而“符号内容”则不必。由于符号形式属于符号“显眼的”侧面，所以它很容易与“符号”本身的存在联结起来暗示“不显眼的”符号内容的存在。

“某事物代表另一事物”——如果用“符号形式”和“符号内容”代入这句话，就得到了“符号形式代表符号内容”的定义。例如“黄河”这一符号形式代表了在中国北方发源于青海省，东流入海，曲折如同“几”字形的河流的符号内容。

符号形式是能凭我们的感觉器官感觉得到的，这样地名的符号形式就包括音（听觉感觉到的）和形（即文字，凭视觉能感觉到的）。而语言中的专有名称的符号内容常常与“指示物”对应。例如，如果我们养了三只猫，分别取名为“白白”“黑黑”和“球球”，那么就可以基本认为，根据这些名字，“符号内容”所指的都是猫。语言的专有名称也只限于特定价值的指示物。而且，能准确地完成指示作用的符号也只限于与当事者有特定关系的范围，超过了一定的范围，符号就不一定能发挥作用。如在一个省里叫“张家庄”“李村”的地名很多，因此准确地指示就不可能了。在很多场合，一个符号不只适用于一个特定的对象（指示物），它还适用于具有同样价值的一系列对象（指示物），这样规定符号内容是很普遍的现象，这种“相同价值”的规定就是“意义”。换个角度，从使用者的立场来说，意义可以理解为“适用于符号（形式）的对象应满足的条件”。但是，专有名称的世界最终是以“指示物”为中心的世界，“黄河”这一符号所指的河道无论历史上是否改道都是“相同”的指示物，这一点是不变的。另外，以“意义”为符号内容的世界则不是这样。我们如果意识到适用的对象发生了很大变化，那么就会认为符号内容（即意义）也发生了变化。如果“顽固”一词用于坚持优良传统不变的执着态度上，我们会认为，“意义”（即符号内容）发生了变化。然而，“黄河”的河道无论是否改道，河水无论多大，我们却不说“黄河”这个地名意义发生了变化，因为专有名词是以“指示物”为中心的。专有名词的世界是由一定数量的指示物构成的，是排他性的。

池上嘉彦进一步指出：所谓意义作用基本上是通过符号形式和符号内容之间的相互关系构成的。当构成这种关系时，“符号”自然存在于其间。然而，根据不同情况，已经形成的符号整体还可以变成符号形式与一些新有符号内容对应，产生出更高一级的意义作用。为了说明这两个不同层次的意义作用，需要区别“指示义”和“内涵义”。如：“黄河”的指示义就是在中国北部发源于青海省向东入海的曲折如同“几”字的河流。“黄河”的内涵义，笔者又将它分为两类，即前内涵义是“黄色的河流”，后内涵义是“母亲河”，这后内涵义又可以称为喻义。

把“指示义”和“内涵义”进行比较，从功能上说，“指示义”可以不以“内涵义”为前提。这就是说，“黄河”通过符号内容在“指示义”层次上产生意义作用时，不会伴随“内涵义”“黄色的河流”的意义作用。与此相反，“黄河”通过符号内容“黄色的河流”作为“内涵义”产生意义作用时，背后则伴随着包含符号内容“黄河”的“指示义”层次的意义作用。

以上符号学的观点给我们这样的启示：地名符号首先包括符号形式和符号内容（意义）。在现代这样一个信息社会中，地名符号形式的音和形（文字）都是不能缺少的，同时它们又是在同一个层次上的。所以说地名中应当有音和形两个要素，而地名的符号内容，即地名的意义，虽然有“指示义”

和“内涵义”之分，但它们不是在同一层次上的，“指示义”和“内涵义”都是在“意义”之下的两种含义。有些人提到的地名要素的“类”和“位”，都应是地名符号的“指示义”的两个必备要素。至此，我们有理由说，地名的要素是：音、形、义三要素，不过地名的“义”与一般语词的“义”是有区别的。地名的“义”包含了“内涵义”和“指示义”，而“指示义”又可分为“指位义”和“指类义”，而“内涵义”也包含有“前内涵义（字面义）”和“后内涵义（喻义）”。

地名的起源与演变

一、地名的起源

地名是语言的专有名词，它是在语言发展到一定阶段上由普通名词构成的。专有名词不再像指示词那样，仅指称当时的感觉经验对象，而是把同一个词赋予许多不同的经验对象，认为它们是“同一个”东西，即认为这些不同的经验对象之间具有某种“同一性”。例如“黄河”这个专有名词，河水每一分、每一秒都在奔流不息，对于这个每一瞬间都在改变的东西，人们用同一个“黄河”来命名。更何况黄河曾经几次改道，人们仍叫它“黄河”。由此可见，专有名词的使用，表明人们的认识已经超出了纯粹的感觉经验，因为人们已经把在不同时间、不同场合下遇到的经验对象赋予了同样的名称，认为它们是“同一的”。也就是说，我们已经开始对经验材料进行某种“联系”。[1]这说明，专有名词的出现是语言发展到一定历史阶段的产物。

在很古老的语言中，专有名词很少。例如现在澳大利亚、非洲和美洲土著民族的古代语言中，专有名词就很少。在这些古代语言中，普通的修饰性词组起专有名词作用，久而久之，它们就越来越固定下来。例如“白山”“捕过鱼的地方”“水在咆哮的地方”等等。现在西伯利亚北部和加拿大北部一些民族就常使用这类修饰性的词组作地名。因为适于表示具体地理事物的词和固定词组的数量有限，这样的词组也就独立成为专有名词。因此便产生了命名的过程，即普通名词变为地名的过程。（B. A. 茹奇克维奇《普通地名学》，高等教育出版社 1983 年版）。

蒙昧时代，人类浑浑噩噩，无所谓名，故老子说：“万物之始，有名万物之母。”地的有名，乃知识渐萌，社会交往渐密，渐从地貌、形体的特征加以认识，这种存留在心坎里的无声符号，可说是名的胚胎。后来人们活动范围扩大，群居生活日渐发达，觉得以地貌形体的特征为某地默记的标准还不够，便需要立一个显明的符号赋予某地，因此名便诞生了。名是“明”的意思，盖用以区别某地而确定不同地域的分际。《说文》：“名，自命也，从口夕。夕者冥也，冥不相见，故以口自名。”本来上古时代人们之间的交际，仅互相认识形体声音便够，但如果在夜晚邂逅，对面看不清楚，便需要“以口自名”道出一个符号为本人的标记，故名，从“口”、从“夕”，会意。

地名出现之初是无所谓专名、通名之分的，即当时还没有出现通名。随着活动范围的扩大，专名渐多，表示地名类别的词（即通名）的出现就成为必需。这也是语言发展到一定阶段的产物，也是地名发展演变的必然步骤。地名通名产生之初是不稳定的，也就是说，当时有的地名有通名，而有的则没有；有的时候人们使用通名，而有的时候则不习惯；这里居民使用通名，而那里的居民则还没有使用。也就是说，地名通名的产生有一个有通名和无通名的混用阶段。甲骨文中的地名，就处于有通名和无通名的混用阶段。如《甲骨续存》下 153 片记有“渔”，而在《殷墟文字甲编》第 903 片又记作“渔水”。又如在许多卜辞中记作“唐”，而在《丙》第 108 片记作“唐邑”。而且，卜辞地名以单名为大多数。我国最早的地理著作《禹贡》所记载的“江”是专指长江的，“河”则是专指黄河的。“岳”在商代是专指今霍山而不是泛指。

由于汉字是表意文字，汉字的意符就表示了所指的性质。早期的地名用字，许多单字地名就包含了专名和通名两部分。早期地名，从类别上大体可以分为三大类，即邑名、水名和山名。而这三大类从造字的角度看，一个汉字就包含了这三类地名实体。如邑部（右侧带“阝”部的）可以指古国名，如邶、邢、古邑名邗、郏，古地名邳、邘；水部，如洹，河；山部，如岳、嵩等。其中的“邶”“北”是专名，“邑”（阝旁）为通名。“洹”字，“水”（氵旁）是通名，“亘”是专名。“嵩”字，“山”是通名，“高”是专名，这些古代地名的产生，不仅是“用字命名”，而且是“造字命名”。这种“造字命名”的地名，大都位于五岭以北、长城以南，而以黄河中下游为最多。这种造字命名的地名，可以说是汉字所独有的。这也说明在汉字发展的一定阶段已经注意到用文字来表示地名的类别了。

二、地名的演变

地名一经产生，便具有了稳定性的特点，但稳定是相对的，很多地名在历史的长河中不断变化，甚至出现“新陈代谢”现象：旧的地名死亡或被取消了，新的地名不知不觉间被叫起来或被有意识地创制出来了。所以，从一定意义上说，地名的起源和地名的演变不能截然分开，彼此有着极其错综复杂的关系。一有地名，便随之发生地名的演变问题。因为地名是社会文化生活的产物，不同于所代表的事物本身。地理实体并不因人事沧桑而随之发生变化。尽管夏倾商继，秦覆汉兴，但江山依旧，河山未改。地名却不同，往往受各种各样社会因素的影响而发生变化。新土地的发现，新地区的垦殖，乃至民族的迁徙、军事的征服、疆域的易主、国家的兴替、朝代的递嬗、革命运动的成功、社会性质的改变以及科学的昌明、经济的发展，等等，都会直接牵涉到地名，使旧地名消失，新地名诞生，这样的例子，真如“恒河沙数”不胜枚举。地名演变的方式有如下几种情况：

（1）地名的双音节化

秦汉以后，我国的单字地名基本消亡，大都演化为双音节或多音节地名。在多数单名后面都加上了通名，如祁县、鄣郡、莒陵、邗城、汝水、郿乡、泗水国等，基本上都加了通名。这一时期正是我国语言演变的重要时刻，主要特点是复音词逐渐发达，语言词汇趋向双音节化，单字地名亦随之消亡。其所以如此，则主要在于人们认识的深化，其表达需要细化。加之汉语的语言系统不能再行繁化，这样，语言如仍为单音节，同音词数量势必大大增多，同音词以及同音地名的大量出现，又将给社会带来混乱。因此，为了弥补这一缺陷，利用双音节、多音节词这种足以分化同音词的有效手段，而创造出难以数计的复音词，使汉语更加精密化。复音地名取代单音节地名正是遵循语言发展规律的结果，这样能有效地避免大量重名，使地名具有了较大范围的排他性。同时，语言复音词的发达又促进了地名的发展和完善。

先秦时期，汉语的词以单音节为主，而现代汉语仅有 2000 多个单音节词，只占现代汉语词汇总量的极少数（《文字改革》1985 年第 1 期）。汉语地名也是这样。我们统计了《中国历史地图集》第一分册的“商时期中心区域图”的地名共有 131 个，其中单音节的 101 个，双音节的 24 个，三音节的 6 个。而“西周时期中心区域图”共有 200 个地名，其中单音节的 139 个，双音节的 51 个，三音节的 10 个。而到了汉代，双音节地名就已占绝对优势了，如第二分册的“司隶部图”中共有 296 个地名，单音节的一个也没有，双音节的230个，三音节的56个，四音节的2个，五音节的8个。我们又统计了1974年地图出版社出版的《中华人民共和国分省地图集》中的河南地名，共有697条地名，其中双音节的501条，三音节的188条，四音节以上的8条。以上的统计数字，足以说明现代汉语地名的双音节化的趋势。汉语地名的双音节化是同汉语的发展息息相关的，双音节化是汉语节律的主要现象。双音节化的内在规律是“单单相吸、双双相拒”。“单单相吸”就是两个音节倾向于连写，词性相同的两个单音节“相吸”成为一个词，例如“人民”（名名）、“报告”（动动）；“双双相拒”就是两组双音节倾向于分开，例如“尝试”连写，“尝试/尝试”倾向分写。[2]一个双音节和一个单音节的“双单关系”，一般来说，双音节对单音节是相吸的，例如“葡萄——干”、“涮羊——肉”倾向连写。有时双单关系表现为“吸一而丢一”，例如“电气化”简缩成“电化”，“飞机场”简缩成“机场”。表现为先是双音节吸收单音节，然后在原来的双音节中排斥一个音节，成为新的双音节结合。吸收第三个音节之后，变成不稳定状态。丢掉了一个音节，重又进入双音节的稳定状态。[3]地名中也有这种现象，如市、县一级地名，人们倾向于双音节，如“通县”。而三音节时多省略后面的通名，如“北京（市）”“大兴（区）”等。

（2）专名与通名的相互转化

地名产生之后，除专名的演变之外，其中通名的演变是地名演变的重要内容。一个时期专名演变为通名，这时通名系统还不完善，便由一些专名向通名转化，以适应地名发展的需要。如商代的“河”指今黄河，“江”指今长江。在《史记》里，“江”已转化为通名了，不再为长江所专有，如《史记·秦始皇本纪》记载三十七年十月出游“至钱塘，临浙江”。作为专名的“河”，这时也开始称“黄河”了，如《汉书·高惠高后文功臣表序》：“使黄河如带，泰山若厉。”西汉的《战国策》也有“齐南有太山，东有琅琊，西有清河，北有渤海”之说，此时“河”已作通名了。据东汉的《子虚赋》注：“南方无河也，冀州凡水大小谓之河，诗赋通方言耳。”说明东汉北方方言将“河”作为水流的通名已非常普遍了。

再一个时期是一些旧的通名产生了新的含义。这是为适应地名的发展而出现的，如“州”本义为“水中可居者”。春秋战国时，人们设想把天下地理划分为若干州，反映了进步的大一统思想，但并不是行政区划制度。汉武帝元封五年（前106）为了加强中央对地方的控制，将全国分为十三个区域，并采用了《禹贡》和《周礼·职方》中的州名，称为“十三州（监察区）”。直到东汉时，“州”才正式成为郡以上一级行政区划通名。同国、邑、道和以后历代出现的军、监、路、城、堡、关、镇等一样，它们都是因时代而产生，有些时过即废，有的则再以新的含义出现，转化为新的通名。[4]地名发展的另一个时期则是一些通名的专名化。这是为了完善地名系统，使通名系列“分工”合理，在原有的地名后面又加上了一个新的通名（尽管这个地名已有通名）。这样，地名结构组合又发生了变化，原有的地名结构（专名+通名）就变成了新的结构（专名），即原来的通名成为专名的一部分。如“浙江省”，其中的“江”是专名的一部分；“石家庄市”，其中的“庄”已是专名的一部分；“杭州市”，其中的“州”已是专名的一部分。

（3）地名的雅化

地名雅化的原因是多方面的，有的因政治的需要，有的因心理的喜恶，有的因风俗习惯，有的因时代的变化，有的则因崇拜和避讳等。地名雅化的方式主要以谐音为主。现以北京胡同名为例，其一是带“尾巴”的胡同：羊尾胡同改成扬威胡同，狗尾巴胡同改成高义伯胡同；其二是带“肉”的胡同：驴肉胡同改为礼路胡同，羊肉胡同改为洋溢胡同；其三是带“毛”“皮”“猪”的胡同：羊毛胡同改为杨茅胡同，母猪胡同改成梅竹胡同；其四是带“虫、鸟、鸡、鱼”的胡同：鸡爪胡同改为吉兆胡同，蝎虎胡同改为协和胡同；其五是带有人名的胡同被改了：张秃子胡同改为长图治胡同，王寡妇胡同改为王广福胡同；其六是有关服饰、器物的胡同名被改了：裤子胡同改为库司胡同（又称库资胡同），烟袋胡同改为燕代胡同等。[5]

（4）少数民族语地名的汉化

一种民族语地名向另一种民族语地名形式的转化，这是世界地名的一种普遍现象。在中国，则表现为少数民族语地名的汉化和汉语地名民族化，其中以前者为主要演变趋势。现以满语地名的汉化为例。东北许多山川河湖及城镇村屯是以满语命名的，但随着满族的汉化，满语逐渐为汉语所代替，满语地名也随之演变，其中绝大部分借音改成汉语地名，并过分追求汉字义美，常不取同音而取近音，汉字往往又牵强附会加以润饰，因而失去了满语地名的本音原义。例如宁安县（今安宁市），旧名宁古塔，满文音为 Ningguta，意为“六个住处”，今改为“宁安”，失原义。双阳县（今双阳市），旧名苏斡延，满文音为 Suwayan，意为“黄色”，今改双阳，失原义。还有一种形式是，有些满语地名，借音改成汉语后，由于人们不解其原义，为称呼方便，去掉其中一部分汉字，这样就失去了满语地名原义。例如吉林，旧名吉林乌拉，满文音为 Girin（沿）ula（江），意为“沿江”，今简称吉林，失原义。依兰，旧名依兰哈拉，满文音为 Ilanhala，意为“三姓”，今简称依兰，失原义。另外一种形式是，有些满语地名，随着历史上各民族的政治、经济、军事活动而几经更改，最后演变为汉语地名。例如桦川县万里城，辽代为五国部之一越里笃，也称伊勒图，满文音为 ILetu，意为“明显”；明代称弗思木卫，“弗思木”意为“树木滋生”；清代称万里和春、宛来城，满语意为“废城”；今称万里城，失原义。还有极少数满语地名，半借音半取义改成汉语，例如 Sanggiyan（白色）hada（峰、崖），改为“尚间崖”，其中“尚间”是借音，“崖”则取义。[6]

三、影响地名演变的主要因素和规律

影响地名演变的主要原因，有以下几种：

（1）因政治需要。历代统治者为维护其统治，往往一上台就着手调整行政区划，更改地名。如隋统一全国后，在制定其他政策的同时，也制定了调整行政区划的政策，即“存要去闲，并小为大”。由此而对地名进行了大幅度更改，仅在河北境内就更改、复置县名达 30 余个。又如王莽上台后，为了维护其统治，大量增设郡县，至少增加了 22 郡、616 县。而郡县的改名，则数字更为惊人，以《汉书·地理志》所载统计，郡国一百三，改名七十五，占 73%；县、道、侯国千五百八十七，改名七百三十，占 46%。[7]

（2）因同名。自秦实行郡县制以来，历代都有县同名的。因同名，就会引起混乱。如唐代有同名县 19 个，明代有 38 个，到了民国时期有同名县 110 多个，因而各代都对同名者进行了更改。如唐代对同名县更改就是显著实例。唐太宗时，一般是采取“一改一存”的方式来解决，如贞观元年改岭南德州为驩州，存河北德州。又据民国三年（1914）一月《内务部改定各省重复县名及存废理由清单》记载，当时主管部门始对相同县名大加更易，据 1935 年 8 月的有关统计，已没有县名重复的情况了。新中国成立初期又对十余个同名县进行了更改。

（3）因忌讳。在漫长的封建社会中，帝王的地位权势是高于一切的，为了突出其至高无上的地位，不仅与当时皇帝同名、同字的地名要改，就是与帝王的祖宗，甚至连与皇后、皇太子同名、同字的地名也要改，这称为避讳。因避讳而改名，在各代都有，如湖北省咸宁县，本名永乐县，北宋景德四年（1007）以避宋太祖永安陵讳，改名咸宁县。又如有一个地方叫野猪沟，过去无人居住时野猪经常出没而得此名，后建村庄对原名忌讳而改为业主沟。

（4）因政区变化。我国自周秦以来，区划设置时有变化，于是便引起政区地名的变化。有时政区划过去，地名便随之改变；有时政区划过来，地名便随之恢复。如辽东、辽西出于先秦，1907年合称奉天省，1929年改辽宁省，1949年又划为辽东、辽西，1954年则重新合称辽宁。又如我国的乡级建制，由公社化而导致全国范围的乡名改为公社名，“文化大革命”之后又恢复乡的建制，这样公社名又大范围地改为乡。又如十一届三中全会之后，因市改县和市管县体制的实施，仅1988年一年内就新设53个市，使县名变为市名。

（5）因含义不健康。含义不健康包括带有歧视侮辱少数民族性质的地名和污辱劳动人民及无积极社会意义的地名。新中国成立后人民政府发布了一系列有关更改这类含义不健康的地名的指示，其中县以上地名更改了50余处。如迪化改为乌鲁木齐，归绥改为呼和浩特等。

（6）为求简化。一是简笔；一是简字。简笔就是以笔画少的字取代笔画多的字，如浙江浦江县的鹤塘写成岳塘，大园写成大元，钟余写成中余。简笔多用本地方言谐音字，如上例园与元、钟与中两字读音相同，因此，得以通行。新中国成立后我国对县级地名中较生僻难认难读的地名进行了简化，其中县以上的地名，陕西省有14处，如盩厔县改为周至县，鄠县改为户县等。这类更改是便于认读并按语音相近的原则而简化的。减字就是减去一字或二字，如梧桐树下简作梧桐，马鞍山简作鞍山，大庄河简作庄河，六道河子简作六河寺。这类简化大多为称呼方便而造成。

地名演变的形式从发音角度分析可分为：同音、谐音、变音。

（1）同音：如清源因重名于1928年改称清原，音虽未变化而形义却发生了变化。宽佃改宽甸、开元改开原，都属于这种情况。

（2）谐音：地名采用谐音形式是较多的。一种是因年代久远，因讹传而谐音改名。例如：浙江杭州市鼓楼附近的一条小巷，在明嘉靖年间，巷内居民“多习骑射者”。有一年，省里举行武举考试，该巷内的居民共有十人中了举，出了十个武魁，人们就把巷名称为“十武魁巷”作为荣誉。后人因不明原意，讹传成“十五奎巷”。一种是因雅化而谐音改名。如北京的裤裆胡同更名为库藏胡同，劈柴胡同更名为辟才胡同。谐音改名既可选择新义，又便于流传。

（3）变音：其中变音又变义的较为常见，如宁远改兴城，襄平改辽阳，迪化改乌鲁木齐等。此类地名音、形、义全变（所指不变），完全以崭新的面貌出现。变音不变义现象，一般是为了简称或重名而处理的结果，如凤凰县改称凤城县（今为凤城市），马鞍山改称鞍山，六道河子改称六河，改后在含义上都无甚变化。

参考文献：

[1] 王鸿良．指示词、专有名词及其他 [J]．北京大学学报社会科学版，1989，(6)．

[2] 周有光．正词法的内在矛盾 [J]．文字改革，1983，(9)．

[3] 史有为．正词法原则、手段及其应用刍议 [J]．1985，(4)．

[4] 马晓东，郎在梅．地名通名的起源和发展 [J]．浙江地名文汇，1989，(6)．

[5] 牛汝辰．胡同名称的雅化 [J]．燕都，1989，(2)．

[6] 马越山．东北地区满语地名的演变 [J]．地名知识，1985，(5)．

[7] 施和金．略论王莽更改地名的失败和教训 [J]．地名知识，1980，(3)．

地名学的研究对象、任务和意义

地名学是研究地名的由来、演变、语词构成、分布规律和功能的一门科学。作为独立学科的地名学，就具有该学科所特有的研究对象、任务和价值。

一、地名学的研究对象

地名学的研究对象就是地名。这里的地名可以是个体地名、某一区域的地名，也可以是某一类地名，还可以是历时的地名和共时的地名等等。地名学的研究对象还包括和地名相关的语言、历时、民族、民俗、地理、宗教乃至文化的研究。

地名学的主要任务是通过大量个体地名的产生、语词特征、名实关系、地名演变情况进行深入研究的基础上来阐明地名的社会实践。

二、地名学的任务

结合我国实际情况，当前主要有以下具体任务：

1. 地名分布规律的研究

包括不同语词在低于分布上的规律，如带有“碌（六）”字的地名多出现在广西地区，带有“弄”字的地名多出现在江苏、上海地区，带有“河”字的地名多出现在北方，而南方地名中多为“江”字。通过新疆境内地名分布的分析，可以反映出民族的复杂、人口的分布、民族的迁徙、气候的干旱等情况。

2. 地名学基本理论问题的深入探讨

继续对地名学的对象、性质、研究方法等问题进行研究，因为这些问题在我国还存在着许多分歧，还没有展开深入细致的争鸣。今后应着重研究地名学与其他学科的关系、地名学的边缘学科以及地名学的形态和地名的融合等问题。

3. 地名语源及其演变的研究

地名的语源研究历来是我国地名研究的主要传统内容，我国又有丰富的古籍，但至今仍没有认真全面地整理和刊布，同时已刊布的还存在许多可商榷之处。特别是民族地区地名的考释更是不胜枚举。地名的演变包括名称、读音、含义、方位及其沿革等的演变，这些演变大都是有规律可循的。这方面我们仍需花大的力气，才能更进一步地完善地名科学。

4. 我国地名学史的研究

我国具有悠久的地名研究的历史，又有世上罕见的丰富文献资料，然而至今只有像《水经注》等几部是全面细致加以整理和研究的文献，大多数的地名文献还没有整理或没有认真细致地整理过。我国历史上地名研究的成果和经验是值得我们今天借鉴的。

5. 我国少数民族地名的研究

我国现有 55 个少数民族，他们开发和建设了广大边疆地区。秦汉以前，各少数民族首先开发了今东北、内蒙古、新疆、西藏、青海、广东、广西、沿海岛屿等广大地区。在这些地区都多少留下了各民族语言的地名。因此，研究中国地名，少数民族地名研究就占有重要地位。

6. 地名通名的系统研究

我国幅员广大，民族众多，因而地名通名情况是极其复杂的，如通名省略、通名专名化、通名的演变、通名混用，等等，因此认真研究和总结我国通名的命名规律及演变规律，是有其现实意义的。

7. 地名用字的研究

汉字是超方言的，大多数汉字各方言区读音虽有不同，但字形、字义大致是一致的。但有许多方言区的地名用字在音、形、义上都带有显著的地方特色；有许多字只用在地名上而绝不在别处使用；有许多地方地名用字记录的却是少数民族的地名。地方地名用字是一份丰富的民族文化遗产，需要我们认真挖掘和继承。

8. 地名文化学的研究

即通过地名的研究来阐述民族文化的内容和特性。例如通过地名的研究可以看到一个民族的图腾崇拜、宗教信仰、民族风情、民族迁徙和分布，等等。这将为许多学科提供可资佐证的资料。这对于丰富民族文化遗产会起到积极作用。

9. 地名书写规范化的研究

我国地名在书写方面曾经存在许多混乱现象，经过大规模的地名普查，其情况有所好转，但仍有许多工作要做。如：地名的汉语拼音字母及其他罗马字母规范拼写的研究和制定，地名译写原则和方法的研究。

10. 应用地名学的研究

地名数据库的研制、地名档案管理等方面的研制成功将大大提高地名研究的效益，提供有效快速的方法。

11. 介绍国外地名学成果

及时引进和吸收国外地名学的先进成果，培养外语人才。在引进、吸收的过程中，实现我们的创新目的，使我国的地名学体系更健全。

三、地名学的意义

地名，是人们在日常生活和工作中接触最频繁、已经司空见惯了的，正因为如此，人们对地名研究的意义往往被忽视。

国务院国发〔1979〕79号文件批转的国家测绘总局等五个部门《关于成立中国地名委员会的请示》的文件中指出："地名是国内各民族人民之间和国际交往的一种工具。地名的称呼和书写是否正确和统一，地名问题是否恰当，关系到国家主权和民族团结，对军事、外交、新闻、出版、邮电、交通、测绘、文教等各项工作都有影响，是一项政治性很强的工作。"这段话概括了地名研究和地名工作的重要意义。

1. 地名关系到国家主权

地名的命名，总是有它的由来和含义的，也总是与当时的历史背景、地理环境、生产生活、民族风俗等密切相关的。一个地方的地名是由哪个国家和民族命名的，它的由来含义是什么，根据“名从主人”的国际惯例，是确认领土主权归属的一个重要标志。例如，位于黑龙江省乌苏里江主航道我国一侧的“珍宝岛”，自古即为我国领土。苏联当时的当权者为霸占该岛，先是将其更名为“达曼斯基岛”，继而于1969年3月2日和15日两次挑起武装冲突。众所周知，黑龙江以北，乌苏里江以东地区，几千年来满族就居住在这块土地上，留下了大量满语地名。如尼满河，满语意为“山羊”。明代在此设过“亦麻河卫”。这地方直到1972年才被苏联改名为“达利涅列钦斯克”，意为“远东”。又如南海诸岛，向为中国管辖，汉唐之际就有“石塘”“象石”“礁石山”等称谓。1958年9月中国政府曾发表声明，南海诸岛属于中国神圣领土。同月，越南领导人致函中国政府，予以承认。但越南却背信弃义，于1975年公然出兵侵占了我国南沙群岛的六个岛屿，并全部改为它们的名字，还在它们出版的地图上，把我国“南沙群岛”更名为“长沙群岛”，“西沙群岛”更名为“黄沙群岛”。中印边界东段的传统习惯线以北地区，历来属于中国。这个地区的地名大部分是用藏语命名的，把“河”称“曲”，如“娘江曲”；把“山口”称“拉”，如“色拉”；把“地方”称“隅”，如“门隅”“洛隅”；把县一级地方行政区划单位称“宗”，如“中隔宗”“德让宗”等，无疑说明这里是中国领土。但当时的印度政府却公然违反“名从主人”这一原则，无理地向我国提出领土要求。这些事实说明，地名研究工作是关系到国家主权的大事。

2. 地名关系到民族尊严

外来地名是帝国主义侵华的产物，他们强加给我们的外来地名几乎遍及全国，特别在我国西部地区情况更为严重。鸦片战争之后，列强对我国进行各种侵略活动。其中一批所谓探险家、传教士不断到我国边疆，甚至深入到腹地大量刺探军事、经济情报，盗窃珍贵文物，并测绘我国地图。据印度测量局统计，1864—1935年外国人到我国西部地区“考察”测绘的就有146次，以英、俄两国人数最多。他们在测绘我国地图的同时，还肆无忌惮地对我国山湖关隘用外国的帝王将相、“知名人士”的姓名或外国的国名、地名进行命名，或按当时的某种特征用外语命名。经初步整理，我们以新中国成立前陆地测量局编制的我国百万分之一地图和1956年后我国出版的和编绘中的部分中小比例尺地图为依据，查出我国西部地区已有外来地名54个，其中见于公开地图上的先后有22个。正在编制的某一西藏图稿上，藏北地区依然出现了12个外来地名。[1]如位于中尼边界的世界第一高峰珠穆朗玛峰，为藏语“女神第三”的音译，早在清康熙五十六年（1717）出版的《皇舆全览图》中即有记载，当时作“朱母郎马阿林”。1858 年英国竟以印度测量局英人局长的名字，将它改为“额菲尔士峰”。1952 年我国正名为珠穆朗玛峰。在新疆民丰、且末两县交界处，普尔热瓦尔斯基于 1885 年以俄语“鲁斯克依（山）”命名，意为俄罗斯山；有的地图作留什山或柳什塔格。普尔热瓦尔斯基于 1884 年以 11 世纪基辅大公的姓氏莫诺马哈给青、新交界处的山命名为莫诺马哈皇冠山（或叫莫诺马哈山）。1979 年根据当地称说，经政府批准，定名为布喀达坂峰，系维吾尔语，意为“公牛岭”。沙皇俄国还把黄河上游最大的两个淡水湖扎陵湖和鄂陵湖改名为“探险队湖”和“俄罗斯人湖”。

3. 地名关系到民族团结

旧中国，封建统治者执行的是民族压迫政策，这也反映在地名的命名上面。如新疆维吾尔自治区首府原名“乌鲁木齐”，其含义一说为古代塞语，意为“柳树林”，一说系汉语“轮台”音转。清光绪年间则把它改名为“迪化”，意为“启迪教化”；内蒙古自治区首府称“归绥”，意为“归降平定”。新中国成立后，为消除民族隔阂，增强民族团结，分别于 1953 年和 1954 年将“迪化”恢复为“乌鲁木齐”，将“归绥”更名为“呼和浩特”，蒙古语意为“青色的城”。又如青海省乐都县（今海东市乐都区）的引胜乡过去叫“胜番沟”；现在平安县的平安驿过去叫“平戎驿”；西汉在今乐都县境设置“破羌县”，等等。上述事例，虽都已成为历史陈迹，但却说明地名确实关系到民族团结，必须严肃对待。

4. 地名研究有助于民族史的研究

我国少数民族族名来源问题是一个非常复杂的问题，研究解决这个问题是民族史研究中最基本的问题之一。如黎族，黎这一名称最早见于汉文史籍是在唐代，《新唐书·杜佑传》里始用黎字称谓，宋代以后才普遍作为黎族的专用名称，一直沿用至今。其族称系因居住的地方称为黎或黎母山而得名。《太平寰宇记》卷一六九《儋州·风俗》条载：“（儋州）俗呼山岭为黎，人居期间，号曰生黎。”又《桂海虞衡志》载：“（海南）岛之中有黎母山，诸蛮环居四旁，号黎人。”

在我国某些少数民族的史称上常常冠以地名。依据前加的地名，查阅有关地方史志，为我们了解这一民族当时的情况，提供了捷径。比如苗族，秦朝时史称黔中蛮，两汉魏晋时期称武陵蛮。又因这一地区有五条河流，故又称五溪蛮。根据历史文献记载，我们可以得知当时的五溪蛮已过着农耕生活。又如裕固族，唐末五代时期称河西回鹘，后攻克甘州（今张掖）

城后，被称为甘州回鹘。据《宋史》记载，有沙州（今敦煌）回鹘、肃州（今酒泉）回鹘、凉州（今武威）回鹘、秦州（今天水）回鹘等，其史称均冠以地名。

5. 地名研究有助于寻找民族迁徙的踪迹

在研究一个民族历史上的迁徙时，如果能把史料与地名结合起来进行探求，将能得出一条较为清晰的迁徙路线。以景颇族、阿昌族历史上的迁徙为例，在沿金沙江至怒江一带，至今还保留着许多阿昌、浪莪（景颇族自称）的村寨名称。据史书记载，古代浪莪（或浪速）地在今云龙县澜沧江西岸的表村、旱阳一带，而清代以后的浪速地则在片马以北，两地东西相距数百里，之间隔着怒山山脉、怒江和高黎贡山山脉。连接今日带有阿昌、浪莪村寨的地名，就可以划出古代阿昌族与景颇族操浪速方言的一部分人，沿金沙江至怒江一带迁徙的路线。再以怒族的迁徙为例，云南丽江市九河乡的龙邑、大格拉、小格拉、剑川县的僮郎村，兰坪县的弥洛衣、恩照村等地名均为怒语，都是怒族先民居住过的村寨名称。这些地名说明在古代怒族是居住在丽江、剑江一带的，后来逐渐迁移到兰坪的澜沧江两岸，最后又进入怒江地区居住的。又如《汉书·地理志》有龟兹县，颜师古注："龟兹国人来降服者，处之于此县，故以名云。"《新斠注地理志》卷十三谓即陕西米脂县。古龟兹在今新疆库车县，汉代的龟兹县既然在现在陕西的米脂境，可见当时已经有一部分龟兹人移居陕西了。[2]

相反，由于地名问题没有得到解决，而使某一民族的迁徙路线成为一大难题。如裕固族有一首民歌："说着唱着才知道了，我们是从西至哈至来的人，西至哈至迷失了方向来的，青头山底下住下了，祁连山可爱的山，我们是从远远处迎着太阳光来的。"民歌中的西至哈至不见史籍，中外学者也无定论。这样一个地名便成了研究裕固族迁徙史中的重要难题。

6. 从地名看少数民族与中央王朝关系

在侗族地区有许多以洞命名的村寨，像黎平、从江的顿洞、贯洞等地叫作六洞，岩洞、曹滴洞一带称九洞，等等。对这些地名加以历史考察，便可以发现这些地名反映了侗族与中央王朝的关系。据史书记载，隋、唐时期多称湘、黔、桂边境羁縻州所属地区为峒或溪洞。到了宋代，峒或洞成为羁縻州所辖属的行政单位（比县小），住在这一带的居民被称为峒民或峒人。后来，峒或洞便演变为对侗族的专称。

11 世纪维吾尔族学者马赫穆德·喀什噶尔编纂的《突厥语大词典》对

“桃花石”一名是这样解释的：“桃花石——摩秦国名。此国和秦相距四个月的路程。实际上秦有三个：（1）上秦在东是桃花石；（2）中秦为契丹；（3）下秦为八尔罕。八尔罕就是喀什噶尔。但现今桃花石被称为摩秦，契丹被称为秦。（桃花石）也可用于汗的称号。”“桃花石”意为“强有力”，曾是建立我国北魏（386—534）王朝的一个操阿尔泰语系的民族跖跋的名字。喀拉汗王朝在中国西部建立后，大汗所上尊号中经常出现“桃花石汗”字样。西支的步离的斤称汗后，所上尊号为“易卜拉欣·桃花石汗”。这个称号见于步离的斤在1059年（回历451年）铸造的钱币上。而且凡有桃花石汗一名的地方，均易为阿拉伯语的《蔑力克——秦》，意为“中国之君”，这表明了他们同东方祖国的关系。从《词典》对“秦”所做的释文，我们可以看到，《词典》在处理秦/摩秦的译名时把整体的秦译为宋、契丹和喀什噶尔；而中国就是由此三者组成的整体。看来，摩秦译为宋，狭义之秦译为契丹，这才符合当时的实况。“上秦”指中国东部，“下秦”指中国西部。这无疑说明了喀什噶尔与中央王朝的关系。[3]

7. 地名研究有助于民族语言的研究

罗常培先生认为：“被征服民族的文化借字残留在征服者的语言里的，大部分是地名。”[2]并进而指出：“地名是语言学家最引人入胜的事业之一。”恩格斯在《法兰克时代》一文中有专节论述法兰克方言，在列举语言学证据证明法兰克时代历史和文化的特殊发展时，十分重视地名证据，把它作为“现在仍然生存着的方言”的主要部分。季羡林先生于1956年发表的《吐火罗语的发现与考释及其在中印文化交流中的作用》一文中，[4]就是以地名“恒河”“须弥山”为据，指出使用吐火罗语的这个部族在中印文化交流的初期起过桥梁作用。民族古文字的释读工作难度是很大的，而地名却能为我们攻破难关找到线索。以古壮文为例，在今广西岭南西部地区的某些地名带有“那”字，经研究得知这是壮语，意思是“田”，这就为释读唐代创制的“古壮文”找到了一条途径。原来“畓”是上音下义的字，即读“那”，意为“田”。又如契丹文（小字）与汉文对译的碑文，碑文中地名“梁山”为释读契丹文（小字）碑文，拟定契丹小字中某些字的音值，提供最为可靠的手段。

8. 从地名可以了解一个民族的宗教信仰

西藏的地名就带有浓厚的宗教色彩。西藏地区在佛教传入以前曾流行“本教”，因此便有反映“本教”的地名，如谢通门县的“喷仲”，意为“本教村”；巴青县境的“本曲”，意为“本教河”。佛教传入后，又有反映佛教的地名，如佛教徒尊称释迦牟尼为法王，八宿县的“希娃曲吉”即意为“自在法王”。还有以神命名的地名，如“度母”为藏传佛教的一女神名，西藏以“度母”为地名的有许多。而且通过地名还可以看到宗教的势力范围，如通过地名分布的分析，可以看到本教的势力大多被限制在远离藏民集中居住区的部分地区。

9. 地名是考古调查的线索

考古调查是田野考古的一部分，是发掘之前的必要准备和摸底工作，它的对象主要是古代人们的居住遗址、城堡废址、古墓葬等。不少地名是直接起源于古代遗存，或者说起源于文物古迹。如陕西潼关县、甘肃嘉峪关市，均以古代关口命名；沈阳东陵区，即得名于努尔哈赤之陵；辽宁绥中县塔子沟村，即得名于辽代古塔。一般乡村的名称，带有城、堡、台、边、墓、坟、寺等字样的地名更为常见，弄清这些地名的来龙去脉，对考古调查十分有益。

明代，辽东地区修筑了绵亘的边墙，因此，有许多地名至今尚与边墙有关，现以本溪市为例，如草河城（洪武十三年设草河千户所，成化四年建堡）、清河城（成化四年建）、碱厂堡（成化四年建，现成碱厂）、威宁营（万历三十七年建）、牛心台（因墩台得名）、近边寺（寺庙邻近边墙得名），等等。无疑，这些城、堡、营、台、边等字都是辽东边墙在地名上遗留下来的产物，它们反映了当时边墙沿线及腹里的设置，有助于边墙实际走向的测定，对边墙遗址的考古调查，不仅提供了线索，而且起到了指示作用。近年，在清河城、近边寺等地，先后发现了不同类型的明代边墙，如山险墙、石墙等，特别引人注目的是，在碱厂附近的桦皮峪南山上，发现了长达二千多米的保存较好的明代城墙。这些墙址的发现，在一定程度上，可以说是受了地名的启示。

参考文献：

[1] 曾世英，杜祥明．我国西部地区的外来地名［C］//地名学论稿，北京：高等教育出版社，1985.

[2] 罗常培．语言与文化［M］．北京：北京出版社，1950.

[3] 马赫穆德·喀什噶尔．突厥语大词典（维文）［M］．新疆人民出版社，1984.

[4] 季羡林．吐火罗语的发现与考释及其在中印文化交流中的作用［C］//中印文化关系史论文集．北京：三联书店，1982.

地名学方法论及其发展趋势

人们对目前地名学的状况不甚满意，深感拘于传统的研究方法和手段有其历史局限性，这是造成地名学进展缓慢，甚至引起自身危机的重要原因之一。地名学要有所突破、有所发展，它自身首要的内在条件正在于方法论的更新。而方法的更新又应以是否实现理论上的突破为评价标准，应以研究观念的更新为前提。

一、地名学方法发展趋势

地名学方法，本质上是思维方法，是思维方法在地名学研究领域中的现实化和具体化。因此，地名学方法的发展趋势，正是人类认识地名的思维方式的发展趋势。这种发展趋势当然不可能孤立地出现，它是整个人类历史运动大趋势的产物。地名学如何走向现代化，是地名工作者经常思考的严肃的问题。地名学方法的现代化，是实现地名学现代化的关键一步。反思现代地名学研究的历史，可以认识到它的两个历史趋势：数学化和综合化。

地名学方法的数学化，是当前地名学发展的重要趋势。传统地名学长于局部和个体地名的定性分析，而贫于定量分析，因此往往得出不够精确、不够科学的结论。随着计算技术的发展，数学愈益在各门具体学科中发挥更大的作用，近年来，已有人开始将数学方法应用于地名研究之中，并取得了可喜的成绩。如有赵艺学的《晋东南区域生物地名研究初探》、丁骕的《中国聚落称谓》、文朋陵的《聚类分析在地名研究中的应用初探》等文章。更值得一提的是陈公善先生发表了一系列这方面的论文，并从理论的高度作了系统论述，如《数理地名学》《统计地名学》以及有关数理地名学基础知识等文章。我相信现代数学方法和电子计算机及其他各种精密仪器的运用，必将使现代地名学的面貌焕然一新，彻底摆脱古老的传统地名学非形式化、非精密化的研究方式。

所谓综合化，是指跨学科的综合研究，或指使用多学科的研究方法探讨某一特点的地名问题。综合化的趋势是人们的认识逐步靠拢唯物辩证法普遍联系观的历史趋势在方法上的反映。这种反映表现在外部，则是数学、语言学、历史学、地理学、民族学、社会学、民俗学、制图学、地名学等多学科的综合研究；表现在内部，则是地名的语义学、句法学、语用学的综合研究。

随着地名学新学科的发展，地名学方法的综合化，将成为一种基本的发展趋势。传统地名学方法多带单一性、平面性、个体性的特点，随着现代社会科学和现代地名学的发展，这样的方法已经远远不够满足需要了。为了了解地名内在本质及其发展过程，必须对地名进行多角度、多侧面、多层次、多因素、多联系、多领域的研究。例如研究地名的演变，不仅要考虑到各个时期的历史特点，还要考虑当地的地理因素、语言的演变、民俗习尚乃至社会文化特点，等等。这种分析方法，不仅是整体的、系统的，而且是反映多层次、多角度的立体关系的方法，它比那些“平面”式的孤立个体分析方法具有明显的优越性，从而出现了地名学方法发展的立体的综合化趋势。

从一定意义上说，有怎样的地名学方法，就有怎样的地名学。纵观地名学发展表明，几乎比较大的地名学成就和变革，往往是首先从地名学方法上开始突破的。我国传统地名学成熟的标志则是《水经注》的出现。其研究方法是解释地名渊源（即地名的得名之由），此法一出，遂为历代所继承。乃至清代，传统地名学方法逐渐走向成熟。由于清代考据之学的发展与普遍应用，使这一时期的地名学取得了颇多考证和地名沿革等方面的重要成果，从而把传统地名学发展到一个以实证方法为突出特点的新的历史阶段。民国年间由于岑仲勉等人把历史比较语言学的方法运用于地名研究，使传统地名学的方法更加完善，徐松石把语言地理学的方法引入地名研究；金祖孟则把历史的、地域的因素联系起来，提出了“地名群”的理论；罗常培则把地名看成是文化的产物。从而为开拓我国地名研究的新局面奠定了基础。

二、地名学的特殊方法

地名研究的方法，既包括一般研究方法在地名学中的应用，也包括地名学本身所特有的方法。首先，叙述地名研究的特有方法。

1. 语言分析法

地名学是研究地名的起源、语词构成、含义、演变、分布规律、读写标准化以及地名与自然和社会环境之间相互关系的一门学科，因而语言分析法是地名研究中最基本而又最重要的方法之一。

地名语源的研究应以地名演变的研究为基础。不弄清地名形式、语音和意义自始至今的演变，不了解地名演变的原因，就难以解释词义。用地名的现代形式和不明系属的其他语言比较，用现代形式解释古代地名，或对地名作进行个别趣味性的解释，都容易产生错误。地名语源的研究可用历史比较语言学的方法。在确定地名的语言系属之后，再进行比较研究：

（1）将某一民族语言地名的中心词（通常是地名通名）跟亲属语言或方言有关的词比较，从现代语言的形式、意义方面追溯到古代语言。

（2）在某一语言范围内确定构成地名其他成分的词义，对地名作合理的解释。

例如：广西的“那郎”（横县）、海南省的“那门”（崖县）、“只龙”（乐东县）、“打南”“什南办”（保亭县）等关于“水田”地名的亲属关系，从汉语形式上是很难看出来的。就“那”“只”“打”“什”的实际语音来说，也有［na^2］、［ta^2］两种。到底它们是否为同一语族？亲属关系如何？我们运用历史比较语言学的方法，将壮侗语族各语言有关的词进行比较研究，重建其“原始共同语”的形式为＊nta，便可知壮侗语族语言的“水田”一词都由＊nta演化而来，同出于一个祖先。这就验证了这些地名通名的语言关系。汉语“那”的中古音为＊na“奴箇切”，上古音为＊tai。看来，把壮语和黎语的［na^2］译为“那”可能属汉语中古音。其他译“只”“什”者，属方言译词。[1]

正确使用历史比较法，要注意：（1）地名词汇的比较只能在亲属语言间进行，不同亲属关系的语言不能进行比较研究。例如，不能拿壮语地名“那”［na^2］与别的语言的同音词比较，因为它们不是一回事。（2）年代不同或年代模糊的地名之间不能进行比较，因为语言是不断变化的。（3）对词语的判断，应在大量材料的比较研究中得出结论，不能大胆假设、小心求证。孤独材料的对比往往得出错误结论。在比较研究中应找出语音变化的规律。（4）研究词源应熟悉有关语言，否则难免出错。

2. 地名制图法

地名制图法是运用地图的方法来研究地名的结构、构成、语词、词级和产生发展的空间分布，将复杂的、隐现的地名规律和特点，用直观的方法呈现在地图上的方法[2]。这一方法直接受益于语言地理学的成果。语言地理学产生的一个重要因素就是采用编纂方言地图来描写方言的方法：（1）按不同研究对象分类的各类地名图；（2）按语法特征分类的地名图；（3）按产生的时间分类的地名图；（4）地名层次图；（5）地名读音图；（6）地名通名图等。在我国，这一方法早在20世纪30年代就已运用于地名研究。我国著名学者徐松石在其《粤江流域人民史》一书中对两广地区的常见地名字作了深入研究，并绘制了“那”“都”“思”“古”“禄”“罗”“云”“黎”八幅地名集中分布图。并进而得出结论“……壮族地名具有分类密集的现象，例如

'云'字地名集中了广东的南部和广西的东部。……中国的西南各省包括陕南陇右川康湘鄂滇黔两粤，原是古代壮族的大本营。"

3. 区域比较方法

区域比较方法是通过对不同时间、不同空间条件下的复杂地名现象进行对比研究，分析异同，发现地名本质，从而探寻地名共同规律和特殊规律的地名研究方法。通过对不同时间、不同区域的地名比较研究，不仅可以发现区域地名的特点和规律，而且能为语言学、民族学、历史学、地理学等学科提供重要的依据。

例如金祖孟先生在《地名通论》[《新中华》（复刊）1945，4]一文中对中西地名的差异作了比较研究，列举了五个方面的不同[3]：第一，中文重字形，而西文重读音。因此，中文地名的变化由人为更换，而西文地名的演变系自身变化。"长沙"一名有四千年以上的历史，因为未加更换，所以始终不变；马德里（Madrid）本作 Magerit，虽未加更换，亦变化而成今日拼法。第二，中文稳定，而西文易变。所以，中国的上古地名，大多尚能望文生义，而西方的中古地名，十之八九已不辨来源。"长沙"两字同新地名一样的意义明显，而柏林、维也纳的文字与意义，迄今尚众说纷纭。第三，中文地名的结构复杂，而西文地名大多结构简单。"衡阳县""泰安县"一类地名，在西文可说完全没有。第四，中文地名常能以较少的字数表示丰富的含义。如"衡阳"，虽仅二字，却能表示明确位置。"泰安"，虽仅两字，而客观事实与主观意志兼而有之。此类地名为西文所少有。第五，同一地名，其西文字母数常较中文字为多，西文地名较中文地名为长。在地图上注记地名时，中文地名宜于注点（城镇），而西文地名宜于注线（山河）；中文地名宜于小区域，而西文地名宜于大区域。

区域比较方法还可以在许多方面进行比较。这方面的研究还不够深入。

4. 地名群方法

所谓地名群，是指在某一地域内较为集中分布的地名群体，组成这种地名群体的有关地名，大致具有相近的形成年代、相同的成因、相似的结构、相关的内在联系。因此，地名群较之个体地名往往具有更广阔的时代背景，包含更丰富的、地理的、历史的、语言的、社会的、民族的、经济的等诸方面的内容，反映更深层次的有关地名的命名、演变、分布、迁移等规律，因而就具有更高的科学价值[4]。地名群方法，就是以地名群为研究对象的方法。

例如北京大兴区凤河两岸村落密集，连而成带。这里的村名有一个显著的特点，就是与山西省的一些古今州县同名，只是在山西省州县名下缀个“营”字而已。例如：长子营、屯留营、赵县营、沁水营、霍州营、大同营、山西营等。

类似的情况在顺义区西北部也可见到，从而形成了颇引人注目的地名群。而形成这一地名群的主要原因则是明王朝在永乐年间为了充实北京地区的人口，尽快恢复和发展北京地区的农业生产和抵御蒙古统治者卷土重来，采取了有目的、有计划地向北京地区移民的政策。最主要的是从山西省向河北平原包括北京地区移民，进行屯田。可以肯定地说，今大兴区东部凤河两岸和顺义区西北部是明初安置山西移民屯田的两处重点地区。

研究地名群能够在更广阔的领域里和在更透彻的深度上，揭示出地名所固有的科学价值。它能为地方历史、语言、地理、社会及文化许多方面提供极有力的证据。这是研究个体地名难以收到的效果。

三、地名学的一般方法

地名学的一般方法包括：系统论的方法、信息论方法、控制论方法、突变论方法、数学方法和逻辑方法。

1. 系统论的方法

系统是指相互关联、相互制约和相互作用的若干部分所组成的具有某种特定功能的有机整体。系统论就是研究复杂系统的结构、行为和控制的一般规律的方法论。系统分析、系统模拟、系统设计和系统管理是实施系统工程方法的几个重要环节。只有对系统进行详尽的综合分析，掌握系统的功能、目的、结构、信息量、系统内部诸要素的关系，我们才能认识系统。在此基础上我们才能进行系统模拟，最后我们才能进行系统设计和系统管理。

近年来已有人将系统论的方法运用到地名学研究之中，如刘岩的《工程系统在地名群研究中的应用——以河北省植物聚落地名群为例》一文。文中指出：“从系统论的观点来看，地名群方法把区域内全部地名视为一个地名系统，研究它们的分布形态，组合结构及其演变特征，把纷繁的地名有序化。”为此“必须了解地名与环境相适应的基本原理，同时也要了解地名的分布、演变所要求的各项环境条件，以及这些环境条件的组合。在此基础上，还需要准确地测知和推算出地名内部的结构和分异。”文中从以下四个方面作了系统分析：（1）分析河北植物聚落地名分布的密集地区及其特点，并列出植物聚落地名密度和用材树种地名结构程序框图与具体运算步骤；（2）分析影响植物聚落地名分布的原因；（3）分析省内不同类型的植物聚落地名结构的特点；（4）分析影响植物聚落地名类型结构的原因。把系统论方法引入地名研究是一片尚待开垦的沃土。

2. 信息论方法

信息论主要研究信息的获取、变换、传输、处理等问题，其任务是解决编码和抗干扰等问题，从而提高系统的传输效率和可靠性。根据加权评分归一化系统评价方法：

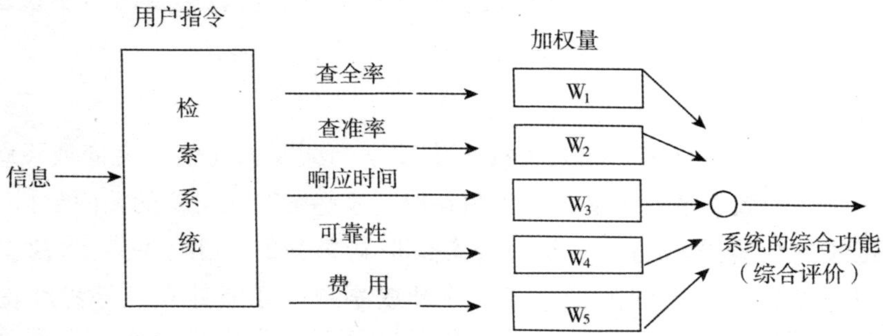

其中查准率、响应时间、费用与行政区划地名有密切关系，查准率要求标准化，地名标准化——中国地名汉语拼音字母拼写规则、GB2260－84 中华人民共和国行政区划代码。响应时间和费用就是层次问题，层次多信息通达时间必然长，费用必然高，层次过少又难以查全。谭其骧先生在《历代行政区划略说》一文中提到："北洋时代道的地位也相当重要，因为一个省要直辖一百来个县是有困难的。国民党政府刚开始时废除道，地方行政实行省县两级制，但是行不通，不久又在各省设行政督察专员，建立专署，作为省的派出机构，一个专署十几个县。这说明省和县之间要有个中间机构。"缩小省区减少层次可以确保集体行动能力。

3. 控制论方法

控制论重点研究动态的信息与控制过程，使系统在稳定的前提下又准又快地工作。反馈原理是控制论的基本原理，任何系统包括区划地名系统，都存在信息传递与反馈环节，因此，可以用控制论加以研究。控制论是对复杂系统控制规律的研究，它着重研究系统的信息控制过程，借以改善系统的行为，并使控制系统利用反馈来实现稳定性。区划地名政策的制定（称作对社会的输入信号）和分析其社会效果（称为动态响应或输出信号）是一个极为重要的理论问题。借助于控制论的动态分析方法是建立这个理论的途径。而动态分析方法的“动态”是指由一个稳态到另一个稳态的过渡过程。当系统在各种正常的输入信号或不正常的干扰信号（如“建市热”）作用下，系统的动态响应（后果或效果）具有什么样的质量，如何改善，是研究技术政策的出发点和归宿。按动态分析原则的稳定规律，区划地名的调整，如可能引起暂时不稳定现象，则可把输入信号加以处理。微分处理，即分割为几个部分，一部分一部分地加以输入（即一部分一部分地调整）；延滞处理，即在时间上加以延长，不要在短期内强行贯彻。一般情况下输出信号响应输入信号的快速性与准确性提高，则瞬态稳定性就要降低。所以必要时可不过多要求快速性和准确性。

4. 突变论方法

突变论是研究自然界和人类社会中连续的渐变如何引起突变或飞跃，并力求以统一的数学模型来描述、预测并控制这些突变或飞跃的一门学科。

传统的事物虽然趋于平衡稳定态，但新事物的冲击，使其隐含多重矛盾，只有使这一传统的孤立系统变成开放系统，才能处在与外界环境的物质、能量、信息的交互中并产生突变。目前市建制呈开放系统，市建制是由单纯为城市地区行政建制向兼有城市地区和一般地方行政建制双重性质方面的进一步发展。市不仅包括直辖市、地级市和县级市，还包括计划单列市。这样，“市”就具有了多意性，而多意性是从市管县开始的。近几年撤县改市出现了一些过激的倾向，即过分夸大了行政建制的力量，以为只要设置了市的建制，就能促进经济的发展，结果一哄而上，仅 1988 年一年就新设市 53 个。这些市大部分是撤县改市，其中不少是在经济实力、工业产值、非农业人口等条件都不甚成熟的情况下勉强改市的。这种情况发展到一定限量，必然产生突变（轻则混乱、重则瘫痪或限制市建制的功能）。如能调整功能，比如撤市复县，严格限制撤县改市的发展，慎重推行市管县体制等，这种突变预测会成为自败效应。预测失败，也就防止了这种突变的来临。

5. 数学方法

无论在自然科学中，还是在社会科学中，数学方法都是极为重要的。主要的数学方法有：数学模型法、概率统计法、逐步逼近法、对称法、对应法、电子计算机方法等。在地名学中使用较多的是统计法、概率法和计算机方法等。利用统计法，不但基于地名之量的可比性，而且统计数量的是全及整体，而非抽样；同时以地名学分类法为先导。统计法的主要方法有百分比值统计法、方格统计法、聚类分析统计法等。例如赵艺学的《晋东南区域生物地名研究初探》一文就是用的百分比值统计法。方格统计法则是用相等面积内显示类地名的数量与相关变量关系的方法。具体步骤为：把所要分析区域分成若干大小相等的地段，构成方格，在方格内填入类地名数。此法优点在于，不但能确定类地名占优势的地方，而且可以打破政区界限，确定地名区域，进行相关分析。丁骕的《中国聚落称谓》一文就是采用的这一方法。聚类分析统计法是可进行多元分析的。这是以类地名为基数，通过计算机运算，制成矩形图、谱系图，求类地名与诸多相关因素变量之间关系的方法。其具体步骤是在类地名百分比的基础上，制出矩形图。此图的横轴代表每一分类的组距，纵轴和矩形表示分类的频数和相对大小。在横轴上的适当位置表明的则是频数的分布，这样逐步归类，直到聚合完毕，此法的优点在于较准确地显示事实并能摆脱地域性的束缚，便于分析相关性，便于系统化。这方面的代表作有文朋陵的《聚类分析在地名研究中的应用初探》一文。[5]

6. 逻辑方法

在社会科学和自然科学中，逻辑方法均为基本的方法，如比较法、分类法、类比法、相似法、归纳法、演绎法、分析法、综合法、形式逻辑方法、辩证逻辑方法，等等。还有把数学与逻辑结合起来的数理逻辑方法。形式逻辑的规律是：同一律、矛盾律、排中律和充足理由律。根据辩证法、逻辑学、认识论三者同一的观点，应当说辩证逻辑的主要规律应是：对立统一律、量变质变律和否定之否定律。

以上的方法，在地名研究中使用最多而又最有效的方法是比较法、分类法、归纳法、演绎法、综合法等。例如比较法可以用于不同语言、不同地域和不同时代的地名的比较研究。而综合法在地名研究中是极为重要的，因为地名的产生、发展和演变常常受到语言的、历史的、社会的、地理的、民族的、民俗的、文化的、心理的、自然的、政治的等诸多方面的影响，它是多侧面的综合体，因而在对地名作深入系统的研究中离不开综合的方法。

随着人类科学进入到从边缘科学到综合科学，再到横断科学和科学的横断化，自然科学和社会科学日益加强相互交流，自然科学的研究对象日益成为人化的自然，社会科学的研究对象日益成为自然化的人，这两方面的相互交流是当代科学整体化的最重要表现。社会科学的自然科学化要抛弃那种人为的方法，而在更加科学的意义上把社会生活过程当作自然历史过程来研究。自然科学的社会化则要求不但要研究纯自然本身，而且要考虑主客体通过实验装置或其他人类社会行为所发生的相互作用去考察自然。在科学整体化影响下，出现了新的科学思想，即以广泛的学科为基础，甚至涉及所有科学的横断科学思想。数学是最早的一门横断科学，它是研究数和形式两种范畴的科学。系统论、控制论、信息论也是横断科学。在横断科学思想影响下，进一步提出了科学横断化的方法，也即专门科学和专门研究以更多学科为基础加以横断化，常可以获得预想不到的变革。中国地名学的未来也将寄托于研究方法的科学横断化。

参考文献：

[1] 宋长栋．地名学与民族学研究 [J]．中山大学学报社会科学版，1987，(3)．

[2] 牛汝辰．地图地名学浅谈 [J]．地图，1988，(1)．

[3] 牛汝辰．金祖孟对地名学若干问题的论述 [J]．地名知识，1988，(6)．

[4] 尹钧科．要注重地名群的研究 [J]．地名知识，1989，(2)．

[5] 文朋陵．聚类分析在地名研究中的应用初探 [C] //地名学研究文集．沈阳：辽宁人民出版社，1989.

地名学与语言学

地名学是研究地名的起源、语词构成、含义、演变、分布规律、读写标准化以及地名与自然和社会环境之间相互关系的一门学科。因而地名学与语言学的密切关系是显而易见的。由于现代地名学起步较晚，因而地名学的发展常依赖于语言学的进步，没有语言学和其他学科的发展，地名学的发展是很难想象的。

当今不同学科之间相互渗透，日益成为科学发展的一种趋势。其他学科到底是否需要语言学，需要什么样的语言学和语言学成果，这不仅对有关学科的工作者来说是需要了解和研究的，而且对于语言学工作者来说也是非常有益的。

作为新兴的交叉学科的地名学，在很大程度上依赖于语言学的发展，特别是方言学、语音学、社会语言学、语言地理学和传统语言学中的音韵学、训诂学，以及语言规范，而且还需要应用语言学、民族语言学、普通语言学、语义学等。限于篇幅，我们在此只能择要述之。

一、训诂学与地名语源的研究

训诂学是传统汉语语言学中心一个部分，它大约始于东周，成熟于汉代。从中国语言文字学的历史发展看，训诂学创始最早，而且成就也最高。它拥有一大批十分丰富的资料和许多有价值的著作。由于训诂学是以研究古代著作的词语意义为主的，因而借助训诂学的研究成果就可以解决大量现存的历史地名的语源含义问题。如成书于春秋战国的《尔雅》，在现存的十九卷中，就有释地、释丘、释山、释水几卷是解释地名语源的，如“释水”是关于水的训诂，包括水泉、水中、河曲、九河四类。例如：“水注川曰溪，注溪曰谷，注谷曰沟、注沟曰浍、注浍曰渎。”“水中可居者曰洲、小洲曰渚、小渚曰沚、小沚曰泜。”

又如成书于汉末的《释名》一书，有释地、释山、释水、释丘、释道、释州国六篇，共收入地名155条。如：“扬州，州界多水，水波扬也。”“凉州，西方所在寒凉也。”“鲁，鲁钝也，国多山水，民性朴鲁也。”

特别指出的是汉代的《说文解字》，《说文解字》是采用“以形索义”的训诂方法，这与《释名》采用的“因声求义”的方法是不同的。历史上运用“以形索义”的训诂方法，都不能离开《说文解字》。这是一部在训诂上作出重大贡献的专著。据不完全统计，《说文解字》一书只是带有“邑旁”“山旁”“水旁”三个偏旁的地名就有872条。例如：“岱，太山也从山代声，徒耐切。”“汾，水出太原晋阳山西南，入河从水分声或曰出汾阳北山冀州浸，符分切。”等等。

目前地名学在这方面的研究成果还很少，亟待开发大片领域。

二、语言地理学与地图地名学

语言地理学是研究语言或方言的地域分布的学科。地图地名学则是运用地图的方法来研究地名的语词结构、词缀和产生发展的空间分布，地名与社会文化和自然环境的相互关系，并将复杂的、隐现的地名规律和特点，用直观的方式再现在地图上的一门学科。地图地名学直接受益于语言地理学的发展。在日本、苏联、美国等国家，地图地名学已得到广泛的运用和发展。最具代表性的是著名日本地名学家镜味完二的力作《日本地名学》（地图篇，1958 年）。全书都是用地图的形式来分析日本的地名，他根据五万分之一地形图所载的地名，分析了地名的语根型等方面的分布，绘制了 327 幅地名分布图。其方法主要是参考了欧洲语言地理学的聚落史研究方法，并吸收了德国的地名学成果，把零碎的对个别地名语源的解释变成了对地名分布类型和地名年代层序的研究法。所以说，地图地名学的产生不能不归功于语言地理学的发展。

由于语言地理学的发展，在 20 世纪 30 年代徐松石就将这一方法运用于他的《粤江流域人民史》一书中了。在此书中他绘制了两广地区带有“那”“都”“思”“古”“禄（六、渌）”“罗”“云”“黎”的八幅地名集中分布图。他通过语言地理学的分析，进而得出结论：“第一，这些地名不能望文生义，因为它们含着壮语的意义。第二，这些地名在原始形式上，多半是两字的，三字的地名很少。第三，壮人喜用齐头式地名，与北方齐尾式的地名不同……第四，壮人喜用倒装的地名。第五，壮族地名具有分类密集的现象。如‘云’字地名集中于广东的南部和广西的东部……”他从而认为：“中国西南各省包括陕南陇右川康湘鄂滇黔两粤，原是古代壮族的大本营。”1973 年日本的永井秋雄发表了《日本地名学的方向——徐松石“非汉语地名考证法”的效用》（载日本《地图》11 －4），对徐松石的地名研究给予了高度评价。

三、语音学和音韵学与地名规范和地名考证

20 世纪 70 年代末全国范围的地名普查是以地名标准化为目的的，其中地名的正音就是以语音学知识为根据的。特别是在方言地名的调查时，更需要熟练掌握语音知识，记准每一个地名的读音。如“砛”在福建地名中就有六种读音：xíng、héng、yìng、pa、pái、pō。据有人统计，广东省的地名生僻字有 632 处之多，有的一个字就有 13 种读音，如“埗”，ban、bang、bàn、bàng……所以说，一个地名工作者不能没有语音知识的素养。

20 世纪 60 年代我国就已制定出版了十多种少数民族语的地名译音规则。如《藏语地名译音规则》《维吾尔语地名译音规则》《哈萨克语地名译音规则》《柯尔克孜语地名译音规则》《蒙古语地名译音规则》《羌语地名译音规则》《拉祜语地名译音规则》《西双版纳傣语地名译音规则》《哈尼语地名译音规则》《彝语地名译音规则》等，以及曾世英先生的《中国地名拼写法研究》一书的出版，都是把语音学知识运用到地名研究中的范例。

在对古代地名进行考证时，如果只以今音代之古音，虽然能列举史地、社会等方面的大量资料作为证据，但终难令人信服。如果能运用音韵学知识，把地名的读音还原到相应的历史时期，从语言发展的历史规律上进行解释，才会少出漏洞。例如周连宽先生在《大唐西域记史地研究丛稿》（中华书局，1984）一书中考证屈支国名时运用音韵学知识来考证古代地名。他写道："龟兹，音 kiwi－tsi。而屈支的屈，区物切，其发音属溪纽，收音属物韵，音 kiuət；支，章移切，其发音属章纽，收音属支韵，音 ts′i，屈支，音 kiuət－ts′i。丘慈的丘，去求切，其发音属溪纽，收音属尤韵，音 k’iəu；慈，疾之切，其发音属从纽，收音属之韵，音 dz′i，丘慈，音 k′iəu－dz′i。从上述语音分析来看，屈支，丘慈之龟兹，既不同纽，也不同韵……"他认为："无论是 küci，kuci 抑或是kuči，都不能代表西汉时代龟兹的古名，只能是受佛教影响后梵化的名称。"

目前，我国地名学工作者在这方面的素养亟待增强。在已刊布的许多地名考证的文章中并没有古音的还原，在语音上没有进行论证，因而显得论证不周。

四、社会语言学与地名学

社会语言学是研究语言与社会的关系的。其中语言拜物教也叫语言塔布，是近年来社会语言学开拓的研究领域。语言拜物教和人们日常生活中的图腾、灵物崇拜一样，是在人们还没有了解某些自然现象的条件下，赋予语言一种神秘的色彩和神圣的力量，是一种宗教意识。由于社会语言学的发展，也促进了社会地名学的研究领域。地名中的语言迷信，主要反映在地名的命名上和地名在民俗中反映的语言迷信色彩。吉林省蛟河市乌林乡以前有一个村子，因为黄鼠狼老吃鸡，并且因所谓"迷信"，村里人为了制服黄鼠狼，于是就把村名改为"狐狸洞"。据说狐狸能制服黄鼠狼，所以把村名称为"狐狸洞"，这样黄鼠狼就被治住了。

作为语言塔布的避讳，是语言迷信的另一种形式。在日常生活的语言中，有的涉及帝王的名字，这是不允许叫的，于是就采取避讳的方式。有时语言中某些词语对人们来说是不希望的，也采取避讳的形式。这种语言塔布现象在我国历代地名中都有所反映。例如，宋朝避宋太宗赵光义的讳，于是就把原来的地名"义兴"改为"宜兴"；明永乐年间初避成祖朱棣讳，改山东无棣县为庆云县。湖北省关门县，为避讳不止一次地改名。汉代于此置竟陵县、五代后晋天福初因避石敬瑭讳改名景陵县、清雍正四年又避圣祖陵讳，改名天门县（今为天门市）。又如有的人定居某地，往往要看看自己的姓和地名的对应关系。如二者和谐，就住在这里，如不和谐，要么迁居，要么更名等。像姓于的不能住在带有“岭、山、冈”的地方，因为鱼一到山冈，就不能活了，应选择带有“沟、河、崴子”的地方，因为鱼到了河里、沟里，鱼儿得水，越过越富。

地名研究的符号学视界

“名”与“物”（或“实”）在现实存在上是对应对立的；在语言形式上，又是统一结合的。地名的这种对应统一的关系集中显现在符号的内部结构，也即符号的能指与所指的对应关系中。地名也由此而获得符号的性质。符号是语言形式的能指以及相应的实体的二维合成。符号的能指即符号的语言形式和它所暗合一体的意义是符号的内涵。地名符号中能指与所指的关系，是人类语言与地物实体的对应关系。地名符号中能指与所指的浓缩正是对人类生存的地物实体与人类语言的这种二维的现实关系的模拟和仿制。名词、形容词、数词、名词性短语是最常见的地名符号的语言形式。

地名符号的生命过程包括命名和用名两部分。认同地名的符号特征，就要注重地名研究的符号学方法，最终的目的是要加强地名研究的深度和力度。研究的目标程序设计主要不在于简单地罗列分析它的结果，注意力的重点应放在研究地名符号的言语过程，既包括它的生成转换机制，也包括它的应用传播机制。具体说来，地名的符号学研究方法，可分为以下三组关系作为切入口：

一、“语义”的研究方法

从符号的能指与所指的对应关系入手，阐述符号的揭示功能。每一个地名符号总指向一个具体的地物对象，这是地名符号的对象指向的提示功能。同时，地名符号的能指又是具有某种独立性的言语，它称谓个体、描述形象，具有名称的描述能力。由于这种地名的描述意义，它又产生意义指向和命名期待的揭示功能。有的地名符号，能指与所指“名实相符”，如长白山、千佛山、云岭、黄河、沙河、临汾、赤水，等等。这是因地物外貌、特性、方位等获得地名符号。另外，还有一类地名，如以皇帝年号命名的永泰县（福建）、兴国县（江西）等；因当地特产而得名的黟县（安徽，以古时盛产石墨而得名）、铅山县（江西，唐五代时因出铅而得名）；另外贵州的仡佬寨、仡佬冲，反映了历史时期仡佬族曾在此居住。这一类地名符号的能指也都具有意义指向的揭示功能。有的地名符号能指与所指有点“名不副实”，如武昌、长安、靖边、西宁、安南等，这反映的是一种“命名期待”，是命名者根据以往的经验，在一定时期内希望达到的目标或寄托的希望。这种“命名期待”，既有生理、心理等方面的自然期待，也有政治经济等方面的社会期待。语义的研究方法是联系符号的外延，以揭示地名符号的内涵的研究方法。

专有名称的世界最终是以“指示物”为中心的世界。“黄河”这一符号所指的河道无论历史上是否改道都是“相同”的指示物，这一点是不变的。另外，以“意义”为符号内容的世界则不是这样。我们如果意识到适用的对象发生了很大变化，那么就会认为符号内容（即意义）也发生了变化。如果“山”用于平坦的陆地时，我们会认为“意义”（即符号内容）发生了变化。因为专有名词的世界是由一定数量的指示物构成的，是排他性的。

“意义”与“指示物”基本上是两个必须加以明确区别的概念。但是，另一方面，就像我们已经感觉到的，由于两者都可能作为“符号内容”出现，所以在现实中存在着可能使两者难以区别的因素。如“黄河”的指示义就是在中国北部发源于青海省向东入海的曲折如同“几”字的河流。“黄河”的内涵义，我们又将它分为两类，即前内涵义是“黄色的河流”，后内涵义是“母亲河”，这后内涵义又可以称为喻义。地名的雅称就可以算作后内涵义。

把“指示义”和“内涵义”进行比较，首先可以肯定的是，从功能上说，“指示义”可以不以“内涵义”为前提。这就是说，“黄河”通过符号内容在“指示义”层次上产生意义作用时，不会伴随通过“内涵义”“黄色的河流”的意义作用；与此相反，“黄河”通过符号内容“黄色的河流”作为“内涵义”产生意义作用时，背后则伴随着包含符号内容“黄河”的“指示义”层次的意义作用。这里的“指示”包含了确指的地域和类别。

与“指示义”相比较，“内涵义”的稳定程度极低，这是因为一方面“指示义”是被代码明确规定的；另一方面，即便“指示义”本身初次被提出，即符号新成立的情况，而“内涵义”是在该前提的基础上产生的，所以，相对来说，“内涵义”就更不稳定了。

二、“语形”的研究方法

从符号与符号的关系入手解开“符号结”之谜，是这种方法的切入点和目的。地名符号由于受语言规则本身的限制，它刻画某一地域时总是单一的。“一个名字的作用永远只限于强调一事的一个特殊方面，而这个名字的价值恰恰就在于这种限定与限制。一个名字的功能并不在于详尽无遗地指称一个具体情景，而仅仅在于选择和详述某一方面。”（卡西尔《人伦》第 17 页）例如“宜兴”一名，古称“荆溪”，以境内荆溪（水）而得名，秦代改为阳羡县，因“荆溪之阴多山，其阳衍沃”（衍与羡音同义通），故名。西晋又改为义兴。因阳羡周处之子周均曾兴“义兵”三定江南，故名。宋代为避宋太宗赵光义之讳，改义兴为宜兴。同时，宜兴又是我国有名的“陶都”。这种符号所指全方位的多样性与能指在语言表现上的单纯性的矛盾统一，要求每一个地物都有一个符号与之对应，并加以揭示和反映。这样，每一个地物都成为集中了多种符号的符号结。每一地物符号都只是它所属的符号系列的一个元素，一个构成单位。正如语言学家索绪尔所说：“符号的功能完全依赖于这一符号与其他符号的关系，或更确切地说，依赖于这一符号和其他符号之间的差异。”“任意性和差异性是两种互为关联的性质。”这种“语形”的研究方法是依据地名符号之间的差异性，并对它进行多极划分，以揭示其外延的研究模式。

三、“语用”的研究方法

这一方法是从符号和符号使用者的关系入手，把握符号的命题功能。地名符号只是一个名词，充其量不过是一个短语，在表面的语言形式上总是表现为一个句子成分。但在实际的应用中，它是一个句子，这个名词本身形成了完整的意义单位；在句法功能上相当于一个句子，一个判断，这就是地名符号的命题功能。使用一个地名符号，虽然应用的只是一个主词，但这个主词有一个即使不实际应用也实际存在的地名实体作为主语而与之对应，而谓语（包括系动词）总是或隐或显地存在着，这就构成一个句子，一个形式上或许缺项，但内容和意义上并不缺项的判断。例如人们说“武汉”这一地名时，它总是伴随着这样一个判断：“武汉是湖北首府”，“武汉是中国大城市”，或“武汉是华中地区经济中心”等，这一特点与地名“符号结”共同作用的结果造成了同名互换的符号选择机制：一个地名符号可以精确地具有同一个地物的另外名称所不具有的意义（能指）而不改变对象（所指）地使用这一名称而不用另一个。即使用这一名称而不使用另一名称，它的符号功能是不同的，最终决定这种地名选择机制的两个因素是语境和用名期待。前者是客观因素，指使用地名的时间、地点、对象、场合、话题、上下文等；后者是受地名使用人的身份、思想、修养等主观因素共同制约的使用地名的目的。语境和用名期待是人们选择适当的地名符号，恰当地应用地名所考虑的两个基本方法，“语用”的研究方法，就是从经验中提出最佳的用名模式，以指导人们在现实生活中妥帖地运用地名。

语言地理学与地名学

语言地理学是普通语言学的一个分支，即专门研究语言或方言地域分布的学科。它形成于19世纪下半叶，当时，历史比较语言学的发展正处于鼎盛时期，以德国的A. 施莱赫尔（1821—1868）为代表的历史比较语言学家提出了著名的“谱系分类法”，也叫“谱系树”理论。但是，随着新语言或方言及其材料的不断发现，简单机械地搬用这一理论来说明各种语言现象遇到了不少难以克服的困难。于是语言的“波动理论”说应运而生。这一理论是德国历史比较语言学家J. 施密德（1843—1901）在1872年出版的《印度日耳曼语亲属关系》一书中首先提出来的。他认为，“谱系树”是抽象的虚构。原始印欧语是由许多方言组成的，其中新的语言因素就像以同心圆的形式由中心向外扩散的波浪一样，也是从中心向四周进行波动式的扩散。他通过研究许多印欧语系语言间的关系，发现语言的地理位置以及某两族语言的“毗邻”和接触，对词汇和语法中存在共同因素有直接影响，相邻的语言具有仅为它们所共有的特点。于是，一种语言仿佛与另一种语言结合，从一种语言逐渐转化为另一种语言，而其间没有明显的界限。[1]施密德的理论构成了语言地理学的基础。可以说他是语言地理学的奠基人。1912年瑞士语言学家席业隆出版了他的专著《语言地理学研究》。在此基础上，俄国著名语言学家特鲁别茨科伊（1890—1938）又提出了“语言联盟”的概念和所谓“聚合发展”说。

语言地理学产生的另一个重要因素是采用了编纂方言地图来描写方言的方法。如1881年德国方言学家温克尔编绘出版了《德国语言地图》，1902—1910年瑞士语言学家席业隆出版了《法国语言地图集》等。从某种意义上说，语言地理学就是专门用于编纂各种方言和语言地图的科学。语言地图可以描绘出语言、方言或它们的语音、语法和词汇特点的地理分布情况，从而反映出一定区域语言相互关系的真实面貌。它是语言地理学形成和发展所不可缺少的必要技术手段。

语言地理学特别强调地理因素，严格要求在一定的区域中观察语言现象。广泛采用划定同语线的方法来检验语言事实及其结论，使人们一目了然地观察到一定区域中地理上彼此接壤的语言间的相互影响的事实。通过划定一束束同语线确定一定区域中语言和方言（包括土语）的界限，并对此进行系统描写。在此基础上，对语言接触及其结果作出说明，说明时，不仅注意到地理因素，同时也把社会因素和时间因素考虑进去。特别要求对处在缓冲地带的语言现象作出说明，即要对几种语言或方言在同一地带并存的情形作出说明。

语言地理学为研究语言开辟了一条新的途径。语言地理学作为一种独立的研究方法，打破了历来比较语言学只研究亲属语言及其关系的框框。它不仅研究一种语言的诸方言和属于一个语系的诸语言，而且还研究在地理上彼此邻近的非亲属语言。

语言地理学的诞生，也为地名研究注入了新的血液。在苏联出版的许多地名学著作中，几乎都绘有各种地名的分布图，语言地理学的方法得到了广泛的运用。B. A. 谢列波连尼阔夫撰写了《论地名研究的方法》（1959 年）一文，对这一方法作了详细的叙述，并把这一方法运用于他的一系列研究之中。H. N. 托尔斯托依在 1968 年发表了《斯拉夫地名语义比较的几个问题》，1969 年发表了《斯拉夫的地理通名》，成功地运用了这一方法，提出了编纂地方地理通名图集的设想。B. A. 茹奇克维奇在他的《普通地名学》一书中叙述了苏联地名的研究方法，其中有地图制图法，即根据各自的目的制作各种地名图：（1）作为专门的地名研究对象的各类地名图；（2）按语法特征分类的地名图；（3）按产生的时间分类的地名图；（4）地名层次图；（5）地名读音图；（6）通名图等。[2]

在日本，语言地理学的方法也广泛地运用到了地名研究之中。如前面提到的日本著名地名学家镜味完二在他的《日本地名学》（地图篇，1958 年）中，可以说是把语言地理学的方法运用于地名研究的杰作。镜味完二之子镜味明克在《地图与地名》一书中“地名的语言学的诸问题与展望”一章，其“语言地理学的考察”一节就是把语言地理学的方法运用于地名研究的。在其近著《地名学入门》（1984 年）一书中，对日本地名的语言地理学研究方法作了精辟的总结和论述。著名的日本语言学家桥本万太郎在其《语言地理类型学》一书中，对中国的地理通名“河”和“江”作了语言地理学的分析，他指出：汉语的河流有“河”和“江”两个词。黄河、长江为人所皆知。关于它们的词源，历来有种种传说。但看它们的地理分布，大致以长江为界，南边的大部分叫“江”，如钱塘江、建瓯江、闽江、赣江、珠江。北边的叫“河”，如淮河、涡河、黄河、卫河、滹沱河、桑干河、滦河、辽河等。只要打开亚洲地图，任何人都会发现这个事实。当然，在新开发地区难免可以指出一些例外：北方不是有黑龙江、乌苏里江吗？南方不是也有南渡河（海南岛）、红水河（广西壮族自治区）吗？但是，除掉这些新开发地区的河名，自古就汉化的地区的河流名，绝大多数都存在着这种南北对立，并且以长江一线为界。这是不容忽视的事实。而且这些名称自古时代就已确定，一直保持不变，实在令人惊叹。“河”和“江”的不同，从汉字的字形或字音上，有许多或新或旧的臆测。但是，只要我们弄清了“横”的区域分布上的南北关系，也就一定会发现造成这一区域性差异的语言自身的差异。1926 年小川琢治发表了《关于人文地理学的地名学的研究》（《历史地理》1926 年第 1 期），小林伍一郎撰写了题为《地名的地理学考察》（《地理》1941 年第3 期）的论文，镜味完二发表了《日本的山峰语尾名及其地理学的意义》（《地理学评论》1951 年第1 期）和《地名分布的空间和传播的形式》（《地名学研究》1958 年第1 期），还有山口惠一郎的《地图地名学与地名问题》（《地图》1967 年5 期）等一系列这方面的文章，都是语言地理学的方法在地名研究中的应用。

在美国也有人注意到这一方法对地名研究的意义，在《名称》（Names）杂志（1958 年第 2 期）上发表了《语言地理学与地名学研究》，1957 年第 3 期上刊布了《地名与植物分布图》，同年第 2 期上又刊布了《地名发音分布》，A. F. 布里尔发表了《地名的地理通名分布》，他还在 18 世纪于里约热内卢召开的国际地理会议上提交了《标志美国沼泽的通名》一文，W. 泽林克发表了《美国东北部地名的地理通名分布的几个问题》等。

前已提到在我国，语言地理学的方法迟至 20 世纪 30 年代就已运用于我国的地名研究了。新中国成立以后，特别是在十一届三中全会以来的新的历史时期，我国地名研究出现了繁荣发展的局面，并刊布了许多运用语言地理学的方法来研究地名的论文。如我国语言学者游汝杰的《从语言地理学和历史语言学试论亚洲栽培稻的起源和传布》，他绘制了一张壮族含“那”字的地名分布图，指出：（1）这些地名的 90% 以上集中在北纬

21°至24°，并且大多处于河谷平地。就广西而言，70%以上集中在左江、右江流域。这些地方的土壤、雨量、气温、日照等都宜于稻作。（2）部分地名分布在现代壮族聚居区外，即广西极东部、广东西南部（包括海南岛）、云南南部、缅甸掸邦以及越南、老挝、泰国的北部。这透露了古代壮族分布和迁徙的情况，也说明了在退缩到广西中、西部之前，壮人已开始稻作。（3）这些地名所指的地方大多是村镇，也有河流和山脉。（4）这些地名都是由两个音节构成，其先后次序符合壮语特点，即中心词在前，修饰成分在后。（5）地名重复相当普遍，这反映了古代农耕居民迁徙的频繁，古代壮族也不例外。总之，关于栽培稻最初从这个起源中心向四周传布的范围和方向，从壮族的历史地名来考察，向南曾到达约北纬16°，向西曾到达缅甸的掸邦。[3]

把语言地理学的方法运用于我国的地名研究是一个大有作为的领域。虽然我国有许多学者已将这一方法运用于地名研究，但是还远远不够，还不够广泛和深入，而且这一方法还没有引起地名学界的广泛注意，有些研究是不自觉地采用了这一方法，如果能从理论上认识到这一方法的意义和价值，那么其研究可能会更科学、更有效。方法论的革新或新的科学方法的运用，一定能够给一门学科带来新的生机和活力，这是我国地名研究的一条有效途径。在现代科学领域中，胜利是属于那些善于运用科学方法的人。

参考文献：

[1]［苏］兹维金采夫．普通语言学纲要（中译本）[M]．北京：商务印书馆，1981.

[2] B. A. 茹奇克维奇．普通地名学[M]．北京：高等教育出版社，1983.

[3] 游汝杰．从语言地理学和历史语言学试论亚洲栽培稻的起源和传布[J]．中央民族学院学报，1980，(3)．

双语区地名研究与语言学

地名学与语言学虽是两门不同的学科，但两者的关系十分密切，两者不仅在研究方法的相互借鉴、研究成果的相互利用上关系密切，而且地名学研究还能为语言研究开辟一条广阔的道路。由于我国民族众多、语言复杂，而地名情况就更复杂，所以，认真研究我国少数民族语地名，对发展中国地名学和语言学都具有重要意义。罗常培先生早就指出："被征服民族的文化借字残余在征服者的语言里的，大部分是地名。"所以说："地名的研究实在是语言学家最引人入胜的事业之一。"[1]恩格斯在《法兰克时代》一文中有专节论述法兰克方言。他在列举用语言学证据去证明法兰克时代历史和文化的特殊发展时，就十分重视地名证据，把它作为"现在仍然生存着的方言"的主要部分。季羡林先生于1956年发表的《吐火罗语的发现与考释及其在中印文化交流中的作用》一文中，就是以地名"恒河""须弥山"为据，指出使用吐火罗语的这个部族曾在中印文化交流的初期起过桥梁作用。

目前已出现这样一个发展趋势：语言学者越来越重视地名的研究，越来越重视利用少数民族语地名的研究成果来解决民族语言研究中的难题。这对我国民族语言学的发展将产生重要的作用。

地名学是研究地名的起源、语词构成、含义、演变、分布规律、读写标准化，以及与自然和社会环境之间相互关系的一门交叉科学。它的发展，必然吸收语言学的研究成果，特别是多民族国家的语言学研究成果。在我国，少数民族语约在80种以上，分属汉藏、阿尔泰、南亚、南岛和印欧五大语系。由于语言种类多，加上各民族历史和语言长期处于十分复杂、多变的社会条件下，所以在历史发展的过程中，各民族语言都呈现出丰富多彩的特点。这些特点，在地名中不同程度地保留了历史的遗迹。这对民族语言研究又是取之不尽的源泉。

本文着重谈谈双语区的地名研究对语言研究的意义。[2]双语现象是表达两种文化的语言媒介物。按威雷奇的话，双语现象是"交替使用语言的行为"。我们把双语区的地名分为下列几种情况：

一、一地双名

一地双名，即一个地方有两个相互间毫无关系的名称。例如，新疆境内现有87个市县，其中约有36个（不包括重复的）市县有两个共存的名称。乌苏市，维吾尔、哈萨克族又称西湖；轮台县，维吾尔族又称布古尔；于田县，维吾尔族又称克里雅；伊宁市，蒙古、维吾尔、哈萨克族又称古尔扎等。青海湖，蒙古族又称库库诺尔，藏族则称错温布。云南省的芒市（德宏傣族景颇族自治州首府、潞西市人民政府驻地），是佤族、德昂族的叫法，而傣族叫勐焕（泛指芒市地区），汉族叫潞西；云南下关，白族称洱关；鹤庆，白族称罪魁；昆明，白族称鸭池（一作“押赤”）。广西田阳县城，汉语称“田州”，壮语称“那岸”。在这种类型里，一地双名都是来自不同民族语言的称呼，这与单一民族区的地名是不同的。如汉族聚居区的河南省，一地双名是很少的，即使有，也只是新旧地名更替过程中的一地双名。双语区的一地双名，从地名总数上看，它们可能是很小的地名群，但是由于这种独立或成对的名称，时常被用来命名大的地形物和居住地，因而它们的重要性远比它们的数量所显示的要重要得多。如果把这种一地双名现象在地图中表示出来，则能明显地看出我国双语地名分布的大致情况。

二、一种语言的地名是对另一种语言地名的意译或节译

这似乎是由于操两种语言的说话者之间来往密切引起的。后来的语言常常意译原先语言的地名。例如新疆的温泉县，是意译蒙古语的阿日相；墨玉县是意译维吾尔语的喀拉喀什；阿尔金山是节译自维吾尔语的阿尔吞，意为金；西藏的盐井，是意译藏语察卡勒霍，意为盐口；狮泉河是意译藏语的森格藏布。这种情况在民族杂居区的地名中虽只是极少数，但它可以反映不同民族语言之间的相互渗透力。因为在不同语言的地名系统中，专名是很少意译的。

三、原有地名变得音意难寻

一种语言的地名在接受语中，由于语音的变化，变得毫无含义或原意难寻了。这在民族杂居区或历史上民族更替、迁徙频繁的地区是一个非常普遍的现象。目前新疆残留着许多古民族语地名，如和田、喀什噶尔、固玛、塔克拉玛干、乔格里峰等，有些地名的含义至今查无下落。这种现象在各少数民族地区特别是历史上多民族活动频繁地区都能找到。这些今天看来没有含义的地名，却能经久不衰、保持着旺盛的生命力，这是值得研究的。这种地名语意的消失，原因可能在于：一般词汇一旦作了地名，就获得了另一新意，即指代地物含义，并在地名中起主要作用，而地名的词汇意义就隐退到第二位。加之语言的长时期发展演变和民族的融合、更替，今天的这些地名就更无词汇意义可言了。这些问题的解决当然要依靠语言学家，同时它又能为语言史提供依据。

四、重复通名

重复通名，即在非本族语地名（专名 + 通名结构）后又重复了前面的通

名。不同的语言在长时期的接触时，为了区别不同的地物类型，便加上了一个本族语的通名。如雅鲁藏布江，其中的“藏布”为藏语“江”之意，后面又重复了汉语的“江”；慕士塔格峰，其中“塔格”，为维吾尔语“山”“山峰”之意，后面又重复了汉语的“峰”；阿克苏河，其中维吾尔语“苏”，为“水、河”之意，后面又重复了汉语的“河”；云南的南览河，其中“南览”傣语就是“览河”之意，后面又重复了汉语的“河”。这类地名较多，我们暂且叫它是地名的外部语言联合。在地图上，这一点反映得更加明显。

五、双语合璧（或叫混合语地名）

双语合璧（或叫混合语地名），即一个地名的专名，或居民地名是由两种语言的语词构成的。如青海省的峨堡大南山，其中“大南山”为汉语，“峨堡”为蒙古语，意为（宗教性）石堆；青海省河南蒙古族自治县驻地优干宁，为蒙藏语合璧地名，其中“优干”为蒙古语方言词，指“汉族”；“宁”为藏语，意为阳坡，即汉族经商的阳坡地。我们暂且称这类现象为地名的内部联合。上述一类例子对混合语的研究也提供了有用的证据。

这种非纯粹本族语的地名，最初在新的语言环境里是不稳定的，但由于它的语词义的难懂或不可理解，使它不易受到新语言竞争成分的干扰，而不久也就成了它的长处而得以长期保存下来，并显示了普遍词汇所不具有的地名的生命力。无疑这些双语区的地名情况对双语研究，乃至社会语言学都是具有重要意义的。

双语区的地名现象是复杂的。由于各种不同语言间的相互影响，其语言规律在地名中会发生不同的变异。例如语序问题，在一部分藏语地名里是形容词放在名词之后，如西藏的错那（湖），其中“那”意为“黑”，“错”意为“湖”；云南的错东岗（湖），其中的“东”意为“干”，“岗”意为“梁”。但在大多数情况下，藏语地名的语序则是不符合这个规律的，如同旧错、班戈错、郭林错等。藏缅或壮侗语族中的许多民族语言的地名也有类似现象。

以上所举只是双语区地名中的部分实例，如果认真总结地名中的各种现象，将会极大地丰富我国的地名学和语言学。

参考文献：

［1］罗常培．语言与文化［M］．北京：北京大学出版社，1950.
［2］牛汝辰．地名学简说［J］．百科知识，1986，（5）．

中国理论地名学亟待解决的问题

恩格斯说："一个民族想要站在科学的最高峰，就一刻也不能没有理论思维。"

新中国成立以来，特别是20世纪80年代以来，随着各级地名委员会的成立，全国地名普查的开展，《地名知识》和《地名丛刊》相继公开发行，数种地名研究的论文集出版，数百种市、县地名志出版发行，中国地名学特别是应用地名学取得了令人鼓舞的成就。并有《应用地名学》一书刊布，更是锦上添花。近几年来虽然在理论地名学方面作了一些探索和涉猎，但必须看到这一学科正面临一场严峻挑战。这一挑战，既来自自身的缺陷和不足，又来自外部的需要和压力。

地名学体系包括理论地名学和应用地名学两部分。而理论地名学又包括地名理论和地名学理论。地名理论就是包括地名的本质、功能、特点、系统、结构、构成、要素以及地名与命名背景之间的相互关系等的共时地名的探讨和地名的产生、发展、演变，包括地名在各历史时期的特点、系统、结构、构成及其地名与命名背景之间相互关系的发展、消失、更替的演变过程及其原因等历时地名的探讨。另外还包括区域地名的研究。地名学理论，就是指从微观和宏观角度来研究共时地名学、历时地名学、区域地名学、地名与命名背景以及普通地名学、边缘地名学的理论和方法。

自新中国成立三十多年来（到1987年），我国理论地名学发展缓慢，甚至于至今还没有一本自己的《地名学概论》，有分量的理论性文章又太少。像陈桥驿的《论地名学及其发展》，曾世英、杜祥明的《试论地名学》，陈仲雍的《马克思主义和地名学的理论建设》等文章屈指可数。造成这种现象的原因是多方面的。

第一，是因为我国专门从事地名研究的人员，除了全国地名普查人员外，只有国家测绘局的一个地名研究室，这个研究室又长期多从事应用地名学的研究，虽然在20世纪60年代已开始注意到理论研究的重要性，但由于"文化大革命"同其他学科一样，在理论研究方面成果不是太多，只是近几年才加紧对地名理论问题的研究。大学里又没有地名学课程。从我国从事地名研究人员的专业来看，大多是学语言、历史、地理等出身的。各自有各自的偏重，并受不同学科的限制，面面俱到的不多。

第二，由于地名学具有新兴的跨学科的性质，发展还不成熟，因而对于一个地名研究者来说，要想进行深入的理论研究，就要增补许多学科的知识，如语言学（包括古今民族语言文字）、地理学、历史学、制图学、民族学以及其他边缘学科的知识，这样就增加了地名研究的难度。

第三，国外有许多理论地名学的成果至今不被我国读者所了解，没有一种紧迫感。原因是：学外语的人从事地名研究的不太多，或没有更多的精力；从事地名研究的人外语知识水平不太高。这样就限制了我们研究人员的视野，很难有所突破和创新。

第四，在理论地名学方面缺少总结，对各时期的地名研究成果缺少评价，因而宏观方面研究得不够。另外基础工作也做得不够；对地名资料的收集和编辑没有引起足够的重视，至今还没有编辑出版新中国成立前后的地名学目录及国外地名文献索引。

第五，中国人研究地名的历史之长，所积累的地名历史资料之丰富，是举世罕见的。然而却没有深入地研究和发掘其中的理论精华。我国的地名研究基本上是以实用为目的，理论研究长期不受重视，这就限制了我国地名科学的发展速度。

第六，近年已发表许多关于地名研究方法的专文，如杨光浴《地名学的性质、对象及研究方法》（载《地名知识》1986年第6期），叙述了地名研究常用的五种方法；刘盛佳《地名学的研究方法》（载《地名丛刊》1986年第6期）则从地名研究的一般方法和特殊方法两方面作了阐述，不过联系我国地名研究情况较少。这些方法论的探讨，对我国地名学的发展是有益的。但从我国总的情况来看缺少翔实系统的论证，尤其缺少对某一方法的应用范围、存在的利弊、能解决什么问题、需要根据何种材料等问题的论述。同时也缺少对我国地名学研究方法的应有总结，没有指出我国地名学在方法论上的薄弱环节，以及今后的努力方向。

第七，研究领域有待扩大。近年发表了史为乐的《谈地名学与历史研究》，范玉梅的《地名在民族研究中的应用》，闻黎明的《西藏地名的宗教色彩》，牛汝辰的《语言地名学》《从中国地图史看历代地名研究》等。这都扩大了地名学研究领域。正如著名美国语言学家萨丕尔所说："语言的背后是有东西的，而且语言不能离开文化而存在。所谓文化，就是社会遗传下来的习惯和信仰的总和，它可以决定我们的生活组织。"地名是语言词汇的一部分，是社会生活和社会发展的一面镜子。所以从社会和文化的角度来研究地名，有亟待耕耘的大片领域。正是在这一点上，语言学、历史学、民族学、地理学、社会学等对地名学抱有希望。而我们以往在这方面的研究常常是不够或不自觉的。我们还需要大力开展语言地名学、社会地名学、文化地名学、地名地理学、民族地名学等方面的研究。

为了迎接这一挑战，赶超世界先进水平，我们认为今后应当注重以下问题的研究。

（1）地名学基本理论问题的深入探讨。继续对地名学的对象、性质、研究方法等问题进行研究，因为这些问题在我国还存在着许多分歧，还没有展开争鸣。许多研究者不同程度地带有各自学科的偏爱，对同一个问题有不同的看法，如果换个角度来谈同一个问题，可能会有新的认识。今后应着重研究的是地名学与其他学科的关系、地名学的边缘学科以及地名学的形态和地名的融合等问题，这些都是地名学的基本理论和框架。

（2）对地名的普遍现象和特殊现象的研究。仅仅注意普遍现象的研究是不够的，因为一般存在于个别之中，特殊现象反映其发展趋势，并能丰富地名学的内容。地名的普遍现象是指一般区域的地名或一般地名所共有的现象，如地名词一旦联系到具体的地点，地名的指位意义就上升为首要的了，而字面意义就降为次要作用。所谓特殊现象，是指在个别地区的地名所特有的现象，如突厥语地名中存在的许多动词或动词性词组的现象，壮侗语地名中存在的通名位于专名之前的现象，民族杂居区存在的地名融合现象等。这些特殊现象的研究，至今还很薄弱，应下大力气，因为它对于健全我国理论地名学，探索地名规律有重要意义。

（3）在认真总结我国地名学研究方法的基础上，深入探讨适合我国特点的地名学方法，形成一套完整的理论体系，进而把这些方法应用于我们的每一项研究工作中去。

（4）开辟新领域，形成我们的理论学派，开展广泛而深入的学术争鸣。在探索和争鸣中才能发现真理和规律。希望《地名知识》和《地名丛刊》能经常开展这样的讨论争鸣活动，活跃我们的学术气氛。

（5）及时引进和吸收国外理论地名学的先进成果、培养外语人才。在引进、吸收的过程中，实现我们的创新目的，使我国的地名学体系更健全、理论地名学体系更完善。

应重视中国岛礁及其名称的研究

中国海疆是中国疆域的重要组成部分，因而对我国海疆进行研究，特别是对近现代以来引起国际争议的中国岛屿及其名称的研究，对于维护我国领土主权，解决领土争端，处理中国和邻国的关系，以及军事外交和经济开发都具有极其深远的历史和现实意义。

我国是一个历史悠久、幅员辽阔的多民族国家，自鸦片战争后，列强踏我门户，擅开边衅，对我国边境进行蚕食鲸吞，边界线发生了频繁变动，特别是中国海域，存在着许多至今仍有争议的区域，亟待研究的问题很多。近现代中国边疆危机和民族危机的历史告诉国人，能不能处理好边疆的各种问题，关系到国家的兴衰和民族的安危。由于疆域史和边界问题是关系到国家领土主权的大问题，多少年来一直被学术界视为禁区，较少有人问津，论著寥寥，这种情况与我们的一些邻国相比，差距很大。

越南早就对我国西沙和南沙群岛提出领土要求。20世纪70年代，越南当局发表了《关于黄沙群岛和长沙群岛的白皮书》，妄指中国的西沙群岛和南沙群岛为越南图集中的黄沙和长沙。同时还派人到日本、美国、法国、英国和荷兰等国收集资料，撰写文章，出版了《黄沙和长沙特考》（论文集），企图以此来证明西沙群岛、南沙群岛“历来属于越南”，后来又公然出兵侵占我国南沙岛礁，不断制造军事冲突。此外，马来西亚和菲律宾也对我国南沙群岛提出领土要求，并占领部分岛礁，开采石油和天然气。

日本也早已对我国东海钓鱼岛等岛屿提出主权要求，并说钓鱼岛是无主之地，日本对它的占有是对无主之地的占有，无视钓鱼岛是中国领土这一客观事实，并称钓鱼岛等岛屿为“尖阁列岛”。近年来，日本右翼分子还在钓鱼岛上兴建永久性标志，企图占有这些岛屿。

总结历史上国内外关于我国海域有争议的岛礁及其名称的研究成果，在此基础上厘清这些争议的缘由、经过和症结，然后提出这些岛礁属于我国的论点和论据，为我国疆域研究、政府决策和外交工作提供令人信服的理论依据，便显格外重要。

查阅古今中外浩如烟海的有关文献，并从中分析、筛选、对比、求证这些资料，不仅是最基础的工作，而且是最为关键和艰巨的环节，尤其是对外文资料的利用。对比我国及外国关于相同地区大比例尺地图，到实地调查研究其位置、地形、界线和名称的相同点和不同之处，是尽量厘清这些历史遗留问题的关键一步；充分利用各学科，包括语言学、人类学、考古学和历史地理学的方法，使它们与我国海域有争议的岛礁及其名称的研究融会贯通、相互印证，是逐步解决主要历史悬案的方法之一。发现并清理我国海域图中的外来地名也具有一定的难度，因为除了需要对比外文图中的地名以外，还要弄清其名称的出处和语源由来，这需要深厚的语言学素养和广博的历史地理知识才能完成。

前人未对我国有争议海域的岛礁进行全面系统和深入的研究，也未对中外历史上的有争议的岛礁研究做过系统深入的总结，使后人难以下手，加之中国幅员广大，有关这些岛礁的中外文记述浩如烟海，涉及的地名语种和方言极其繁杂。因而，厘清各家之说，总结前人成果进而提出我们的观点就具有一定的难度。系统分析厘清我国海图中的外来地名，并规范这些地名，将填补我国在这方面研究的空白。

地图测绘行业地名工作的困境及其对策

地名与测绘自古就有极为密切的关系，“一方面，图不能无名；另一方面，历朝历代政权的更迭、建制的兴废、地名的改易等又必须借助各种地图，才能更好地了解既往、探究原委。可见地图测绘与地名研究相辅相成，有密不可分的源流”。[1]曾世英先生早在1962年就曾指出“地名是地图主要内容之一，而地图是大量地、成批地、系统地出现地名的场所。用图者往往先查阅地名，然后再言其他地理要素，因此，地名的正确与否成为地图的科学水平及其使用价值的指标之一。”[2]

20世纪五六十年代，曾世英先生受命在国家测绘总局测绘研究所筹建我国第一个地名研究室，先对我国西部测区少数民族语地名的汉字译写进行规范化研究。[3]

20世纪70年代，随着社会的发展，他又致力于我国少数民族语，主要是蒙古、维吾尔、藏语地名的音译转写法的研究，为我国地名的单一罗马化，使我国地名法定的拼写法走向世界，摒弃外国人指定的不科学的旧的威妥码式拼写法，作出了极重要的贡献。[4]

1977年7月国务院批转国家测绘总局等部门“关于成立中国地名委员会

的请示”。今天看来，中国地名委员会的成立在地名工作中确实是一件大事，并发挥着越来越大的作用。但是，近年来，随着机构调整，各级地名机构纷纷由测绘部门转入民政系统，对测绘行业来说，就带来了许多不利的因素，影响了地图中地名的质量，因而加强测绘系统地名工作的管理，是目前地图测绘和地名等行业所共同面临的紧迫任务。

一、困境

随着地名机构由测绘部门领导转归民政部门领导，无形中削弱了测绘行业地名管理工作的力量，给测绘行业的地名工作带来了诸多不便，如果不加强这方面的工作必将影响今后大比例尺地图测绘的质量。

据《经济日报》报道：“当年（1987 年）大兴安岭发生火灾的时候，国务院领导同志为部署灭火战斗，急需大兴安岭地区十万分之一地图，但测绘部门送去的，却是 20 世纪五六十年代绘制的地图。20 多年过去了，大兴安岭许多地方已面目全非，但由于经费不足等原因，测绘部门无力重新测绘、提供新的地图。”[5]鉴于此及其他原因，国家测绘局为了适应当前社会需要，制订了重新测绘1：50000地形图的 10 年规划（1990—2000 年），地名调绘已成为地图更新的重要内容之一。目前测绘行业地名工作的困境主要表现在以下几个方面：

（1）20 世纪五六十年代绘制的（包括 70 年代修测的）1：50000或1：100000地形图中的自然环境和地名与今天相比发生了许多变化：旧图上原来还是湖区，而如今已成为陆地；昔日的戈壁荒滩，今日已成为绿洲粮田，其中变化最大的要算是地名了。我们 1989 年为水电部完成了建立长江防汛荆江分洪区的地名数据库的任务，其中使用的地形资料是 20 世纪五六十年代绘制的1：50000或1：100000地形图，地名资料是 20 世纪 80 年代初刊印的湖南、湖北省的地名志，其中这两种资料中地名名称不同、方位不同（相差 2 千米不计在内）、原图无名和原名已废的，即与今日地名不同的，约占 50% 以上。大比例尺地形图的重新测绘、地名调绘已成为地图更新的重要内容之一。

（2）重新测绘1：50000地形图，即要把我国 960 万平方千米的地形在 10 年内重测一遍，这是一项极其艰巨的任务。这一艰巨性不仅表现在外业测绘人员要克服自然的、经济的和生理的诸多困难，而且仅地名一项调绘任务就已极其艰巨了。其艰巨性表现在：虽然测绘部门可以利用各地已公布的数百种地名志、地名录上的标准地名，但还有一大半没有公布县市地名志或地名录；就是已公布的地名录，其中还有许多小地名没有收录，这些小地名的数量是很可观的。也就是说外业人员不是带一本某县的地名录或地名志就都能解决问题的，其中有的名称和方位可能还有修改的必要。边疆少数民族地区的地名调绘难度就更大了。

（3）外业测绘人员大多数没有从事过地名普查，没有地名调绘经验，到边疆民族地区测绘，还要借助翻译。对外业人员还需进行蒙古、维吾尔、藏等民族语地名的音译转写和汉字译写方面的训练。而目前测绘部门只有国家测绘局地名研究所才有屈指可数的这类专业人员。培训任务也是极艰巨的。

（4）随着地名管理机构由原测绘部门转入民政系统，不仅在一定程度上影响了地名标准化在测绘行业的推广，而且对测绘行业在地名资料的获取上也增加了一定的难度。发展下去，可能会影响我国地名标准化的进程，当然也关系到测绘行业能否更好地为现代社会服务。这是地名机构和测绘部门今后需要共同解决的重要问题。

二、对策

要使地名工作适应测绘和现代社会的需要，需与地名管理机构共同推进我国地名的标准化进程，这是测绘行业的决策部门需要下力解决的。

（1）协调测绘行业与地名机构的关系。地名与测绘虽然现在不属同一个部门，但目标是一致的，即促进我国地名的标准化，适应现代社会的需要。地名机构虽然制定了政策、原则，但最终落实决定于各业务部门，而测绘是主要的业务部门之一。这些业务部门和地名机构的工作是不可能相互替代的，因而就需要协调关系。一方面，地名机构向业务部门提供标准化地名资料；另一方面，业务部门必须使用标准化地名资料。如无标准化地名资料，两者可协商解决，使其走上一条良性循环的轨道。

（2）继续颁布测绘行业少数民族语地名的汉字译音规则。自20世纪80年代初以来由测绘研究所修订、国家测绘局发布执行有维吾尔语、蒙古语、藏语拉萨话和安多话、哈萨克语及柯尔克孜语地等少数民族语的地名汉字译音规则，即将发布执行的还有藏语德格话和海南黎语地名汉字译音规则。这对于边疆测区少数民族语地名的汉字译写规范化起到了重要作用。这些规则虽然是在测绘行业内发布执行的，但近年来的实践表明，这些规则已在许多行业和部门，如出版、教学等领域得到推广。因而建议地名管理机构以法定的形式转发社会各界使用。这不仅可协调地名与各业务部门的关系，更重要的是对促进边疆少数民族地区的地名标准化将起到推动作用。所以，对条件成熟的地区和语种，在确有必要的情况下，测绘行业应继续颁布少数民族语地名汉字译音规则，同时应着力在规则的实施上多下功夫。

（3）对外业测绘人员进行地名调查和少数民族语地名译写的培训。地名调查具有较强的技术性，因而对外业测绘人员需要进行地名调查方法和记音常识的训练，特别是民族语地名的记音、转写和汉字译写的训练。只有具有一定的专业技术，才能保证地图上的地名质量。

（4）成立国家测绘局的地名资料中心。建议国家测绘局在测绘研究所成立一个地名资料中心，并每年拨专款购买国内外有关地名的新资料和数据，以改变目前资料陈旧、残缺，无法圆满顺利完成国家有关任务的局面，以保证测绘行业地名更新的需要。同时在各省区测绘局的生产技术处或资料处安排一位地名资料员，恢复早年各外业队地名员的编制，以收集本地区的地名资料，满足本地区测绘的需要。这是关系今后测绘行业地名质量和适应社会需要的根本保证。

（5）建立大比例尺地名数据库。全国地名信息系统自动化是现代社会发展的必然趋势。自20世纪80年代初以来测绘研究所就已把建立地名数据库作为一项重要任务列入课题计划。目前研究建立的1：1000000地形图地名数据库作为国土详查数据库的子库已列入国家测绘局的攻关课题。近年来测绘研究所还为水电部完成了永定河、黄河、长江荆江分洪区等流域的防汛地名数据库，受到水电部和国家有关部门的高度评价。随着1：50000地形图的测绘，逐步建立1：50000地图地名数据库，这不仅可以满足测绘行业的需要，而且对于现代化建设将起到积极的作用。这是一项艰巨而长期的任务，更是测绘行业乃至现代社会的一项重要的基本建设工程。

加强测绘行业地名应用的理论研究。随着全国地名工作的深入和发展，地名的应用研究出现了许多可喜的成果，这对于测绘行业的地名工作具有一定的指导意义。但是地名应用的理论研究有待深入，特别是测绘行业的具体地名应用的理论研究还很不完备。这些研究关系到测绘行业地名成果的质量优劣。

在测绘行业内开展地名知识的普及和宣传。由于以往缺少地名知识的普及和宣传，一些与地名有关的测绘人员往往对地名草率从事，致使地名出现了许多不应有的失误和缺漏，影响了地名和测绘成果的质量。由于我国土地辽阔，语言复杂，存在着许多方言和语言差别，因而地名情况是复杂的，地名中有许多方言字、生僻字和地方音。民族地区的地名就更复杂了，如果草率从事不仅不能保证地名质量，而且还会影响民族关系和经济建设。对此可以印发一些有关的地名知识手册，以提高测绘人员的专业素质。

参考文献：

[1] 牛汝辰．从中国地图史看历代地名研究［J］．测绘通报，1986，(6)．

[2] 曾世英．展开地名学的研究为地图生产服务［C］．//一九六二年制图学年会论文选集，北京：中国工业出版社，1964.

[3] 陈述彭．地图学与地名学的先驱（代序）［C］．//曾世英论文选．北京：地图出版社，1989.

[4] 牛汝辰．曾世英与中国现代地名学［J］．地名知识，1987，(1)．

[5] 毛铁．大地之魂——记国家测绘局第一大地测量队［N］．经济日报，1990-04-26.

第二章　命名机理寻规

历代政区命名考察

最初地名的产生过程，往往是一个由客观到主观，再由主观到客观的过程。认识特征，是从客观到主观；在认识的基础上对该地物命名，又是从主观到客观。所以，一个地名，基本上总是包含两方面的因素，一方面是地理因素，另一方面是人和社会的因素。对于同一个地方，不同的人和群体可以有不同的命名。但历史证明：只有那些最符合实际、最能反映地区特征的命名才具有强大的生命力。这就是说，主客观的一致，是我们应该注意的一条地名命名和更名规律。

地名一经产生，它就随着社会的发展日益扩大其影响，并逐步建立其稳定性。虽然社会的变更、大自然的改观有可能引起地名的变化，但社会变更和大自然的改观都不是什么瞬息万变的事，它们都有一个从量变到质变的过程，它们本身具有一定的稳定性。因此，地名的稳定性是有其客观根据的。特别是一些影响广泛、历史悠久的地名，既屡见于各种文献资料之内，又广传于各地人民相互交流之中，要随意打破它的稳定性而加以改名，那就绝不是一件很简单的事。所以，无论新地名的命名，还是旧地名的更改，都应从当地的实际出发，应该尊重历史，应该以历史唯物主义为指导，而不可凭主观意志任意命名或改名。

纵观我国地名变动的历史，其中最突出的就是西汉末年至王莽时期。本文分西汉末、东汉、三国、南北朝、隋代、唐末、清乾隆时期、民国、新中国成立初期和“文化大革命”时期 9 个阶段分别叙述。

一、西汉末年

西汉末年，王莽篡权后，在增设郡县的过程中，至少增加了22郡，616县。而郡的改名，则数字更为惊人。以《汉书·地理志》（以下简称《志》）所记载统计，郡国103，改名75，占73%；县、道、侯国1587，改名730，占46%。其实，这个数字还远远不能反映王莽实际更改地名的情况。因为，第一，王莽的更改地名并非一次性更改，而是“岁复变更，一郡至五易名，而复还其故。”第二，《汉书·地理志》还没有将王莽新增设的22郡、616县记载在内，这些郡县的地名第一次虽然属于命名性质，但由于王莽并不是命名完了就不变更，而是“岁复变更”，所以在那些新增设的郡县中必然也存在着大量的更名现象。[1]

王莽更改地名除了规模大、数量多和非一次性，因而容易引起混乱外，更重要的原因是他完全不顾地名产生的原因，不尊重地名形成的历史，而是随心所欲，主观任意地更改地名。从现存于《汉书·地理志》中王莽所改郡县地名来看，他改地名的方法主要有以下几种：[2]

（1）郡、县改称“亭”“乡”“聚”类

“亭”和“乡”在秦汉时是县下里上的基层行政区域单位；“聚”则是乡、亭以下类似于里的村落组织。王莽时，不仅普遍易改了郡县地名，而且又多以“亭”“乡”“聚”名之。

郡县改称“亭”字者为最多。如东郡曰治亭；郡曰同亭；赵国曰桓亭；栎阳曰师亭等。《汉书·王莽传》：“王莽篡位，郡县以亭为名者360。”今可考者，约有百余。郡县改称“乡”字者也颇多，如河南郡曰保忠信乡；舒曰昆乡；高曰为乡；安丘曰宁乡，等等。见于《志》者有13个。另据《莽传》和《通鉴》卷36胡注，又有“徐乡”“望乡”等不少《志》中未注出者。至于改称“聚”字者也不少，如当涂曰山聚；建成曰多聚；中丘曰直聚；西平曰永聚等，见于《志》者有14个。

（2）用同音、同义或反义字更名类

在所改地名中，非常突出，有不少又是用同音、同义或反义字更名的。同音者如：郜成曰告成；梓橦曰子同；九门曰久门；道人曰道仁，等等，《志》中所注有10多个。用同义字更名者如：漆垣曰漆墙；增地曰增土；安平曰安宁，等等，《志》中所注有15个。至于用反义字者则更多，如符离曰符合；谷远曰谷近；东昏曰东明；无锡曰有锡等，《志》中所注约有40个。

（3）以甲代己与阴阳错乱类

所谓以甲代己，就是把甲地名改称乙地名，乙地名又改成其他类。如武威郡曰张掖，张掖郡曰设屏；齐郡曰济南，济南郡曰乐安等，这样的例子有15对，涉及30余个郡县地名。

另外就是阴阳错乱。我国古代常以江河山川为标志按其方位命名地名，山南水北称“阳”，反之则称“阴”。王莽彻底打破了这一规律，把众多带有“阴”“阳”的地名都进行了变改。如东武阳曰武昌；细阳曰乐庆；华阴曰华坛；淮阴曰嘉信等，都不再称“阴”“阳”。而有些本不称“阴”“阳”的，却又无根据地改称为“阴”“阳”。如河东郡曰兆阳；良乡曰广阳；中邑曰检阴，等等。此外还有两种情况：一是重新更名者，如雒阳曰宜阳；襄阳曰相阳；强阴曰伏阴；圆阴曰方阴等；二是以“阳”为“阴”者，如范阳曰顺阴；泥阳曰泥阴；夕阳曰夕阴；辽阳曰辽阴等。从而打破了这一传统的命名规律。

（4）改称迷信趋吉名称类

在地名改易中，带有迷信色彩、取其吉利之称者也很多。一是带有“符”字者，如沛郡曰吾符；狐奴曰举符；定陶曰迎符；利乡曰章符，等等。《志》中所注有十余个。另据《莽传》和封泥，又有“说符”“降符”等不少未注出者。二是带有其他迷信色彩，如阳石曰识命；白土曰黄土；万年曰异赤；阳寿曰常得，等等。另外又有取其吉利之称的，如曲逆曰顺平；蒲反曰蒲城；新息曰新德；下落曰下忠，等等。

（5）改“新”“成”“信”类

王莽代汉，国号称“新”，故在地名改易中颇多带有褒“新”的色彩。如安汉曰安新；西河郡曰归新；新郪曰新延；淮阳国曰新平，等等。《志》中记载有17个。另据《莽传》又有“嘉新”“褒新”等近十个不见于《志》者。

由于国号又称“新成”，改带“成”字者也不少。如弓高曰乐成；成乡曰顺成；富昌曰富成；祝阿曰安成，等等。《志》中注有近二十个。

另据陈直先生考证，“王莽封爵之号，初名心，改名信，又名新”，故以“心”“信”更名者也相应出现。大抵因为称“心”不长，《志》中不载，《封泥考略》有“心定里”“广心里”等，可能与此相关。至于带“信”字颇多，如千乘郡曰建信；广汉曰广信；襄贲曰章信；辟阳曰乐信，等等，见于《志》者有16个。

（6）改称“善”“美”“德”“义”类

王莽在代汉改制过程中，不仅以阴阳五行说为指导思想，而且还极力推崇儒学，故在地名改易中过程，带有“善”“美”“德”“义”等字样的地名颇多。以“善”字更名者，如南昌曰宜善，等等，《志》中所注约 13 个。以“美”字更名者，如周承休曰嘉美；曲阿曰风美；界休曰界美，等等，《志》中所注约有 7 个。至于用“德”字更名者则更多，如桑乾曰安德；滑盐曰匡德；《志》中所注 20 余个。

另外还有改带“仁”“义”“礼”“孝”等类的，如道人曰道义；祖厉曰乡礼；乌伤曰乌孝；剡曰尽忠；征曰汜爱；蒙阴曰蒙恩；徒经曰廉耻，等等。

（7）改称“治”“安”“顺”“平”类

既然王莽煞费苦心建立了“新”朝，当然希望能长治久安天下顺平，于是在地名中，改带“治”“安”“顺”“平”之类者就很多了。以“治”字更名者如：严道曰严治；故道曰善治；真定曰思治，等等，见于《志》者约 40 个。以“安”字更名者如：阳城曰新安；济南郡曰乐安；杜陵曰饶安；成武曰成安，等等，见于《志》者有 13 个。以“顺”字更名者如：宁阳曰宁顺；犍为郡曰西顺；月氏道曰月顺，《志》中注有 27 个。以“平”字更名者则更多，如曲逆曰顺平；广陵国曰江平；桂阳郡曰南平；北新成曰朔平，等等，《志》中所注有 50 余个。

（8）改称“城”“宁”“翰”“屏”类

王莽在改易地名时曾下诏曰：“粟米之内曰内郡，其外曰近郡。有鄣徼者曰边郡……公作甸服，是为惟城；诸在侯服，是为惟宁；在采、任诸侯，是为惟翰；在宾服，是为惟屏；在揆文教，奋武卫，是为惟垣；在九州之外，是为惟藩：各以其方为称，总为万国焉。”于是改带“城”“宁”“翰”“屏”者便相应出现了。

其中，带“城”字者最多，又细分为两类：一是原带“城”字，仅换个名称，如武城曰桓城；东城曰武城；阜城曰吾城，等等。二是原不称“城”，改称某城的，如粟邑曰粟城；茂陵曰宣城；京陵曰致城，等等。据《地理志》，带“城”字者有 16 个，且大都集中在内郡。至于较远地方，原带“城”字不当的，就改称其他，如济阴郡之鄄城改称鄄良；千乘郡之蓼城改称施武；雁门郡之平城改称平顺，等等，都不再称“城”。

其他，以“宁”字更名者，《志》中注有 12 个，如阴山曰山宁；抚夷曰抚宁，等等。以“翰”字更名者有 5 个，如涿郡曰垣翰；良承曰承翰；广田曰广翰等。以“屏”字更名者有 6 个，如便曰使屏；金城曰金屏，等等。至于“垣”“藩”，当以甚远，《志》中未见改此称者。

（9）改称“睦”“隆”（陆）类

《汉书·王莽传》：“封王氏齐之属为侯，大功为伯，小功为子，缌麻为男，其女皆为任。男以‘睦’、女以‘隆’为号焉。”颜师古注曰：“睦、隆，皆其受封邑之号，取嘉名也。”故改称“睦”“隆”之类的地名颇多。

以“睦”字更名者如：博平曰加睦；平安曰鸿睦；余杭曰进睦；即来曰盛睦，等等，《志》中所注约16个。另据《莽传》和封泥汉印，又有“世睦”“通睦”等不少《志》中未注出者。

至于改称“隆”字者，史不见载。陈直先生据《封泥考略》卷八“厚陆任”“乐陆任”等四封泥，认为“陆任二字连文，而封泥及汉印，不见隆字之封号”，系“隆即陆字之误字”。考《汉书·地理志》，改称“陆”字者颇多。如江陵曰江陆；湖陵曰湖陆；高陵曰蒲陆；杨氏曰功陆，等等，共18个。《汉书·王莽传》称：“今已受茅土……九族之女为任者，八十三人”，故改称“陆”字者也当如其数。

（10）侮辱少数民族、敌视劳动人民类

在地名改易中，非常突出的还有许多带有侮辱、敌视少数民族和汉族劳动人民性质的。

侮辱敌视少数民族者如：临原曰填（镇）夷亭；陇西郡曰厌戎；白狼曰伏狄；平邑曰平胡；宣武曰讨貉；长沙国曰填（镇）蛮；高句丽曰下句骊，等等，《志》中注有近30个。

至于侮辱敌视汉族少数民族劳动人民性质的则更多。如苍松曰射楚；洛都曰卑顺；云中郡曰受降；定襄郡曰得降，等等。另外，还有三种特殊情况：一是带“虏”字者大量出现，如曲江曰除虏；阴平道曰摧虏；交黎曰禽虏；广成曰平虏，等等，《志》中注有20多个。二是带“临”字者，大多改称“监”字。如临晋曰监晋；临朐曰监朐；临邛曰监邛；临河曰监河，等等，这样的例子有10多个。三是带“武”字者增多。如阳乡曰章武；临戎曰推武；蓼城曰施武；海盐曰展武，等等，仅《志》中所注就有26个。

除了上述主要10类，另如“分三辅为六尉郡，河东、河内、弘农、河南、颍川、南阳为六队郡”，“常安西都曰六乡，众县曰六尉，义阳东都曰六州，众县曰六队”等等，也都有一定的规律可循。

那么说它有一定规律，是否就否定由改易地名而引起的极大混乱呢？不是，因为王莽所遵循的这些规律，所起的作用都是消极的，不符合地名命名、更名不断求稳、求实的历史发展趋势，加上打乱行政区划，普易遍改，“岁复变更”，有的地名甚至“五易名”，给社会带来的后果是不可名状的，以至于“吏民不能纪，每下诏书，辄系其故名”。如制诏陈留大尹、太尉曰：“其以益岁以南付新平。新平，故淮阳。以雍丘以东付陈定。陈定，故梁郡。以封丘以东付治亭。治亭，故东郡。以陈留以西付祈遂。祈遂，故荥阳。"等等，"其号令变易，皆此类也"。这说明改易地名，不仅给人民生活带来了诸多不便，而且给官方文书的上传下达也带来了极大困难。[3]

但是从主观上来看，王莽遵循这些特定规律来改易地名，却是有其政治野心的，是为代汉改制和巩固新朝的统治服务的，是有一定的指导思想和理论根据的。

（1）这些更名规律的形成，与王莽以阴阳五行说为指导思想，大肆宣扬符命符瑞，为其代汉制造舆论是密切相关的。如改为带"符"字等迷信色彩类，取其吉利之称类，就是突出的例证。由于沛、丰为汉高祖帝乡，应"天子气"兴，于是便改称"吾符""吾丰"；由于汉为火德，尚赤，王莽代汉，以"赤世计尽""黄德当兴"，于是便改称"黄土""民赤"；由于"安汉""新息"不太吉利，于是遂改为"安新""新德"，等等，无不与符命符瑞有关。又如以"亭"字更名类，与此也有着密切的关系。《汉书·王莽传》："郡县以亭为名者三百六十，以应符命文也。""符命文"者何，不得而知，但都是荒唐绝伦、离奇怪诞之属却是可以肯定的。始建国元年，王莽遣王奇等"颁《符命》四十二篇于天下"，"普天之下，迄于四表，靡所不至"，所讲都是符命符瑞。如钻井得石，文曰"告安汉公莽为皇帝"；临淄县昌兴亭长一暮数梦，天公使曰"摄皇帝当为真"，等等。"其文尔雅依托，皆为作说，大归言莽当代汉有天下云"，"应符命文"来改易地名，当然也不可能例外。

（2）上述更名规律的形成，与王莽极力推崇儒学，以正名正言、巩固新朝的思想统治，也是分不开的。王莽代汉，在当时来说，是不符合人们的"正统"观念的，大有"名不正则言不顺，言不顺则事不成"之嫌，因此摆在他面前的首要问题就是"正名"。在代汉过程中，王莽之所以极力宣扬符命符瑞，实际上就是为了"正名"，只不过借用阴阳五行说为其依据，是"正名"的另一种手段而已。而以儒家思想为依据的正名，则是借助政治手段和"德""礼"而进行的。

在地名改易中，王莽把众多的郡县改称"新""成""信"类和"治""安""顺""平"类，实际都是以政治手段来"正名"。在他的心目中，诸如"安汉""广汉"等地名，都已成了过时之物，所有臣民都应改旗易帜，"安新""归新"，"顺成""乐信"，理所当然地听命于他的统治。他建立的新朝是"圣明"的，通过"善治""思治""严治"，人民就会"常安""乐安"，"卑顺""宁顺"，新朝就会"守平""昌平""延平""长平"。于是诸多的"新""成""治""平"之类，便都自然形成了更名规律。当然要长治久安，天下顺平，仅靠一道政令不行，还须施之以“监”，展之以“武”，对不愿俯首听命的“胡虏猾夏”，“讨”之，“伐”之，“摧”之，“除”之，或以严刑峻法“投诸四裔，以御魑魅”，于是那些侮辱敌视各族人民性质的地名，便自然而然地出现了。

至于借助“德”“礼”以正名正言，也同样不可忽视。这不仅因为汉末儒学已形成“人识君臣父子之纲，家知违邪归正之路”的社会风尚，打出这个旗号可以帮他正名正言；而且它还是高于“政”“刑”的首要统治手段。孔子云：“道之以政，齐之以刑，民免而无耻；道之以德，齐之以礼，有耻且格。”因此这一思想反映到地名改易中，大批的“德”“义”“善”“美”之类，也便自然形成了它的规律。

（3）上述更名规律的形成，与王莽宣扬复古主义，以此为依据托古改制也有着密切关系。在王莽改制的各个方面，可以说基本都是托古而来的，如本《周礼》行“王田”“私属”制；据《周礼》《乐语》开赊贷、立五均、设六；依《周礼》《王制》改易官制官名，等等，无不与周礼古制有关。而改易地名也同样如此，如改带“城”“宁”“翰”“屏”类，就是以《诗·大雅·板》之篇为据的。班固云：“昔周监于二代，三圣制法，立爵五等，封国八百，同姓五十有余。周公康叔建于鲁卫，各数百里，太公于齐，亦五侯九伯之地。《诗》载其制曰：‘介人惟潘，大师惟垣。大邦惟屏，大宗惟翰。怀德惟宁，宗子惟城，毋独斯畏。’所以亲亲贤贤，褒表功德，关诸盛衰，深根固本，为不可拔者也。”显而易见，王莽所说恰是西周分封制的翻版。至于“甸服”“侯服”“宾服”等，“各以其方为称”，实际也是托周制而来。《国语·周语》：“夫先王之制，邦内甸服，邦外侯服，侯、卫宾服，蛮夷要服，戎狄荒服。”可见和我国奴隶制国家组织的一般情况六服古制相关，王莽照此统统搬来。至于改带“睦”“隆”之类，更是和古代宗法制度相联系的。宗法制在父权家长制基础上不断扩大发展而来，由它构成了奴隶主贵族的等级阶梯，成为我国奴隶社会基本的政治制度。至西周时期，得到充分发展，达到了完备的程度。

依照宗法制度的组织形式，天子既是天下最高的统治者，又是全体姬姓宗族的“大宗”，他既代表社稷，又主持宗庙祭祀，掌握全国最高的政权和族权。同时，以周王为首的姬姓贵族，在奴隶主贵族阶级中又占据着首要地位。荀子称，周初“立七十一国，姬姓独居五十三人”。《左传》云：“昔武王克商，光有天下，其兄弟之国者，十有五人；姬姓之国者，四十人，皆举亲也。”从而按照亲疏尊卑形成了严密的以血缘关系为基础的贵族制政体。王莽以此为依据，大封其王氏宗族之属，正是借宗法之制来扩大其统治基础。在地名改易中，所谓“男以‘睦’、女以‘隆’为号”者，基本都是他的同宗。这不仅包括姚、妫、陈、田、王之同宗男性，而且还大封了众多的以“任”为爵号的同宗女性。王莽云：“自黄帝至于济南伯王，而祖世之姓有五矣……虞帝之先，受姓曰姚，其在陶唐曰妫，在周曰陈，在齐曰田，在济南曰王。”“姚、妫、陈、田、王氏凡五姓者，皆黄虞苗裔，予之民族也……其令天下上此五姓名籍于秩宗，皆以为宗室。”可见将封号与地名结合在一起形成诸多带有“睦”“陆”字眼的地名，都是与宗法制密切相关的。这和其他改制一样，同样带有浓厚的复古主义色彩。

（4）上述更名规律的形成，又是当时阶级、民族矛盾日益尖锐的客观反映和产物。对于周边各族，王莽代汉之前，为博取“万国来朝”的美名，为其代汉制造声势，曾以各种欺骗手段加以利用。如令塞外蛮夷越裳氏重译献白雉，以应“周成白雉之瑞”，示与周公“千载同符”；遣使者赍黄金币帛重赂匈奴单于，使上言“慕从圣制”“称莽功德”，等等，都是其突出例证，但代汉之后就完全不同了。首先他以“天无二日，土无二王”之“百王不易之道”，及四夷称王“违于古典，缪于一统”之名，“尽改其王为侯”，接着又对其国号、印玺等进行了贬低侮辱性的更改，从而引起各族人民的强烈反抗，王莽也因此挑起一连串的民族战争。就是在这种情况下，大批的“填夷”“伐戎”“平胡”“伏狄”等地名，便也随之出现了。

同时，王莽对广大汉族人民也同样持敌对态度。代汉之前，他对前朝的制度和政策曾给予了极为中肯的批评和揭露，也一时骗取了广泛的拥护和支持，从而使他顺利完成了代汉的全过程，但是代汉之后，却又以不切实际的空洞幻想，推行了一系列不符合客观规律甚至荒谬绝伦的“改革”。虽然有些措施触及了社会的重大问题，但是由于制度本身的弊病，并未成为维系新莽政权的纽带，反而被迅速淹没在愤怒的声浪中了。他蛮干的结果，是既打击了富商大贾，更害苦了劳动人民，从而“农商失业，食货俱废”，“富者不得自保，贫者无以自存”，社会危机日益严重，农民起义不断爆发。而对于此，王莽除日夜坐守“威斗”，做着“天生德于予，汉兵其如予何”的美梦外，就是一律施之以“武”。以地名改易中，诸如“展武”“推武”“除虏”“摧虏”“监晋”“监朐”等新地名，就正是在这个过程中随之出现的。在这里，每一个地名的更改，都标志着一场你死我活的厮杀。

总之，王莽的改易地名，绝不是单纯地改换一下地理名称，也绝不是某些机械规律的拼凑组合，而是在特定的历史条件下出现的，是有一定的指导思想和理论根据的，是和代汉、改制以及巩固新王朝的政治统治有着密切关系的。它不仅从一个侧面反映了王莽代汉改制中极其矛盾的复杂心理，反映了总体改制的政治倾向和思想动态；而且也反映了由改制带来的各种矛盾和社会后果，反映了这个时代风云多变的基本趋势和走向。因此，具体深入地探讨这一问题，绝不是可有可无的，而是研究王莽及其改制不可忽视的重要方面。

王莽变更地名，还有其他诸弊：[4]

（1）宣扬大民族主义，招致少数民族背叛。西汉王朝自汉武帝“攘却胡越，开地斥境”，直到汉宣帝以后，边境安宁，经济文化交流频繁。王莽称帝后下诏说：“天无二日，土无二王，百王不易之道也。汉氏诸侯或称王，至于四夷迹如之，违于古典，缪于一统。其定诸侯王之号皆称公及四夷僭号称王者，皆更为侯。”他改匈奴单于为“降奴服于”，贬西域诸国王为侯，改高句丽为下句骊，还兴师出击，这在称帝前即已开始。在地名变更上，采用虏、夷、狄、胡、蛮等贬义字。

（2）失去地名具有历史佐证的意义。地名是人类社会发展的历史产物，它常是自然或社会变迁的“化石”。王莽更改地名，常将一些具有历史佐证意义的地名，改得失去了作为“佐证”的功能。如汝南郡新息县，被改成“新德”县。新息一名源于古息国，后东徙，故加一新字。改为新德，原委就不明了。又如常山郡，原名恒山，因恒山在西而得名，后为避文帝讳，改名常山，王莽再改为“井关”，就失去原来的意义了。

（3）失去地名具有的示位功能。“水北为阳”是我国早在西周时代即被采用的地名命名原则之一，最易明确一个地区的地理位置。如南阳郡湟阳县及辽东郡辽阳县，分别因在湟水及辽水之阳而得名。王莽分别改名“厉信及辽阴”，示位功能就失去了。又如九江郡曲阳县，因位淮曲之阳而得名，王莽改为“延平亭”，也是失去了示位的意义。再如“水南为阴”是相对于“水北为阳”的又一命名原则。平原郡漯阴县，因位漯水之南而得名，王莽却改为“异成”，失去了原地名的功能。

（4）同音同义字的更替多非必要。地名对社会生活具有广泛的影响，汉字是具有形、音、义的单音节方块字，同音、同义及形似的字是相当多的。作为地名符号，这就要求明确、稳定。音同字同（异地同名或一名数地）固应避免；而无意义的更改，也违反地名应具稳定性的要求。王莽用同音和同义字更易原地名，大量的是不必要的同义字，如江陵为江陆（易“陵”为“陆”），临沅为监沅（易“临”为“监”），等等。同音字如九门为久门（易

“九”为“久”），大陵为大宁（易“陵”为“宁”），等等。所易的原字，也并非冷僻难以辨认的字。

王莽称帝后，《汉书·王莽传》中说他：由于“奋其威诈，滔天虐民，穷凶极恶性，毒流诸夏，乱延蛮貉……是以四海之内，嚣然丧其乐生之心，中外愤怨，远近俱发，城池不守，肢体分裂”，王莽也被农民起义军砍去了脑袋，新王朝从此覆灭。王莽当政时所更换的郡县名称，也就成了历史上的陈迹。王莽被诛9年后出生班固，在他所撰的《汉书·地理志》中，把王莽所变更的地名归入沿革之列，固然出于政治上的原因，但所变更的地名之不具备地名的功能性，也是另一重要原因。1900多年后，臧励和编辑《中国古今地名大辞典》（商务印书馆出版，1931年）时，对“王莽篡汉”，“尽易天下郡县名号……概不羼入”。这也足以说明王莽所更改的地名，在后世并未产生什么影响。

二、东汉

东汉始建于公元25年，终止于220年，是王莽新朝后由刘秀创建的多民族统一王朝，疆域大体同于西汉。此朝在地名管理方面做了大量的工作，呈现如下特点：[5]

1. 消除前朝弊端，调整聚落分布，加强政区管理

刘秀以灭新兴汉为己任，在他的心目中，能昭前业曰光，克定祸乱曰武。为此，一当他夙愿得偿即定帝号为光武，定年号为建武。他通过连年的征战讨伐，先后平定了渔阳、秦郡、睢阳、淮南、陇蜀的割据势力，于建武十一年（36）剪灭公孙盛，完成了多民族统一大业。统一以后，为稳定政权，他采取了一系列措施。首先是增邑更封，分别将28名将领封为列侯，365名功臣封为侯，令其大者食邑4县，小者食数百户，使上层统治者得到安置。继而，他在体制上设台、曹进行管理，并着手消除前朝地名管理存在的弊端。对地方，他吸收秦郡县制、西汉初期郡国制、中期州郡制之所长，创建了符合自己意图的州、郡（国）制，州正式成为行政区划单位。分全国为12州、1司隶，下设106郡（国），郡（国）下设县。同时进行了以裁并为主的郡县整顿，先后撤郡国10，撤县、邑、道、侯国400余处（约占总县数的三分之一），从而基本上解决了王莽造成的地名混乱。接着，他大力调整政区设置和聚落分布，于建武十年（34）省定襄郡，徙民于西河；建武十二年（36）省金城郡，属陇西；建武十三年省并西京十三国，省五原郡，徙其人置河东；

建武十四年（38），徙雁门、代郡、上谷民置常山关、居庸关以东。使政区地名明显减少。到安帝继位（107），地名管理才基本结束以撤并为主的局面，一些省撤的县、郡又逐渐恢复，政区地名数量有所回升。据统计，顺帝时，郡国数量达到150，县、邑、道、侯国达到1180；桓帝时这些郡县辖乡36682，亭12442个。

2. 颜色、数字受到推崇，影响了地名命名意识

东汉初年，残存着绿林、赤眉、铜马三支起义军。绿林推崇绿色，以绿林山为根据地，活跃在今湖北、河南一带。绿，分离于黑、白、赤三色之外，表现了农民意识、观念。赤眉军崇赤，坚持赤统，将眉毛染成赤色。铜马军崇金，也包含着色彩观念。他们用色彩诉诸情感，反映自己的兴趣追求，并形成命名意识，影响了地理实体的命名。后来，起义被旧贵族利用，但色彩观念对地名命名的影响并未消失，玄菟郡、卢奴县、绿林山、白马寺的命名便是实例。

谶纬是一种宗教迷信，盛行于东汉时期。民间普遍兴起了预卜吉凶的习惯，举凡政事、地物、人事均附会天象、灾害，地名亦被蒙上神秘色彩。金、木、水、火、土、仁、义、礼、智、信等字词在地名命名中被大量使用。佛教也开始影响地名，洛阳出现了第一座专门传授佛经的寺院——白马寺。佛语的词汇开始流传于上层社会和民间。人们把一些佛语与地理实体结合，表现于地名命名中。据统计，流传的佛语词汇主要有佛、浮屠、菩萨、罗汉、塔、魔、刹、阎罗、夜叉、僧、檀越、金刚、如来、净土、净觉等。道教的天师、太平等词语及传道场所也影响了地名词汇。还有五斗米道推崇数字“五”，地名命名中也开始使用数字。

3. 避讳、崇尚增多，意愿地名发展

王莽新朝时期，大量使用意愿理想词汇命名地名，使意愿地名出现了高峰。东汉建朝以后，虽然更改一批王莽时期的地名，但此种地名方法仍被使用。不过，不再是随意的、临时性的，而多为缘事而发，这明显地有别于王莽新朝。其突出表现是，避讳风行。如光武帝时讳秀、孝灵帝时讳宏、孝献帝时讳协、孝殇帝时讳隆、孝安帝时讳祜、孝顺帝时讳保、孝冲帝时讳炳、孝质帝时讳缵、孝桓帝时讳志，等等。他们不仅崇“孝”，而且认为，聪明睿智曰献，克敌服远曰桓，忠正无邪为质，所以乐于使用这些字命名帝名或其他。东汉因避讳而形成的崇尚风，远为前朝所不及。从命名看，东汉时期崇尚永、宁、和、建、武、孝、兴、平、康、安等字词。反映到地名上，有安熹、乐平、高平、永昌、重安、汉宁、武陵、汉寿、永宁等。避讳、崇尚影响于地名命名、丰富了地名景观。

4. 部分通名弱化、重叠，多民族语地名景观初步形成

东汉时期，注意同边境少数民族的交往，多民族友好初步形成。据统计，在汉族居住的周边地区，当时生活着14夷：1蛮、4羌、22西域、1乌桓、2鲜卑和1个外匈奴政权。夷有东夷、西南夷之分。上述民族区地名多用本民族语言命名。少数民族与汉族人混居地区的地名情况较为复杂。汉民族区实行的是州、郡、国、县、乡、亭的行政区划制，在少数民族地区则设置诸如护羌都尉，护乌桓校尉，以保护少数民族的安全。多民族的交往，形成了多民族语的地名景观雏形。这一景观有许多特点。州专名中多用“右”字，如右州、右幽州、右并州、右凉州、右益州、右扬州、右荆州、右青州、右徐州、右冀州、右豫州、右司隶，全为三音节形式。从名称上看此为建安十八年（213）省州并郡的产物，“复禹贡九州”，地名是其着眼点，说明当时存在复古思潮。复古成为景观地名中的一个重要特征。少数民族语地名融入汉民族语地名中，成为景观地名中的又一个特征。

地名命名实践的反复，影响了地名词汇的稳定，也使部分专门用来表示类别的通名出现弱化现象。如国字，不再表示政区，而成为地名专名用字，或成为聚落地名通名用字。通名的弱化及连用使地名词呈现通名重叠现象。如益州郡的州字不再表示政区，而成为聚落通名或专名用字。这是由于军事战争、地名更改、撤并、重新命名造成的。通名字的连用，大致有三种重叠形式——政区通名重叠、自然通名重叠、混合交叉重叠。从形式上说也可以称之为双层重叠或三层重叠。安帝元初二年（115），分西平之都乡封广德第冉德为都乡侯，地名中出现了通名重叠现象。都乡国、山都县、江州县、津乡县等地名均由三个通名构成，前两个弱化的通名是专名，后一个没弱化的是现实的通名。这种现象我们称之为三层重叠。而江州、关州、益州郡均由两个通名构成，我们称之为二层重叠。二层重叠、三层重叠是东汉地名景观的又一个特色。

在使用习惯上，称说三音节地名时往往省略通名，称说双音节地名时则不省略通名，这是东汉地名使用的一个特点。这样称说，使行文具有整齐美。在地名音节上，东汉时期已经成熟，不再有单音节地名词命名，也很少命名多音节地名词。地名词的音节基本上开始稳定在双音节和三音节上。这对地名工作的影响是深远的，也成为汉语地名景观的又一特征。

东汉时期在地名词的选用上，已开始注意用韵，即选择那些音响效果好的词汇。如上林苑、长利苑、高望苑、始昌苑、汉平苑、开阳苑的音调升降起伏，协调舒缓，很具有韵味。这一变化反映出地名实践正在突破原有限制和樊篱。双音节、三音节的交错使用具备了长短形式的参差美；三音节、双音节单独使用，具备了整齐划一的整齐美。一些单音节地名如兖、清、厝、狄、索相继改为考城、乐平、甘陵、临济、汉寿，有利于审美意识的形成和发展。这是地名景观的又一特点。

三、三国

魏、蜀、吴三国鼎立时期，共有84年时间。大致可以分成军事割据、三国鼎立两个阶段。政治、经济、文化的一系列变化，冲击着东汉王朝时期形成的地名景观。政区地名管理失控、经济地名空前发展使地名管理呈现出新的特色。政区地名更名的特点如下。[6]

1. 政区地名不断调整

分置、合并、撤销、更名、侨置改变了旧政区地名景观，成为政区地名管理的基本形式。

建安二十五年（220），曹丕废献帝自立，改东汉为魏，定都洛阳。北方形成统一。魏的疆域大致在司隶、兖、豫、青、徐、冀、并、幽、雍、凉、秦州及荆、扬二州一部分之间，共13州93郡。229年，孙权建吴国，定都建业。统治范围有交、广二州及荆州、扬州的大部。221年，刘备建汉，定都成都，统治范围有益、梁二州。三国鼎立结束了拥兵自立，政区开始稳定，管理相应加强。魏、汉（蜀）、吴的建立标志着军事割据的结束，军事割据区向政区演变的实现。一些本来不知名的地名成为知名地名，甚至超过旧政区的统治中心，但新政区仍受军事斗争制约。洛阳、建业、成都及魏、吴、汉（蜀）三都三国，构成管理的三个中心。地名景观受各自政治、经济、文化、军事因素影响发展着。分置、合并、撤销、侨置、更名为地名管理的加强创造了条件。这些形式既继承了历代管理的传统，又有所创新。

分置导致政区地名增多。魏较多，吴次之，蜀又次之。在魏，建安十八年分魏郡为东西两部，置都尉；建安二十年分汉中之安阳、西城为西城郡；分锡，上庸郡为都尉；分巴郡置巴西县；黄初三年（222），以荆、扬、江、表八郡为荆州；荆州江北诸郡为郢州；太和二年（228）分新城、上庸、武陵、巫县为上庸郡；景初元年（239）分魏兴之魏阳、锡郡之安当、上庸为上庸郡；正始五年（244）分河东之汾北十县为平阳郡；甘露四年（259）分新城郡置上庸郡；景元四年（264）分益州为梁州，分广至县置宜禾县。政区的分置造成辖地面积的缩小、变化，尤其是上庸郡变化十分复杂。在吴国，分日南郡置九德郡，分交趾郡置新兴郡，分零陵郡置始安郡，分合浦郡之合浦县置高凉郡，分苍梧郡置临贺郡，郡的数量明显增多。在蜀国，分广汉县置梓潼县，县的数量增多。

合并导致政区地名减少。建安十一年（206），割东海之襄贲、郯、戚置琅琊；十七年（212），割河内之荡阴、朝歌、林虑，安郡之卫国、屯丘、东武阳、发干、钜鹿之陶、曲周、南各，广平之任城，赵之襄国、邯郸、易阳置魏郡；建安二十年（215），云中、定襄、五原、朔方郡合并为新兴郡；景初六年，襄阳、临沮、宜城、阳、邔四县置襄南都尉；并沛国、萧、相、竹邑、符离、蕲、銍、龙亢、山桑、虹十县为汝阴县；并沛、抒秋、公丘、澎城丰国、广戚五县析沛王国；望海县、封溪县并为武平郡。

撤销更名和侨置导致政区地名的混乱。咸熙元年（264），改桐乡为闻喜，改新乡为获嘉，更秦国为京兆郡，更许为许昌，等等。侨置是三国时期地名管理中新出现的政区现象，对晋代影响很大。在齐郡之西安、临、昌国县内置新汶县、南丰县，以居辽东汶县、北丰县之流民，齐郡有了侨置县新汶和南丰。在日南郡立朱吾县，在番禺县置东官。侨置这种方法适应了战乱这一特殊时期的需要，有利于团结人民，扩大自己的势力，但造成了政区地名管理的混乱。

在政区调整过程中，地理实体的命名方法也是复杂多变的。许县更名许昌、雒阳更为洛阳，属意愿命名。汉代时洛阳称雒阳，因汉推崇五行之火，火忌水，故洛阳被更为雒阳；魏推崇五行之土，水得土而乃流，土得水而流，故雒阳又改为洛阳，意愿的变化反映出命名观念的不一致。将魏郡分为魏东都尉、汝阴县等采用方位命名法。更秦国为京兆郡、建琅琊郡和魏郡属借用命名法，即借用旧政区名称。朱吾县以图腾名之，沛王国以职官名之；侨置的汶县、北丰县以新汶、南丰名之，等等，使命名方法呈现出多样化。县名升郡名，郡名改县名，通名发生变化也屡见不鲜。“郡、国、县、道多所置省，俄而还复”成为政区管理的特征。使地名词时废时兴，时用时罢。

2. 少数民族语地名融入汉语地名群中

三国时期是地名语种交融的重要时期。在内部，方言得以广泛流传，保持着双音节、三音节结构形式；在外部民族语大量被汉语吸收，成为词汇的重要组成部分。乌丸是东湖一支，因乌丸山得名；自云中、五原以东抵辽水皆为鲜卑庭。太祖平河北、鲜卑、乌丸归附，持汉节。魏建校尉治理。乌丸语、鲜卑语同汉语处在交融中。地名词形成了专名用民族语，通名用汉语的结构形式。建武二十五年（49），乌丸居塞内，辽东属国、辽西、右北平、渔阳、广阳、上谷、代郡、雁门、太原、朔方诸郡内有乌丸地名词。后匈奴降，乌丸北迁塞外，地名词也出现北移现象。夫余国喜欢以六畜名官，马、牛、猪、狗等为十二生肖地名的出现奠定了社会基础。夫余尚白，喜欢用白命名。挹娄处山林之间，常穴居。高句丽都于丸都，随山谷为居，食涧水，无良田，好治宫室，言语与夫余同；分涓奴部、绝奴部、顺奴部、灌奴部、桂娄部。夫余语也影响着地名命名。如高句丽筑小城置朝服衣帻其中，称帻沟。帻沟为高句丽的名城。国中邑落，无大仓库，家家有小仓，名之桴京。鲜卑因鲜卑山而名，汉字传入后，被使用。命名喜欢用人名名之，素利、弥加、厥机均为部落名称。弁、辰、合24国，城郭杂处，言语相似。有户路国、州鲜国、弁辰狗邪国、弁辰走漕马国、弁辰安邪国、弁辰渎卢国、伏由国等。倭在海中，依山岛为国邑，约百余国，如狗邪国、瀚海末卢国、伊都国、奴国、对马国、投马国、邪马壹国、弥奴国、好古都国、不呼国、姐奴国、对苏国、苏奴国、呼邑国、华奴苏奴国、鬼国、为吾国、邪马国、躬臣国、巴利国、支惟国、乌奴国、狗奴国等。这些地名词均吸收了民族语，并用汉字直译，与通名“国”字结合，形成民族语地名词的基本结构及形式。音节由于音译，故呈现出多音节化倾向，这成为汉语吸收外来语地名词的基本形式，对后代影响很大。

民族语地名被汉语地名词汇吸收，造成了地名景观的复杂化，但它能够反映出民族及使用民族语的基本情况。特别是读音的保留，呈现出汉语地名词的多语种融合特点。从分布看，民族语地名词呈现出从中原向外逐渐增多的规律，说明民族同化最初是在边界一带进行的。从构词看，民族语地名词专名多用民族语，通名多用汉语。民族语与汉语组合并用汉字书写是三国时地名景观中出现的特色之一。

在民族同化中，有一些民族是因服色而命名的。以服色命名的习惯影响了汉语地名词的命名。一些民族还同时使用几个名称，如车离国，一名礼惟特，一名沛隶国；盘越国又名汉越国。由于两汉对西域少数民族的管理，西域的民族同化比较早。地名词的音节基本形成了双音节或三音节形式；戎卢国、插弥国、天竺国、大夏国、琴国、捐毒国、渠沙国、莎车国、大宛国、安息国、龟兹国、条支国、大秦国等均是。命名显然受到汉民族的影响。结构也基本稳定，使用汉语通名了。民族语地名被汉语地名吸收，形成与汉语地名词相适应的结构形式，从而使汉语地名景观变得更加丰富、更加绚丽、更加多姿。

四、南北朝

南北朝始于420年刘裕建宋，共计169年。南朝经历了宋、齐、梁、陈4个政权，北朝经历了十六国后期、北魏、东魏、西魏、北齐、北周等政权。南北对峙。在地名管理上，自然地名、社会地名、专业地名的门类逐渐分化。政区基本稳定在州、郡、县三级，数量呈增加趋势，前期州总数有五六十个，后期达到三百多个，净增四五倍。控制侨置、承认包荫区为政区管理上采用的主要政策，政区地名增加、重名减少构成主要特点。玄、佛、道、儒、史、地、文等文化的发展，丰富了地名命名意识，使自然地名普遍受到重视。《水经注》《洛阳伽蓝记》为地名学较有成就的专著，前者用"注"的形式记录自然地理实体及其社会环境，丰富了研究手段；后者用"记"的形式记述城市景观也具有开创性。两者将地理实体、地方文化、地名之间的关系给予揭示，形成地名文化的重要源头。总之，南北朝时期地名管理特色有以下几点：[7]

1. 南北分治，政权更迭，政区数量增多，领属范围不断变化

包荫区演变成政区，更新了地名的宗法观念。北齐、北周相继整顿政区，地名管理相对加强。

南北分治、政权更迭是南北朝时期管理上突出的特点，因此造成了地名多中心管理的现象。在南朝，宋、齐、梁、陈以及吴、汉政权不断改变名称，致使建康、钱塘、汉陵、巴蜀、广固、长安、杭州相继为都，形成不同的管理中心。

从南北朝地名管理看，基本实行州、郡、县三级，此外有军、府、镇、成、乡、党、里、幢等建制，通名呈多样化，对后代影响很大。在地名语种上呈现出多语种并存和汉化趋势，音节向两音节、三音节凝缩；专名或沿袭或创新，用字多呈阶段性特征，如武定年间多用武、定、安、平、武州、武昌、灵武、武康、武平、武原、武定、服武、永定、广安、建安、新安、安远、安流、安乐、安平、初平等字；永安年间多用方位词命名。在政区名称与治所关系上，常常是政区名与治所名不一致，如栾城县不治栾城而治关城，成平县不治成平城而治京城……在命名形式上，南北朝时期分成赐名、封名、更名、复名、除名、俗名几种；在更名形式上，南北朝时期形成讳改、谥改、徙改几种；命名、更名特点的丰富造成命名流派思想的复杂。"信义为本、穷极华盛"为一种，"继天立称、终始绝名”为一种，“尊君卑臣、尊古贬今”为一种，“劝善惩恶，草本有心”为一种，命名主张十分丰富，地名景观格外多彩。割据分裂了政区，边界也出现了规律组合，有了界、关之分，关一般在界内，沿边分布，老关在外，新关在内，军事扩张胜利则相反，老关在内，新关在外；军事行动失利，老关在外，新关在内，边界内移。关的分布、迁徙大体可以揭示边界是否稳定。界、关、城、军、营、屯、阵、堡、垒、壁、烽、坞、亭、驿等的组合，构成沿边通名景观角度区域特征。此外，整顿同名州、郡、县也很有成就，如改安州为钦州、黄州为峰州、利州为智州、东宁州为融州……这有利于交往使用，国家的统一，也反映出地名管理的加强。

2. 多语种地名并存并有汉化趋势

南北朝初期，汉族区域南北分治，少数民族区域不领属，语种使用极不统一，这极不利于交往。据资料统计，仅南朝除汉族外就有蛮、僚、俚、巴、蜀、楚、越、豁、蜒等民族存在；而北朝除汉族外，黄河流域及长城内外生活着鲜卑、匈奴、羯、氐、羌、丁零、山胡、卢水胡、契胡、焉耆胡；东北地区有库莫奚、契丹、室韦、乌洛侯、豆莫娄、勿吉、地豆于；北方有柔然、高车、突厥；西北地区有龟兹、康居、于阗、乌孙、疏勒、月氏、鄯善、车师；西南地区有仇池氏、邓至、宕昌羌、吐谷浑、女国、附国等，其中有些民族如柔然、敕勒、吐谷浑、蛮曾举族投附或迁徙中原，语言使用极其复杂，语言不一成为普遍问题。汉人逃役、商人往来、蛮人举兵、汉族统治少数民族、少数民族统治汉人……有意无意地曾改变着语种，融合着各地语言和习俗。各少数民族从山岭、川洞陆续出居平原后，地名转译、称说、模仿、书写在无统一标准下进行，一地多音、一名多写、多称现象相当普遍。485 年，孝文帝实行汉化政策，诏断诸北语，以同正音，语言改革冲击了地名管理，地名正字正音促进了地名标准化。禁用鲜卑语，改鲜卑旧姓，推动了民族融合，地名统一称谓，也使地名语词的音节缩短，同汉民族称说书写习惯一致起来。其中最有成就者当属改姓氏。据统计，共有 99 个鲜卑旧姓改为汉姓，主要采用旧姓中的一音、一字、同音、近音字替代的方法，如纥骨氏定为胡氏、拓跋氏定为元氏、丘穆氏定为穆氏、步陆氏定为陆氏、伊娄氏定为伊氏、丘敦氏定为丘氏、刘孤氏定为刘氏、贺楼氏定为楼（娄）……成为鲜卑族新姓，音节普遍缩短，与汉姓无甚区别，与旧姓相应的地名也同样处理，“正音”取得可喜成果。在改姓的基础上北魏又定氏，规定门第等级，其中元氏门第最高，穆、陆、贺、刘、楼（娄）、于、稽、尉八姓次之，相当于汉姓的崔、卢、李、郑四姓门第，从而形成新的宗法观念，推动着地名命名意识的发展，影响着姓氏地名之间的关系。姓氏地名如元氏县、尉氏县、卢氏县、寄氏县、冀氏县、端氏县、已氏县、猗氏县、北猗氏县、乘氏县。

梵语是影响地名景观的一种外来语。南北朝时期，由于佛教的发展，梵语也被大量吸收，成为地名用字的成分。据文献记载，汉语地名中吸收的梵语，已大多数形成转译后的汉语词汇，主要有佛、浮屠、菩萨、罗汉、塔、魔、刹、袈裟、因缘、阎罗、夜叉、僧、檀越、伽蓝、金刚、如来、慈悲、净土、升天、净宽、解脱、沙门、圆寂、超度等，许多都有了正音形式。这些词宣传的是佛教经义，也反映了汉民族当时的思想寄托。从正音看，它们或为音译或为意译，成为汉语吸收外来语的两种基本方法。如浮屠，“其来转二音”，音译造成浮屠、浮图、佛佗并存，有了浮屠山、浮图山、佛佗山不同写法，正音后写作浮屠山；意译“则谓净宽”，言“咸秽成明”。沙门也是如此，音译为沙门、桑门，意译“总谓元僧”。塔音译为苏堵坡、卒堵波，意译则为塔。一语多种形式，也说明了正音还不彻底，标准化程度还不高。

民族习惯无不影响命名。频繁交往造成界限模糊，你中有我，我中有你，错综复杂。逐渐有了民族语专名加汉语通名的结构形式，这也是正音后出现的一种现象。西域的鄯善国、且末国、于阗国、悉居半国、权于摩国、车师国、且弥国、焉耆国、龟兹国、姑墨国、乌孙国、疏勒国、悦般国、者至拔国、迷密国、悉万斤国、忸密国、破洛那国、栗特国、伏卢尼国、伏卢尼城、色加显城、伽色尼城、薄知城、牟知城、阿弗太汗城、波萝城、护澡城、树枝水、居药杀水、萨宝水、计戍水、赤水、盐奇水、那密水、独莫水、阿辅水、处折水、独洛水、计式水、达利水、乌浒水、交河、安页根河等，都具备这种结构，说明各民族语地名已经受到正音影响，反映出中原对周围地域的认识程度正在强化。对整个西域的初步划分无疑说明地名管理的视野正在向域外发展。当时按自然地理实体对西域划分为四块：其一为葱岭、流沙间；其二为葱岭、海曲间；其三为者舌、月氏间；其四为两海间水泽南。交往路线也增至四条——道路名称处于萌芽中，采用沿途地名记之。一些学者在分析中国地名时指出，已经成南染吴越、北杂夷虏的特征，这一特征正是正音的影响。大量的民族语成分开始汇集到汉语地名中。“头”本是少数民族对某些官吏的俗称，管仓库的称为仓头，管制作的称为枋头，管建筑的称为泥头，管河运的称为河头……影响到居住地名称，于是有了仓头庄、河头庄、山头堡、枋头坞、吴头山、李头河一类地名。“大”本是羌之尊称，在西域也用来区别父子，一般父为大，子为小，影响到地名命名，于是，有大安国、小安国、大月氏、小月氏、大戴庄、小戴庄一类地名。“乌丸”是汉人对诸方杂人归附者的总称谓；“朱蒙”为高登神，汉意为善射；“新罗亦曰斯卢”；室韦也作失韦，仇池也作天水，乌丸、朱蒙、善射、新罗、斯卢、室韦、失韦、仇池、天水都曾被用作地名，此外，身毒、天竺、皮山、蒲山、权于摩……都成为地名专名，百济的方、都、部、家、巷均演变成通名，汉语地名中的民族语成分十分复杂。百济实行五方制，各方各建一城为都，故东方有得安城，南方有久知下城，西方有刁先城，北方有熊津城，中方有沙城，每方设十郡，都下万家，部下五巷，士庶居焉。豆莫娄国喜欢六畜为官，鸡、猪、羊、狗、牛、马均影响了命名，可见南北朝时期地名命名受到了多民族语的影响。

3. 宗教地名形成特色

南北朝时期，佛、道两教均得到发展，因此宗教地名也就成为最有特色的地名之一。与佛教有关的地理实体受到统治者推崇，成为寄托理想意愿的场所，大批寺院应运而生。据统计，北魏末年分布在各地的佛寺就有 3 万余所，仅洛阳一地就达 1300 余所，寺院地名成批出现这在历史上是绝无仅有的。北齐、北周时更有增无减，北齐超过 4 万，北周也盈万数。译经讲论，研习佛理，持戒行善成为追求目标。传统道教也完全依附帝王礼法权威之中，变成养心颐神、禳祸得福的工具。道观地名也处在发展之中。据文献记载，“道观遍于全国”，仅祭诸神之坛就有 1075 个。道观地名也不能不说处在增多之中。寺、院、道、观、坛、祠、冢、庙、墓、碑、陵……地理实体及名称随处可见，形成宗教地名通名景观，影响着社会风俗。据不完全统计，仅北朝祠有 68 处，冢 40 处、墓 16 处、神 30 处、碑 3 处、陵 20 处、庙 20 处，均为知名场所。自然神、社会神普天下处处皆有，成为“千祭天地”的圣物。人们寄希望于神及名人带来幸福，宗教观念十分强烈。祭祀时“神尊者以马，次以牛，小以羊”，“拜东、西、南、北、天、地”，“定行次，正服色”，宗教意识十分复杂。“用土德”，崇六畜，数用五，服尚黄，牺牲用白，动物、数字、颜色成为崇物，影响着命名意识。

“文变染乎世情，兴废系乎时序”，地名景观充分体现出这一点。避讳、崇尚、厌恶……主观因素无处不见。梁时厌破冈渎，重开上容渎；陈时恶弄溪，而改为盈川；迁都金城因城门坏恶之而再迁苑川，无不显示着上述观念。与此相反，崇尚也很分明，曲光海、清凉殿、承华殿、大明寺、元宝观、三清殿、始宁县、奇章县、宕溪县……无不显示感觉和意识；天子游览地命为天泉池；朝廷重功于栗坂立碑；显然受“草木有心，禽鱼感泽，况在人伦”影响。“并有才行，呼为以凤”，“事出于沉思，义归乎藻翰”，命名不再随意，构思也显示出奇巧。“帝法古，每制定官号，多不似周汉旧名”，“或取诸身、或取诸物、或以民事、皆拟远古云鸟之义”，成为时尚。“诸曹走使谓这凫鸭，取飞之迅疾；以伺察者为侯官，谓之白鹭，取延鸽远望；其余之官，义皆类此。”用动物命名的观念获得肯定，影响着地名命名管理。鼢鼠谷、鹦鹉洲、蛇丘、山鹿县、马邑、神兽门、飞龙山、雀鼠谷……都与动物有关，风靡一时。“或以国号、或以官爵、或以事物，虽缘时不同，俱其义矣”，用物变得广泛起来，往往一个地名能包含深刻的内容。神麚元年（428），世祖禽赫连昌，北屈郡名被改为禽郡，用事构思专名，保留了历史事件，可见构思追求达到空前程度。指事造形穷情写物，顿行一代命名之风。

两魏、北周时期，又实行府兵制，全国分为100个府，分属于24军，设12大将军、6柱国，数字观念愈加复杂。祭祖立庙，崇佛尚道，庆诞活动剧增。活佛升天，菩萨诞辰，都要庆贺。香客云集、商贾齐会，以寺庙、道场为中心的庙会又兴起，诞生出一大批卖物、购物场所地名。“笼天地于形内，挫万物于笔端”，命名呈现出多彩特色。

拟声、现声、模仿，构思变得奇特无比，“文无拘忌”。甚至把发声物也用来构思、命名地名。鼓是国家集众的设施，琵琶是伴舞的乐器，被构思引用后有了鼓山、鼓楼、铁鼓山、鼓城、大鼓谷、悬鼓山、琵琶峡……既有人对物的喜爱，又有人对物的认识，命名再现了意境，发展了命名方法。声音地名出现以后，立即受到人们的青睐。梁钟荣认为：“清浊通汉，口吻调利，斯为足矣”，他开始倡导自然和谐。自然和谐也成为实践目标，被人们一时追求起来。宕溪、寒宕……声音沉绵，宣城……声音高亢，融州……声音喜悦快乐，静峡……声音悄悄，崩滩……声音宏烈，情趣与意境妙不可言。“声依永，律和声，八音克谐，神人以和”的观念形成，影响着地名管理。长乐县、盛乐县、逍遥台……无不带有“造新声而统歌之”，“声使自适”的效果。吸收文学如骈文的修辞手段，地名词的注重四声，讲求对偶也兴盛开来，双声、叠韵、平仄被有意识地使用，地名词的声音色彩产生了历史性变化，复杂了构思手段，也标志着中国地名命名有新发展。汲郡、扶风、青雀、三水、武威、无为、漳州、易阳、青丘、昌城、首山……二音节使用同声母；井径、卢妈、定陵、陇东、阳廉、沧浪、凡山、堂阳、长广、武都、蒲吾、亭亭山、安蛮、彭城、黄杨城、丸山、栅渊……使用同韵母；宛句、斥丘、平舒……利用平仄；亭亭山专名叠字；献县专、通名叠音，地名词的音节有了抑扬顿挫、循环往复、音律起伏的效果。利用声音、音节、声韵实现地名词传神，达到美化景观和环境，使命名观、思维方法、命名方法都前进了一大步。

4. 聚落分布发生变化，城镇居民区地名命名初步完善，通名呈现出不同功能

南北朝时期，是聚落分布规律发生变化的重要时期。特别是庄园、寺院、治所、都城一类聚落，无论数量还是规模都在增多和扩展。南朝宋时，贵族封锢山泽，占田霸地，地主庄园大量出现，京口、广固、成都、建康、长安等均成为著名聚落；齐时，统治者不准诸王立邑邸，一度控制了聚落数量和规模，但沿边由于防卫设施及罪民迁徙，聚落数量则处于增多趋势；梁时允许地方设立州望、郡宗、县豪，聚落发展又随基业扩展发生变化，如临川王建成仓库百余间，存储钱财，不能不改变聚落规模；北朝，由于各民族混战，长安、洛阳、荥阳、陈留、襄国、邺、凉州、雍州、龙城、蓟、盛乐、平城等都相继成为知名度较高的聚落。桑田、露田、榆田、枣田、麻田，五家一邻，五邻一里，五里一党，使聚落分化成不同特色；长城沿线建六镇，兴修水利，使聚落增加新的特点。

洛阳是北魏的国都，孝文帝定都后，大兴土木，使城市建设出现空前程度，布局也逐渐规范和合理起来。据史书记载，洛阳的城市居民区有了专用通名，或称里，或称坊，这无疑是个进步，为城市命名开创了借鉴先例。洛阳的“里”共有200多个，因坊而呈现不同特征，具备了不同功能。

坊多半因职业、身份而建；市设城西西阳门外，由里组成，准财里、金肆里居中，由富贵人家居住；通商里、达货里居东，由手艺人、屠户、商贩居住；调音里、乐律里居南，奏乐里、歌唱里、奉终里居北，制作出售棺椁和运输棺木户居住。馆设城南，规划为四馆四里。畸零馆（一说为金陵馆）、归正里居住南朝降人；引揽馆（一说为燕然馆）、归德里居住北方归者；扶叠馆、暮化里居住朝鲜和日本诸国使者及商人；崦嵫馆、慕义里居住中亚、西亚使者及商人。退酤里以西、张方沟以东、洛水北、芒山南设30里，分东、西两行，并名为寿丘里，民间号为王子坊。洛水南设四通市，称鲤伊坊，供流动商人使用。在居民区内还设有仓储场所，如常平仓一类，丰年收购粮食，销售丝织品；荒年出售粮食、平抑物价。可见洛阳的城市布局、规模、居民区建设在当时很完善，基本形成城、市、馆、里、寺、曹、仓、坊、窟、桥、园的通名景观及意愿专名景观，初步具备了政治、经济、文化特征，也显示出南北朝时期城市建设及地名命名管理的概况，其他城市也是如此。建康是江南最大的城市，店铺林立、商族荟萃。寿春是商业城市。得禺是贸易集散地，商船不断、仓储云集。

镇是南北朝时期出现的次于城的聚落通名。开始是为抵御柔然、屏蔽平城而设，带有军政合一特点，沿长城分布。主要有沃野镇、怀朔镇、武川镇、抚冥镇、柔玄镇、怀荒镇，此外还有营州镇、统万镇及白帝城外四镇。镇民多为少数民族、入质者、罪民及当地百姓。镇基本形成城、镇、仓、屯、田、堡等通名景观，带有明显的军事色彩。

五、隋代

1. 袭旧、罢郡、改州成为隋代政区的地名管理的重要特征

隋朝建政初期，百废待兴。在行政区划上，保持南北朝后期现状，即州郡县分为三级。这时州、郡、县辖地甚小，明显存在官多民少、开支浩大的弊端。隋文帝为了减少开支，也曾有目的地裁减并省一些州、郡、县，致使政区数量某种程度有所减少。但并没有因此消除政区设置过多及不合理现象，并制约着管理的强化。

开皇三年（583），兵部尚书杨希尚上表，陈述弊端，开创了隋代地名管理的新思想。他说："自秦并天下，置侯置守。汉魏及晋，邦邑屡改。窃见当今郡县，倍多于古，或地无百里，数县并置；或户不满千，二郡分领。具僚以众，资费日多，吏卒人倍，租调岁减。清干良材，百分无一，动须数万，如何可充！所谓人少官多，十羊九牧。"[8]他的主张得到了隋文帝赞赏。于是开始考虑"存要去闲，并小为大"成为整顿政区的重要措施，在隋代地名管理史上起到了不可低估的作用。随之产生的"罢郡"措施，把区划地名管理推向了第二阶段。

第二阶段是以州县制为特征的，取消了州县之间的郡，使中间层次消除，利于政令上通下达，并继承了通名标准化传统。政区总数明显减少，开创出隋代政区地名管理的新特征。或数郡合并为州，或单郡降格为县，郡不再表示政区。如扶风郡，开皇三年废，改为始平县；带郡改为长安县、武功郡改为武功县，等等。"开皇三年遂废诸郡，洎于九载，廓定江表。寻以户口滋多析置州县。"这是说罢郡从开皇三年开始，历经九年才整顿完结，后来因州、县户口增加，又对部分不合理政区进行了析置。析置克服了忽视客观特点、重视主观因素的现象，解决了版图过大、人口过多现象。析置弥补了罢郡造成的不足。州县制逐步稳定下来，形成新体制。州、县、族、闾、保、家构成序列，形成前期集权特征。

政区管理加强以后，隋文帝于公元590年开始对府兵制进行改革，以达军政合一目的。诏"凡是军人可悉属州县，垦田籍账，一与同民。军府统领，宜依旧式"。州县与军府实现了统一，为地方经济发展奠定了基础。南北朝时

期，府兵独立军户，家属随营，位于军坊，不入民籍，不雪州县，自耕自种，自成体系，极不利于管理。军人、家属居地流移不定，“竟无乡里之号”。隋将军户划归州县，平时生产，战时出征。军府依政区所定，政区内设军府，有利于中央集权，减少了不稳定因素，所以很受军户欢迎。

从资料上看，军府称行台省或总管府，大约有40余个。总管府有道总管府、州总管府之分。府下设镇，镇下设戍形成军户驻地。据统计仅幽州总管府下就有50余镇，镇内修障塞，布兵防御。府、镇、戍形成聚落通名的又一源头，带有军事性质，这是普通聚落通名所没有的。开皇十年（590），罢山东、河南及北方缘边置军府，原军府驻地多演变成聚落，通名的军事性质也不复存在。通名的复杂化被肯定下来。隋炀帝继位以后，总管府大多撤销，其公廨田也悉属州县，镇下诸防主及副官掌同诸镇，镇的数量日益增加。为了标新立异，大业二年（606），隋炀帝“遣十使并省州县”，这样，隋代地名管理开始进入第三阶段。

第三阶段以并省为手段，以“使”地名职官，以改州立郡为目的，形成新的特点。州被改为郡，对县进行调整，地名景观再次发生较大变化。据统计，政区地名景观经并省改之后，郡总数为190，县总数为1255。其邑居道路、山河沟洫、涉碛碱卤、丘陵阡陌皆不预焉。东、南皆于海，西至且末，北至五原形成郡县制实行范围。隋之盛，极于此也。

在并省州县、废州置郡过程中，以国为名者皆去之，并对行宫划分了等次，将京都诸坊改为里，聚落景观发生实质性变化。国变为家庄，寺变为场、观变为坛、坊变为里，通名景观呈现出新的色彩。政区地名管理思想的这些变化造成了沿革的复杂化，特别是更改专名的政区，识别起来具有了一定难度。如秦兴县改为方维县，新州改为梓州，楚州改为渝州，西允国改为神泉县，汉昌改为苍溪……很难从地名上感到两者为一实体，也看不出名称上有着某种联系。所以，人们使用地名时，不仅要记住新名，而且还要记住旧名，新旧并用使地名有了过渡期。再加上析置、并省，隋代地名景观等于进行了一次新的命名和构思。这固然能消除割据意识影响，但也说明地名管理稳定化还需一定时间。只有彻底克服命名更名上的主观随意性，地名才会稳定，发挥出自己稳定的功能。[9]

在专名、通名同时更改的实践中，隋代部分地名的音节也发生了变化。如豫州改为河南郡、宋州改为梁郡、郑州改为荥阳郡等，音节大多由双音节变成了三音节。三音节郡名形成隋代后期政区地名的一个特点，并区别了前期。前期州的音节多为双音节形式。据统计，隋炀帝所更郡名三音节的就多达175个，而双音节的只有15个。府受到重视，“道”开始萌芽，也是政区管理中不容忽视的现象，因为它对唐代政区管理产生一定影响。五家一保，五保一闾，四闾一族，使州县、郡县有了基层组织形式。开皇九年（589），制五百家为乡、百家为里。应划每变化一次，通名都有新的形式。585年，实行大索貌阅，核查年龄、体貌，清理出漏户164万户；609年，又清查出24万人。将其重新编制刻籍，划分户等，以等征税役，聚落中又出现了编庄。以姓氏命名称为编庄，编户，地名又增加了新的通名。据资料显示，隋初编户为395万户，589年为700万户，606年为900万户，17年中增加约29%。

移民也是地名管理不可忽视的因素，据说，隋代的北昭武城移民移居中亚地区后，仍以昭武为姓，示不记本也，所建有康国、安国、石国、钹汗国、米国、曹国、何国、穆国。这些地名记述着移民的回忆，形成一定时期地名管理的特征。州郡县、州县、郡县制显示着不同时期管理者的不同思路，反映出管理者的不同追求与向往。隋代政区管理的这种变化无疑给我们留下许多思考，更有许多经验教训可供我们研究与借鉴。

2. 改国为州县，规划城内名称，整顿同名州县，统一区划建制

到了隋代，版图上有大批以国为名的地名，极不利于管理，而且也保留着割据思想，不利于国家统一。为了保持长治久安，维护国家统一，从开皇初年就开始“改国令为家令，自余以国为名者皆去之”。如襄国开皇九年改为龙冈县，宕昌国开皇十八年改为良恭县，光迁国开皇初改为迁州。国改州、改县、改城形成初期地名管理的一项内容，使版图上减少了大批国名。隋炀帝时，又将所剩以国为名的地名改掉，用家代替。国字地名基本消失。据史书载，所绝国名有伏俟国、且末国、鄯善国、赤土国、真腊国、婆利国、高昌国、康国、安国、石国、女国、龟兹国、疏勒国、于阗国、钹汗国、吐火罗国、挹怛国、米国、史国、曹国、何国、乌那曷国、穆国、波斯国、漕国、附国等。或建为郡县，或建为镇戍。

城市规划进一步加强，有了区域名称。如京师东市称都会、西市曰利人。东都都市曰丰都、南市曰大同、北市曰通远；丰都市周围八里、12门、建120行、3000余肆、400余店，通远市周围六里。京都诸坊改为里，皆省除里司。如雍州城文帝时设坊设市，有坊160，有市2；隋炀帝时改雍州为京兆郡，改坊为里，有里160，有市2；州、城、坊、市与郡、里、市构成隋代雍州及京兆郡阶段性地名通名夏，反映着城市命名的理想与追求。洛州城也是如此，于大业三年（607）改为河南郡，城建5门，为上春门、建阳门、永通门、长夏门、建国门，设里130，设市3。市成为具有商贸专业性质的场所，成为专业地理实体通名。“淮水北有市百余，小市十余所”，市已被广泛使用。宫是城市内的建筑通名，也已经广泛使用，如大兴城内就有长乐宫，长安城内有仙都宫、福阳宫、太平宫，盩至城内有宜寿宫、仙游宫、文山宫、凤凰宫，普善城内有仁寿宫，虢城内有安仁宫、凤泉宫。宫区别了农村聚落，“临道建店设，求利”改变着建城建市的观念，曾形成风气。邳公苏威认为此举“乃求利之徒所为”，会导致事业污染，非敦本之义，于是奏高祖约遣归农。有顾依旧者，所在州县寻附市籍，仍撤销旧店，并令远遁，限以时日。这就造成了城市过于集中，影响了道路繁华。总之，隋代城市地名有了自己的时代特色。[10]

加强地名管理的重要方面就是整顿同名州县，甚至还出现了专门从事命名更名的地名学者。如令狐熙，他就曾提出许多更名方案，如“以州县多有同名者，于是奏改安州为钦州，黄州为峰州，利州为智州，德州为欢州，东宁为融州，上皆从之。”从这些记述中可以看出，命名更名一般要经过调查、制订命名方案、奏改，要经过“上”批复，才能颁布执行。这些程序可以避免乱更名、乱命名，使名称起到标识作用。这也说明隋代已经结束了任意更改地名的管理混乱局面。但是，在命名更名上有目的地推崇三纲五常，也使地名的意念性增强。为了旌表齐间，号其所住为孝终里。颂孝成为时尚，“士雄少质直孝友，丧父，复庐于墓侧，负土成坟。其庭前有一槐树，先甚繁茂，及士雄居丧，树遂枯死。服厥还宅，死树复荣。高祖闻之，叹其父子至孝，下诏褒扬，号其所居累德里。”孝之为德至，发展了颂孝观。“送葬之日，会仲冬积雪，行四十余里，单缞徒跣。会葬者千余人，莫不为之流涕。后甘露降于庭树，有鸠巢庐。纳言杨达巡省河北，诣其庐吊慰之，因改居村名孝敬里，里名为和顺里。”孝成为命名更名主题，更名命名思想的这些变化不能不影响管理，甚至造成分歧。刘炫认为：“今州三百，其繁一也；大小之官，悉由吏部，其繁二也。”这既是加强管理中出现的必然性，也是难以克服的矛盾性。刘炫对此则认为今不如昔，“齐氏之州不过数十”正是他的观点。他没有看到废郡是州增的主要原因，而是强调齐氏立州，观点难免不带偏颇。整顿同名使一些地名的沿革复杂起来，这就要求管理者必须具备广博知识才能识别。“驾登太行山，诏问赜，何处有羊肠坂。赜对曰，按汉书地理志上党壶县有。帝曰不是。赜又答曰，按皇甫士安撰《地书》云，太原北九十里有。帝曰是。”这说明地名管理者已经在注意重名研究，并取得一定成就。后赜与诸儒撰《区宇图志》250卷，辽东之役后辽东郡县名皆赜所为。

从所接触的材料看，当时行政区划的调整大致形成了置、升、改、分四种。“置”一般在旧城辖域内设立，如在梗阳城置清源城，在宜春泉附近建宜春郡。“升”一般为低区划改建高区划时使用，如火井镇改为县时用升不用置，洪雅镇改洪雅县时也是如此。“改”大多用于政区辖域不变名称改变时，如苞城县改为殷城县，枞阳郡改为同安县都用“改”。“分”用于一分为二时，如晋阳县被分为晋阳县和交城县使用了分。置、升、改、分，规范了管理，并引起了职官的重视。一大批精通地理、命名造诣很深的官吏出现了。在行政区划的表述上，其术语逐渐统一。废和省都有撤销的意思。废常用于撤销建制后停止使用的名称，比如顺政郡撤销时写作开皇初郡废，是说郡撤销但郡下建制不变。而省则有降级保留的意思。如丰利郡后周省郡入上津郡，实际上将丰利郡改为丰利县后入上津郡。其述语有着细微差别。废有时写作并废、寻废，都与时间有关。并废为同时废，寻废为建后不久废。置是建立、设立的意思，一般指原来没有而新建的。有旧置、同置、析置之别。旧置用于时间不清的设立，如旧置赵平郡、建置年代不太准确清楚。同置用于几个政区同建的记述，如魏置安宁郡、兴安宁、绥德、安人三县同置就是如此。析置是将一政区划为两政区，一改区名用旧称而另一改区用新称的记述，如西魏置安武郡，后析置安武县，郡、县同地分级管理，县由郡地中析置。如合并都有合并的意见，如用于原政区名称不变，但版图扩大时的记述，如开皇初废洮阳郡将洮阳县入美阳县，美阳县名继续使用，但版图扩大包括了洮阳县地。并则不同，常用于几个实体的相加记述，版图虽扩大，但命名却随便，或组合旧名，或都不用旧名而取新名，如并赤石、甲、临江三县入黄土县。并有时与入合用，如并敦煌、鸣沙、平康、效谷、东乡、龙勒六县入鸣沙县，并绥远县入焉（指绥远县与达化县合并）。并入合用时强调实体变化，具有入的表述特征，但语义相对宽泛一些。改和更也是同义异用的述语，如开皇初汛潭改称临潭，岷州大业初废除建县，更名为临洮县。一个用改，一个用更，改用于建制不变名称改变时，更用于建制变化名称用新名时，如十八年通义县改美俗县。两者略有区别，但都着眼于名称，而不强调实体，改有改曰、改为两种用法，大体相同。统和领都有管辖的意思。前者强调概述，不需写出具体实体，如房陵郡“统县四”，清化郡“统县十四”，没有写出具体实体，只写出实体数量，含有上级辖下级的意思，属于概述性用语。领也表示上辖下，如后魏置安阳郡，领安阳、乌水二县，要写出具体实体，属于实述性用语。两者略有区别。不同类地理实体记述时用有，如张掖县又有临松县。后周废，有岷山、有盐池、有弱水……一般在政区中记述自然实体、社会实体、专业实体时使用。有即包括、含有之意，所记述实体间为并列关系。《诸州图经集》《区宇图志》和《西域图记》代表了隋代地名研究和管理的成果，绘图、志文使图文并茂，丰富了地名学表现手段。《诸州图经集》根据诸州风俗、物产、地图编成，共100卷，能显示出地名微观分布，为前期成果。《区宇图集》为山川、郡县、城隍分布著作，1200卷，均附有地图，在地名发展史上具有一定地位，此为隋后期成果。《西域图记》是裴矩所撰，能够反映大业年间风俗、山川、险易资料，图再现地名间位置、关系，有利于把握西域宏观概况，说明西域研究已经达到相当程度。

民族语、汉语交会分布在隋代已十分突出，并形成融合的交错特征，已经初步奠定了中国地名景观的区域特征。纳突厥启人可汗居于塞内，筑大利城处其部落，使塞内形成汉、突厥杂处，语言交融区。刘权在边五年，“诸羌怀附，贡赋岁入”，边境地区形成汉羌杂处语言交融区。其他民族与汉人交往也形成相应语种分布区，使中国地名既有统一趋势，又有区域特征。语词甚至有了双语并用结构形式，又有区域特征。如拥思茫水便是双语并用语词，反映出民族交往、地名交融现象。一般民族语用于专名，汉语则用于通名。都斤山、独洛水、临羌城、波罗柭洞都具备这一特点，形成中国地名的基本形式之一。

综上所述，可以看出，隋代地名管理很具时代特色，反映了长期割据后的统一过程特别是前后两期管理思想的差别，使我们能够清晰地看到命名流派分化和发展的情况。他们在实践中积累了丰富的经验和教训。这种承前启后的过渡，继承了前代的成果和经验。在这种过渡中，地名管理将进入新的层次。所以我们应该重视隋代地名管理的研究和探讨。

六、唐朝初年

这时期也出现了一次大规模的地名更名。首先，为了消除隋王朝的政治影响，唐统治者把原有的一些颂扬隋朝或有利于隋朝的地名，改为颂扬唐朝或其他意义的名称，如把隋昌县改为唐昌县，隋化县改为立山县，隋康县改为徐闻县。

其次，隋代统治者曾在带“阳”字的地名上做文章，“隋文帝自以姓杨”使地名的谐音也利于杨氏，如曾把阳曲改为阳直，汾阳改为石邑、曲阳改为恒阳等，唐初则反其道而行之，一一恢复以上诸县的原名。

最后，因避讳而改名。为杨忠避讳，将中牟县改为内牟、圃田，云中县改为云内。李渊的五世祖叫李熙，故改熙州为舒州，永熙县改为永宁县，义熙县改为融水县，等等。

当时地名混乱不仅表现为隋、唐交替之际地方行政机构的体制不一，州郡混杂，而且表现为唐朝初年出现大量完全相同或十分相似的地名，极易使人混淆和误解。以州名相同为例，据统计，唐武德年间（618—626）曾同时存在过49组同名州，其中四州同名的是义州一组，立州同名的有文、云、平、龙、永、智、简、南平州八组，两州同名的有丰、太、巴、江、齐、安、会、观州等四十组。县名相同的也有许多，如杭、邓、衡、隰四州皆有新城县，德、慈、崖三州皆有平昌县，福、衡、通三州皆有新宁县，雍、庆二州皆有华池县，等等。另外，名称读音或字形相似容易混淆的地名还有不少。如铜州与同州，静州与晋州等。[11]

为了解决地名混乱带来的问题，唐武德元年（618）就开始着手整顿地名，李渊首先从事的工作就是统一地名行政机构的体制，“罢郡置州”，将地方第一级机构一律改为州。至武德五年（622），统一的州县二级制便已普及全国了。

对同名问题，统治者在武德初年已经有所重视，他们部分地改动了一些重复的地名，如改义州为智州，同时又在给新州县命名时设法加以区分。当时所采取的一个主要办法就是在前面冠以方位词，以避免雷同，如浍州—北浍州。但这种加方位词的办法并没能妥善地解决州名重复的问题，一方面，由于方位词有限而同名州太多，带上方位的地名仍然会重复，如前面提到的49组同名州中就包括三个南平州、两个南石州和两个南晋州；另一方面，以一个地名为基础，加上东、南、西、北不同方位而构成的若干州名，使用起来仍然不便。同时人们使用时又往往只称其主名，不带其方位词，就更容易弄错。武德末年对这种州名的缺陷已有所认识，并开始逐渐把方位州名改为单一州名，如东会州改为岚州，南道州改为仙州等。到唐太宗统治时期，地方行政机构和地名的整顿工作才全面展开。李世民刚刚即位就着手在全国范围内精简机构和官员。据统计，从贞观元年到贞观十三年（627—640），全国大约废省了120个州，近200个县，被废弃的州县中有许多就是与其他州同名者，如其中有三个龙州。对其余同名州县，唐太宗时一般是采取了“一改一存”的方式来解决。这样便较妥善地解决了许多地名重复的问题。贞观中，在大规模并省州县的同时，还把州一级机构的方位复合名称统统改为互不重复的单名。如东合州改为雷州等。贞观十六年（643）成书的《括地志》五百五十卷，就是这次整顿工作成果的全面总结。唐初的体制不一，异地同名和名称相似、累赘、容易混淆的种种弊病已基本上得到了治理，条理化、规范化的地名系统已基本形成。

唐代是继汉代以后我国封建社会的第二个辉煌时期。这一时期的国家机器更加完善，行政管理更加严密，对地名标准化就更加重视，并且还制定具体的原则。《旧唐书·玄宗记》：“开元十三年二月丙子改豳州为州，州为莫州，梁州为褒州，沅州为巫州，舞州为鹤州，泉州为福州，以避文相类及声相近者。”又《唐会要》卷七十载：“开元十三年二月二十二日以幽字与豳字相涉，诏曰：‘鱼鲁变文，荆并误听，俗辨惑必也正名，改豳邠’”。

这两条材料说明唐代标准化的原则十分严格，不但不准重名，而且避免地名用字因形似而讹、音同而误。确定这个原则是十分必要的。可见合理的改革必然会得到历史的承认。[12]

实际上，整理州名在开元十三年（725）之前就开始了，而在这一年明确地确定了更名的原则。开元十一年改并州为太原府，就是防止“荆并误听”。同样因郑形似，梁凉、沅原、舞武音同，所以也在必改之列。改革的结果，使得开元二十八年（740）全国的328个郡府一级地名不但没有一个相重，而且极少“文相类及声相近者”。但是这还只是唐代地名标准化的第一步。

当时的州名虽然已经整理，但是县名还相当混乱。混乱的原因之一是：隋代的前300多年全国处于分裂割据的局面，各地县名不可能有统一的规范。虽然隋文帝开皇十八年（598）一次更改地名达130余处，但是仍未臻完善。原因之二是：唐初命名更名尚无定规。武则天当权以后，将许多县名改为以“武”字为首，如武昌、武进、武隆、武安，等等，中宗复位以后，又急忙将这些地名改回来，或改为以“唐”字冠首，因此造成开元年间（713—741）县名相重现象十分严重。如“唐兴”一名，甚至五县相同。到天宝元年（742）两地同名的达46对之多。

同名县的数量如此之多，因此而产生的弊端可以想见，所以天宝元年九月丙寅下令改天下县名不稳及重名110处。经天宝元年改名之后，大部分县名通俗易懂，易记易写，又使同名县减少到11对。这次更改多以地理位置、地物地貌作为依据，也较合理。如越州的永兴改名萧山，是以县西萧山取名；陇州的永宁改为建水，是以县西的建水取名；河州的安乡改为凤林，是以县北的凤林关取名，等等。汉字地名有音、形、义三要素，开元、天宝年间的改名把这三方面都考虑到了。既注意到避免形讹、音同，又注意到减少冷僻字，还注意到更改含义不明的地名。这已经和近代地名标准化的内容十分接近了。唐代是我国古代史上辉煌灿烂的时代，开元天宝年间又是盛唐的极致，在这个时代产生如此完善的地名标准化原则，是不难理解的。[13]

唐代地名标准化的对象不仅限于行政区划和居民点，还进一步扩大到自然地理实体。《旧唐书·玄宗本纪》天宝五年载："天下山水名称或同，义且不经，多用于里谚宜令所司各据图籍改定。"同名山水当时究竟改定多少，无法查证。这种更名的总方向是正确的。但是另一方面，更改所谓"义且不经"的山水名，却不一定合适，有时甚至带有封建迷信色彩。如天宝六年（747）将和州历阳县的白石山改为祷应山，梅山改为栖阮山，这些都是不成功的例子。至于天宝七年（748）在改会昌县为昭应县的同时，改会昌山为昭应山，并封山神为玄德公，这就更近于荒诞不经了。[14]

从改州名到改县名，到改山水名；从简单地消除重名到避免文相类声相近，到更改不稳的地名，唐代地名标准化的规模和所达到的高度水平在当时的世界上是空前的，在今天也还有一定的借鉴作用。

七、清乾隆时期

《清实录》[15]卷帙浩繁，取材丰富，保存了很多清代地名资料，内容广泛，其中涉及清代地名沿革及有关典章制度等记载，大都不见于其他文献，有重要史料价值，发掘和利用这一宝藏，对于丰富和深化清代地名研究不无益处。

（1）乾隆处理地名问题态度谨慎，注意尊重历史，照顾习惯，不轻易改动，从而在客观上维护了地名的稳定性。

乾隆五十三年（1788）正月，当清朝镇压林爽文起义之后，在处理台湾善后问题时，闽浙总督福康安等上奏："'台湾'二字似应另赐嘉名。"乾隆答复"所奏殊可不必"。他认为："台湾地方，自圣祖平定后，设立府县，即以'台湾'命名，沿用至今，其土语与字音偶有诋误之年，亦无甚关系，况并未之前闻，自不当轻议更改。即此时更改他名，而'台湾'二字沿袭已久人亦必仍称旧名，是即更改亦属无谓。"并且指出，前次将诸罗县改名嘉义，是出于特殊的政治上考虑，不能为例，驳回了福康安等人的请求。

乾隆五十五年（1790）六月，御史谢清问条陈更改郡县名目，略称：河南祥符、浙江绍兴俱系宋代年号，宜加酌改云云。在乾隆看来，"历朝郡县定名，或因山川名胜，纪事纪时，取义虽各不同，在约皆选择吉祥字样，赐以嘉名。祥符、绍兴郡县即沿袭宋真宗、高宗年号，有何不协？有何关涉？而必须亟为更改乎！"至于有人谈到"以霸州'霸'字为非正术，藁城'藁'字《礼记》作'乾'；大理、临安等府，师宗、弥勒等县，系属唐、宋土酋三改之号，均应酌易"等等，"尤为荒诞不经"。"此等郡县名号相沿已久，指不胜屈，岂能一一追溯肇锡之由。若如该御史所称，皆宜考证定名，则天下郡县不下数千，纷纷更易，有是理耶!”乾隆在这类问题上不为谄言所动，反映他处在盛世仍能保持清醒的政治头脑。历史上有过王莽等滥改地名的教训，乾隆的思想认识，不能不说比这些昏君略胜一筹。[16]

（2）整顿民族地名是乾隆朝地名工作的一个重点，成果也最显著。由于历史的原因，在汉文记载里，少数民族语地名的译名“舛误鄙俚之字，不一而足”。满族以一个少数民族身份入主中原，对这个问题自然十分敏感，乾隆多次利用纂史修志的机会，责成馆臣采用新译。

乾隆三十七年（1772）四月谕：“历代诸史向敕馆臣校删，嘉惠海内，近从《辽》《金》《元》之史人地官名，多淆于后代氏生之手，或一人而两传，或一地而数名。至于释义对音动成乖舛，因命重加厘正，务极精详。”

乾隆四十年（1775）五月谕：“又《明史》内于元时人、地名对音伪舛，译字鄙俚，尚沿旧时陋习。如‘图’作为‘兔’之类，既于字义无当，而垂之史册，殊不雅训。今辽、金、元史已命军机大臣改正另刊，《明史》乃本朝撰定之书，岂可转听其伪谬，见在改办《明纪纲目》，著将《明史》一并查改，以昭传信。”

东北是满族的故乡，清朝的发祥地，乾隆特别关注保存当地满语地名，告诫满人不可忘本。

乾隆二十五年（1760）七月谕：“盛京玛尔吞地方，彼处汉人俱从马二屯呼之。盛京所属地名多系清语，今因彼处汉人不能清语，误从汉名呼之，若不及时改正，日久原名必致泯灭。著传谕将军清保等，所有盛京满族地名，汉人误从汉名传呼者，令俱查改，仍呼原名，并严饬彼处人等知之。”

乾隆四十六年（1781）五月谕：“凡以清字对音地方城邑，当明白分别缮写。查山海关外，盛京吉林黑龙江所属地方，乃我大清发祥开基之地，大半皆有清语即金锦二州。汉字之意。一缗为钟音州，一缗为爱辛州。辽阳州缗为辽哈安图，方合本意。著军机大臣等，详查山海关外府州县无清语者。俱取地方之意缗妥候朕阅定，再行通谕遵行。如克音等处无州县字样者，印信仍增镌以州县字样。”

在官方文书上，有关满汉地名的互译均有严格要求，不准草率从事。

乾隆二十九年（1764）三月，和其衷奏酌移营汛。折内毕克齐等地方，俱译写讹错。该省所辖蒙古地方，相距不远，对音译汉字样，不应传讹舛错若此，已令军机大臣改正。嗣后遇有译汉事件，务须斟酌妥协，毋致草率讹谬。

为了统一满、汉对音，乾隆还责成有关部门，在现有《清文鉴》和《同文韵统》的基础上，刊成简明篇目，颁行中外，以便查照译写。

乾隆三十七年（1722）三月，谕："向来内外各衙门题奏咨行事件，凡遇满洲蒙古人、地名，应译对汉字者，往往任意书写，并不合清文、蒙古文本音，因而舛误鄙俚之字，不一而足，甚至以字义之优劣，强为分别轩轾，尤属可笑。……《清文鉴》一书屡经厘定颁示，且曾编辑《同文韵统》，本三合切音，详加辨订，合之字音，无铢黍之差。第篇帙较繁，行文或未暇检阅。昨因评纂《通鉴辑览》，于金、辽、元人，地名之讹谬者悉为改正，复命适臣重订金、辽、元之国语解，将三史内伪误字另行刊定，以示传信。而现在疏章案牍清汉对音转未划一，于体制殊为未协。著交军机大臣依国书十二字头，酌定对音，兼写清汉字样，即行刊成简明篇目，颁行中外大小衙门，嗣后遇有满洲、蒙古人、地名对音，俱查照译写。俾各知所遵守，将此通谕知之。"

清代是我国统一多民族国家的重要发展时期，各民族之间的经济文化交流比以往任何时候都更加活跃，乾隆有关加强民族地名互译工作的措施，适应了当时形势发展的需要，应当给予肯定。乾隆年间编纂成书的《西域同文志》从一个侧面反映了这方面工作的成果。本书把当地的主要地名用汉文、满文、蒙古文、回文、托特文、藏文六种文字编成对照表，是一本多文种的地名对照工具书，既有学术价值，又有一定实用价值。[17]

（3）历代封建王朝常因避讳关系任意更改地名，有些地名一改再改，唐、宋两代这类问题最严重。相对来说，清代虽然"文字狱"严重，但因避讳更改地名的事例并不多见。乾隆"以避名之典虽历代相沿，实乃文字末节，无关大义"，对此采取了比较宽容的态度。

乾隆十一年（1746）四月，甘肃布政史阿思哈奏事，谈道："甘省所辖之真定、镇原两县，印文清篆竟与世宗宪皇帝圣讳同字，其镇番县印系属新颁，已经改正。又查陕省之镇安、河南之镇平、山西之天镇、江南之镇江、浙江之镇海、广东之镇平、广西之镇安、云南之镇沅、贵州之镇远等府县，各印信均应一律改铸颁换，以昭诚敬。"乾隆批评他"《礼记》不曾熟读"，暗示嫌名不讳。

乾隆三十四年（1769）九月，内阁进呈河南巡抚题本一件，票签内于"宏"字缺写一点。乾隆认为这样做"甚属无谓，避名之说，朕向不以为然"。由此谈到"于前代年号地名，凡有引用之处，概令从旧，不准改易"。在他看来，"臣子尊君奉上，惟在殚心竭力，为国为民，方可克尽诚敬，岂在字画末节，拘于小廉曲谨哉。”这种态度应该说是比较开明的。

（4）为维护官方文书的严肃性和准确性，曾经三令五申，禁止在行文中使用地名略称。

乾隆三十年（1765）十一月，谕：“内外各衙门题奏事件，遇有地名字面，理应遵照全写，乃向来章疏只图省便，每将地名节称一字，其谬不可枚举。如热河之但称为‘热’，多伦诺尔之但称为‘诺’，则其尤甚者，此皆幕友吏胥相沿行文陋习，形之奏牍，殊非敬谨入千之体。……嗣后凡遇地名字面，俱一概全写，不得竞趋简易，致乖体制。著宣谕内外各衙门知之。”由于人情趋简，和行文上的方便，地名使用简称仍难以完全避免。乾隆三十九年（1744）七月谕军机大臣将明山保呈报查捕札噜特两旗飞蝗情形，原禀进呈，“阅禀内有初九日由该处回热等。热河地名自应两字连称，岂去可截语一字，况避暑之地何得转称为‘热’”。[18]

（5）对名实不符，或含混不清的地名，进行清理，力求统一。

乾隆三十一年（1766）正月，谕军机大臣等：“和其衷奏筹办城工一折，内有东乐县丞字样。东乐并非县治，何以该县丞有东乐之称，且既系东乐县丞，似从分驻之地得名，非郡邑等地方可比，何以又有所属城垣，其称谓名义均不可解。著传谕和其衷将该处情形查明复奏。”乾隆四十七年（1782）7月，军机大臣等奏：“《一统志》内，甘肃之归德所今改为贵德所，其西宁县属归德所县丞并归德营游击，应交吏、兵一部，均改为贵德，以照划一。”[19]

限于篇幅，引录原文只能一鳞半爪，但由此也可见乾隆一生励精图治，勤于政事，在位六十年，文治武功多有可观。作为文治的一个内容，乾隆朝的地名政策和实践，具有时代特点，顺应了历史发展趋势，不无可取之处，它从一个侧面反映了康乾盛世的政治社会风貌。

八、民国时期

民国初年，县名相同的情况是历史上最为严重的。秦朝推行郡县制，至汉代全国郡、侯国有同名县54个；唐朝时期，全国同名县达19个；到宋代，同名县有30个；元代，同名县有25个；明代，同名县有38个；清乾隆五十一年（1786），同名县有58个。但实际上，以上所载同名县的数字只是某个时期的统计，各个朝代地名重叠情况是非常复杂的。例如，有清一代，同名县就不止58个，据赵泉澄《清代地理沿革表》及民国初期县名相同的情况倒推，可知清代同名县为数尚多。然而到了民国，同名县的情况达到了最严重的程度。民国三年（1914），全国共有同名县110个，超过了历史上任何一代。[20]

造成同名县的原因主要有：一是从清代遗留下来的同名县；二是改府厅州及一部分土司为县，许多府州名用于县名，出现和原有县名相同；三是由于县的并析增设等变动而出现重名。另外，当时封建割据、政治分裂的局面，往往由此而造成独霸一方，不顾其他的偏颇命名。加之，祈福求吉颂扬文治武功，于是出现了大量抽象的名称，如“永福”“太平”等。所有这些因素，形成了民国初期同名县的大量存在，造成不必要的混乱，必须采取措施。

民国三年（1914）一月，《内务部改定各省重复县名存废理由清单》记载，当时主管部门始对相同县名大加更易，其结果较为显著。据1935年8月的有关统计，已没有县名重复的情况了。说到当时更改同名县时的命名问题，其办法一是取同义、近义词来更易同名县，如福建、广西两省永福县，前者改为永泰；二是取原先已在当地县有一定影响者，如山西、安徽都有凤台县，改前者为晋城县；三是取当地特殊的地理条件来更易同名县的情形尤其多，如湖南、江西都有安福县，因前者当地临近澧水，就改为临澧县。民国年间对地名更名是做出一定成绩的。

考察我国民国时期的地名命名主要可分为四个方面：（1）由政府正式命名（或更名）；（2）由企事业机构、社会团体组织等正式命名（或更名）；（3）由个人正式命名（或更名）；（4）自然地逐渐地约定俗成地得名（或更名）。以上前三种都属人为性的命名，它们在我国近代已占据地名命名的主流。为了对这种主流情况有比较具体的了解，以下对前三种命名形式及有关重要的情况作一些简略的介绍：[21]

（1）民国年间，各个政权（从国家到地方）在处于开始阶段和相对稳定的形势下，一般都加强自己统治的管理，它们常划分和调整行政区域，从而由它们命名了一批新的区划地名或更名产生了一批新的区划地名。

许多公用设施和公共建筑是由政府方面发起兴建、管理的，因此当这些公共设施和公共建筑落成以后，即由政府部门加以正式性的命名。如铁路、公路、道路、车站、公园，大型的桥梁、码头、渡口等多为政府主持兴建，并由政府部门管理的，它们的地名就主要由政府确定公布。

由政权命名确定的地名具有两个明显的特点：①由于治理者通常通过地名来表现自己的意志和利益，因此使不少地名带上了明显的政权烙印、阶级烙印。如外国侵略者在各租界中命名的不少地名，都明显地带有殖民主义的色彩。②由政府命名公布的地名，在社会上具有一定的法定性、强制性。这使地名从产生到稳定的过程缩短，即这些地名很快地就在社会上确立使用起来。

（2）出现了大批新的企业机构以及不少新的社会团体组织等，它们的名称中的相当一部分实际上就是新的地名。这在前面已有所分析。但是企事业机构和社会团体组织等对地名形成的影响还不仅仅只是提供了它们自身的名称来构成新地名而已。它们另外还能在自己事业范围内再通过创立新的地理实体来产生新的地名。这些新地名的命名同样也是由企事业机构社会团体组织等的所有者、领导者正式命名的。如在上海，1920 年创办了“沪闵南柘长途汽车公司”，开辟了上海—闵行—南桥—柘林间的公路。这条公路建成后就由公司方面正式命名为“沪闵南柘路”。又如 1934 年，中国银行在外滩投资兴建新办公楼，当 17 层的大楼落成后，银行董事会便将其定名为“中国银行大厦”，外滩于是增加了一个新大楼地名。[22]

（3）许多企事业机构是由个人投资经营的，有些小型的公共设施也有由个人出资兴建的（如辟路造桥）。另外，有经济能力的个人因居住的需要和房地产业的有利可图，建造住宅和经营房地产的也为数不少。这些由个人投资经营或兴建的企事业、公共设施、房地产建筑等建成以后，具有所有权的主人，为了反映所有权、显示荣誉以及提供指称供给社会使用，也立即对它们予以正式的命名，如上海的许多里弄建筑是由个人投资兴建的。这些作为居民点的里弄名称一般就是由所有者个人加以命名的。

地名由人为地、正式性地予以命名还直接促进了我国近代地名管理的工作。近代地名空前规模的大量产生使地名的管理已成为一个不可避免的现实问题。各个政权、企事业机构、社会团体组织以及个人等既然人为地、正式性地命名了地名，那么事实上对于这些地名的管理也就具有一定的权利和一定的责任，在大多数情况下，各个政权、企事业机构、社会团体组织以及个人等也必然会行使这个权利和发挥其应尽的责任的。

与此同时，中国市政的发展和科学技术、文化事业发展为近代地名的管理工作也创造了新的条件。例如先进的测绘技术和印刷术已从国外引进。由中外官方或出版、印刷机构陆续印制了我国全国到地方的各种地图。在上面标有大量的地名及其位置；中外政府的公报、年报以及官方或非官方的主要报纸都开始随时编制和公布地名的命名、更名等情况；非官方或官方印制发行的不少统计、年鉴、手册、指南、便览等统计性、指导性的资料，逐渐开始汇辑起地名的分颁、集览或新、旧地名对照等地名资料；在地名现场，路牌和其他各种样式的地名标志也开始装置或树立起来。[23]

当然，所有这些的管理还是初步的，从起最主要的管理作用的政府来看，即使像市政最为发达的上海，无论是租界政权还是华界政权以及后来统一的市政府，都还没有形成专门性的地名管理机构（地名管理性质的工作在日常一般由工务、警察方面的处、局负责）。另外，也还未能产生完整性的地名管理的法规。

九、新中国成立初期和“文化大革命”时期

1. 新中国成立初期

以1950年至1965年为例，全国的县市行政单位为2324个，其中县2014个，市187个（不包括直辖市），自治县、旗122个，县级镇1个，比新中国成立前增多了210个县市行政单位。至于县、市的名称，现今仍沿袭使用过去名称的有1700余个，新中国成立后新命名或更名的约占600个左右。其中新命名的县市情况大致可分为四类：一是新设市以城镇地名命名，这类情况是普遍的，其中与县名同名的城关镇所设的市，其市名与县名相同的就有50余例，如山西省析大同县城区设大同市。二是从一县析出的新县，以其在析出县的方位命名，例如河北省由迁安县析置的迁西县。三是新设县、市，以当地自然地物有关的名称命名，主要是以境内的山、河、湖、岛等自然地物名称命名。如黑龙江省的鸡东县（1964年设），是以其在鸡冠山东侧取名。四是新建的自治县（旗）以民族名称冠以地方名称命名。新中国成立后在少数民族聚居区先后建有自治县66个，自治旗3个，如青海省的化隆回族自治县等。

新中国成立后，我国更名的县市也有数百个，其更名的情况大致可以分为五大类：一是两县合并改以两县首（尾）字为名，这类约有20余例。如：河北省隆平、尧山两县合并改名隆尧县等。二是因县、市名称不利于民族团结而更名。在边疆地区或少数民族居住地区，过去由于大汉族主义思想的影响，有些县、市名的含义对少数民族带有侮辱或歧视，不利于民族团结。这类县、市名从新中国成立初起就陆续作了必要的更改。如将平彝县更名为富源县，镇边县更名睦边县，迪化市更名乌鲁木齐市等。三是恢复历史上曾用过的县名。如山西省汉置的原平县，隋改为崞县，1958年又复更名为原平县。四是因县名用字生僻或笔画过繁而更名。新中国成立后本着汉字简化及地名使用大众化的精神，经国务院正式批准改换易认的常用字名的有30多个县。例如：将瑷珲县改为爱辉县，铁骊县改为铁力县，婼羌县改为若羌县，雩都

县改为于都县等。五是因两县（市）重名而更名。新中国成立后县市重名的情况有10余处，如四川省和山东省都有梁山县，前者改为梁平县。[24]

新中国成立后，就县级地名的新命名和更名情况来看，的确取得了可喜的成绩。特别应当提到的是1964年国务院根据周恩来总理的指示，请各省、市、自治区对以下五类问题进行全面审查，并提出更改意见：（1）对邻邦含有大国沙文主义不友好的地名；（2）带有大汉族主义歧视兄弟民族性质的地名；（3）以敌伪人员名字命名的地名；（4）用字生僻难认难写的地名；（5）用外国文字或外国人名命名的县、市以上地名和对外有关系的重要山、河名称，进行全面审查，并要求提出更改意见。1965年国务院发布了《关于更改山脉、河流、湖泊、海湾、海峡、岛屿等名称报批权限的通知》。这些指示、通知为搞好地名的管理和进行地名标准化工作奠定了基础。

2. “文化大革命”时期

从1966年8月19日起，首先发起了“破四旧、立四新”运动的北京市第二中学的红卫兵在市区主要街道上张贴出题为《向旧世界宣战》的大字报，“我们是旧世界的批判者。我们要批判，要砸烂一切旧思想、旧文化、旧风俗、旧习惯”。继而大批红卫兵涌向街头，以“非常无产阶级化，非常革命化”这一极端目的为口号，开始了“破四旧”的灾难性行动。[25]

北京的红卫兵在“破四旧、立四新”运动一开始，就把矛头对准了地名。他们极端地认为，地名都是过去命名的，都是旧的，都在“破旧”之列，因而随意地大肆更改地名，以非常“革命”的名词取而代之，提出了“地名大革命，全城一片红”的口号。更改地名其数量之大、范围之广是空前的，包括行政区划名称、城镇街巷名称、商店名称，以至于工厂、学校、医院、科研单位等。这些红卫兵唱着“革命造反歌”，蜂拥各主要街道。长安街上，一张书写着“东方红大街”大字的纸贴在了街牌上。东交民巷改为“反帝路”，西交民巷改为“反帝西路”，越南驻华使馆所在的光华路改成了“援越路”。历史悠久的王府井大街改成“人民路”，景山东路改为“代代红路”，东四北大街改为“红日路”，以著名抗日民族英雄赵登禹、佟麟阁、张自忠等将领的英名命名的街路名也被改掉。据统计，当时北京城区及近郊被改名的街巷达421条，给当时街路名称的使用和各项工作造成很大混乱。

自1966年8月19日开始的北京红卫兵大规模的乱改地名，到8月29日达到了空前的高潮。8月20日，北京市第二中学的一个红卫兵张小洪第一个提出要将该校所在的东城区的扬威路改成“反修路”，理由是这条街上驻有苏联驻华大使馆。他们错误地认为“扬威”就是为“苏联修正主义者扬威”。

如果追溯这条街名的历史，是有这样一个过程的。此街原名羊尾巴路，因街道较为弯曲，形同羊尾巴而得名，后来北京市委经过研究，认为“羊尾巴”三字不雅，因而改名为“扬威路”，这条街名的更名，无论从哪个角度来看，都是很好的。含义好，又与原来的名称谐音，可以在读音上与原来的地名有些联系，有利于新地名的传播，很快得到社会的公认。红卫兵们完全歪曲了这条街本来的含义。为了大造“革命”声势，并表示对苏联“修正主义”的斗争坚决彻底，他们上下左右串联，不惜兴师动众，举行了更改该街名的特大规模的庆祝和游行示威活动。1966 年 8 月 20 日，红卫兵们在街头贴出了要把扬威路改为“反修路”的大字报。为了进一步扩大影响，他们四处串联，要召开一个反修路命名大会，竟有上千个单位报名参加。经过几天的筹备，临时搭起了主席台，还用红油漆在街名牌上写了“反修路”三个字。8 月 29 日召开了有几十万人参加的命名大会（红卫兵们自称有 101 万人参加），会后几十万红卫兵和来自工厂、机关、近郊农村的造反派们列队游行示威。在“大破四旧，大立四新”“打倒美帝，打倒苏修”的一片吼声中，从“反修路”和苏联驻华大使馆门前通过。几十万人整整走了两天一夜，才全部通过。

在北京红卫兵“大破四旧”、乱改地名的高潮中，被林彪、“四人帮”集团所控制的《人民日报》推波助澜，8 月 23 日以《好得很》为标题发表的社论说：“在修正主义的前北京市委长期把持、压制下，许多地方的名称、商店的字号，服务行业的不少陈规旧习，仍然散发着封建主义、资本主义的腐朽气息，毒化着人们的灵魂”，而代之以“闪耀着无产阶级革命精神的新名称、新风俗、新习惯”。文章宣扬说：“处处革命的标志和文字，处处是革命的语言和歌声。每个街道、每个商店、每个行业，都要成为学习毛泽东思想的学校，成为宣传、执行和捍卫毛泽东思想的阵地。”同一版上还有另一篇社论《工农兵要坚决支持革命学生》。当天全国各大报还以“新华社 22 日讯”的形式在头版登载了《无产阶级文化大革命浪潮席卷首都街道》的报道。这样一来，把“大破四旧”和乱改地名推向了全国。身居要位的林彪多次利用接见来自全国各地红卫兵组织代表的时机，对北京红卫兵的做法大加赞扬，如 8 月 31 日接见外地来京红卫兵讲话时说：“他们走上街头，横扫四旧。……改变着我国整个社会面貌。”并且用毛泽东主席和党中央的名义赞扬他们“敢想、敢说、敢干、敢闯、敢革命的无产阶级革命精神”。9 月 15 日，他又说红卫兵“大破四旧、大立四新的战斗取得了光辉的战果……你们做得好。”身为“文化大革命领导小组”顾问的康生，9 月 8 日在人民大会堂接见部分外地来京串联的红卫兵代表时则表示，“我很赞成北京的红卫兵去破四旧。”毛泽东从8月18日至11月25日，先后八次在北京天安门广场接见来自全国各地的红卫兵达1300多万人。自此，"文化大革命"作为一场群众性的政治运动在全国范围内迅猛展开。

上海这座中国最大的工业城市，是商业、文化中心。人口密集，街巷纵横。在"破四旧，立四新"的冲击下，最先遭到横扫的是商店名。8月23日，在商业最为繁华的南京路上，聚集了成千上万的红卫兵，他们将各店铺的橱窗用大字报封住，纷纷开始了更名活动。除了按地名、顺序号和经营专业命名外，其他所有商店名称都被当成"四旧"，其牌匾统统砸烂，一律改成"工农兵""东方红""红旗"等所谓具有革命意义的新名称和新招牌。上海最大的百货公司永安公司被改名，具有50年历史的上海最大的游乐场"大世界"的招牌被拉了下来。据统计，当时上海市一商局下属公司的零售商店有3700多家，更名和改换招牌的多达3000多家。后来甚至把上海市也改名为上海人民公社。

天津的"破四旧"、改地名也是于8月23日开始的，中原公司改成了"工农兵商场"，全市最大的商场劝业场被改为"人民商场"。具有四五十年历史的北洋纱厂改为"四新纱厂"，宁园改成"二七公园"。几天之间，全市数以千计的商店，换上了"富有革命意义"的商店名称。

哈尔滨"秋林公司"改为"红卫商场"，亚细亚电影院改名为"护东电影院"。外国一道街至十二道街改成革命一道街至十二道街。有几条小街，光仁街、光义街、光礼街、光智街、光信街，是得名于孔子所推崇的仁、义、礼、智、信，在红卫兵看来，更是封建糟粕，分别改成光明街、光辉街、光芒街、光耀街、光华街。

在杭州，以宋代大诗人苏东坡命名的剧院、路以及苏堤都被改名，有三百多年历史的"张小泉剪刀店"更名为"杭州剪刀店"。沈阳市把铁西、和平、皇姑、大东、沈河、苏家屯、新城子、东陵、于洪、辉山、祝家屯11个市辖区全部改名，分别为红工、红旗、红卫、卫东、红星、八一、永红、东风、向阳、红山、红峰。

济南市所辖的四个区也全部改名，将历下、市中、天桥、槐荫四个区分别改成红卫、红旗、向阳、东风。历下区所辖的八个街道办事处全部更名，其中有三个都改称"红卫街道办事处"。街路名称多数被随意更改，"红卫、卫东、东风、向阳、革命、立新"等名称到处都是。全市最大的商场"大观园商场"改成"东方红商场"，瑞蚨祥绸布店改成"东方红绸布店"，瑞昌照相馆改成"人民摄影部"、山东大学改成"鲁迅大学"，济南第33中学改成

“八一战校”，中苏友好电影院改为“反修电影院”。

在成都、广州、武汉、长沙、南昌、合肥、南京、福州、长春、南宁、贵阳、昆明、乌鲁木齐等城市无一不受到红卫兵“破四旧”、改地名的冲击，城市名、市辖区名、街道办事处名、街巷名、商品名、企事业单位名等，都被“革命化”了。

在广大农村也被波及，人民公社名称也有相当一部分改用了“革命化”的名词，如东风、红旗、红星、红卫、东方红、跃进、前进、胜利、四新等。在全国5万多个公社中，改名者最高时达20%—30%。大量的自然村也被改为：“红卫”“革命”“文革”“东方红”等，有的直接改生产大队名字为“造反生产大队”。

地名的“大革命”，带来了地名的大混乱。一则地名改动幅度太大；二则重名太多，翻来覆去，非常革命的名词就只有那么多；三则全部都是随意更改，从未经过哪个部门批准。地名的大混乱，给社会秩序、各部门的工作和人民群众的生活带来很大损失和不便。邮电部门更是苦不堪言，在乱改地名最初的几个月里，全国各地的大批邮件无法投寄。辽宁省由于“文化大革命”中乱改地名，一度使邮局30%—40%的邮件包裹无法投递，造成十分严重的积压、丢失和失密。据公安部门反映，由于地名混乱，有的找不到案犯作案的准确地点，贻误了破案时间。福建有关部门反映，因地名混乱影响了部队指挥和抢险救灾工作。企事业单位名称的更改在经济上造成了重大损失，如抚顺西露天矿改名为“红卫露天矿”，龙凤矿改成“红旗矿”，老虎台矿改成“红星矿”，山东的羊角沟盐场改成了“东风盐场”。上述企业都承担了大量出口任务，一经改名后，外商拒收货物，造成很大的经济损失，也影响了我国的声誉。不少传统的商号素负盛名，历史悠久，一旦改名后，在商品销售方面受到影响。同时由于重名太多，致使工商业部门的经营活动遭受到严重损失。据统计，1966年全国日用品类的社会商品销售额比1965年减少1.2亿元。这与乱改地名有着密切的关系，直接影响到国家的经济发展和人民群众的日常生活。

“文化大革命”乱改地名的历史教训是深刻的。它主要表现在以下三个方面：[26]

（1）只有在完善的政治体制和安定的政治形势下，才能保持地名的相对稳定，才能避免随心所欲乱改地名、造成地名混乱的现象重新发生。

（2）健全法制是加强地名管理的根本保证，必须健全社会主义法制。“完善国家的宪法和法律并使之成为任何人都必须遵守的不可侵犯的力量，使社会主义法制成为维护人民权利，保障生产秩序、工作秩序，制裁犯罪行为、打击敌人破坏活动的强大武器。绝不能让类似‘文化大革命’的混乱局面在任何范围内重演。”（见《建国以来党的若干历史问题的决议》）“文化大革命”期间的乱改地名，是无视法制，以人代法、以言代法的典型表现。因此，必须建立和健全地名管理体制；制定和颁布有关地名法规；地名的命名、更名要严格按照国家规定的程序和权限办理。从而避免在地名命名、更名方面的随意性和非法性。

（3）必须坚持地名命名、更名的科学性。地名随着社会的发展而不断变化，新的地名不断出现，旧地名在消亡，有些地名则需更改，但绝不能随意地更改，地名的社会性要求地名应具有相对稳定性。例如在我国历史上，县以上行政区划名称在地名的汪洋大海中虽然更改较多，但是各代的变动，一般只有1%—2%，至多不超过3%。地名的命名、更名要受到地名的特性以及地理环境、历史传统和人民群众习惯的制约而保持相对稳定，又要根据政治、经济、社会变革以及自然环境的变化而合理地进行调整。需要命名、更名时，要根据地名命名、更名原则，按照国家的有关规定办理。任何不遵循科学规律、肆意乱改地名的做法必然要受到客观规律和历史的惩罚。

十、简短结论

总结历史上我国地名命名、更名的经验和教训，有助于我们今天及今后地名命名、更名少走弯路。

1. 在地名命名与更名中，要以历史唯物主义观为指导，深入调查研究，弄清楚每个地名产生的原因、形成的历史、演变的根据。同时还要到实际工作中去调查。在调查过程中，要善于透过历史的迷雾，看清楚事物的本质。我们绝不能像王莽那样，不顾实际，不问历史，只是凭着主观愿望，简单地把一些美言嘉语加到各个地区的地名上，这样只会引起不必要的混乱。“文化大革命”中，林彪、“四人帮”一伙，借“革命”以营私，在更改地名上大做文章。一时间，“东方红”满天飞，“向阳”“红卫”遍地是，张春桥甚至把上海市改为上海人民公社。其规模之大、数量之多，就连当年的王莽也望尘莫及。其结果只能是事与愿违。所以，我们今天对地名的命名，既要做到反映时代社会特点，又要注意反映当地的历史、地理和文化特征；而对于一般的地名，要尊重其形成的历史，保持其稳定性，不应更改；必须更改的地名，也要在调查研究的基础上，力求做到符合实际，便于记忆。

2. 更改地名的数量要适当控制。更改数量过大，即使其理由是充分的，但还是行不通。其原因在于地名涉及面广，有牵一发动全局之势，一次改得过多，在使用时，习惯势力、记忆更换都会产生阻力，造成诸多不便，最后终致行而不通。新中国成立以来对原用生僻字命名的县、市地名用字改用常用同音字替代，共34个。在字义方面，安东改丹东，迪化改乌鲁木齐、归绥改呼和浩特，都是很成功的例证。其成功的原因与一次更改量占同级地名总数的百分之一二这一比例，是不容忽视的。所以更改地名数量控制在该范围的百分之一二为好。[27]这个比例在历史上也是如此。但隋朝是个例外，数量稍为大一些，在百分之三四，其原因是经历了南北朝的动乱局面所必然出现的地名混乱。像王莽那样在数量上达到近50%，那是独一无二的，是历史的教训。

3. 我国领土辽阔，地名众多，只靠少数几个人是搞不好这项工作的。当年王莽一个说了算，结果是错误百出，混乱不堪。到后来连他自己也搞不清究竟更改了哪些地名。地名涉及外交、邮电、交通、测绘、出版、科研、教育和人民生活等各个方面，并同许多学科有紧密的联系，因而，地名的命名、更名需要多方面、多学科共同关心地名问题。

4. 地名更名要求标准化，但不要过分苛刻。例如：太原市有个著名街道叫柳巷，一般群众对这个地名含义的理解是柳树成荫，故名，认为名副其实。但追本溯源，却不是这种含义。若较真，认“真”改了这个街道名称，又有什么好处？旧名可赋予新义。地名工作者要了解它的确切含义，是为搞清历史沿革，探讨地名由来，这是必要的，而从更改地名的现实意义考虑就没有多大必要了。

5. 应当尊重同级同名排斥律。为了使每个地名都能起到区别其不同地理实体的作用，最好是都不重名，然而这是很不容易办到的。但可以做到同一行政区划范围内低一级的地名不重名。如唐代县级地名重名的达19处，宋代30处，明代42处，清代更为严重，至民国初年重名者竟达126处。直到新中国成立后经过调整，县级地名才做到了不重名。

参考文献：

[1] 班固．汉书·王莽传［M］．长沙：岳麓书社，1997.

[2]—[4]施和全.略论王莽更改地名的失败和教训[J].地名知识,1980,(3).

[5] 高金山．东汉地名管理特色概说［J］．湖南地名，1992，(3)．

[6] 高金山．魏、蜀、吴三国地名管理初识［J］．湖南方舆，1993，(2)．

[7] 高金山．南北朝地名管理特色浅析［J］．湖南方舆，1993，(1)．
[8] 魏徵，等．隋书·地理志［M］．北京：中华书局，1997.
[9][10]高金山.隋代地名管理特色初析[J].湖南方舆,1994,(4).
[11] 李吉甫．元和郡县图志［M］．北京：中华书局，2008.
[12][13]张连生,华国梁.唐初的地名变动与整顿[J].地名知识,1987,(3).
[14] 周游．谈汉唐两代地名标准化［J］．地名丛刊，1990，(4)．
[15]［清］觉罗勒德洪，等．大清高宗纯（乾隆）皇帝实录．
[16]—[17]傅贵九.清乾隆时期的地名学思想[J].地名丛刊,1990,(5).
[18] 顾祖禹．读史方舆纪要［M］．北京：中华书局，2005.
[19] 穆彰阿，潘锡恩．大清一统志［M］．北京：上海古籍出版社，2008.
[20] 丁文江，翁文灏，曾世英．中华民国新地图［M］．上海：申报馆出版，1934.
[21] 顾承甫，杨正泰．论民国初期同名县的更改［J］．地名知识，1980，(1)．
[22] 陈潮．对《论民国初期同名县的更改》一文的补充［J］．地名知识，1980，(4)．
[23] 陈公善，石荣．论地名的更改［J］．地名知识，1979，(2)．
[24]—[26]黄杰民.新中国成立以来新命名和更名的县市地名分析[J].地名知识,1980,(4).
[27] 郑祖安．论近代化与我国的地名发展［Z］．油印稿，1988.

目前政区命名及其对策研究

行政区划名称的命名是否科学合理，反映了一个国家和地区行政管理水平和科技发展水平，其称呼和书写是否正确统一，关系到国家主权和国防建设，关系到民族团结和经济发展。一个时期以来，我国现行的行政区划命名存在许多不尽如人意的地方。要解决这个问题，最根本的办法就是尽快建立我国行政区划通名的科学体系，使之科学化、系列化和规范化。

一、问题的提出

新中国成立后，党和政府对行政区划专名的命名十分重视。早在新中国成立初期，中央就发布了一系列有关行政区划专名的指示，对行政区划专名进行了清理整顿。1951 年 5 月 16 日，政务院发布了《关于处理带有歧视或侮辱少数民族性质的称谓、地名、碑碣、匾联的指示》，同年 12 月 19 日政务院又发布了《关于更改地名的指示》，对行政区划专名的整顿、更改作了原则性的规定，明确了更改的目的和任务。1952 年 11 月 8 日，政务院颁布了《关于处理行政区划变更事项的规定》，进一步明确了行政区划专名的审批权限、报批程序和变更原则。1964 年 12 月 17 日，内务部根据周恩来总理的指示，向各省、自治区、直辖市下发了《关于请对县以上地名等审查提出更名意见的函》，要求各地对县以上地名进行全面审查，并规定了审查更改范围。根据上述要求和规定，各地对有关的行政区划专名进行了全面的清理、整顿，作了必要的更改，取得了较大的成就：（1）更改了带有大汉族主义和封建主义、有歧视或污辱少数民族意思的行政区划专名；（2）更改了带有大国沙文主义、不利于邻国友好和带有帝国主义侵略色彩的行政区划专名；（3）更改了容易引起混淆的市县重名的行政区划专名；（4）更改了用人名命名的行政区划专名（保留了少数为纪念革命烈士而命名的专名）；（5）更改了用字生僻、难认难读难写的行政区划专名。自 20 世纪 80 年代中后期开始，我国进行了范围广泛的行政区划地名研究，取得了许多研究成果，但很多问题仍没有得到真正解决。

近期我国已经开展了全国第二次地名普查，为了更好地提高地名普查成果的质量，规范政区名称，理顺行政区划命名体系，就需要加大力气进行系统研究，以高效推动我国政区名称命名的科学化、系列化和规范化步伐。

二、当前行政区划命名中存在的问题

1. 市的多义和变义。作为行政区划的单位或通名，要求它有专一性，例如按《中华人民共和国宪法》的规定：省是地方的（第）一级行政区划单位或通名，县是地方的（第）二级行政区划单位或通名。而“市”缺乏单一性，在我国有直辖市、县级市，还有地级市、计划单列市、省辖市等，我国现有的建制市至少可分出四五个级次。

2. 区的多义。包括省级的自治区，地级的地区和直辖市所辖区，县级的林区等，加上计划单列市所辖的区和地级市下辖区，我国现有的建制区至少可分出五六个级次。

3. 县级行政区划名称混乱。据统计，有县、自治县、旗、自治旗、林区，以及地级市辖区、县级市等，名称之多不下于八九种。

4. 省、地级行政区划单位也偏多。省级有省、自治区、直辖市名称；地级有地区、地级市、直辖市的区、自治州和盟等名称。

5. 镇的变义。镇是城市系统行政区划单位中最基层的单位，或说是最小的单位。建制镇往往是建制市的前身和雏形，因此在我国“七五”计划中明明白白提出：“1990 年，我国设市城市发展到 400 多个，建制镇发展到 1 万多个。”很清楚，镇也应该是“点”状的。然而，在我国许多省市，自 1985 年以后实行了镇区合一的体制，把“区”（县政府的派出机构）一个虚的机构与“镇”的实体机构合一，有的地方是实行“两块牌子（镇政府区公所）一套班子”。这样，实行镇管乡制，把“镇”面状化；更有甚者还实行镇管镇制。

6. 省县、市县专名同名。如吉林省/吉林市，上海市/上海县，河北省的邯郸市/邯郸县，邢台市/邢台县，承德市/承德县；山西省的大同市/大同县，长治市/长治县；辽宁省的抚顺市/抚顺县，本溪市/本溪满族自治县，营口市/营口县，阜新县/阜新蒙古族自治县，辽阳市/辽阳县，铁岭市/铁岭县，朝阳市/朝阳县；吉林省的通化市/通化县；江苏省的淮阴市/淮阴县，南通市/南通县，无锡市/无锡县；浙江省的绍兴市/绍兴县，金华市/金华县；安徽省的芜湖市/芜湖县；江西省的南昌市/南昌县，九江市/九江县，上饶市/上饶县，吉安市/吉安县；福建省的莆田市/莆田县；河南省的新乡市/新乡县，安阳市/安阳县，商丘市/商丘县，许昌市/许昌县；湖北省的武汉市辖武昌区/武昌县，宜昌市/宜昌县；湖南省的长沙市/长沙县，株洲市/株洲县，湘潭市/湘潭县，衡阳市/衡阳县，邵阳市/邵阳县，岳阳市/岳阳县，益阳市/益阳县；四川省的宜宾市/宜宾县；贵州省的遵义市/遵义县；甘肃省的临夏市/临夏县；新疆维吾尔自治区的乌鲁木齐市/乌鲁木齐县，和田市/和田县，伊宁市/伊宁县，等等。

7. 县改市后行政区划通名重叠。如定县改市为定州市，万县改万州区，还有景德镇市等。

8. 民族地方行政区划名称不统一，且字数较多。在自治区、自治县名中，有的加“族”字，有的不加；有的县名最多达 15 个字之多，如“积石山保安族东乡族撒拉族自治县”，作为政区地名，这不仅给地图注记造成困难，在日常生活工作中也难以记忆和交流。

三、中华命名观

命名问题自古以来就是哲学家和语言学家关心的问题，既是语言学家，又是哲学家关注的重要问题。关于命名观，在我国的春秋战国时期，曾对名与实的问题有过激烈的讨论。名与实的关系问题，就是概念与事物的关系问题。春秋战国时期的以惠施和公孙龙为代表的名家则认为，概念应该真实地反映客观事物，提出要“审其名实，慎其所谓”（《公孙龙子·名实论》），即要根据新的“实”来慎重地重新命名。公孙龙认为，在名实关系中，实是第一性的，名必须符合实际。他提出：“名，实谓也。”“天地与其所产焉，物也。物以物其所物而不过焉，实也。”（《公孙龙子·名实论》）名家的这一思想与荀子（约前313—前238）提出的“制名指实”观点基本相同。对名实关系问题作过深入研究的后期墨家也提出了“实”为第一性，“名”为第二性，“名”须符“实”的思想。他们认为：“所以谓，名也；所谓，实也；名实耦，合也。”（《墨子·经说上》）以上各家都认为“名”应当与“实”相符，即“名”要能够反映事物的特性，所谓“名副其实”与“实”相符的“名”，就是正确的；反之，就是不正确的。[1—2]

孔子“正名论”中的“名不正，则言不顺”的观点，主要是从社会伦理的角度提出的，旨在规范社会成员的等级身份。老子的“道可道，非常道。名可名，非常名。无名，天地之始。有名，万物之母。”主要是站在哲学的高度，从宏观层面上来谈对世界的认识，世界是从无到有的。其后，庄子的观点中涉及名实关系的有：“有名有实，是物之居；无名无实，在物之虚。”“道行之而成，物谓之而然。”可见，庄子认为客观具体的事物是有名称和实体的，是可称说的；而抽象无形的事物，即道德规律，则是没有名称和实体的，只能靠践行。公孙龙的“白马非马”论，虽然认识到名称词语对事物的指称和区别作用，但是又过于机械偏激了，认为“白马”和“马”由于名称的不同，就是完全不同的事物。实质上是公孙龙还没有更深入地了解到事物和名称进一步的内部层级对应关系。[3—5]

春秋墨子之后的儒家荀子不仅阐明了名的实质和名的形成过程，提出了名的形成乃是人们社会交往和约定的产物：“名无固宜，约之以命，约定俗成谓之宜，异于约则谓之不宜。名无固实，约之以命实，约定俗成谓之实名。”名实关系是人们以一种大家都能够理解的方式为事物命名，所得的名一旦被大家接受，便形成习惯，对该事物的名实关系也就固定了。

（1）汉语命名的基本特征

中国政区命名，必须符合汉语的特点和汉语的命名规律，这样的命名才会得到社会认可、生命长久、避免歧义。汉语地名命名包括三个要素：语言要素、社会（市场）要素和法律要素。在汉语专名的命名中，语言的作用格外关键，这是因为汉语的命名比较严格地遵循汉语的语言规则。汉语具有以下主要特征，这些语言特征直接影响品牌的命名。

如果要理解中国的地名结构，我们首先必须对汉语的构词有一定的了解。在现代汉语中，构词的主要途径是合成法，也就是把两个或者两个以上的词组合起来，比如说，“主一席”“北一京”。汉语语言学家把这种词称为双语素合成词。在语言学的定义中，词是语言中能够自由运用的最小单位，语素则是语言中最小的、有语义的单位，两者唯一的区别就是词是否能够在句子中自由出现，而语素却不一定。汉语中约有 9400 个语素，而常用的只有 3500 个。在古汉语中，所有的语素都是自由语素，因而可以单独使用。

但是，现代汉语中的语素大多数都是不能单独使用的非自由语素，因而要想成为词的话，就必须经过合成。汉语语素的另一个特征是单音节性，所谓的单音节性指的是一个语素就是一个音节，一个汉字代表一个语素或音节，一个双语素合成，组词就写成两个汉字。如“上海”，“上”和“海”都是黏附语素，当两者结合在一起的时候，就构成了一个非常有名的词——“上海”，这个词由两个语素组成，有两个音节。现代汉语中超过 70% 的词都是这种双音节合成词，地名的双音节化比例更高，所以语言学家把汉语称为双音节语言。我们在这里之所以强调汉语的语素和音节特征，是因为汉语对词的节律有特殊的要求，说现代汉语的人对韵律词（双音节词）有强烈的偏爱。了解上述汉语构词的语言特征是非常重要的，因为汉语名称的构成和构词是一致的。汉语中的名称，大都是通过合成 3500 个常用语素而形成的，并且绝大多数的名称都是双音节。所有的双语素名称都由两个汉字表示，由此我们可以得出汉语命名的三个显著特征：

第一，绝大多数的名字是有意义的，因为命名的语素本身就是有意义的语素。在这里应强调的是，当人们从词典中选词构名，必须慎重考虑词的各种含义。

第二，汉语取名不可能像英文命名那样随意，汉语名字必须受到下面因素的制约：（1）选名的范围一般局限于 3500 个常用语素；（2）命名必须符合构词法；（3）在地名的命名中，大多以偏正结构组成。

第三，影响汉语命名的重要语言特征就是声调，而命名者往往忽略了这一特点。汉语是声调语言，普通话有四种不同的声调：阴平（第一声）、阳平（第二声）、上声（第三声）和去声（第四声）。我们通常采用汉语语言学家赵元任先生的“五度标调法”，把声调中音调的高低分为五度，用1、2、3、4、5来表示，1表示最低的音高，3表示中音高，5表示最高的音高。第一声（声调为5－5）和第二声（声调为3－5）有一个共同的特征，即都是以高音结尾，于是我们把它们列为高声调（H）。第三声（声调为2－1－5）比较复杂，它有一个先下降后上升的过程，但是，这样一个完整的过程只有在单独读词时才表现出来，通常在连读的情况下，这种声调只读一半，即2－1，因此一般而言，我们把第三声和第四声都看作低声调（L）。在对汉语人名命名的研究中发现，说汉语的人在取名时对高声调有强烈的偏好，说普通话的人取名时用高声的第一声和第二声的词素远远高于低声的第三声和第四声的词素。有学者对香港人的姓名所作的研究也得出了相似的结论，人们倾向用广东话中的高声调词素取名。很明显，从偏好的角度出发，声调在汉语的命名中被分成了不同的等级，高声调获得了更大的偏好。[6]

（2）汉语地名命名的基本原则

①汉语地名多是双音节合成词

地名的专名绝大部分是双语素/双音节的合成词，由于地名中的“双音节主义”反映出汉语对双音节的强烈偏好。因此，在分析的时候，我们将用音节来代替语素的说法。汉语言学家们发现，双音节是节律构词中的基准节奏，说汉语的人对双音节词有强烈的偏好。因此，在地名方面，对说汉语的人而言，双音节地名更容易辨识、发音和记忆。

②合成地名的第二个音节多为高声调

研究表明，在分析的这些品牌当中，X－H型的声调组合（H表示高声调，X则可以代表所有的声调）占73%左右。我们不难看出，第二个高声调的音节在获得响亮的发音效果方面扮演了重要的角色，响亮的名字进而又使得名称听起来比较悦耳和动听。

③命名遵循“修饰语＋名词中心语”的偏正模式

在商业命名中有约78%的名称具有“修饰语＋名词中心语”的合成结构，即名字的后一部分是一个名词，是中心语，前一个语素则是该名词的修饰成分。举品牌“白猫”为例，“猫”是中心词，“白”是修饰词。在汉语中，“修饰语＋名词中心语”是最普遍的合成模式，这样的词容易理解，这正好符合品牌名称简洁易懂的标准。

④命名追求音意俱佳

趋吉避凶是中国人的命名特点，因此大多的名字吉利吉祥。如选择那些中国人喜爱的动物、植物的名称或者其他那些在中国文化中寓意吉祥的名称来赋予品牌一个积极的、正面的含义。地名也是如此。[7]

（3）汉语地名命名的五忌

①忌用字冷僻

要让别人记住一个地名或者你的名字，首先要让别人认识这些名称。如果别人都不认识，怎么会记住这些名称呢？以冷僻字、多笔画字或不规范字取名，正是影响名字传播的主要原因之一。

②忌雷同重名

名称是相互区别的特定标志，而遗憾的是，我国目前名称雷同现象越来越多。名称的雷同给社会交往带来了很大的不便和误导。

③忌用多音字

命名用多音字，就像使用冷僻字一样会给人们的称呼带来很多不便，以多音字命名，名字有两个或更多的发音时就更容易让人感到无所适从。

④忌字义不吉

含义不吉利是取名字的一大忌，因为它不但使人容易对名称的主体产生不好的联想，更重要的是它会影响到别人对名称主体的接受。

⑤忌谐音不佳

地名命名中如果谐音不佳，会给人们带来不佳的联想。人们都有趋吉避害的心理，如果这个地方的名称不吉利还会影响到这个地方的经济发展。

四、行政区划命名更名的原则

根据以上汉语命名观及其汉语命名原则和规律，制定以下政区命名原则。

（1）逐一摸底探源，加强对行政区划名称的系统研究。对现有的行政区划名称逐一搞清它们的语源、词义和演变过程，为制订区划名称命名更名方案提供科学依据。

（2）制订更名方案，以稳妥为原则。在深入调查研究的基础上，制订若干方案，进行可行性研究和比较研究，并充分预计可能出现的各种问题，研究具体的解决方法。在制订更名方案时，需要注意的是：①能通过其他办法变通解决的，尽量不变或少变行政区划名称；②对可改可不改的，不随意变更，例如吉林省和吉林市，专名重名而又不驻一地，但人们对它们比较熟悉，因此就不必变更，否则反而会引起新的混乱；③对一时拿不准的，不盲目列入变更方案；

④对非改不可的，要尽量在现行法规规定的范围内进行。

（3）依轻重缓急、先易后难的原则，有计划分步骤地实施改革方案。一是要利用各种机会和渠道，广泛宣传实施改革的必要性和可行性，增强群众的心理承受能力，保证改革的顺利进行；二是对已经看准，涉及面不大或当前非改不可的，要下决心花大力气尽可能在较短的时间内完成，以免久拖不决；三是对难度较大，涉及面较广，紧迫性不强，特别是需要更改现行法规的，不能操之过急，应将其纳入总体改革范畴，分步落实。

（4）逐步消除县级政区名称的同音问题。要把行政区划名称的语音、词义、起源等作为行政区划变更报告的重要内容之一。近年来在行政区划变动方面已做了大量同名的更名工作。要防止在行政区划调整过程中出现新的重名及异字同音等问题。例如 1983 年山西省撤销忻县，设立忻州市，忻县地区更名为忻州地区，结果和湖北省新洲县（今为新洲区）同音。

（5）通名的同级专用。行政区划通名要明确代表该区划的性质和级别，不要使其多义，同一级别的通名尽量统一。如县级行政区划应都称县，不宜用林区等通名，以免级别概念的混淆。省级行政区域，原则上都应称省，自治区可改为自治省。我国古代实行的二、三级行政区划制，各级都用不同的通名区分，用字是十分清楚的。如秦时的郡、县制；魏晋南北朝的州、郡、县制；唐宋时期的道（路）、州、县制等。宋以后就有点乱了，不太符合通名的同级专用原则。历史的经验教训是值得研究和吸取的。

（6）通名要明确简洁。行政区划通名作为地名的一个组成部分应该十分简洁，一般应为一个字，特殊的可两三个字。通名过长，读写均很累赘。此外，在人们口语中，多音节地名，往往只读双音节，而省略了后面的通名。如口语只讲“顺义”“昌平”，省略区字是不会发生歧义的。但“黄山市”，就不能省略通名了，如果省略了通名，就会造成误会，误解为黄山。所以，除了通名要简洁专用外，专名中尽量避免出现通名用字。

（7）通名系列化。行政区域通名的系列化就是要建立一个符合当前行政区划建制的通名科学体系。新中国成立后，逐步形成了一个符合我国实际情况的三大行政区划管理体系，即农村行政区划管理体系、城市行政区划管理体系和民族地区行政区划管理体系。这三大体系是对古代单一农村行政区划管理体系的重大发展，是我国政治、经济发展的正确反映，是符合我国国情的。根据这三大系列，调整和改革现行行政区划通名系列，建立科学的、规范的行政区划通名系列是十分必要的。摒弃一些混乱的叠加通名，在现有通名基础上，使用简洁的通名用字，略加调整，即可得到满意的效果。孙关龙先生提出的调整改革方案（见《中国地名》1992 年第 2 期《我国行政区划通名的科学体系》一文）的建议是很好的，他把农村型行政区划通名系列归纳为省、县、乡；城市型行政区划通名系列归纳为都、市、镇、区、坊；民族型行政区划通名系列归纳为自治省、自治县、自治乡，整个系统共 11 个通名。[8]

五、政区名称的命名构想

1. 专名

（1）如果行政区划未变，但两级行政区划专名相同，政府机构又不驻一地者，往往给人们的工作、交通、生活、邮电都带来不少困难，这种情况应择其一更改其专名。

（2）用字生僻的或不符合正音、正字的行政区划专名，可结合行政区划调整逐步变更，其中不符合正音、正字的，也可以通过正音、正字的办法加以解决。

（3）对于通名重叠的问题，用现有行政区划通名作为专名的，其中用“国”字的不变更；用“市”“县”字的要尽快更名；用“镇”“乡”字的可逐步变更；用自然聚落通名作专名的，不必更名，如确有必要，可在调整行政区划时一并解决；用历史上行政区划通名作为专名的，不必更改，但在今后的行政区划工作中应注意这类问题。名山大川在人们心目中具有特定的空间形象，而且名声很大，国内外皆知，又多为风景旅游区，应当维护其特定空间形象，避免专名的泛指。况且县级、地级市的名气与国内外著名的名山大川之名也不相匹配，没必要以名山大川来更改其原有名称。深圳、浦东不是以名山大川命名，经济发展很快，而屯溪市改为黄山市，崇安县改为武夷山市，也不一定是因为更为山名经济才有明显发展，相反给交通、邮电、人们交往带来更多困难。“祁红屯绿”是很有名的，改为黄山市，屯溪绿茶也被埋没了。地名一改，原来这些信息内容都要重新在国内外认定，这就需要时间。

（4）民族自治地区行政区划名称统一由专名、族名、通名构成，除 5 个自治区暂不变更外，其他不带“族”字的必须加“族”字，没有通名的必须加通名，各族自治县改为某某族某某族某某族等族自治县，撤销民族市辖区和民族镇，改为市辖区和镇。

（5）全国市辖区（县级）名不得重名。

（6）行政区划建制变动而所辖区域未作较大调整的，一般只更改通名。[9]

2. 通名

在现阶段的县改市过程中，可采用改通名不改专名的办法。随着社会经济的发展，农村行政区划管理体系中一部分地区转入城市行政区划管理体系，这也是符合社会发展规律的。如只是行政区划体系改变，区域范围未作变更，那么原有名称的专名也不宜更改，只变动通名即可。在我国县级名称中有不少其专名是单音节的，随着语言的演化，人们喜欢用双音节的专名。于是四川的万县，改市时就改为达县市了。关键是“县”是当今行政区划通名，“州”是古代行政区域通名，自治州又是当今通名，通名重叠，一旦口语中脱落了通名，地名的含义就改变了，自然会造成混乱。区划通名的改革可分两步走。

第一步，在现行法规规定的范围内进行，撤销旗、自治旗和盟、苏木，相应地改为市、县、自治县和地区、乡，初步理顺行政区划通名体系的横向结构，一律撤销县辖区，基本理顺“区”这个通名。这样，行政区划通名体系为：省级（省、自治区、直辖市）、地级（地区、自治州、地级市）、县级（县、自治县、县级市、市辖区）、乡级（乡、民族乡、镇、街道）。可以分为三个子系统：(1) 普通型行政区划通名体系：省、地区、县、乡；(2) 民族自治地区行政区划通名体系：自治区、自治州、自治县、民族乡；(3) 城市地区行政区划通名体系：直辖市、地级市、县级市和市辖区、镇和街道。

第二步，结合实施行政区划宏观战略，彻底理顺行政区划通名系统；适当划小省区，将自治区改为自治省，撤销地区和自治州，原由自治州管辖的县，改为相应的自治县，市的法律地位一律平等，不分地级和县级，亦不再领导县，由省、自治区、直辖市直接管辖县、自治县、市。为便于管理和分类指导，市、县、自治县根据人口、面积、经济社会发展水平分为若干等，特等市在必要时可下设若干个管理署，作为市政府的派出机构，街道由虚变实，改为一级政权实体。按照上述改革方案，我国的行政区划通名系统简化为：省级（省、自治省、直辖市）、县级（县、自治县、市、市辖区）、乡级（乡、民族乡、镇、街道）。三个子系统相应改为：(1) 省、县、乡；(2) 自治省、自治县、民族乡；(3) 直辖市、市和市辖区、镇和街道。[10]

3. 政区名称表示方式

(1) 直辖市、地级市、县级市、市表示方式：为了解决点面不分、一词多义的问题，我们将直辖市、地级市分为全市、市区和中心聚落三种不同的表示方式，分别用某某市地区、某某市市区和某某（行政区专名）来表示。

县级市和行政区划通名改革第二步完成以后的市分为市区和中心聚落两种表示方式，为了区别直辖市和地级市对市区的表示方式，用某某市表示县级市和市的市区，也即全市范围。

（2）行政区驻地表示方式：在用文字表达时，统一用中心聚落名称。例如，中华人民共和国首都——北京，河北省省会——石家庄，内蒙古自治区首府——呼和浩特，凉山彝族自治州首府——西昌，等等。

（3）地图表示方式：在大比例尺地图上，用散列式注出各行政区全名，用聚落符号标明其行政机关所在的位置，并在驻地符号旁边标出驻地聚落名称。在小比例尺地图上，当某一级政区无法标出行政区界线时，在驻地符号旁边优先表示驻地居落名称，在可能的情况下，标出专名与驻地名称不同的政区全名，并括注驻地聚落名称。

六、总结

行政区划的改革主要是区划通名的改革。区划通名的改革可分两步走：第一步，在现行法规规定的范围内进行，撤销林区、旗、自治旗和盟、苏木，相应地改为市、县、自治县和地区、乡。行政区划通名体系为：省级（省、自治区、直辖市）、地级（地区、自治州、地级市）、县级（县、自治县、县级市、市辖区）、乡级（乡、民族乡、镇、街道）。可以分为三个子系统：（1）普通型行政区划通名体系：省、地区、县、乡；（2）民族自治地区行政区划通名体系：自治区、自治州、自治县、民族乡；（3）城市地区行政区划通名体系：直辖市、地级市、县级市和市辖区、镇和街道。第二步，彻底理顺行政区划通名系统，我国的行政区划通名系统可简化为：省级（省、自治省、直辖市）、县级（县、自治县、市、市辖区）、乡级（乡、民族乡、镇、街道）。三个子系统相应改为：（1）省、县、乡；（2）自治省、自治县、民族乡；（3）直辖市、市和市辖区、镇和街道。

参考文献：

［1］李耳．道德经［M］．合肥：安徽人民出版社，1990.

［2］庄周．庄子［M］．上海：上海古籍出版社，1989.

［3］荀况．荀子［M］．长春：吉林人民出版社，2005.

［4］石树，詹德华．中西方命名观及俄语中的事物命名方法［J］．广东外语外贸大学学报，2002（3）．

［5］巴一斯．墨子语言观浅析［J］．语文知识，2010（1）．

[6] 牛汝辰．地名命名理论及其应用研究 [J]．北京：文津出版社，1998.

[7] 牛汝辰．商业命名策划 [M]．北京：中国文史出版社，2005.

[8] 孙关龙．试论我国古代行政区划变化的规律及其启示 [C]．中国行政区划研究会．中国行政区划研究．北京：中国社会出版社，1991.

[9] 孙关龙．我国行政区划通名的科学体系 [J]．中国地名，1992（2）．

[10] 孙关龙．分分合合三千年——论中国行政区划及其改革的总体构想 [M]．广州：广东教育出版社，1995.

现今街道命名对策研究

近年来，随着我国沿海、沿边、沿江地区的经济迅速发展，旧城区的不断改造，新开发区的不断建设，使城区空间不断扩大，向外辐射。城市街巷面貌日新月异，旧的街巷被新的街巷所代替，原来的田园苗圃变为开发区或新建城区。然而，不少地方地名命名还跟不上形势发展的需要，地名管理存在着滞后问题，某些地区的地名命名还出现了新的混乱。[1]

一、当前城市街道命名中的不足

1. 街巷怎能无名

在当今不少新建城区中，一些较小的街巷由于事先没有规划名称，新建或改建后命名又未及时跟上，故一直无名，或仍沿用不符实际的旧名。如原为村，修建街道后，仍使用村名；原为街的一部分，通过改建，已形成另外一条新街，也无新的名称，等等。

2. 有的称街有的称里，路名不协调

城镇在改建、新建中，命名没有超前准备，事到临头仓促起名，就难免命名的盲目性和随意性。地名命名应体现整体性和系列性，而随意命名往往忽视城市的整体命名结构。如今有些地方新命名时没有考虑与其他街道名称的关系，打破了原有名称的命名规律。有的通名命名不够规范，如原来均称为“街”，新名改称“里”，使得这个区域的路名有的称“街”，有的称“里”，造成新的混乱。也有的乱用方位词和序数词，没有规律可循。不少地方新盖楼房与原有楼号排不成序列，而又未重新改号，也造成了许多新的不便。深圳福田区前两年新辟一条道路，因匆忙命名，未考虑整体布局便起名叫“东江路”，等新市区地名规划完成时，忽然发现这条路名与整个福田区的路名不相协调。因为整个福田新区的路名都以“福”“田”二字相嵌，横称“福”，纵称“田”，自成体系，而东江路夹在其中，显得不伦不类，很不协调，于是政府发文、登报公布、三令五申，改为彩田路，可为时晚矣。市民都知东江路而不知彩田路，有的则以为是另一条路。建设单位到银行贷款结算也遇到了麻烦，因为在银行账号上也是写“东江路工程”专款专用，现在虽已改成彩田路，但银行方面只能承认“东江路”。时至今日，“东江”与“彩田”两路名依然并存。

3. 谁投资谁起名，路名难管理

在一些沿海城市，投资者总希望按自己的意愿起名，有时能满足投资者的要求，但有时也会出现矛盾，如与现行路名同名，与市区地名规划不一致，与现行政策相抵触等。有时会因地名命名不能满足投资者要求而影响项目谈判的成败，这对地名部门的压力较大，有些领导反过来做地名部门的工作，以迁就投资者。近年来许多大企业纷纷为扩大宣传而争买路名，如湖南丽臣实业总公司在长沙市花十几万元买下“丽臣”路名。当然“丽臣”一名具有鲜明而美好的文化韵味，如果该公司还叫原来的“日化总厂”，就不适合叫“日化路”，太没美感。长沙锅炉厂也多次竞争所在路段的命名权，但若真的命名为“长锅路”或“锅炉厂路”，就太不雅致了。如以该厂商标“雨花”命名，因已有雨花路名，不能重名，致使该厂没能买到路名。而目前我国许多城市在企业争买路名中就不一定能像长沙市地名管理机构那样注意路名的美化和整体效果。[2]

4. 移植山川城名，已显过俗过滥

在目前的许多城市，特别是东南沿海的城市和开发区，如昆山、连云港、常州、宁波、福州、汕头等地的开发区都移用全国的名山大川和文化名城的名字命名主干道。如用名山的有：黄山、泰山、庐山、华山、嵩山、衡山、天山、昆仑山、峨眉山、长白山、阿里山等；大川有长江、黄河、珠江、海河、湘江、岷江、浦江、漓江、黑龙江等；名城有北京、南京、上海、西安、延安、成都、广州、武汉等。这种竞相移植外地地名的方法已过滥过俗，没有新意，已形成简单化、雷同化的弊端。

5. 命名追求吉利

近几年社会上出现用谐音判断吉凶的现象，最常见的“八”象征

“发”，带 8 字的电话号码和汽车牌照身价百倍，反之，一些谐音被认为不吉利的都要避讳，这也影响到地名命名。现在有不少外商要求对项目所在地地名进行更名，其理由是该地名听上去不吉利。某区政协会议有提案要求将 1958 年命名的“定西路”更名，理由是“定西”的沪语谐音是“定死”；宋庆龄陵园所在地的“陵园路”，市人大代表联名提案认为“陵园”不吉利，不利于吸引外资到该地投资，要求更名。类似上述的提案和群众来信还有不少。

6. 要求用外国地名命名和用英文书写地名通名的呼声增多

浦东开发开放的方针是“服务全国，面向世界”，在制订浦东新区地名规划时，能否用外国地名命名，成了争论的焦点。地名管理部门虽也宣传了国家有关文件，甚至请中地办领导来参与讨论。但有关部门特别是一些领导还不能真正统一认识，认为现行的一些规定已不适应开放的形势。用英文书写地名通名的呼声也不少。如深圳、汕头等地的街道路牌的通名就用英文书写。目前地名标志的形式呈多样化，除传统的路牌、门牌之外，还有交通指示牌、居住区指示牌、经济开发区指示牌、风景区导游指示牌等，这些指示牌虽不一定都划入地名标志范围，但指示牌上毕竟还有地名，有些就用英文书写通名。

7. 如何有偿使用地名，已引起有关方面的注意

地名是一种广泛传播的社会信息，它一旦经过主管部门审批，其他同类地名就不得与之重名，它在一定区域内具有专利性质。有的地名可以为某一单位或某一产品专用，起到广告效果。在建立社会主义市场经济体制过程中，就引发出了如何有偿使用地名的问题。目前，在城市街道命名和在商住大楼及商品住宅群的命名中有的地区在试行有偿服务。即以企业名称命名街道全国许多大城市在城市道路命名时，都在探索有偿服务，并已取得初步成效。

二、上海市街道名称分析

1. 上海街道通名的现状[3]

上海市区建成的街道通名，多采用路，次以街、弄，极少数使用坊、大道、小道、别径。

(1) 以“路”为通名。以“路”为通名的道路名称有 1452 条，约占路名总数的 79% 左右。在黄浦区 115 条路名中，以“路”为通名的有 109 条，占95%；卢湾区78条路名中77条以“路”为通名，占99%；静安区68条路名中有65条以“路”为通名，占96%；徐汇区171条路名中有164条以“路”为通名，占96%；长宁区79条路名中有78条以“路”为通名，占99%；普陀区119条路名中有116条以“路”为通名，占97%；虹口区239条路名中有228条以“路”为通名，占95%；杨浦区183条路名中有182条以“路”为通名，占99%；南市区403条路名中有140条以“路”为通名，占35%。这充分反映了市区路名绝大多数以“路”为通名的特点。

（2）以“街”为通名。以“街”为通名的路名有234条，约占13%。这些以“街”为通名的路名有一半以上分布在南市区境内，约有140条，占市区总数的55%。余下90多条以“街”为通名的路名，零星地分布在城市化之前的集镇地区。城市化之后，这些旧集镇名称多已消失，或部分演化为区片名。分布在旧集镇地区以“街”为通名的道路名称，如长桥地区的长桥南街、徐家汇地区原徐镇的镇南街及其附近的汇南街、北新泾地区的北新泾大街、原曹家渡镇附近的万春街、虹口区原虹镇地区的虹镇老街、大场镇的守仁桥街等。浦西建成区（除南市区外）以“街”为通名的道路名称只有31条，其中虹口区境最多，占11条，徐汇区有7条，其他区只有1—3条。浦东地区沿江地带原集镇地区以及高桥镇，以“街”为通名的道路名称相对多一些，有63条，这和迄今为止浦东地区城市化扩展较慢是相适应的。

（3）以“弄、坊”为通名。以“弄、坊”为通名的路名有138条，其中除3条在黄浦区境外，其余都集中在南市区境。

（4）以“大道”为道路名称通名，始于1955年将浦东路（1930年初筑）改名浦东大道，1973年又将人民广场中央南北向行驶车辆的路面定名为人民大道，历数十年市区建成区只有上述两条以“大道”为通名的道路名称。1993年浦东地区改革开放以来，才陆续出现数条以“大道”为通名的道路名称，如龙东大道、五洲大道、中央大道、明珠大道等（还有五六条规划名称），虽然数量很少，但开拓了道路通名命名的新方向。

通名	最长辐射距离	最短辐射距离
路	10971米	35米
街	892米	41米
弄、坊	382米	31米

首先，在指称那些长度较长、路面宽度较宽、路容较为整齐，一般可通

行公交车的道路，原则上选用“路”为通名；其次，对一般不通行交通车的，则选用“街”为通名；再次，以弄、坊为通名的，绝大多数在居住区内，短小狭窄；最后，比较各类通名和最长辐射距离，由于是特例，很难表达比较合理的特点，一般而言，最短的路长于最短的街，而最短的街又比最短的弄、坊要长些，呈现出上海市路名通名区别于其他某些城市的特点。

2. 道路专名的现状

市区路名颇具特色。南市区路名多以姓氏、方位、建筑物为专名，其他地区又多以省市地名为名（特别在黄浦区原英租界地区，东西向路名为市名，南北向路名为省名）。20 世纪前期，在今闸北区南部和五角场地区，命名了一批“词组”性质的路名。50 年代开始，又命名了一些与花卉、树木有关的路名和以主地名派生出来的派生路名。80 年代开始，命名部门有意识地在浦东地区、吴淞地区以及中山环路外侧，采用与全国各省市“地理方位”相对应的命名方法，以期逐步形成比较有省市地名意识的路名分布状况。[4]

（1）以省市地名为名

目前上海市区建成区以省市地名为名的路名有 786 条，占路名总数的 43%，其中：省名 26 条（北京、广东、福建、甘肃、广西、贵州、湖北、湖南、河南、吉林、江苏、江西、辽宁、内蒙古、青海、四川、山东、陕西、山西、天津、台湾、海南、云南、浙江、新疆、西藏），安徽、河北、黑龙江、宁夏尚未被命名为路名；县市名 584 条，如延安东路、济南路、三门峡路、高安路、紫云路、威海路、兰溪路、灵石路、平凉路、崂山东路等；另外还有山名 10 条、河流名 7 条、湖泊名 3 条、峡谷名 1 条、水库名 1 条、古地名 9 条。

在市区 10 个区中，以省市地名为路名的：黄浦区为最，约占 90%；静安区居次，约占 88%；南市区最少，约占 10%。

各省市地名在市区路名中的选用情况，山东 57 条地名、浙江 49 条、江苏 45 条、陕西 42 条、四川 39 条、广西 39 条、黑龙江 31 条、贵州 30 条、辽宁 29 条、云南 26 条、河北 24 条、江西 22 条、广东 22 条、甘肃 21 条、湖南 19 条、吉林 18 条、山西 18 条、福建 16 条、内蒙古 16 条、安徽 12 条、湖北 10 条、新疆 10 条、北京 7 条、天津 4 条，海南、西藏、青海、台湾各 2 条，宁夏、香港各 1 条。表明市区路名中全国各省市地名都有，最少也有 1 条（宁夏），而以沿海及长江流域的山东、浙江、广西、四川、黑龙江等省地名较为常见。

以省市地名为名的路名，在中山环路内侧地区，没有呈现明显的地理方位特征，在同一区域内，多个省市的地名同时存在。1979 年 11 月，上海市地名办公室在沪地办〔1979〕6 号文件中，提出了今后要注意采用“按方位取地名”的原则，市区及其外围地带按其所处县境分别选用，如：宝山县（区）：黑龙江、山西、内蒙古；嘉定县（区）：新疆、陕西、甘肃；青浦县：青海、宁夏；上海县（今闵行区）：贵州、广西；松江县：四川、西藏；金山县：云南；奉贤县：广东；川沙县（今浦东新区）：山东；南荡县：福建、台湾。根据这一设想，在往后的几年中，已初步形成了几处带有“地理方位”的特征分布区域，如浦东地区形成了历城路、潍坊路、临沂路、德州路、崂山西路、崂山东路等数十条以山东省地名为名的道路名称群。在田林地区，也出现了桂林路、田林路、柳州路、桂平路等以广西地名为名的路名群。在东北部的杨浦区，也命名了一批以辽宁、黑龙江地名为名的路名群。

（2）以词组为名

1911 年 11 月上海光复，1912 年中华民国成立，以孙中山先生为首的临时政府，提出了“振兴中华”“五族共和”的政治主张。这些政治主张在今闸北区南部的路名中被充分地反映出来。在闸北区南部的 90 多条路名中，有汉中路、满洲路（今晋元路）、蒙古路、新疆路（旧时居民以回族居多）、共和路、民和路、中华新路、华兴路、新民路、宝兴路、鸿兴路、民立路、康乐路、宝通路、宝源路、宝昌路、普善路等 60 多条道路名称（占这一地区道路名称总数 60% 以上），强烈地反映出人们希冀中华民族昌盛吉祥、民族团结、国家统一的愿望。

1929 年 7 月，上海特别市政府第一百二十三次会议，决定在上海东北部的翔殷路以南，淞沪路以东，即今江湾五角场地区，约 460 多公顷土地，设立新市区。8 月，上海市中心区域建设委员会拟订了《大上海都市计划》，对这一地区进行了总体规划。计划中关于道路名称采用“中、华、民、国、上、海、市、政、府”为专名的首字，结合能够表达人们的爱国热忱，希望国泰民安，能体现出道路的建设者和所有者的语词为专名的设计思想。虽经往后的更名，但从当今五角场地区的路名分布现状上看，仍显示出明显的特征：

① 闸殷路和世界路、三门路一线之间，8 条路名均以民、国、市为首字，配以京、庆、壮、府、和、彝等词为专名，其中以“民”为首字有 6 条，如民庆路、民京路、民壮路。

② 邯郸路、黄兴路、走马塘所形成的三角形地区，共有 15 条路名，其中以“国”为首字 9 条，如国定路、国权路等。“政”为首字 5 条，如政法路、政修路。

③ 邯郸路、翔殷路与三门路、长海路之间，9 条路名中有 8 条以“政”

字为首字，如政府路、政立路、政通路等。

④ 三门路、国和路、翔殷路、淞沪路之间的6条南北向路名，都以“国”为首字，如国济路。

另有极个别的路名，如虹口区的物华路与天宝路、天宝西路、天宝支路，是以“物华天宝”对应命名的。又如南市区的一粟街是取“金鸡解街一粒粟”之意命名的。

（3）与花卉、树木有关的路名

① 曹杨新村地区

1952年6月动工兴建的曹杨新村地区，以花木名命名了一批颇具特色的路名，如兰溪路、枫桥路、枣阳路、桐柏路、棠浦路、李村路、梅川路、梅陇北路（今梅岭北路）、梅陇路（今梅岭南路）、花溪路、桂巷路、杏山路、杨柳青路等，组成了一组以兰、枫、枣、桐、柏、棠、李、梅、桂、杏、杨、柳等花木名称，颇为雅致，而且这些路名的专名，除桂巷路是以历史自然村为名外，都是省市地名（涉及10个省市）。

② 田林新村地区

1982年在市区西南部动工兴建的田林新村地区，分布有与木类有关的路名，如桂林、田林、柳明、桂平、桂菁、苍梧等，而且这些路名都是我国西南部广西壮族自治区的地名，与田林地区在市区新处的地理方位相一致，颇有特色。

（4）谐音路名

市区路名采用谐音命名源于南市区，如大昌路（大佛厂庙的谐音）、天柱山路（天主堂）、万生路（万胜庵）、甘谷路（观音阁）等。民国三十二年（1943）10月8日，汪伪政府为掩盖其收回“租界”，实并未“收回”的丑剧，发布了沪市四字第12468号训令，“以一、八两区及以前越界筑路区路名多用西文，为肃视听，决定从10月10日起将214条路名改用新名称。”不管这一训令的背景如何，但从更名的路名来看，一部分路名也确实是采用谐音或半谐音的方法选用省市地名的：其一，选用一字相同的地名，如汉壁礼路改为汉阳路（湖北省地名）、海能路改为海南路（原广东省岛名）、赫德路改为常德路（湖南省地名）等38条，占总数的18%；其二，使用同音、近音等半音方法，如池浜路改称慈溪路（浙江地名，池、慈同音）、宋埠路改称松江路（原江苏省地名，宋、松近音）等8条，占4%；其三，个别名称含有某一特定的意义，如孟神父路改名永善路（云南省地名，意劝人从善）、望志路改名兴业路（“望志”和“兴业”在事业中是一个同名词），长宁区的利西路就是人名吕西纳路的谐音。

（5）祈愿性路名

由于社会原因，祈愿性路名在当今路名群中占有一定的比例，在任何环境下，人们渴望安定、富裕、兴旺、发达、长命百岁的心理，一种方式就表现在地名上。市区的路名中，表现祈愿的173条，如增祥弄、万裕街、长兴路、永宁路、民主路、至善路、育才路、大昌路、福禄街、长寿路等，约占市区路名的9%。其中分布在南市区境有34条，占同类路名的1/5。

3. 当代道路名称的新格局

如本节前文所述，1949年以来，上海市区道路名称除继续沿用传统方法选用省市地名外，在局部地区选用花卉、树木名，或派生地名的命名方式，丰富了区域性路名的名称特色。

1979年11月，上海市地名办公室在沪地办〔1979〕6号文件中确定，在市区继续选用江苏、浙江、江西、安徽、河南、湖北等省的地名，对于近郊新辟道路的名称，应按与各省在全国的地理方位相对应的原则选用地名。此后，市区东北部兴建的一批道路，选用我国东北部省份的地名为名，如松花江路、靖宇路、延吉路、鞍山路、本溪路等；市区西南部的道路，选用西南各省地名，如遵义路、娄山关路、茅台路等；浦东地区选用东部省份的地名，如潍坊路、崂山东路、文登路（今东方路）等。这是市区道路名称选用上的一次尝试，据社会反映，这些名称易记，查读地图时也容易寻找。

1993年年底，为适应浦东的改革、开放形势，组织了一批专家拟订了一份《浦东新区交通地名规划》（以下简称《规划》）。[5]《规划》中有关路名的内容包括：（1）一条路名的辐射长度不超过20公里，较长的道路应分段命名，分路名称使用同一专名，以序数词或方位词予以区别；（2）道路通名采用大道、路、街三种，“大道”用于快速干道，“路”用于主干道，“街”用于商业集中路段；（3）道路专名应体现浦东开放、开发的时代特征，反映地理、经济特点，体现地区的开发功能；（4）各工业小区内的路名，以体现本工业小区的经济特征为主导思想。这一《规划》是新中国成立以来一个比较完整、系统的规划，在所规划的56条道路名称中，以“大道”为通名的有明珠大道等10条，以路为通名的有洲海、航津路等35条，保留已有名称的11条。在专名中，有以喻义五大洲的五洲大道，喻义跨世纪的世纪大道，喻义迎接嘉宾的贵宾大道，喻义“锦乡芳甸”的锦乡路和芳甸路等。在各个工业小区内，采用一些符合本工业发展特点的路名，如在外高桥保税区内，命名一些体现世界贸易、自由港的特色路名，如“英伦”“荷丹”“日樱”等。

这次命名方案遵照“在继承的基础上加以发展”的指导思想，力求反映浦东开发的时代特色，具体表现在：

（1）有所创新。突破了浦西路名主要用全国城市、山川命名的老传统，在快速干道和较长的主干道中，采用一批地域性、时代性较大而又不是标语口号式的词组作专名，如云间、申江、华夏、华东、东海、远东、五洲、世纪等，象征了上海浦东开发是一项服务全国、面向世界的跨世纪宏伟工程，将建成远东地区的三个中心。在快速干道通名上采用“大道”，改变以往主要用“路”的习惯，体现交通规划的层次性。

（2）反映浦东新区地理、经济特征。在主干道和一般干道中，反映浦东地理位置的有“洲海航津，东方港城”，分解成四个专名，即“洲海”“航津”“东方”“港城”，其中三个置于外高桥自由贸易区和港区，“东方”用于文登路更名（照顾到东视、东广的特殊需要）。反映局部地理特征的有“江东”“双江”“金海”等。反映地区经济特征的有“花木”“锦乡”“芳甸”（大片芳草地），在市政中心用“锦乡芳甸”，隐喻新区政府的目标，将浦东建设成一个美丽的大花园。

（3）体现地区开发功能和时代特征。如“迎宾”“博文”“高科”“金科”“中央”“明珠”等。

（4）继承浦东原有较好的地名。“金桥”“杨思”“三林”是集镇名，用以命名路名，体现历史的继承性。原路名较好的也保留，如“龙东”“东陆”等。

（5）保持原有路名的稳定。如杨高路（分成三段）、张杨路、罗山路、龙阳路等在讨论中都曾有更名建议，现都不改了。这次方案中更名的很少，只有文登路、上川路西段等。

（6）东西联动。外环线统一以“环”字加方位词分段命名，内环线中山北二路和中山北一路相配套（大桥名另行报批）。

（7）和浦西路名不同名、同音。

4. 分区内部道路命名原则

（1）外高桥保税区：体现世界贸易自由港的特色，用各国的国名和城市名以及国名和国花组成系列专名，如“英伦”“荷丹”“日樱”等，还可以自由贸易区的功能采词命名。

（2）金桥出口加工区：可根据开发功能和用“金”“银”组成词组，也可实行部分路名有偿使用，以厂名、产品、商标命名。

（3）陆家嘴金融贸易区：小陆家嘴地区经过开发，原有道路将全部改造，老路名亦将消失，新路名可根据开发功能采词（或经过雅化）命名。花木地区是新区行政中心和国际博览中心，可用花草、树木和开发功能采词命名，上述范围以外的路名大多数不动，少数比较土俗的（如沈家弄路）需要更名。

（4）张江高科技园区：原则上以古代中外知名科学家命名，也可用些科技名词如“宇航”等命名，还可根据项目、产品性质命名。

以上各开发区内生活区路名，可选择一些较高雅的词组（如外高桥保税区内生活区五条道路，命名成“春晖”“夏碧”“秋霞”“冬融”“季景”）命名，也可用当地较好的地名命名。

三、外国街道命名特点

每条道路必须有一个名称，在道路不多的城市内，也许还能保持传统的比较单纯的命名特点，但在那些道路成百成千甚至成万的城市内，它们必然就呈现出五花八门、各有千秋的纷繁景象。根据我们了解的情况，外国城市道路的命名主要分为以下几种情况。[6]

1. 根据地理位置、地理特点命名道路

这是地名命名最基本的方法之一，各国各城市都普遍采用。最常见的是依山丘傍河海的一些城市道路路名都与这些山水有关。如日本横滨是近代在东京湾兴起的，最初靠海的道路，便称作为“海岸大街”。美国的旧金山临圣弗朗西斯湾，海边一条道路便称为“滨湾大道”。在美国的费城，苏凯尔河穿城而过，河边一条道路就叫作“苏凯尔街”。一些含有山丘的城市，山边、丘间或山上的道路往往就以山名命名。如旧金山内城有一座叫“电报山”的小丘，是旧金山的标志之一，山上的道路就叫作“电报山路”。旧金山以东，著名的加利福尼亚大学伯克莱分校所在的伯克莱市，东依丘陵，在克莱蒙谷下的道路称为“克莱蒙路”，而通往格莱茨雷峰的路就叫“格莱茨雷峰路”。

2. 以原先道路所在或沿路居落之名命名道路

城市道路最初开辟时或者城市外围向外拓展道路时，就是城市化及其推进的过程。这些道路在开辟的时候，要通过原先的村庄、庄园、田野等，或者这些村庄、庄园、田野等有可能为此要迁移或消除，但由于地名具有延续性的特点，当这些道路开通时，最初在命名时往往就保留采用了这些村庄、庄园、田野等名称。如日本许多城市小区地名以及道路地名都含有“田”字，就来自于当地原先的田野之名（在日本，这些田野又往往是以主人的姓名命名的）。法国巴黎市中心最大的道路香榭丽舍大道，是巴黎的精华，也是世界上最辉煌的街道之一，其名就取自于原先当地的一个庄园之名。

3. 以沿路商号、机场、设施及行业之名命名道路

由于道路的开辟带来了沿路商业的兴旺，同时也有因商肆之设、商业之兴而特地开辟道路或使道路生辉的，所谓“路因商兴，商因路发”就是两者间的一种关系。也因此，道路有以路上某个店号之名或某种行业或整条街的行业特色命名的，这如同中国一样，在国外的许多城市中都有这种情况。

如越南的“宏泰街”是因沿路有一家华裔侨商开办的“宏泰商号”，故名。芽菜巷是因为一家销售泡芽菜的“芽菜祥”在此，故有此称。泰国有竹篾街、蚊帐街、打锡街、灯笼街、风炉街、咸鱼街、米街，这些都与昔日沿街的商业特色有关。日本东京的“银座”，是世界上最繁华的商业街之一，其名是因400多年前此处有铸造银币的场所而名。现今，日本国内以“银座”为名的街道多达400多条。中国的饮食闻名于世，海外中餐馆开设很多，在伦敦华人集中区域有一条街曾称为“酸辣街”，街上餐馆林立，人们在此可充分品尝中国的美味佳肴，“酸辣”之名就源于此。

至于以沿路机构、设施之名及其通名命名的道路，在国外城市中就更普遍了，如大学路、学院路、医院路、博物馆路、教堂路、船厂路、仓库路、电报路、植物园路、射靶场路、兵营路，等等，与中国这方面的地名一个模样。这类地名指称性强，非常实用。

4. 以国内外地名命名道路

众所周知，上海浦西地区的道路大多数是以中国各地的地名来命名的，形成了浓郁的显著的特色。不过，以别处的地名来命名本地的路名，其实并不单是我们一国运用，在国外的城市中这种方法非常普遍，只是没有哪一个城市能形成像上海这样的系统性和巨大规模。美国城市街道命名特点如下。[7]

① 以国内地名命名道路

在这方面，美国首都华盛顿是比较正规的开创性。当最初美利坚合众国成立时，由于它是获独立的13个州（前美国的13个殖民地）组成的，因此并无首都。1798年在费城会议上，南北各州代表都要将首都争到自己境内。经过激烈的辩论，最后采取一个折中的办法，将首都设于当时南北两方的天然分界线。华盛顿总统任命曾参加过美国独立战争的法国工程师皮埃尔·夏尔·朗方为建都的设计师，朗方及其继承者于是为华盛顿城市进行了精心设计。在城市道路方面，以国会大厦为中心向四面八方辐射出13条斜形大道，与整个城市棋盘状网格道路相连。这13条道路代表着当时组成的13个州，即意味着13个州拱卫着中央政府。这13条道路的路名就取自各州州名，如“路易斯安娜大道”“马里兰大道”“宾夕法尼亚大道”“马萨诸塞大道”等。

在美国的城市中，到处都能看到全国地名的踪影，如旧金山市内有“加利福尼亚街”（取自所在的加利福尼亚州州名）、“隆克门托街”（取自所在州州府之名）。外地的地名有“佛罗里达街”（取自佛罗里达州州名）、“内华达街”（取自内华达州州名）、“堪萨斯街”（取自堪萨斯州州名）等。

借用国内其他地方的地名来命名本地路名，来源丰富，选用容易，同时也为人们熟悉，这是其独特的优点。

② 以国外地名命名道路

国外的城市道路也有以外国的地名，如国名、城市名来命名道路的。用外国国名的如法国巴黎有“意大利大街”，瑞士日内瓦有“法兰西街”，西班牙首都马德里有“葡萄牙路”，秘鲁首都利马有“阿根廷共和国路”等。用外国城市名的数量则较国名更多些，如旧金山就有“伦敦路”“巴黎路”，德国柏林有“奥斯陆街”，俄罗斯莫斯科有“华沙路”，赞比亚首都卢萨卡有“开罗路”，等等。

有些国家，除地理上的原因外，更主要是历史因素，造成较多地采用了外国地名，如新加坡就是一个典型的例子。

新加坡原来是马来西亚的一部分，1824年沦为英属海峡殖民地的一部分，第二次世界大战中被日本侵占，战后成为英国的直辖殖民地。1965年，新加坡共和国成立，但仍属英联邦成员国。由于历史上的原因，新加坡深受英国的影响，同时加上它是太平洋与印度洋之间的交通枢纽地，也具有很大的开放性。

a. 以原宗主国英国国内的地名命名道路

以英格兰郡名命名的道路有“萨福路”（取自萨福克郡郡名）、“纳福路”（取自诺福克郡郡名）等，以苏格兰郡名命名的有“百力通道”（取自贝里克郡郡名）、“史德林路”（取自斯特林郡郡名）等，以英格兰城市之名命名的道路有“伦敦路”、“卡莱路”（卡莱尔为坎伯兰郡首府）等，以苏格兰城市之名命名的有“爱丁堡路”（爱丁堡为苏格兰首府）、“格拉斯哥路”（格拉斯哥为爱丁堡最大城市）等，以威尔士城市之名命名的有“富林街”（取自于弗林特郡首府弗林特）。

b. 以马来西亚地名命名道路

新加坡位于马来西亚半岛最南端，1963年曾加入马来西亚联邦，1965年退出。现新加坡有7条道路的路名是取自于马来西亚10个州中7个州的州名，还有一些道路取自于马来西亚的城市名，如“乔治路”（乔治市系槟榔屿州首府，华人称其为槟城）、“狄生路”（狄生即港口城市和旅游胜地波特申）等。另外，新加坡市内有一条街就叫“马来街”。

c. 以世界各大洲地名命名道路

这类地名数量不少。如取自于欧洲国家地名的有“法兰西路”“荷兰路”“凡尔登路”“都柏林路”“滑铁卢街”等；取自于美洲地名的路名有“加拿大路”“牙买加路”“百慕大路”（百慕大指百慕大群岛）“白宫路”（白宫指美国总统所在地）等；取自非洲地名的路名有“尼罗路”“苏丹路”“德曼路”（德曼即南非联邦的港口德班）等；取自大洋洲的路名有“坎贝拉路”（坎贝拉即澳大利亚首都堪培拉）“威灵顿路”（威灵顿即新西兰首都惠灵顿）“所罗门路”（所罗门指所罗门群岛）等。

取自于亚洲国家和地区的地名则更多，如日本街、马尼拉街、仰光路、恒河道等。其中不少是中国地名，如北京街、上海路、广东街、南京街、香港街、华山路、峨嵋路等。

5. 以国内外人名命名道路

西方国家以人名命名道路的情况极为普遍，直至现今仍保持这种状况，这种命名方法在近代曾对中国产生一定的影响，如旧中国，特别是旧上海的租界中，大量的道路是以外国人名命名的，这种方法实际就是英、法、美国人从他们自己的国家中搬移而来，推行于此的。

现今我国的道路地名已将过去的外国人路名都更改了，并且一般也不大以人名来命名新的道路。但是在世界上，除西方国家外，许多国家特别是那些曾是殖民地、半殖民地国家的城市却多还保留着以往的人名地名，并延续使用着这一命名方法。以下仍以较有代表性的新加坡为例，加以说明。

（1）以英国名人之名命名道路

如以英国女皇之名命名的有“维多利亚街”“伊丽莎白女皇径”“女皇大道”，以英国国王、太子、公主之名命名的有“乔治王道”“威尔斯公主路”等。其他以英国殖民者之名命名的道路为数不少，其中以汤姆斯、斯坦福、莱佛士之名命名的道路就有三条：“莱佛士林荫道”“莱佛士街”“莱佛士系路”（连接前两路的变形马路）。莱佛士对新加坡曾产生重大的影响，他是最早以金钱与柔佛苏丹订立条约，占据新加坡的英国统治者，但由此也推动了新加坡进入开发建设，促成了它的崛起。

（2）以世界其他国家名人之名命名道路

这类道路有“林肯路”“安徒生路”“泰戈尔路”“鲁滨孙路”等。以中国古代名人之名命名的有“杜甫路”“三宝路”（“三宝”即明代下西洋的三保太监郑和）。

（3）以圣经中的人名命名道路

如“圣约瑟路”（约瑟为圣经故事中耶稣的养父）“圣约翰路”“圣安德烈路”（约翰和安德烈为耶稣的十二传徒中的两个）“圣巴拿马路”（在圣经故事中，巴拿马是耶稣升天后由教会所选的传教徒之一）。

（4）以当地名人之名命名

如“余东施街”“陈桂林街”“陈金钟路”“陈林茂路”“陈文宗路”“符建连路”“江子民路”“邱惟宾街”“章苑生路”等，为数很不少。这些人物主要是地方实业家、慈善家，对地方事业有所贡献和有一定名望的贤达名流，另外，主要是他们的产业多在此，故以其名命名道路。如“余东施街”是因始建于1878年的新加坡最大的中药铺“余一号”开设于此之故，为纪念该店创办人余东施先生，故取此名。

6. 以拼音字母顺序命名道路

欧美国家的文字是采用拼音字母的，也有城市以拼音字母顺序依次命名排列道路的，美国华盛顿便是典型的例子。美国国会大厦东边是宽阔的“国会大厦东道”，西边就是华盛顿纪念碑和林肯纪念堂所在的长条广场，这一道、一广场将华盛顿分为南北两大部分。当初设计地名时，定了北部由南向北依次用英语26个字母命名道路，即A街、B街……Z街，南部也是A街、B街……Z街，问题是一个城市不是采用一套，而是两套“字母道路”，很难理解。至少对于外国旅游者来说，使用就很困惑了，一不当心，也许就会搞错。

7. 以序数词命名道路

美国城市以序数词命名道路并依次排列，这是举世闻名的，其中尤以纽约曼哈顿岛最具代表性，并得到人们的喜爱。

曼哈顿岛位于哈得孙河和东河之间，是一个南北向的狭长半岛。这里摩天高楼林立，金融业发达，为国际的一个首要繁华之区，在这个半岛上，除岛的南端外，基本上以序数字来命名道路，从东向西依次为第1大道、第2大道……第12大道（大道在此作Avenue），从南向北则依次为第1街、第2街……第261街（街在此作Street，近年第261街外是否还继续开辟命名数字街，未知）。这东西向的道路实际并不长，但是却被一分为二，大致以中间为界线（并不规则），东边称东第大道，西边称西第大道，如东第5大道、西第5大道。

这种以序数字命名的方法，在我们国内也许被认为太简单，名称比较单调，也容易搞错。但在实际运用中也有一定的优点，主要是整体比较整齐，特别是能够通过路名明了两个地点之间的距离。

因为两条道路之间每个街块的长度是比较接近的，那么从路名数字增减中就能算出街块的数字，从而就能知道两个地点的大致距离。假如你要从第36街到第42街的时代广场去，那么你已知道只要向前走6个街块就可以了。又如曼哈顿中心的中央公园是从南边第57街起的，一直向北延伸到第110街止，用减法就知道它跨延53个街块，由此你也就大致明了这个公园的长度和范围了。

以序数字为名命名道路，在美国城市中非常普遍，可以说大多数城市不同程度地使用了这个方法。如东部的费城的道路东边从前街（第1街）向西依次排起，到达苏凯尔河边，数字居然不为水流所阻，而是跨过河去，继续向对岸排起，两岸序数仍然连为一体。西部旧金山的序数如纽约一样，一套不够味，也来两套，只是两套不像曼哈顿那样十字相交，而是一套称为“街”；另一套放在西部太平洋边，用于南北向道路，通名称为“大道”。但用两套数字同置于一个城市的道路中，在实际使用时是否会张冠李戴，搞混搞错，不免令人担心，也许美国人经长期使用，已经习惯此法了。

其实，数字何尝一定单调？数字在取名和使用上非常方便。走在曼哈顿那大片纯以数字为名的大道上，想起资本主义黄金时代，巨厦连片崛起，人们根本无暇为命名咬文嚼字，挥挥手就用数字解决了问题，那种意气风发的时代真是令人神往。

现在轮到了中国。高速发展的城市建设，现在还未曾出现单纯以数字命名的大街。中国有中国的文化传统。一条街道命名要千百年沿用下去，中国有的是动脑筋的人，自会取出意义隽永的名字来。

美国街道当然不都是数字命名的。除了用风景、人物、事物命名之外，还有一些是依头一个字母顺序排列的方式命名的。如一个区中，第一条街取“灰尘街”（ASH），第二条取“贝壳街”（BECKER），第三条取“糕点街”（CAKE），依次用A、B、C、D开始的字为街名。街道命名是为了索寻地址方便，依字母开始排列取名就有方便之处：找“贝壳街”，看见“灰尘”或“糕点”，就知道近了。

曼哈顿是世界商业中心之一，有无数公司的商业信件要高速投递，这里地址的寻索颇有点学问。曼哈顿地形是一长条，大致上由北向南分为十二条大道，中间像“闰月”一样，夹了几段“麦迪逊大道”“莱克星顿大道”，以补满地形的不规则，由东到西则是“街”，由第一街到二百多街。道长街短。

如某人前几天去看一间房子，是第一大道六百八十号。怎么找？第一大道几十里长，六百六十号在其中哪一段？只要知道这六百六十号在哪两条街之间，就可以省下无数的麻烦了。正巧他有一张卡片可以帮忙，上面说，第一大道：去除号码最后一位，除二，加三。

六百六十去除最后的零，是六六号，除二加三是三十六。这表示；六百六十号在第三十六街和第一大道交叉处，果然不错。这张卡片上有曼哈顿区三十条主要街道的地址快速寻找的经验公式。

街道取名字有学问。我们中国人的学问以欣赏为主要目的。唐诗宋词脍炙人口，写得好可做官，可以传世。不过，有欣赏价值的街名不一定有助于现代的邮递索寻。要在美观欣赏和快速索寻之间寻找解决之道，就是现代科技的任务了。很难说中国今后不会出现以数字命名的街道。

8. 以动植物名命名道路

（1）以花草树木名命名

新加坡的道路中有玫瑰巷、秋海棠路、芙蓉路、莲花道、水仙道、含羞草路，还有百合道、杨柳道、棕榈路、红木道、槟榔巷等。

在日本横滨，1981 年市政府发布了新的城市开发规划《港口未来 21 世纪》，这个规划的重点是在伊势佐木町和横滨车站之间，通过围海造田和建设开发，开辟一个新市中心区。目前这一开发区的道路网架早已完成，以花木之名为命名原则，南北 5 条干道分别被命名为樱花路、榉树路、银杏路、金桂路、百合路。

（2）以水果之名命名

热带地区盛产水果，这里的国家也有以水果之名命名道路的，如新加坡就有“荔枝路”“樱桃路”“柠檬路”等。

（3）以动物之名命名

新加坡城内有雄鹰道、凤凰路、美貂路等。

9. 以纪念性日期命名道路

我国城市中有以“八一大道”“五一大道”“五四大道”等节日日期来命

名道路的。在国外也有这种情况，而且同样是以此来命名城市内的主要道路。在南美洲，1816 年 7 月 9 日东部拉普拉塔联合政府宣布成立阿根廷共和国，从此阿根廷摆脱了西班牙的殖民统治，为纪念这个伟大的日子，首都布宜诺斯艾利斯命名了一条“七九大街”。在非洲埃及，1952 年 7 月 23 日，以纳赛尔为首的自由军官组织，推翻了法鲁克王朝，接管了政权，埃及的历史揭开了新的一页，在首都开罗就以这转折性的日子命名一条大街为“七月二十三日大街”。

10. 以吉祥道德方面的词汇命名道路

在西方国家有少量的以这类词汇命名的道路，如旧金山有“幸运街”。另外，各国的唐人街是华人集聚的地区，也有这类地名，如加拿大温哥华唐人街中有一条“积善街”。

但在东方国家中这类地名就较多了，如新加坡国家人口中 75% 以上是华人，长期深受中国历史文化的影响，于是和中国相同，这类路名就采用较多。

（1）以财福兴旺的词汇命名

这类路名有“赐福路”“得福路”“民福路”“朝福道”“永福路”“财启路”“宝发路”“永发路”“永升街”等。

（2）以安宁顺利的词汇命名

这类路名有“永安路”“永平路”“安祥路”“富安路”“平安路”“顺利路”“顺吉路”等。

（3）以忠孝信义道德词汇命名

这类路名有“忠图路”“忠孝路”“忠信路”“忠义路”“道义路”“道德路”“学德路”“仁德路”“彰德路”等。

11. 以含义博大的词汇命名道路

美国首都华盛顿在设计时，除 13 条斜形干道和“国会东大道”外，在国会大厦南北两侧还开辟了两条东西向的大型干道，这是华盛顿最重要的两条大道，它们分别被命名为“独立大道”（南侧）和“宪法大道”（北侧），这是为了隆重纪念 1776 年美利坚合众国的独立和 1789 年美国第一部宪法的诞生而命名的。

在当前，一些城市还有以“国际”“未来”这类词汇命名道路的，如新加坡有“国际路”。日本横滨在《MM21》规划的开发区中，开辟了东西向的南北两大干道，其中北边靠近东京湾海边那条命名为“国际大道”，南边那条靠近高架公路和地下铁路的，就以开发规划之名命名为“港口未来大道”。

这类含义博大的词汇往往带有强烈的时代气息（也包含一定的政治性），随着现今世界各国开放性的加大，国际交往的增强，以及现代化开发的加快和深入，采用这类地名的倾向必将增大。

四、街道命名应力求科学与艺术的统一

1. 地名规划先行，注重实用与艺术协调

例如在对杭州市钱塘江畔江干区境内的经济开发区 15 条规划道路拟名时，就基本上做到了命名的科学性与艺术性的统一。开始时市地名办的同志，经过一番精心构想，集浙江省名江之大成作为该区群体命名系统，将东北—西南走向的三条平行长路与西北—东南走向的十二条平行短路，在规划图上顺次作了命名：前三条为新安江路、富春江路、钱塘江路，后十二条为珠江路、姚江路、甬江路……由此可见拟名者以近江者使用江名，思路是对的。那为什么又要全盘重新研究命名呢？拟名者说：这批路名出现双通名，显得单调、缺乏新意，最主要的是没有体现出杭州历史文化名城丰富的内涵与特色。所以特邀你们参加地名规划拟名研讨会，集思广益，刻意创新，使地名命名质量上一个新的台阶。[8]

为追求高质、创新、美雅的地名，与会者不负所望，七个人的研讨会，五位地名专业人员，带了六套地名规划设计方案赴会，对于三条长道路，不约而同地主张，保留规划道路的初名，因为地处钱塘江畔最近者为钱塘江路、依次为富春江路、新安江路，后两条路名均系钱塘江上游的河段名，是自然地理实体的有机体。短路的六套设计方案是：一曰：以上述三条路名的“江”字与序数组合为命名系统。即钱一、钱二、钱三、钱四路；富一、富二、富三、富四路；新一、新二、新三、新四路。二曰：以长路为江，短路为泉的命名系统。即春泉、冷泉、福泉、玉泉、鹿泉、珠泉、梦泉路等。三曰：以钱塘古八景名拆而用之为命名系统。四曰：以咏钱江潮名诗作为命名系统。因为江干一带是古时钱塘潮奇观最热闹处，历代诗人留有许多佳句，从十二位诗人的诗词中，选一个能与“钱”字融合的字，组成路名。即孟浩然“百里鸣雷震”的“百”字，范仲淹“千舟练不收”的“千”字，苏轼“万人鼓噪慑吴农”的“万”字，陈师道“瑶台失手玉杯空”的“玉”字，蔡襄“地卷天回出东海”的“回”字，胡奎“鳌戴雪山行”的“山”字，苏舜卿“拟访郦元经”的“郦”字，贝琼“沧海倒流吞日月”的“沧”字，刘禹锡“头高数丈触山回”的“高”字，徐凝“直至白头看不足”的“足”字，白居易

“不独光阴朝复暮”的“复”字，吴琚“海门飞上明月”的“海”字。于是顺次拟成了钱百、钱千、钱万、钱玉、钱回、钱山、钱郦、钱沧、钱高、钱足、钱复、钱海 12 条路名。这个方案的思路是十分明确的，突出钱塘江的“钱”字，既有较强的指位性，又满足经济开发区投资者盼望企业发达兴旺的心理欲望，而且具有诗意，将 12 条路名单字组成的楹联是：“百千万玉回山，郦沧高足复海”。其意是：希望经济开发区的企业家们，要以郦道元著《水经注》那种创造文化财富的奋发精神，为人类创造物质文明的财富，为振兴中华作贡献。五曰：以杭州景点的景名为命名系统。六曰：以三江一湖的景观名称为命名系统。综观这六个地名规划设计方案的命名系统，各具千秋。

为了使命名的风格统一，特点突出，并与三江路名构成完美的整体，反映出杭州作为历史文化名城丰富多彩的内涵，与会者进行了畅所欲言的探讨。由于有了命名艺术研究的素质，很快取得了以三江一湖景名与咏潮名诗组合的命名系统的共识，产生了如下新的地名规划设计方案：即新安江路、富春江路、钱塘江路及金秋、涌潮、松湾、江涛、蓬莱、录栖、白虹、凌云、瑶琳、银河、碧海、雪嶂 15 条路名。我们把 12 条路的专名，组成了具有杭州传统特色的景名词语——金秋涌潮、松湾江涛、蓬莱录栖、白虹凌云、瑶琳银河、碧海雪嶂。每组景名词有机联系，富有诗情画意。如其中“瑶琳银河”的瑶琳，取自富春江畔著名的“瑶琳仙境”之洞景名。银河，是古诗人对钱塘潮奇观的海景的形容词，两者从天宇降落在人间大地，为新开发区的宏伟建设蓝图，锦上添花，并为地名标志美化设计指明导向。由此可见，对开发区地名的命名进行艺术研究，是十分必要的。

地名的命名确是一门艺术，是多学科综合研究的产物，是人类智慧的结晶。标准化的地名既求外表字形美，又要求内含健康美，还要发音响亮优美；同时又能反映城、区地域的自然景观之风貌，或人文景观之特色，或分区功能之特点。拟名时应采取慎之又慎的态度，要经过广泛收集资料，使名出有据；要经过反复的推敲和征求意见，使地名具有稳定而持久的生命力，要经过必要的实地踏勘，使形成的地名好记、好找。总之，要做到形式与内容完美统一。

2. 要拓展思路，推广适宜方法[9]

时代在前进，科学在发展，人们的审美水平在不断提高，因此无论对城建设计的建筑美，还是对地名命名的寓意美，都将会提出更高的要求。我国搞地名系列规划起步不长，地名命名艺术研究开始积累经验，在没有更多现成理论指导的情况下，就要靠我们地名工作者从实践中探索。现常用的地名命名更名方法，如“群体地名命名的系统法”“个体地名命名的引申法”以及“移用命名法”“积聚命名法”“组合命名法”“对称命名法”等，都是来自实践经验的总结，升华为理论，又指导于实践，极大地提高了地名命名的质量。

这次杭州市地名办召开的地名规划拟名研讨会，别开生面，有这样几点经验可供借鉴：其一，刻意创新。他们对该开发区的地名规划拟就的初名，所选择的命名系统，虽然是目前国内风行的做法，但并不满足现状，而是以精益求精的态度，不断开拓新的思路，共创了体现当地胜境的命名风格。其二，尊重知识。由于人们从事的专业不同，所掌握的知识与实践所积累的经验也有不同，因此，他们邀请具有地名学识与平时有所研究的同志到会，使共性的知识融会贯通。这是此次研讨会成功的重要原因。其三，主题突出。他们有仅自己明确此次研讨会的指导思想与要达到的目的，同时事先也使与会者明确其主题，并提供开发区的规划图与规划地名的初名资料。使与会者熟识地理位置，有的放矢地收集与开发区有关的历史与现实地理环境特征的资料，各自拟出了群体地名命名系统的方案。以上做法值得借鉴。

参考文献：

[1] 牛汝辰．名不正，难免路不顺［N］．光明日报，1995－08－18.

[2] 牛汝辰．城市街道命名如是观［N］．吉林日报，1995－01－07.

[3] 薛理勇．上海地名路名拾趣［M］．上海：上海书店，1990.

[4] 陈亦明．上海市道路名称浅释［J］．上海地名，1995（3）．

[5] 陈征琳．浦东新区交通地名规划方案制订经过和特点［J］．上海地名，1994（3）．

[6] 郑祖安．国外城市道路的命名［J］．上海地名，1994（3）．

[7] 季子．美国的街名与数字［J］．街道，1994（4）．

[8]—[9]郑锦泉，杨小法．开发区的地名规划与地名命名艺术[J]．中国方域，1993(2).

大厦楼盘命名对策研究

随着经济的发展，我国城市化进程不断加快，许多格调高雅、环境优美的住宅区高大建筑群如雨后春笋般不断涌现，但随之而来的对这些高楼大厦的命名却出现了以下情况。

一、大厦楼盘命名分析

随着城市建设步伐的加快，神州大地上一座座造型新颖、格调高雅的居民住宅区正拔地而起，一条条精彩纷呈、美妙绝伦的居民区名称也被强力推出。在这些美不胜收、美轮美奂的名称中，出现了一种与众不同，有着震撼人心、令人回味的地名。它们是由三字、四字，甚至五字构成的，但未附加通名的描绘式地名，其中以“四字式”的居多且具代表性。在命名者的奇思妙想下，它们有的言简意赅、理之极致，有的亦庄亦谐、令人玩味，有的洋溢着清新的时尚气息，有的彰显出浓烈的浪漫风情，展示了各自的气质和风采，交相辉映着美丽的城市，给人以超然的享受。

1. 北京的楼盘

2003 年 12 月，《北京晚报》评出了北京健康楼盘 50 强，其中这些住宅的命名就别具风味和特色，给人以无限遐想。

（1）二字式

如：品格、丽城。

（2）三字式

如：世纪城、龙泽苑、金榜园、富丽城、紫芳园、彩虹策城。

（3）四字式

如：美妙时光、上层建筑、世纪新景、蝶翠华庭、远见名苑、纯粹·建舍、靓景铭居、武夷花园、白领居易、运桥嘉园、长岛·澜桥、中华家园、陶然北岸、明月家园、银地家园、新裕家园、方南家园、嘉和人家、德林·逸景、都市绿洲、泰悦豪庭、小街俊景、和平新城、太阳新城、胜古新园、凯景铭座、时代庄园、珠江绿洲、君悦朗琴。

（4）五字式

如：圆明园花园、西山美墅馆、金隅丽港城、世纪东方城、BoBo 自己城。

（5）六字以上式

如：东丽温泉家园、金桥国际公寓、蓝堡国际公寓、棕榈泉国际公寓、北京奥林匹克花园。

2. 南京的楼盘

21 世纪初的前五年。南京的大厦楼盘的命名特点如下：[1]

（1）三字式

在三字式名称中，有“森林海”“耕天下”“水云间”等。

（2）四字式

在四字式名称中，有“朝阳无限”“阳光之旅”“阳光四季”“阳光100”“慧谷阳光”“盈家春天”“锦绣江山”“澳林春天”“南湖春晓”“鉴赏钟山”“方圆绿茵”“千峰翠彩”“北苑景虹”“秀湖风景”“康河郦景”“沿湖美景”“湖畔之星”“鼎恒新星”“好风如水”“瑞景文华”“碧水云天”“碧水连天”“江南明珠”“山水芙蓉”“半山枫林”“独秀万柳”“岸芷汀兰”“金润百合”“清风晓月”“冷月丽影”“美景东方”“海天一色”“佳境天成”“北欧印象”“花样年华”“慧谷时空”“世嘉丽晶”“世纪龙鼎”“里仁为美”“四季经典”“双裕德林”“远洋德邑”“听鹤文枢”“上海沙龙”“当代新华”，等等。

（3）五字式

在五字式名称中，有“城市高尔夫”“美丽新世界”“上海五月天”，等等。

经过十几年的发展，北京、南京的大厦楼盘的命名朝着三个方向发展，即大化、洋化和诗化。

二、大厦楼盘命名存在的问题[2]

1. 通名求大

通名求大，是要在通名的使用上显示自身企业的规模庞大，从而在心理上占有“非我莫属”的优势。“公司”“商店”等一般用语，在日渐膨胀的求大趋势中，似乎已失去了吸引力。公司变成“集团”，这要有法律上的依据，不是谁想取就可以取的，爱大的人便找出了一个公司的译名“托拉斯”（trust），似乎托拉斯的身价比公司要高一些。商店的求大却层出不穷。在我们的印象中，“商场”的名称似乎是在不知不觉中产生的，而后是“商厦”，再后来是“商城”（广场）。总的来说，商店→商场→商厦→商城（广场）这一命名求大趋势，与商业经营范围不断扩大一般来说是相应的，尽管像上海一百和北京王府井百货大楼并没有跟随这一潮流而改为“商城”。与此不同的是，还有一种纯粹反映经营者求大心理，与经营规模不一定有关的命名，这就是“中心”“总汇”“世界”等。娱乐中心、娱乐总汇、娱乐世界、美食总汇，听起来名字怪吓人的，但实际情况并非如此，反而会起到适得其反的效果。

以往，我国城市大厦的通名主要以“大厦”“大楼”为主，成片住宅区通名多以“小区”“新村”“公寓”为主。成片住宅区通名多以“小区”“新村”为主。20世纪90年代以来，因受港台地区影响，我国许多城市的大厦多被称为“广场”“花园”“中心”“城”等名称。一些人士认为：这些通名与我们原来所理解的词意相去甚远，如“广场”特指城市中广阔的空地，像天安门广场等。但把综合性的办公大楼称为“广场”，就名不副实了。又如“花园”指种植花木供人游玩休息的场所，一栋和几栋大厦，最多周围有一些花草树木的空地，就称为“花园”，值得商榷。这些令人不可思议的名称在我国许多大城市有愈演愈烈之势。更有甚者，还称“世界”“宝都”“天厦”的，令人不可理解。而另一些人士则认为：难道城市大厦通名就只能在几个单调的字眼上打转吗？如果大厦或住宅区整洁美丽如花园，那就称“某某花园”有何不可？深圳的宁水花园、怡景花园、天景花园、荔泉别墅、松泉山庄、听涛小筑、华强客舍、红岗公寓、金碧苑、贝玲居，等等，可谓别具匠心、争奇斗艳。无论专名还是通名，既实用又文雅，具有较高的审美价值，为特区增色不少。这些花园、广场、别墅、山庄、公寓、客舍、苑、居等崭新的大厦通名，较之以往那些单调而千篇一律的大厦、大楼、新村等名称，孰是孰非，岂不一目了然？对这种大厦名称通名争奇斗艳的现象是褒是贬，社会各界莫衷一是。各地地名管理部门的认识也不统一，是倡导还是禁止，或者是区别对待，还须深入探讨。

2. 专名求大

专名求大，一是范围之大，远远超出了中国、亚洲乃至地球，命名为太平洋、大西洋、银河、巨星、星座的也已出现。二是口气之大，古往今来，人间地位最高的莫过于皇帝，因此用“帝”“皇”命名似也成为一种趋势，什么“金帝”“帝豪”“帝景花园”“皇朝”“皇记”“皇冠”“皇宫”“皇后”“皇家玫瑰园”，一个个被用作酒家、娱乐场所乃至公司名称。次一等的是“王”字：“海王”“大王”“天王”。三是野心之大，口气之横，其代表就是一个“霸”字频繁使用。如“海霸”“天霸”“巨无霸”“小霸王”“超霸”等，大有傲视一切，垄断一切的气势。“霸”字之外是“豪”字：“帝豪”“金豪”“大富豪”“豪园”“豪门”。其次是“冠”字，如“冠申”“金冠”“皇冠”等。此外，还有“大亨”“绅士”“名流”等。

3. 擅自命名不申报，多有重名

目前除北京、上海、深圳、天津、广州等沿海城市外，大多数城市的地名管理部门还没有把大厦名称管理起来。即使在这些城市，有的单位虽到地名部门申报，当地名管理部门指出其所申报的名称不妥，要求更改时，这些单位却说他们的名称是经外资委、工商局批准的，一切文件都是这样，你现在叫我改，这是不可能的。有些单位声称，他们的大厦名称是经市里某些领导亲口同意的，有的还拿出某某领导的题字。这样，就增加了地名管理的难度。某房地产开发公司在浦东兴建一座综合性大楼，命名为“东方广场”，并及时报上海市地名办公室申报同意；但时隔不久，另一家房地产公司在淮海路上投资兴建的项目也命名为“东方广场”，并在报上发布消息。前者得知后，向市地名办提出申诉，结果后者不得不更名为“国际广场”，而他们早已印好的有关“东方广场”的宣传资料当然也只好作废。据不完全统计，上海市 1994 年就出现过两个“时代广场”“太平洋广场”“商贸大厦”“静安广场”“金桥大厦”“新华大厦”“长城大厦”“阳明山庄”等，还出现过三个“中山大厦”，这当中有一个是经申报同意的，其他是擅自使用。这样，出现纠纷是不可避免的，严重的甚至引起诉讼，对簿公堂。

4. 大厦名称有待美化

随着城市建设的飞速发展，高楼大厦及其名称一起成为城市的一大重要景观和旅游资源。大厦名称命名如何，代表了一个地方的文化水准，审美水平。例如，天津市的大厦名称可分为以下几类：一是以单位名称命名，如华联商厦、今晚报大楼、华信大厦等；二是以所在地地名命名，如滨江商厦、白楼商厦等；三是以其功能命名，如科技大厦、国际大厦、塘沽商业大厦等；四是以江河湖海、地理方位命名，如东海商厦、北方大厦；五是以世界著名建筑命名，如凯旋门大厦；六是以吉庆词语命名，如吉利大厦、富裕广场等；另外，有一些单位或企业不重视大厦的命名，简单地将自己单位的名称简称作为大厦的名称，于是果品楼、废品楼、副食楼、地毯楼、轻纸楼都成了地名。目前大厦林立，已出现了钢管大厦、华北有色大厦，即将要建成的钢铁大厦、中药大厦、石油大厦等。[3]如果我们不注意地名的美化，就会出现废品大楼、副食大厦、果品大厦等不雅的楼名。

5. 楼名洋化

全国各大城市不仅存在通名五花八门的问题，在专业上也存在洋化的趋势，如用外国城市名或英文的译名来命名大厦。如上海的“罗马花园”“威尼斯花园”“维纳斯花园”，还有什么“胜康斯米克大厦”“福克斯大厦”等令人不知所云的名称。如北京的“梅地亚中心”“燕莎友谊商城”“赛特购物中心”“香格里拉饭店”“诺亚商城”等。众所周知，改革开放使封闭了几十年的中国向外部打开了大门。面对这几十年来人为扩大了的差距和光怪陆离、五彩缤纷的外国商品，中国人困惑了，许多人因而产生了唯洋为美的崇洋心理。为了迎合这部分消费者的心理，同时也是经营者自我心理的反映，于是洋名热应运而生。对这股大厦命名上的“洋风”，该怎么办?

（1）真洋名

这往往是三资企业，特别是外国公司的中国子公司或连锁店，如希尔顿（hilton）、香格里拉（shangri - la）、贵都（aquador）、麦当劳（mcdonald）、肯德基（kentacky）、哈得盛（hudson）等。不过，说是洋名，其实是经过翻译的，通常是音译，尤以日本电器在中国的修理部为多，如松下、日立、三洋、夏普等。

（2）假洋名

真洋名要有个条件，即是真正的三资企业。有的企业没有这个条件，也想取个洋名壮壮声势，怎么办呢?也可以，就是自说自话地取个洋名，只要不同外国公司或商号同名，不违反商标法，也未尝不可。例如在上海，什么巴黎、威尼斯、波士顿、伊甸园、枫丹白露、好望角、银座、东瀛，以及莎士比亚、伊丽莎白、戴安娜、蒙娜丽莎等，都有人用来做餐厅或酒吧的名字。

（3）仿洋名

中国人翻译外国人名习惯用音译，经过长期的实践，逐渐产生了一些字，其基本功能似乎就是用来翻译外国人名，平时不大有别的用处。如娜、娅、茜、莎、莱菲、蒂、萝莉、妮、斯、伊、蓓、嘉迪、奥、维、克、斯等。把这些字拼凑起来，有时会造成一种似乎是洋名的错觉，例如蕾茜、梦娜、蓓蒙、奥迪斯、妮丝、萝娜、妮维塔、莱娜、莎菲、嘉斯特、维登、萝莎、奇安娜、雅露、仙蒂斯、喜利得、福德尔、康明斯、仙蒂、雅丽莎、梦特丽、梦丝丽梦莎等。我们把这类名字叫作仿洋名。有一度似乎经常见到这类店招，其门面开间及经营服务，都看不出与国外有什么联系；加上一望而知是拼凑起来的“洋文”，因为无法还原，因而可以断定这些是仿洋名。看来取洋名也得结合各自的经营特色，否则光在名字上打转，弄得不好，就会弄巧成拙。

（4）译洋名

明明要取一个中文名字，偏偏先找个英文词，再从英文音译成中文。这样的名称，我们叫它“译洋名”。据我们观察，这是近几年在命名上最新潮流。从来源上说，也许是受到了四通公司名称的启发。“四通”，字面上既寓“生意兴隆通四海”之意，其英文名“STONE”，又表示公司坚如磐石。这是一个很好的双关译名，两者都如此之佳，很难说出是先有英文还是先有中文，很可能是同时考虑的。真正先想好英文，再译成中文的佳名也许是“稳得福烤鸭店”。它是先找好了一个英文单词 Wonderful（妙极了），再译成汉语，在翻译时注意汉字的巧妙搭配，结果找到了“稳得福”三字，符合传统的汉语命名心理，妙语双关，的确不错。多数的译名却没有那样巧妙，往往只能顾到一头，即英文一头，汉译时就顾不到那么多了，因此洋味十足，各种真意却只有懂洋文的才知道。这种取名的过程是，先找一个英语的“佳词”，一般是熟词、小词，以便容易被人猜出，再译成汉语。例如好莱坞（Hollywood）、喜乐（Cheerio）、雅戈尔（Younger）等。

6. 楼名音近，通名重叠

我们通过对福州市大厦名称的调查发现，有一些大厦名称语音相近，如“天福大厦”和“天鹫大厦”“晚香楼”和“满香楼”等，使用起来难以区别。据不完全统计，福州市以“花园”为通名的有60余处，以“广场”为通名的30余处，以“新村”为通名的更为普遍。其中有些大厦的通名重叠使用，如福州市亚青亚协房地产开发公司投建的“新都会花园广场”，就同时使用“新都会”“花园”“广场”三个通名。厦门“台湾通商大厦广场花园”也是使用“大厦”“广场”“花园”三个通名。更有甚者，还将专名、通名混用，如“新都会（通名）、财经（专名）、广场（通名）”等五花八门，比较混乱。

三、楼盘命名的雅化——诗化命名

上文引述的居民区名称不得不令人为那华丽的文笔、独到的立意、浓厚的人文气息所折服。看到这些令人叹为观止、文情并茂的美好语汇，说它们是一道道极为丰盛的精神文化小餐，是并不为过的。跟踪中国居民区名称的发展轨迹，我们不难发现，人们的审美意识在不断提高，并形成了一种特有的地名文化现象。

近十多年来，中国都市居民生活的最大变迁，事实上是以“家居”为中心展开的。住房条件的改善，从某种意义上可以说集中代表了都市居民生活条件的变化。这个变化不仅拉动了内需、带动了经济的发展，同时也从一个方面无言地表达了改革开放给民众带来的具体“购房”“装修利益”。我们发现，在日常生活中，“装修”“家具”等词汇，已经成为使用频率最高的关键词之一，使用者兴致盎然的背后，隐含着他们对生活的梦想、满足甚至夸耀。事实表明，语言是社会生活发展变迁的表意形式和符号，它不仅传达着人们对生活关注的兴奋点，同时也表达了人们生活观念和对生活理解的变化。在以往的社区或生活小区的开发中，一个简单的命名似乎仅仅是为了表达区域的概念，它只有方位和地理学的意义。比如“方庄”“望京”“西三旗”等。这些小区命名的简单化，从一个方面反映了小区早期开发建设的实用性。那时，城市居民最急切的愿望是改善居住面积，只要把老少三代从一个房间分离出来，他们的脸上就会绽放出灿烂的花朵，解放的幸福感就会溢于言表。

但是随着国家经济实力的不断加强，以及都市建设的现代化要求，潜在的居住文化必然要浮出水面。于是，我们发现，在楼盘和小区开发中，文化和“诗意”的表达几乎是开发者共同追求的。这种文化不仅有本土的，同时还有异域的。现代性的发展从某种意义上断裂了我们和历史的联系，凸显本土文化为消费者建造了同自己民族的历史和传统建立起联系的桥梁。因此，在居住文化中，民族文化的“回溯风格”被普遍采用。另外，在全球化的语境中，域外文化的涌入也为开发者带来了异域风情的灵感。这两种完全不同的文化，却奇妙地支撑起都市居住文化的公共空间。曾给消费者带来过震动和惊喜的智能住宅、阳光住宅、水景住宅、绿色住宅等房地产概念，突然间因显得陈旧而流于陈词滥调。

我们看到的引领时尚风潮的往往是这样一些描绘和陈述。万科西山庭院：地脉，依时间沉淀，一种天然的流露与养成，累积出四百年显贵之气，高华气质，深藏内敛。万科西山庭院位于圆明园西路与五环路交叉口往北约300米，农大南路附近，南望中关村大街，北接上地高科技园区，北大、清华分布周围。此地自古就是皇室贵胄崇信的上风上水之地，陂（bei）池潜演、湖脉通连、含霞饮景、禽鸟栖波，乃贵胄雅士筑居之滥觞，及至皇家园林圆明园、颐和园的敕建，愈显龙兆地脉、气韵氤氲。万科西山庭院踞此龙脉之地，山水之妙音、地脉之祥佑，尽享无遗。上地佳园住宅社区是上地基地内最后一个住宅项目（上地基地已通过ISO14000环境认证）。上地者，上风上水之地也，毗邻北京大学、清华大学、体育大学等多所高等学府，依傍圆明园、颐和园、望儿山等皇家园林和名胜古迹，环境幽雅，风景秀丽，众多国内外知名IT企业纷至沓来，如联想、方正、神州数码、IBM、中国宝洁、三菱四通、浪潮、诺维信、华为，等等。上地已成为中关村科技园区中一颗璀璨的明珠和展示北京市新技术产业化的窗口，堪称物华天宝，人杰地灵。这两则自我陈述，前者突出了久远的历史感，地脉与皇家气象烘托出显贵和深沉。然后将北大、清华、中关村等现代文明象征的“能指”，与自己的商品一起幻化为消费符号。传统与现代，历史与现实为万科西山庭院营造了一种亦古亦今的完美结合。后者则巧妙地利用了“上地”的区域命名，突出了上风上水的民族文化心理，同时将周边的名胜、大学以及高科技名家网罗于自己的“麾下”，但目的都是为了凸显文化的魅力，并以此证明自己的文化品位。通过这两则文字，我们可以明确地感到，被现代性遮蔽的历史传统文化，又被最具现代意味的商业诉求重新打捞出来。它被纳入了消费领域，但这一表达却又在客观的意义上激发了我们的历史感和光荣心：我们的生活仿佛又和久远的过去、和正在消失的历史发生了关系，过去的一切并没有远去，它就在我们生活的空间里散发着甚至可以触摸的气息。也正是在这样的想象中，传统文化具有了消费的意义和可能性。[4]

另一种更具时尚化的陈述，则借重域外风情的力量，以假想和“挪移”的方式，调动消费者的身份幻觉和体验冲动。比如：玫瑰园，前两期开发的合称“五洲别墅区”，包括美国区、欧陆区、日本区、太空区，散落于美丽的维多利亚公园四周；三期新品“爵士别墅区”，占地32万平方米，又分为渥太华区、温哥华区、多伦多区、纽芬兰区。依劳伦逊湖与枫叶大道因势因景而建，为玫瑰园封园杰作。园内另有四个会所和一条商业街，它们分别是位于美国区内的“蒙大拿俱乐部”，位于日本区内的“名古屋料理部”，位于欧陆区的“加勒比浴馆”，位于太空区的“布勒斯堡健康馆”，以及一条“密苏里小步街”。如此，尽显欧洲浪漫水岸的大室生活：采撷经典欧风气息，融合东方圆润动线，打造BDA独具气质的多视角景观窗，万米景观绿地，百米艺术花廊，河畔林荫步道，卵石浅水河尽收眼底。

新古典建筑，新欧风生活4～5层低密度新古典欧风建筑。气派3米层高，宽敞舒适，优雅现代蓝色坡屋顶设计，270°外飘观景窗，成就全面欧风生活。莱茵河流域五大经典主题景观瑞士花钟景观区、荷兰风车郁金香景观区、莱茵河流域地景及景观墙区、德国啤酒桶喷泉景观区、法国德方斯张拉膜广场，提供多层次、多元化的异国风情休憩空间。如果不是发表在中国的传媒上，大概谁都会误以为这是来自欧陆或美洲的房产广告。玫瑰园的陈述方式特别酷似大众文化的修辞，它虚拟了数个大众熟悉的异国空间，在修辞上特别强调了它的异国情调。“美国区、欧陆区、日本区、太空区”，一个建筑在中国居住的公共空间却没有一处本土的命名。我们不知道“加勒比浴馆”“布勒斯堡健康馆”“密苏里小步街”是如何以“仿真”的方式建造的，但这个命名和修辞游戏背后潜隐的商业诉求，显然是以异国文化作为时尚来表达的。而“欧洲水岸的大室生活”，则要凸显未来主人的地位显赫。它地处“莱茵河畔”，瑞士花钟、荷兰风车郁金香、德国啤酒桶喷泉、法国德方斯张拉膜广场等一应俱全。或者说，只要你住进“莱茵河畔”，欧洲最经典的风情风光便可尽收眼底。[5]

这些或中或外的“诗意”表达，从一个方面透露了开发者对居住公共空间文化理念的追求。没有人不知道这些修辞是一种“叙事”，也没有人不知道这些虚拟的文化空间的虚假浮华。但是，认购者在认购的同时显然也认同了这一“文化”的存在，它不只是对一种文化虚荣心的满足，而是在这种满足和反复叙事中将其转化为真实。这就是语言的力量。然而，就在这些修辞游戏尚未尘埃落定的时候，新住宅运动作为中国城市建设成熟标志的理念被普遍认同。2000年6月24日，500多位来自世界各主要城市的开发商、建筑师、社会学家、经济学家和IT界人士在上海国际会议中心召开了“新住宅上海论坛”会议。所谓“新住宅运动”，其主题是：“明天我们将住在哪里？什么样的住宅才能满足明天的需要？”新住宅运动倡导多元的居住文化定位，反映丰富多彩的地域环境特色和不同消费群体的价值取向，住宅小区不仅仅是钢筋混凝土的丛林，而且还是居住、工作、娱乐、休闲的生活综合体。

在这个理念的总体范畴之内，一场“非典”意外地点燃了开发商的新灵感。《北京晚报》、新浪网站等强势媒体也联袂报道并强力推出置业新观念。2003年6月30日，《北京晚报》发表了一篇访谈文章。文章称，SARS肆虐之后，人们越来越关注健康，关注养生。对于住宅，人们不仅高度重视社区的建筑形态、健身场所的设置及社区医疗保健，而且从生态环境、生活卫生、立体绿化、自然景观、降低噪音、建筑和装饰材料及空气流通等方面进行全方位的反思。于是，近日亮相的位于东直门的MOMA国际寓所在建设“科技养生住宅”过程中，逐步显现出自身的优越性。MOMA的英文内涵为科技养生新建筑，不仅考虑了包括与居住相关联的物理量值，诸如温度、湿度、通风换气、噪声、光和空气质量等，而且还包括主观性心理因素值，诸如平面空间布局、私密保护、视野景观、感官色彩、材料选择等。回归自然，关注健康，避免因社区规划设计的缺陷而引发的疾病及影响人们健康生活的因素，是MOMA国际寓所开发建设的主导思想。这一健康新概念的开发，又回到了人居理念的出发点。或者说，由“非典”的肆虐，开发者或居住者不得不考虑，对于人来说，究竟什么是最重要的。健康概念的提出走出了“外化”诗意渲染的思路，重新回到了“以人为本”的最初起点。不同的是，这个“起点”在新的历史环境中却无意间变成了最新的“时尚”。

然而，这些“灵感”在特殊的历史情景中可能有它的动人之处，但它仍嫌不完美。有人曾描述了这样一个场景：住在广州丽江花园的阿杰下班从市区坐30分钟班车回家，来到大楼前举手一按，指纹门禁系统认出了他，安全门自动打开。回家后他打开电脑，在社区服务网点了一份西餐，再预订了下周末的网球场地，看着当日新闻的时候，有人将西餐送来了。他来到阳台就餐，外面是宜人的园林、小桥流水。难怪丽江花园社区的大理石雕刻着海德格尔的名言："人，诗意地栖居。"这就是E社区生活的雏形，相信以后会成为主流。随着科技的发展，人对居所、社区环境和配套设施的要求将会越来越高，新的时尚将会远远地超出我们的想象。但有一点可以肯定的是，未来的居所和社区无论怎样神奇，它总会向着更加人性化的方向发展。在这个意义上也可以说，时尚，永远属于未来。

四、命名对策

如何解决以上在大厦楼盘命名和管理中存在的问题呢？我们认为，应注意以下几个方面。

1. 严格按照国家和地方的地名法规办事

由于目前条块分割和现行体制机制因素，大厦楼盘的命名，主要由建设部门分管，有的地方将其纳入地名管理体制之内，而大多地方都分别管理，还有一些进行备案制，即大厦楼盘的命名向地名管理部门备案。要真正管理好大厦楼盘名称，必须切实以国务院的《地名管理条例》和各省市的地名管理办法为准绳，严格依法办事，对各种违反地名管理法规的行为绝不能放任自流，一定要令行禁止。希望今后将大厦楼盘的名称管理纳入地名管理范围或者进行备案。

2. 把地名管理纳入政府行政管理内容

由于目前许多地方的地名管理与立项、规划、用地、产权登记、工商注册等政府主管部门的管理严重脱节，造成大厦楼盘名称的管理基本上游离于政府行政管理链条之外，没有真正成为这个"链条"上的一环。要使大厦名称管理真正得到各方重视和遵守，就必须解决好这个症结问题，把地名管理明确纳入政府行政管理内容。大厦名称管理较好的深圳、广州等城市，其地名管理部门设在国土规划部门，就能较好地解决这一问题，北京、上海、天津的地名管理部门设在规划测绘部门，这一问题也能得到解决，但全国大多地名管理机构都设在民政系统，而大厦楼盘的命名管理在建设部门，其名称的统一管理存在一定的难度，这就需要地名工作者广泛宣传，争取市领导的支持。

3. 注意原则性与灵活性的统一

随着改革开放的深入，外来影响的渗透，在大厦名称的管理上也应正确处理各种新情况、新问题，如新出现的某些新通名和名不副实的名称应该怎么办？像“广场”“城”“花园”“中心”等大厦名称我们该如何处理？对带有“洋味”的名称又该如何办？我们认为，对这些问题不能一概而论。对明显有悖地名法规的名称应坚决制止使用，如用外国人名、地名来命名大厦，大厦名称明显带有反动色彩、妨碍民族团结、宣扬封建迷信，等等。对没有与地名法规明显冲突，但又不太符合实际名称的应该区别对待，例如对“广场”“城”“花园”之类的通名，这确实对社会公众来说有一个接受的过程，但基本上还是可以认可的。

4. 大厦楼盘命名的基本原则

（1）在一定区域内禁止重名、同音，以方便社会交往，保护专有权人的合法权益。

（2）恰当选用通名。要求做到名副其实，并体现层次。广东、上海已专门行文，对大厦、广场、村（新村）、花园、园（苑、庄、阁、寓、宅）、别墅、山庄、城、中心等10种通名的适用范围和标准作出了明确的、量化的规定，操作性极强，有利于纠正通名运用上的混乱，值得推广学习。

（3）专名的命名要符合地名管理法规的有关规定，体现社会主义精神文明。要求选词恰当，体现特色。禁止用外国人名、地名、公司名等洋名命名，禁止以名称宣扬封建意识，以彻底根除建筑物名称中的精神污染。

参考文献：

[1]陈榴. 命名的学问与艺术[M]. 大连：大连理工大学出版社,1991.

[2] 牛汝辰. 高楼如今叫广场，花园拿来许多床［N］. 光明日报，1995－07－07（头条）.

[3] 赵国顺. 一“名”惊人［M］. 北京：中国经济出版社，1994.

[4] 潘国文. 实用命名艺术手册［M］. 上海：华东师大出版社，1994.

[5] 牛汝辰. 地名命名理论及其应用研究［M］. 北京：文津出版社，1997.

景园的命名

风景园林创造的物质产品，应该说是“景”。所谓“景”，就是风景、景观、景致、景色、景象的简称，即一个个具有欣赏内容的单元。“景”的价值在于包括多种含义的美学价值。景园命名艺术就是一个对“景”的创造、理解、欣赏、情景交融的过程，亦即创造美、发现美、传授美的审美过程。

一、景园命名的特点

景园命名艺术与中国园林发展史相伴，它是园林艺术的重要组成部分。相传尧舜时代，君王就竞相登顶祭天，题咏泰山、刻石记号。秦汉“上林苑”“有苑三十六，宫十二，观三十五”，“北沼大池……名曰太液池”，其宏伟景观，在司马相如的《上林赋》中宣扬备至。早期的公共园林乃魏晋南北朝的寺院丛林，全国多达 3 万多处。文人雅士寄情山水，谈玄玩世，对景吟咏，开展了不少景园命题方面的游戏活动。唐时“骊山晚照”等“关中八景”，美景美名与神奇故事交相辉映。以宋时“寿山艮岳”为代表的写意山水园，如同诗、画构图立意，更有帝王文人挥毫奋书题咏，使景园更富情趣。杭州“西湖十景”的命名，自南宋至今已有 800 年的历史闻名中外。与此同时，岭南惠州西湖也有著名的 14 景名。古时洛阳的时令花展，常吸引“城中仕女绝烟火游之”，可谓名目繁多，尽得风流。[1]

明清集园林艺术之大成，城市山林，遍及全国。所建之园处处有景名，景景有画意。圆明园 108 景群，避暑山庄 72 景，景景各异，竞秀争奇。乾隆皇帝是最热心于为景园咏题名书匾的。园林艺术成就最高的江南私家园林，园名景名似乎也有“以少获多”的效果。狮子林有 16 主景，仅假山洞景奇异的就有“桃园十八景”之称。

有关景园题名礼赞的故事还可见于历史文献、小说作品。崔颢、李白题咏黄鹤楼，王勃挥毫滕王阁，范仲淹绝唱岳阳楼，都是流传千古的佳话。为发现黄山第一险之景——天上都会的天都峰，明代旅行家徐霞客“从流石蛇行而上，攀草索棘”，开拓精神，令人赞叹。《红楼梦》中“大观园试才题对额”一回，专门描写了众多书中人点景命名的活动场面。

由于文化传统的不同，西方对自然风景园林的题咏活动开始得较晚。有名的荷马史诗《伊利亚特》对自然风景的审美品评就少得可怜。西方注重的是人体美、社会美，缺少我国题咏评赏景园的那些文化。

风景名胜区的景观名称有如画龙点睛一般，使本来就引人入胜美不胜收的景致生出了许多情趣。这正如《红楼梦》中所云："偌大景致，若干亭榭，无字标题，任是花柳山水，也断不能生色。"

由于中国的山水文化是一种人文文化，因此人们对山水景观的命名就不满足于西方那种指出"这是什么"，而要求把人以及人的情感放进去，追求一种情景交融的最佳会合点，既是命名者自身情感的最佳发泄，又要能使他人触景生情，引起共鸣。

而汉语汉字的特点又为这种命名提供了最佳的物质材料。与西方的语言文字相比，汉语言文字有几个最突出的特点。一是方块字，便于作几何图形的组合，可以竖写，也可以横写；可以用一个字、两个字，也可以用三个字、四个字或更多的字，以适合不同题材的需要；还可以整整齐齐，组成对偶，来服从园林布局的安排。二是没有形态，既没有词头词尾的烦恼，也没有冠词介词的累赘；实词的词性又不固定，组合灵活，功用多变，一字可以表意，两字可以成句，三字四字可以表达极丰富的意义。这种简洁性对园林景点的命名特别重要。三是特别富于形象，有的汉字甚至本身就可以看出形象来，如哭、笑、火、竹等。这些特点跟西方语言比起来不一定全是优点，例如有时不够精确、歧义较多等，但至少对于特别要求简练含蓄的文体如抒情诗来说，汉语似乎最为合适。汉语最短的文体，以前觉得是对联，现在看来应该是山水景观的品题及碑刻。试看："三潭印月"，主体、动作、对象都有了，环境、气氛也有了，加一字不得，少一字不能，这不是最精练的文章吗？就是"主、动、宾"不全的，如"南屏晚钟"，也是如此，寥寥数字，十分传神。西方语言文字在这方面确实要吃一点亏，如果要表达"三潭印月""南屏晚钟"等就得写上长长的一句话，而且如果也给出十个题目（譬如说"西湖十景"），大概没有两句话能说得写得一样整齐的。[2]

山水景观，从其与人的关系上可以分作四类。第一类是纯粹的自然山水，未经人类修饰加工或无法进行人类修饰加工的。例如，美国加拿大边境的尼亚加拉大瀑布或中国的黄果树大瀑布、浩瀚的大海、巍峨的雪山等，只能令我们叹为观止，却无法加工改造。第二类是天然山水而经过人类加工修饰的，例如杭州的西湖。西湖的存在是天然的，但千百年来经过了人工的开浚疏通，又广植了林木，铺路架桥，建起了亭台楼阁，这就不是纯天然的了。青岛的海滨、华山的磴道，都有人工改造自然的痕迹，洒下了修建者的汗水，也染上了修建者的文化。第三类是人工创造的"城市山林"，其代表是园林。这一类景观的人文气息更浓。第四类是其景本来也未必非常可观，但因与历史上的人物事件有联系而变得有名并成为旅游热点，元人王恽曾说过："山以贤称，境缘人胜。赤壁断岸也，苏子再赋而秀发江山；岘首瘴岭也，羊公一登而名垂宇宙。"这类景点如赤壁、岘山、敬亭山及种种遗迹。从旅游的角度看，前三类都是所谓"名胜"，而第四类是所谓"古迹"。[3]从文化的角度看，后三类的人文精神要明显地浓过第一类，而第一类中却有着相当深厚的民间文化，这又是前三类所不能比拟的。指出这一点是很有意义的：后三类的景观命名大多是文人的作品，而第一类的命名却多数来自民间。"峰""石"的名称里记载了多少美丽的神话传说和丰富的民间故事，是收集民间文学的宝库。说也奇怪，中国的古代神话，比起希腊来几乎让人感到惭愧，但与山水结合的神话传说，从桂林诸山到巫山神女，从南海普陀到西湖断桥，却似乎比谁都毫不逊色。这恐怕也跟民族的山水审美观有关吧。

"峰""石"的命名大都出自民间，而且其方法主要是依物象形，最有发言权的也是世代居住在那里的人民。这类命名在旅游景点发现时往往是现成的，而且几乎不存在重新命名的可能性。随着我国旅游资源的开发，很多天然的山水佳景被发现了，如张家界、九寨沟等；但一经开发，便从第一类转为第二类。

从范围来看，山水景观需要命名的约有四种情况：一是某地景观的总目；二是亭台、楼馆包括园林本身的名称；三是游览线路中起导引作用的匾额石刻；四是表示感观的刻石、溶洞中的石笋、石柱及其他奇峰、怪石、异树、岩穴等为吸引游客而取的名称。这四类命名有其自身的特点，在命名上也完全相同。

无须否认，现代的旅游景观名与传统相比已有了很大差别。以前的命名大都是文人学士及其诗朋酒侣，或游山玩水，寻古探幽，或营山筑水，自得其乐的作品，其品题大多是自我性情的写照，一般来说是不必顾及别人怎么想怎么看的；而今日的命名则除了要保存和继承这一文化传统外，更主要的是要能吸引游客，增加门票收入。景观命名中的这一商业性因素是以前不曾有过的。

二、景园命名分类概说

1. 景园命名的两个特点[4]

（1）第一个特点是往往采用**2**或**3**倍数中的偶数，特别是**6**、**8**、**10**、**18**、

24、**36** 这几个数。如：

天台山六景：石梁飞瀑、赤城栖霞、华顶秀色、铜壶滴漏、琼台夜月、桃源春晓。

渝州（重庆）六景：龙门皓月、洪崖滴翠、黄葛晚渡、海棠烟雨、字水宵灯、金碧流香。

关中八景：华岳仙掌、太白积雪、骊山晚照、雁塔晨钟、曲江流饮、草堂烟雾、灞柳风雪、咸阳古渡。

燕京八景：琼岛春阴、太液秋风、玉泉趵突、西山晴雪、蓟门烟树、卢沟晓月、居庸叠翠、金台夕照。

洛阳八景：桂岭晓岚、訾洲烟雨、东渡春澜、西峰夕照、尧山冬雪、舜洞熏风、清碧上方、栖霞真境。

羊城（广州）八景：扶胥浴日、大通烟雨、海山晓霁、石门返照、蒲涧濂泉、珠江秋色、光孝燕堤、菊湖云景。

西湖十景：苏堤春晓、平湖秋月、花港观鱼、柳浪闻莺、双峰插云、三潭印月、雷峰夕照、南屏晚钟、曲院风荷、断桥残雪。

九华山十景：五溪山色、桃岩瀑布、舒潭印月、东岩晏坐、平冈积雪、化城晚钟、莲峰云海、九子泉声、天柱仙踪、天台晓日。

京西十二景：绝顶远眺、春山杏林、翠峰云断、卢师夕照、烟雨鹃声、雨后水洪、水谷流泉、高林晓日、五桥夜月、深秋红叶、虎峰叠翠、层峦晴雪。

杭州十八景（在西湖十景外增加的）：湖山春社、功德崇坊、玉带晴虹、海霞西爽、梅林归鹤、鱼沼秋蓉、莲池松舍、宝石凤亭、亭湾骑射、蕉石鸣琴、玉泉鱼跃、凤岭松涛、湖心平眺、吴山大观、天竺香市、云栖梵径、韬光观海、西溪探梅。

扬州北郊二十四景：卷石洞天、西园曲水、红桥览胜、冶春诗社、长堤春柳、荷浦熏风、碧玉交流、四桥烟雨、春台明月、白塔晴云、三过留踪、蜀冈晚照、万松叠翠、花屿双泉、双峰云栈、山亭野眺、临水红霞、绿稻香来、竹楼小市、平冈艳雪、绿杨城郭、香海慈云、梅岭春深、水云胜概。

香山二十八景：勤政殿、丽瞩楼、绿云舫、虚朗斋、璎珞岩、青未了、驯鹿坡、蟾蜍峰、栖云楼、知乐濠、香山寺、听法松、来青轩、唳霜皋、香嵒室、霜标磴、玉乳泉、绚秋林、雨香馆、晞阳阿、芙蓉坪、香雾窟、栖月崖、重翠崦、玉华岫、森玉笏、隔云钟。

避暑山庄三十六景（康熙）：烟波致爽、芒径云堤、无暑清凉、延薰山馆、水芳岩秀、万壑松风、松鹤清越、云山胜地、四面云山、北枕双峰、西岭晨霞、锤峰落照、南山积雪、梨花伴月、曲水荷香、风泉清听、濠濮间想、天宇咸畅、暖溜暄波、泉源石壁、青枫绿屿、莺啭乔木、香远益清、金莲映日、远近泉声、云帆月舫、芳渚临流、云容水态、澄泉绕石、澄波叠翠、石矶观鱼、镜水云岑、双湖夹镜、长虹饮练、甫田丛樾、水流云在。

避暑山庄三十六景（乾隆）：丽正门、勤正殿、松鹤斋、如意湖、青雀舫、倚望楼、驯鹿坡、水心榭、颐志堂、畅远台、静好堂、冷香亭、采菱渡、观莲所、清晖亭、般若相、沧浪屿、一片云、苹香泮、万树园、试马埭、嘉树轩、乐成阁、宿云檐、澄观斋、翠云岩、罨画窗、凌太虚、千尺雪、宁静斋、玉琴轩、临芳墅、知鱼矶、涌翠岩、素尚斋、永恬居。

景观的总数用多少，很值得玩味。不用三、四、五，那恐怕是因为数量太少，不足以显示当地景观之丰富；而不用七、九、十一、十三、十五等奇数乃至十四这样的偶数，却又与中国传统的数字文化有关：偶数被认为是吉数，三的偶数倍数六、十二、十八、二十四、三十六、七十二、一百〇八等尤其受到青睐。“八景”的起源是有来历的，据宋代沈括《梦溪笔谈》：“度支员外郎宋迪工画，尤善为平远山水。其得意者有平沙雁落、远浦帆归、山市晴岚、江天暮雪、洞庭秋月、潇湘夜雨、烟寺晚钟、渔村落照，谓之八景。”因此后来的风景名胜地也爱用“八景”来列举。用“八”字恐怕不仅仅是宋迪正好画了八幅得意的画，而是因为“八”有“八方”之意，四面八方，概括无遗，这对于景观总称是很合适的。“十”则在“八方”的基础上又加上了“上、下”两方，囊括得就更全面了。“十”以上，虽然有不少好数字，如十二、十八、二十四、三十六等，但因数量太多，难以记忆，也不易造成深刻印象。看来景观的总称以用“八”或“十”比较好，过多过少都不相宜。

某地若干景区的命名大多完成在清代，尤其是乾隆年间。二百年过去了，情况发生了很大的变化。有的景点已荡然无存，如香山二十八景现在大多已经不存在，杭州的吴山十景现在也多已湮没；扬州的北郊二十四景现在虽然有的还在，但已面目全非。更重要的是，二百多年来，随着建设事业的发展，又有许多新的景点被发现和开发出来。因此，新中国成立后，特别是 **20** 世纪 **80** 年代以来，很多地方在积极开展“新十景”或“新八景”的命名活动。例如：

羊城新八景（这是 **1962** 年群众评选出的）：红陵旭日、珠海丹心、白云松涛、双桥烟雨、鹅潭夜月、越秀远眺、东湖春晓、罗岗香雪。

西湖新十景（**20** 世纪 **80** 年代评出）：虎跑梦泉、满陇桂雨、宝石流霞、龙井问茶、九溪烟树、玉皇飞云、阮墩环碧、吴山天风、云栖竹径、黄龙吐翠。

津门十景（**1990** 年评出）：蓟北雄关、海门古塞、独乐晨光、三盘暮雨、沽水流霞、龙潭浮翠、中环彩练、故里寻踪、双城醉月、荧塔旋云。

金陵新四十景（**80** 年代评出）：中山伟陵、灵谷松风、孝陵烟岚、梅岭暗香、植物闳苑、紫峰神镜、玄武烟柳、鸡鸣春晓、九华丹青、古亭晨钟、雪松叠翠、天朝遗迹、梅园风范、明宫晨曦、瞻园觅秀、灯火秦淮、白鹭芳洲、血沃雨花、朝天云阁、怡然莫悉、璇宫远眺、中华古堡、鼓楼览胜、石城虎踞、清凉扫叶、五台晴光、渡江史碑、天堑飞虹、石柱参天、栖霞丹枫、泉涌珍珠、燕矶临流、六朝石刻、绝世碑材、汤山温浴、狮岭雄姿、花神竞艳、十虹竞秀、凝脂沉霞、石臼渔歌。

（**2**）第二个特点是大多用四字语

上面举的例子从宋迪的山水画开始，绝大多数用的是四字语，只有香山二十八景和乾隆的避暑山庄三十六景用的是三字语。用三字语的还有龙井八景：过溪亭、涤心沼、一片云、风篁岭、方圆庵、龙泓涧、神运石、翠峰阁。

隆中十二景：三顾堂、草庐亭、草庐牌、六角井、躬耕田、抱膝石、梁父岩、老龙洞、半月溪、小虹桥、武侯祠、野云庵。

这几个例子中除隆中外，有三个是乾隆皇帝命名的。大概他四字命名玩得多了，想换换花样。事实证明，以三字语作为景观总叙的命名是不合适的。因为“若干景”之类实际上是本地旅游的一个总广告，它要回答人们关心的两个问题：一是玩什么，即本地有什么好玩的地方；二是怎么玩，即这些地方各有什么特点，怎么玩才能恰到好处。四字语通常是两两结构，分别回答了这两个问题。以“西湖十景”中的苏堤春晓和平湖秋月为例，“苏堤”和“平湖”回答了“哪里”的问题，“春晓”和“秋月”则回答了第二个问题，即这两处最适宜赏玩的时间分别是春天的清晨和秋天的月夜。三字语通常是两一结构，其中后一字又往往是地理“通名”，因而实际只回答了前一个问题，作为景观的总介绍是不全面的。[5]

三字语外，还有以长短不齐语作景观介绍的，如：

镜泊八景：白石砬子、大孤山、小孤山、珍珠门、道士山、老鹳砬子、渤海要塞遗址、镜泊瀑布。

保定莲池十二景：春午坡、花南汗北草堂、万卷楼、高芬阁、笠亭、鹤柴、蕊藏精舍、藻咏楼、篇留洞、绛堂、寒绿轩、含沧亭。

尽管字数有多有少，但其效果等于三字语，只回答了第一个问题，而且形式上还不如三字语来得整齐，好像是半成品。

1986年选出的新北京十六景：天安门广场、故宫、八达岭长城、北海、颐和园、天坛、香山、十渡、周口店北京猿人遗址、龙庆峡（古城水库）、大钟寺、白龙潭、十三陵、卢沟桥、慕田峪长城、大观园。如此，也有同样的缺点，既不易记，又没有道出各景点各自的特色。这种只以一个名词命名的做法使我们想起了西方旅游景点的那些命名。这实际上是没有充分利用和发扬汉语汉字的特点。

我们认为"八景""十景"式的命名在旅游业蓬勃发展的今天还是需要的。这种总体广告式的命名无疑有相当的号召力，在对外宣传中也可起到一个提纲的作用。这不仅是一种传统文化的继承，同时也会促使各地旅游部门对本地旅游资源的特色去作更深入的发掘。光知道本地有哪些旅游点，而不知道这些旅游点什么地方最值得观赏，什么时候最适宜游览，这种负责人是不称职的。在进行景点总叙式的命名时，要注意以下问题：[6]

（**1**）根据历史的经验，景观总数似以"八景"或"十景"为好，过多过少均不宜。过少显得太萧条，过多又不易记住。解决的办法是，景点多的地方如南京，可以拆成"金陵十景""市郊十景"等，也许效果会更好；而景点少的地方则不要勉强凑数，尤其不要成为鲁迅讥笑过的：翻开任何一部县志，总能找到县的八景或十景，实在没有景致了，也可想出"远村明月""萧寺钟声"之类的名目。

（**2**）以四字语为好，过长过短似也不宜。

（**3**）这种命名宜用于范围较大的区域，一山一水，除非像杭州西湖这样游览点集中丰富的，有时不适宜用这种方法。例如上面举的隆中十二景就比较牵强。这地方属于我们前面所说的古迹，是因人而著称的，并不是山水景物上有什么特别值得留恋之处，而把一个宁静淡泊的隐士居所竟然凑成了"十二景"，这是有些言过其实的。实际上，这"十二景"根本凑不成四字语，只好以三字语了之。与此类似的是湖北鄂州石首山的"绣林十景"：绣林晚照、锦帻绮霞、望夫石笋、万石钓艇、八仙棋局、照影清鉴、龙盖朝岗、马鞍文翠、刘朗浦口、弦调夜月。

相传该山是三国时刘备迎亲之处，也是一处因人而得名的古迹。而"十景"中居然有七八处"景"跟传说中的此事有关，读来好似一幕幕戏剧的背景，也使人感到有些小题大做。

（**4**）要努力发掘各个景点中最有特色的场景。四时皆宜、早晚皆宜、晴雨皆宜的地方是有的，但“皆宜”的地方也一定有个“最宜”的时刻。“水光潋滟晴方好，山色空濛雨亦奇。欲将西湖比西子，浓妆淡抹总相宜。”西湖该是个“皆宜”的地方了吧？但“西湖十景”硬给它分下了高低：苏堤宜春，平湖宜秋，曲院宜夏，断桥宜冬；又苏堤宜晨，雷峰宜夕，双峰宜昼，三潭及平湖宜夜。到杭州去游览过的人，会感到这些评价不虚。这正是古人仔细地体验观察的结果。顺便说一句，“西湖十景”是在傍晚或夜里，前面举到的不少景点也是在晚上。但现在的旅游，白天疲于奔命，下午才四五点钟、各旅游点已开始闭门逐客。要有贴切美好的命名，恐怕还要有能让游客共享这一美好时刻的机会。

（5）这种名要防止陈陈相因，转相抄袭。从前面的例子看到，从宋迪开始到现在，“秋月、晓月、夕照、晚照、烟雨、钟声”这些词语几乎已经被用滥了，而“览胜、胜概”这类话说了又等于没说。在充分发掘本地旅游特点的基础上，还要注意语言的翻新。一些新命名的“十景”“八景”中，西湖新十景在这方面是最成功的。虎跑梦泉的“梦”和龙井问茶的“问”用得尤其出色，而满陇桂雨中的“雨”字同“桂”字一结合，也化腐朽为神奇，显得不落俗套了。继承传统的命名形式方面，尤其要注意语言的锤炼。

2. 建筑物的命名

中国与景观有关的建筑物可分三类。[7]一类是帝王宫殿，以故宫为代表，其建筑大多以“宫”“殿”命名。宫殿和紫禁城还有大量的“门”也各有名称，如天安门、地安门、东安门、西安门、东华门、西华门，北京有内九门（因此旧时的京城卫戍司令叫“九门提督”）：正阳门、崇文门、宣武门、安定门、德胜门、东直门、西直门、朝阳门、阜成门；有外七门：永定门、左安门、右安门、广渠门、广安门、西便门、东便门；故宫内，太和殿有太和门，文华殿和武英殿有文华门和武英门，等等。这些宫、殿、门的名称大都浸透了封建帝王以天命自居、企望永保基业长治久安，在今天的命名中已没有什么参考价值，可以不加讨论。

第二类是寺院、道观等建筑的命名。“天下名山僧占多。”我国的名山大川，大多建有寺庙。历史上僧人对我国山川景观资源的开发和保存，有不可磨灭的功绩。许多名山大刹，如嵩山的少林寺、天台的国清寺、洛阳的白马寺、宁波的天童寺、杭州的灵隐寺、南京的灵谷寺、镇江的金山寺、苏州的寒山寺、开封的相国寺、山东的灵岩寺、北京的卧佛寺及北京白云观、苏州玄妙观等，至今仍是游人向往的地方。但寺院内建筑的命名都比较单调，无非是头山门、二山门、天王殿、大雄宝殿、钟楼、鼓楼、藏经楼、接引殿、毗卢殿、地藏殿、千佛殿、方丈室等。道观则是三清殿、祖师殿、吕祖殿、玉皇殿、天后殿、灵宫殿、关帝殿、北岳大帝殿等。各个地方也都大同小异。这些名称我们也不加讨论。

当然，帝王宫苑和寺庙道观里也有一些非神圣、非宗教的建筑物，其命名与一般园林的命名有相似之处，我们在后面将一起涉及。

第三类是园林建筑的命名。中国的园林，最典型的是以苏州为代表的江南园林。北京的皇家园林，有的也吸收江南的风格。下面我们以苏州和北京为主，先举一些园林建筑的名称，再分析其命名的技巧。

厅：瑶华境界（沧浪亭）、鸳鸯厅（狮子林，一名燕誉堂）、荷花厅（狮子林、留园）、楠木厅（留园）。

堂：明道堂（沧浪亭）、燕誉堂（狮子林）、立雪堂（狮子林）、玉兰堂（拙政园）、远香堂（拙政园）、藻鉴堂（颐和园）、涵远堂（颐和园）、知春堂（颐和园）。

轩：面水轩（沧浪亭）、揖峰指柏轩（狮子林）、听雨轩（拙政园）、揖峰轩（留园）、与谁同坐轩（拙政园）、南轩（拙政园）。

馆：听鹂馆（颐和园）、清香馆（沧浪亭）、秫香馆（拙政园）、十八曼陀罗花馆（拙政园）。

楼：见山楼（沧浪亭、拙政园）、倒影楼（拙政园）、明瑟楼（留园）、西楼（留园）。

阁：问梅阁（狮子林，一名梅花阁）、留听阁（拙政园）、连翠阁（留园）、浮翠阁（拙政园）、濯缨水阁（网师园）、松籁阁（怡园）、清音阁（陶然亭）、佛香阁（颐和园）。

榭：藕香榭（怡园、颐和园）、双虹榭（北海）、木香榭（杭州三潭印月）。

舫：石舫（狮子林、怡园）、香洲（拙政园）、对鸥舫（颐和园）、清晏舫（颐和园）。

亭：仰止亭（沧浪亭）、沧浪亭（沧浪亭）、小方亭（狮子林）、真趣亭（狮子林）、观瀑亭（狮子林）。

廊：修竹廊（狮子林）、射鸭廊（怡园）、沁泉廊（北海）、长廊（颐和园）。

台：姑苏台（苏州灵岩）、初阳台（杭州宝石山）、捉月台（安徽采石矶）、水镜台（太原晋祠）、八境台（江西赣州）。

斋：拜文揖沈之斋（拙政园）、画舫斋（怡园、北海）、静心斋（北海）、韵琴斋（北海）、眺远斋（颐和园）。

室：卧云室（狮子林）、梯云室（网师园）。

其他：印心石屋（沧浪亭）、隔竹幽居（拙政园）、岁寒草庐（怡园）、濠濮间（北海）、抱素书屋（北海）、玉华山庄［香山、栖月山庄（香山）］。

从以上这些名称来看，园林建筑的命名可以归纳出如下一些方法。[8]

（1）形状命名法是从建筑物的形状出发的命名方法。这些形状往往别致、有特色，或者命名的用词比较风雅。前者如六角亭、八角亭、笠亭、石屋洞、扇亭、小方亭；后者如梅花阁、鸳鸯厅（因其两厅前后相连）、玉带桥、跨虹桥等。

（2）材料命名法是从建筑物所用材料出发的命名方法。一般来说，材料都有些特殊，如楠木厅、竹楼、铜亭、石舫、琉璃阁等。

（3）位置命名法是从建筑物周围的景物或其他建筑出发的命名方法。如留园的冠云楼从楼前的冠云峰得名；西楼因处于园西而得名；拙政园的天泉亭因亭中有一古井名"天泉"而得名。湖南的岳阳楼和山东的历下亭均从所在地得名（济南古名历下）。

（4）述志命名法有两种情况。一种是歌功颂德性的，多见于皇家宫苑。这种命名法多数使用福禄寿禧及龙凤祥瑞等字眼，在今天已没有多大参考价值，多数看了还让人感到心烦。例如益寿堂、乐寿堂、介寿堂、乐农轩、颐和轩、福荫轩、慈荫轩、景福阁、景祺阁、宝云阁、治镜阁、符望阁、涌瑞亭、龙泽亭、澄祥亭、滋香亭、千秋亭、万春亭等。

另一种是园林主人抒写自己心态及志趣的，如留园的揖峰轩、怡园的拜石轩、拙政园的拜文揖沈之斋，还有醉翁亭、丰乐亭等。这些命名中也有一些颇可厌的，如明道堂、燕誉堂（燕誉为追逐名誉之意）等。

（5）宗教传说法从某种角度看，这是一种纪实命名法，因为它记载了与此地有关的某一宗教或民间传说。如捉月台是因为传说李白在此醉后捉月而死；黄鹤楼是传说有仙人骑黄鹤到此；钓台是传说东汉严光曾在此隐居垂钓；二十四桥是传说二十四位美人曾在此吹箫；等等。其他这类名称还有：观音桥、白鹿洞、文殊台、佛香阁、妙高台、梳妆台、凤凰台、梵音洞、真人洞、张公洞、善卷洞、黄龙洞、聚仙台等。这类名称往往介于民间传说与文人命名之间，在今天新开发的景观中，大约沿用的较多，而新创造的比较困难。

（6）用典命名法也有两种情况。一种是其地本身就是古迹，建筑物名称记载古人事迹有纪念之意，前举隆中十二景的一些景点名称大多是如此，如三顾堂、草庐亭等。其他名称如放鹤亭记载宋代林逋在孤山隐居，"以梅为妻、以鹤为子”之事；胜棋亭记载了明初大将徐达在此下棋胜了朱元璋之事；立雪堂记载了宋代杨时、游酢尊师重道、“程门立雪”的典故等。这类命名同传说命名法一样，要有某种事实或传说的依托，对于历史文化积累较厚的地区是很合适的。

另一种则是引用前人诗文成语来写眼前情景。这种命名不需要依托历史事实，只是触景生情或借景抒情，而利用前人现成语句，一则少费了许多功夫，二则平添了许多书卷气；适用范围既广，又风雅之至，是古人很爱使用的。当然，所谓“少费功夫”是相对而言的，这是靠平时读书的积累，到时才能厚积而薄发。今天采用这种方法来命名，仍是值得鼓励的。下面是前面举的例子中一些命名的出典：

仰止亭、景行桥：源出《诗经》“高山仰止，景行行止。”

翠玲珑：源出苏舜钦诗“日光穿竹翠玲珑。”

面水轩：源出杜甫诗“层轩皆面水，老树饱经霜。”

揖峰指柏轩：分别源自朱熹诗“前揖芦山，一峰独秀”与高启诗“人来问不应，笑指庭前柏。”

待霜亭：源出韦应物诗“洞庭须待满林霜。”

宜两亭：源出白居易诗“明月好园三径夜，绿杨宜作两家春。”

留听阁：源出李商隐诗“秋阴不散霜飞晚，留得残荷听雨声。”

濯缨水阁：源出《楚辞》“沧浪之水清兮，可以濯我缨。”

濠濮亭、濠濮涧：濠梁、濮上的典故均出于《庄子·秋水》篇，将两者连在一起始见《世说新语》“会心处不必在远，翳然林水，便自有濠濮间也。”有无锡寄畅园有知鱼槛、颐和园仿之而建的谐趣园有知鱼桥，其典也出于庄子此文。

爱晚亭：源出杜牧诗“停车坐爱枫林晚，霜叶红于二月花。”

陶然亭：源出白居易诗“更待菊黄家酿熟，与君一醉一陶然。”

四美轩：源出王勃《滕王阁序》“四美俱，二难并。”

夕佳楼：源出陶渊明诗“山气日夕佳，飞鸟相与还。”

镜桥：源出李白诗“两水夹明镜，双桥落彩虹。”

练桥：源出谢朓诗“澄江静如练。”

柳桥：源出杜甫诗“柳桥晴有絮。”

来今雨轩：源出杜甫《秋述》一文“常时车马之客，旧雨来，今雨不来”几句。原意是老朋友下雨仍来，新朋友下雨就不来了。现从“旧雨来，今雨不来”中截取中间三字以为轩名，意谓旧交新知，聚于一轩。

(7) 赏游命名法是园林建筑命名法的主体。依照侧重角度的不同，又可分为以下几种：[9]

a. 可观

可观有两种，一是在周围景物的烘托下，此建筑本身之可观；二是凭借此建筑，观赏其他景物的效果。中国式的园林一向强调整体观，注重局部在整体中的地位，很少会注目于孤零零的一个个体，因此描述后种可观比前一种要多得多。例如昆明的大观楼，并不是说此楼本身有什么大观，而是强调登上此楼，可以纵观周围湖山景色。又如畅观堂、见山楼、望海楼、眺远斋、瞩新楼、观瀑亭、撷秀楼、平山堂、迎翠轩、得真亭，乃至多景楼、丽景轩、八方亭、四照阁等，都当作如是观。而前一种强调此建筑本身可观的，也一定放在周围环境的烘托中，典型的如山色湖光共一楼、荷花四面亭、映波桥、锁澜桥、浮翠阁、碧照楼、濯锦楼、松柏交翠亭等。只有无法与周围景色联系起来的才会写其本身之可观，如紫来洞、紫云洞等。

b. 可听

可观强调的是视觉效果，可听则强调赏景时的听觉效果。例如下面一些命名：听雨轩、听鹂阁、留听阁、清音阁、畅音阁、潮音洞、春淙亭、鏧歇亭、秋籁阁、韵琴斋、水乐洞、八音涧。

c. 可闻

中国园林往往是建筑、山石、林木、花卉错纵布置的综合艺术，因此建筑物的命名有时可从鼻子欣赏的角度着手，强调嗅觉效果。这类命名往往带一个“香”字，如远香堂、清香馆、秋香馆、藕香榭、木香榭、香洲、玉香馆、闻木樨香等。

d. 可触

这是强调皮肤等在赏游时引起的舒适感觉。如冷泉亭、分凉阁、沁泉廊等。

e. 可憩

中国园林在古代同时也是大地主大官僚私家居住和接待宾客的地方，因此强调此地可居可游也是命名的一个方面。今天的旅游者都是来去匆匆的过客，既没有时间，也没有条件来体会这些名称描写的意境。但作为赏游，这其实是不可缺少的一个方面。而且集游览与居留于一身的“度假村”现在正方兴未艾，也可以从这里的命名中吸取一点灵感。这一类的命名如林泉耆硕之馆、印心石屋、隔竹幽居、岁寒草庐、栖月山庄等，是强调在此居住的；看松读画轩、枕峦亭、卧云室、待霜亭、留佳亭等是强调较长期在此逗留的；

如宜两亭、四宜轩、可亭、无尽意轩、得性轩、陶然亭、江湖一勺亭等是强调流连忘返的感受的，这部分对一般游客倒也适用。

（8）情趣命名方法是指追求文字的别致或双关等艺术趣味的一种命名方法，大约也是中国文人难脱的积习。如与谁同坐轩、真趣亭（此亭为乾隆所名，据说原题为“真有趣”，随侍的官员黄兴祖看了觉得俗气，又不敢正面指出，遂请皇上将“有”字赐给他，乾隆听后会意，便剪去了“有”字，这一改动历来传为佳话，但据我看原题比改题更要活泼而有情趣）、画壁亭（此是双关之意，表面上看是取达摩面壁九年的典故，实际上是亭子壁上安了一面大镜子，面壁而望，园中景色历历在目）、我心相印亭（此亭在杭州之三潭印月，别人在印月，作者拿心来凑热闹）、亭亭亭（“亭亭亭”者，“停停停”也，见此佳景，能不驻足）等。情趣命名妙在可遇而不可求，妙手偶得之。但一旦得到了，可为景观生色不少。[10]

从文字技巧上来说，园林建筑的命名属于艺术性的命名，因此前面的有关论述对之也都适用。如果说有什么不同的话，那就是这类题名更强调“雅”字，而且在字数上似乎以三字为常（其中后一字为“通名”），超过或不到三字的，似乎都是一种有意的作为，如“可亭”“林泉耆硕之馆”。

洞、泉、溪等景观，其实介于天然与人工之间，其命名大致不出以上所述；与峰一样，更多地与本身的形状、质地及宗教、传说有关。

洞名如杭州的烟霞洞、石屋洞、水乐洞、紫来洞、慈宫洞、紫云洞、蝙蝠洞、金鼓洞、卧云洞、黄龙洞，金华的双龙洞、冰壶洞、朝真洞，普陀的潮音洞、梵音洞，崂山的白龙洞、老君洞、仙姑洞、宜兴的善卷洞、张公洞、灵谷洞，庐山的白鹿洞、仙人洞，桂林的龙隐洞等，前面已谈到过一部分，其命名绝大多数跟宗教传说有关。

泉最有名的莫过于济南。济南号称泉城，有七十二泉，大致可分为趵突、黑虎、珍珠、五龙潭四大泉群。趵突泉群有趵突、满井、金钱、卧牛、柳絮、漱玉、浅井、马跑、洗钵、白云、饮虎等泉，黑虎泉群有黑虎、玛瑙、白石、九女、琵琶、汇波、对波、金虎等泉，珍珠泉群有珍珠、溪亭、散水、南芙蓉、朱砂、濯缨、太乙、腾蛟等泉，五龙潭泉群有五龙潭、静水、回马、洗心、古温、月牙、天镜等泉。从命名来看，多数跟形状、水质特点及传说等有关。其他著名泉水如杭州的玉泉、虎跑泉、龙井泉，命名原则也不外乎此。又镇江中冷泉、北京玉泉、庐山谷帘泉、峨眉玉液泉都号称天下第一泉，无锡惠山泉号称天下第二泉，虎丘观音泉号称第三泉，丹阳有第四泉，扬州平山堂有第五泉，据说是“茶圣”陆羽品定的，其高下当依水质而定，但山水景观而以序数命名这恐怕是唯一的。

其他的人工建筑如塔等也名目繁多，但其命名主要跟宗教特别是寺名有关，这里就不讨论了。

3. 园的命名

古代帝王打猎的园林叫苑或囿，范围都特别大，如灵囿、上林苑、甘泉苑等；种花草果木的园林叫园或圃，如果园、灵芝园、玄圃、竹圃等。但后来不大区分了，因此梁孝王的睢园叫梁苑，也叫梁园。不过比较起来，“苑”似乎级别更高一些，因此现在不少小小的园林甚至酒家都喜欢以“苑”命名。

现代的园林有两种，一种是在西方尤其是英国式公园影响下建造起来的公园，以草坪树木为主，建筑物很少，也没有什么特色，一般叫公园。其命名如同几十年来其他事物的命名一样，没有什么个性。有的是以人命名，最著名的是中山公园，全国许多地方都有，其他如上海的鲁迅公园、光启公园，大连的星海公园，南京的郑和公园等；有的是具有当代政治色彩的命名，例如遍布全国的人民公园，西安的革命公园，上海的和平公园、长风公园等；除此之外，基本上是以所在地或园内主要景点命名的，如上海的黄浦公园、静安公园、复兴公园、桂林公园，北京的北海公园、香山公园、天坛公园、陶然亭公园，西安的兴庆公园，南京的玄武公园、莫愁湖公园，昆明的大观公园等。大约只有少数是以其内容或功能命名的，如动物园、森林公园、科普公园、交通公园、儿童公园等。

另一种是古代保存下来的私家园林，主要集中在江南一带。新中国成立后这些园林虽然也都已属国家所有，但由于传统的关系，并没有像北京的皇家园林那样，一律加上“公园”二字（北京只有颐和园是例外，但文化大革命期间一度也曾叫作“人民公园”）。这些园林往往小巧玲珑，其名称也往往比较有特色，比较合符现代建筑新园林（往往规模也较小）者的心意，成为其命名仿效的对象。[11]

这些园林现存的如苏州的沧浪亭、狮子林、拙政园、留园、网师园、怡园、曲园、惠荫园、五峰园、艺圃、南北半园、环秀山庄、鹤园、耦园、柴园、可园、听枫园，常熟的燕园，同里的退思园，上海南市的豫园，南翔的古漪园，松江的醉白池，嘉定的秋霞圃，青浦的曲水园，无锡的蠡园、梅园、鼋头渚及锡惠公园内的寄畅园，南京的瞻园，杭州的汪庄、刘庄，扬州的何园、个园、冶春园、徐园、红园，江苏如皋的水绘园，绍兴的沈园，还有广东仿江南园林建造的四大园林：顺德的清晕园、东莞的可园、佛山的梁园、番禺的余荫山房。北京颐和园和北海的几个园中园，如谐趣园、画中游、濠濮间、画舫斋等实际上也是小小的园林。如果加上历史上的，则还要多得多，如南京的随园，上海的豫园、张园（又名味莼园、徐园等），其中尤以苏州和扬州为最。苏州的园林据说有200处以上。扬州远的不说，仅在康熙、乾隆年间，为迎接康熙、乾隆南巡，那些盐商大贾、高官巨富也修了无数的园林。这些园林现在大多已经荒废。

我们可以从这些古今园名的名称中归纳出园名命名的规律和方法。首先，我们发现，如果说景观的总称以四字语较合适，园林建筑的名称以三字语较普遍，那么，从所举园名来看，古代园名似以两字语较多。两字语中去掉一个“园”字，要以一个字来抒写种种的情志，概括园林的特色，其精练含蓄自不待言，其要求也是相当高的。其次，我们还可以看到，园的通名除了用“园”字外，还可用其他字眼，如山庄、居、村、庄、楼、林、亭、池、小筑、精舍（或旧舍）等。[12]

4. 匾额、壁刻的命名

在中国式的园林景观命名中，还有一个不可缺少的组成部分，这就是匾额和壁刻。匾额有三种，第一种是悬于建筑物上的，有时与建筑物名称是一回事，有时却不是一回事，例如绍兴快阁春花秋月楼，楼的匾额却是“飞跃处”。特别是建筑物的名称一座建筑只有一个，但匾额却可以挂好几块，尤其是一些正殿、大厅等主要建筑，如嵩山中岳庙一排挂了三块：“威镇中天”“位镇中岳”“威灵镇岳”。第二种是刻写在牌坊上的，不少风景旅游点有这样的牌坊。比较集中的如泰山脚下，建有“孔子登临处”“天阶”等一长串；中岳也有“配天作镇”“崧高峻极”等，苏州天平山则有“登天平路”“万笏朝天”等，岳阳楼的两侧建有“北通巫峡”“南极潇湘”两个牌坊。第三种是刻写在小亭、月洞门、腰门上面的，字数往往较少，如“探幽”“寻芳”“赏花”“步月”“入胜”“忘归”“观瀑”“听泉”等。也有字数较多的，如“渐入佳境”“别有洞天”“豁然开朗”“又一天”等。壁刻有刻在石头上的，也有刻在山崖上的，后者又叫摩崖石刻，前者则主要用于园林等人工山水。名山如泰山、黄山、庐山、峨眉山等都有不少摩崖石刻，大的如经石峪等不在我们讨论范围之内，简短的如泰山顶上的“五岳独尊”“昂头天外”，陕西耀县药王庙的“天下第一山”，昆明西山的“普陀南海”，福州鼓山的“山水知音”“忘归石”，庐山仙人洞的“豁然贯通”“纵览云飞”，杭州飞来峰的“知足常乐”，烟霞洞的“烟霞此地多”等。苏州天平山上白云刻有“我来上白云，身在白云上”，这是比较长的；宜兴善卷洞水洞外刻有“欸乃一声山水绿”，也是较长的例子。甚至小小的虎丘剑池也刻有“风壑云泉”四字。园林石刻则如沧浪亭印心石屋旁林则徐书的“园灵证盟”以及杭州的“花港观鱼”“曲院风荷”等，都是镌刻在石头上的。[13]

匾额、壁刻的主要作用有二，一是导游，二是观赏。由于有导游作用，因此与园名、建筑物命名有共通之处，许多匾额实际上也就是建筑物名称；由于有观赏作用，又跟景观总目式的命名有共通之处，而不少景观总目，就是通过匾额、牌坊、壁刻表示出来的。前举之“花港观鱼”“曲院风荷”等之外，又如扬州之“卷石洞天”现作园名题额；“临水红霞”用的是牌坊；“白塔晴云”是摩崖壁刻等。但题额与石刻又比景观总目要随便灵活得多，景观总目一处只能有一个，但题刻却不论多少；景观总目以用四字为常，又要出景点名，又要出特色名，形式较刻板。题刻则不拘长短，可随意抒发感想。古人游览山水或园林不会像今天匆匆忙忙的旅游者一样，人手一张导游图，按图索骥一一印证图上景点之所在，印证完毕，游览也就结束；他们有充裕的时间，慢慢游去，细细赏玩，每有会心之时，则品题一番，或吟诗作赋。那些摩崖石刻其实是最短小隽永的赏景游记，对今日因生活节奏加快而不得不走马观花的游客实在有很好的借鉴启发作用。

今日的旅游，让游客出资来捐题摩崖石刻的情况已很少见。题额和刻壁的任务恐怕主要落在园林建造者的身上。对人工园林的建造者来说，不但要注意园名、建筑名这些命名中的硬件，也要注意匾额、壁刻这些命名中软件，两者交相辉映，才能造成最佳的效果。对于天然景观的开发者来说，除了加强人文景观的配合，如建造一定数量的园林建筑、修桥盖亭之外，也可考虑规划一些新的摩崖石刻。

参考文献：

[1]—[5],[9]潘国文.实用命名艺术手册[M].上海:华东师范大学出版社,1994.

[6] 辛泸江.景物命名美学规律琐谈[J].中国地名，1993，6.

[7]—[8]杨宏烈.试论景园命名艺术[J].地名知识,1992,2.

[10] 郭东文.试析风景名胜名的语源及命名[C].马永立主编.地名学新探.南京大学出版社，1993.

[11] 陈文良，魏开肇，李学文.北京名园趣谈[M].北京：中国建筑出版社，1983.

[12] 陈榴.命名的学问与艺术[M].大连：大连理工大学出版社，1991.

[13] 赵国顺.一“名”惊人[M].北京：中国经济出版社，1994.

第三章　丝路地名揭秘

西域最早汉语地名“昆仑”探源

——兼论昆仑文化对中华文化的影响

试就最早一批远古地名“昆仑”的渊源进行探讨，以阐述汉民族的历史文化足迹早在先秦时期就已铭刻在了西域广袤的土地上，进而试图证明地名是一定时空下民族历史和文化化石的论断，即命名则意味着占有。认为《山海经》所述昆仑的位置，后世聚讼纷争，是由于后人并未明了《山海经》“昆仑”一名的原型原意所造成的。一方面昆仑不仅有广狭之分，即甘、青、新的毗邻地域为广义昆仑；酒泉南面的祁连山为狭义昆仑。另一方面，昆仑还有虚实之别，即广狭的昆仑为实昆仑，观象授时的明堂，后来衍生为封禅祭天对象的明堂为虚昆仑。汉代之后，昆仑一般指今昆仑。昆仑原本并非一座自然造就的巍峨高山，而只是一座人工建筑物，即观象授时布令行政的明堂。“昆仑”原非一山之专称，而是表示神化的山丘通名。昆仑的语源为古汉语，昆仑的早期形式就是“昆”，意为“圜”，即“穹隆”（天体球状）。昆仑文化是中华民族的文化之源。昆仑文化作为黄河文明，始终为中华早期文化的扩散提供着动力。昆仑文化可以说是根部文化，是华夏文明的精神之源。

一、问题的提出

昆仑是中国神话系统里最重要的神山。原始的宇宙观常把最高的山作为神圣的地方。黄帝族华夏集团崇拜昆仑与昆仑是高山有关，高山是最接近天空的，最可能被想象为天帝和群神在下界的行宫，从而也是天神下降必经之地。几千年来，没有一座山比昆仑山更多地被赋予了更神秘和更神圣的色彩。

中国人古时虽不知昆仑究竟为何山，但坚信其在西北。虽无“山脉”之专词，而有山脉之观念。“昆仑”的“三条四列”之说谓出《禹贡》（《禹贡》实无此明文，乃后人附会《禹贡》而起），其说甚早。唐开元年间僧一行倡“山河两戒”之说（王应麟《玉海》卷二十），山脉之观念乃更明了。唐益《松筠龙经》之歌曰：“昆仑山是天地骨，中镇天心为巨物；如人骨脊与项梁，生出四支龙突兀。四支分出四世界，南北东西为四脉，西北崆峒数万程，东入三韩陷冥杳；惟有南龙入中国，分宗孕祖来奇特。”（《正觉楼丛书》）至明王士珍遂衍为“昆仑三龙”之说，谓昆仑据地之中，四旁丛山各入大荒，入中国者东南支也。其支又于塞外分为三支，名为北龙、中龙、南龙。亦以全国名山归之昆仑一系（见顾炎武《天下郡国利病书》）。魏源固主葱岭即为昆仑，遂倡“葱岭三干”之说（见《小方壶地理丛书》，魏源《葱岭三干考》）。唐人之说，多杂以天星分野之说及堪舆家言。明人唯言山脉而已，清人条理更为明晰。[1] 从中可以看出，历代对于昆仑的探讨从来没有停止，其成果从历史、地理、诗赋到神话、语源无不论及，也莫衷一是，以至于谜团重重。

二、关于“昆仑”的文献记载

汤洪和吴玥认为，“昆仑”一名最早出现于先秦汉文文献的楚辞中，但历代楚辞注家对昆仑之异说，总计之，则有笼统之西北说、河源所出说、仙山说、日没之山说、西极之山、西域之国说，亦有具体之祁连山（酒泉南山）说、玛沁雪山（闷摩黎山）说、巴颜喀拉山说、冈底斯山说、喜马拉雅山说、和田南山说、昆仑山（于阗）说、阿耨达山说等，先人常以此为基本依据，各执一端，莫衷一是。古代典籍如《尚书·禹贡》《山海经》《淮南子》等多有神话色彩和宗教意味，不仅屈辞注疏纷乱如此，诸如《尚书》《山海经》《尔雅》《逸周书》《竹书纪年》《穆天子传》《庄子》《列子》《管子》等先秦典籍记载“昆仑”也是莫衷一是，或山名、或部落名、或又国名，或在西、或在西北、或又在北海之北，或甘肃、或青海、或新疆、或又葱岭，或大昆仑、或小昆仑，或海内昆仑、或海外昆仑，还有西北昆仑虚、河源之昆仑、黄帝所休之昆仑、大地中央之大山、神仙居所，等等，五花八门。[2]

昆仑之名，首见于《尚书·禹贡》。原文曰：“织皮昆仑、析支、渠、搜，西戎即叙。”意谓昆仑、析支、渠、搜等四国，其民皆穿皮，总称西戎。《尚书正义疏》引郑玄注，则谓渠搜与昆仑、析支，乃三山名也。

《禹贡》以后，《尔雅》释地、释丘、释水，皆述及昆仑，称河所自出。以上两书，学者多认为战国时人所作。

此外，则晋时汲县魏安釐王冢出土之《逸周书》《竹书纪年》及《穆天子传》三书，亦记有昆仑。《逸周书·王会解》列于正西诸国之首，惜与狗国、鬼亲、贯胸等相提并论，反令人疑为同属子虚乌有之乡者。《四方献令》篇以“空同”列正北之首，而以下之国名，如大夏、莎车、姑他、且略、貌胡、戎翟、匈奴、楼烦、月氏……皆有可考。或谓空同在陕西，姑他（Khotan）即于阗。其后正北方位渐移于西，《管子》称桓公西伐大夏；而《山海经·海内东经》，亦列大夏、月支在流沙外。可知，当时已知在北方及西北方有民族迁徙。《竹书纪年》则记：“十七年，王（周穆王）西征昆仑，见西王母。”

《山海经》为先秦古籍，普遍认为其并非成书于一时，也不是一个作者所写，学术界倾向认为此书为西汉末年刘向编订。据《山海经·大荒西经》：“有大山名曰昆仑之丘。”《山海经·海内西经》说：“海内昆仑之墟在西北，帝之下都，昆仑之墟，方八百里，高万仞，河水出东北隅。”《淮南子》记有“昆仑虚”一名。楚辞中多次涉及“昆仑”风物和人物，仅《离骚》中就有40余句。《穆天子传》说周穆王西游玄池、苦山、茂苑、黄鼠之山等，最后至于西王母之邦。《山海经》对昆仑山、西王母之邦也有记载。现代学者推测周穆王经由蒙古草原进入甘肃、青海，到达黄河源头，西行入新疆，经昆仑山北麓之于阗到达葱岭，然后可能去了吉尔吉斯或中亚锡尔河一带，后经疏勒返回。在我国史前神话里，昆仑之丘是古代诸神聚集之山。昆仑丘与西王母有着不解之缘。昆仑丘与西王母的神话，被历代百姓众生和文人学者千万遍地述说着，时间长达两千余年。

《河图括地象》云：“地中央曰昆仑，昆仑东南，地方千里，名曰神州。”又云：“昆仑者，地之中也。”《十洲记》云：“昆仑号曰昆陵，在西海戌地，北海之亥地，去岸十三万里，咸阳去此四十六万里。”于是古人在注《山海经》时，提示昆仑山有多处的说法。晋郭璞谓，除海内昆仑外，“海外复有昆仑山”。这海内的昆仑应当是新疆和西藏交界处的昆仑山脉，至于海外昆仑则应当是《山海经》中的神仙居处，即具有高度文明的大西国了。

三、关于昆仑地望

昆仑山一直是远古华夏居民心目中最崇高和最神圣的山脉，可在先秦典籍中，昆仑山的具体位置难以确指，而且名称也不一致。张骞是第一位在昆仑山地区做过长途旅行的知名探险家。在从大月氏返回中原的途中，张骞沿着当时被人称作“南山”的昆仑山北麓自西向东行进了一两千公里，尽情领略了这座千古名山巍峨壮丽的风貌。回到长安以后，他把自己见到的和了解到的“南山”情况报告了汉武帝。后来西汉的使者多次经过这里，“而汉使穷河源，河源出于阗，其山多玉石，采来，天子案古图书，名河所出山曰昆仑云。”（《史记·大宛列传》）这话的意思是汉朝的使者们在塔里木盆地追溯黄河的源头，结果发现河源在于阗南山，山中盛产玉石。于是汉武帝根据《禹贡》《山海经》等先秦典籍（不知他见过《穆天子传》没有）的记载，把于阗南山命名为“昆仑山”。司马迁也同意这种说法，“盐泽潜行地下，其南则河源出焉。”（《史记·大宛列传》）汉武帝所做的只是将于阗河（今和田河）确定为黄河之源，将其发源之山定名为昆仑山。尽管后世不时有人把昆仑山的名称冠在其他地方的一些山脉上（如祁连山等），但是始终动摇不了于阗南山作为昆仑山正宗的地位。东汉著名史学家班固看来没有接受昆仑山就是于阗南山的说法，他在《汉书·西域传》中仍将其称作“南山”：“其南山，东出金城，与汉南山属焉。其河有两原：一出葱岭山，一出于阗。于阗在南山下，其河北流，与葱岭河合，东注蒲昌海。蒲昌海一名盐泽者也，去玉门阳关三百余里，广袤三百里。其水亭居，冬夏不增减，皆以为潜行地下，南出于积石，为中国河云。”汉朝人把昆仑山与黄河联系在一起除了由于科学不发达的想象臆测外，还有更深刻的文化寓意。黄河是华夏文明伟大的母亲河，而昆仑山则是华夏居民心目中最崇高神圣的山脉。最伟大的河发源于最神圣的山，不仅十分符合当时人们非常崇拜的天命，而且有向国人和西域彰显大一统观念的深意在里面。[3]

中国境内以昆仑名者，据苏雪林的说法，[4]有安徽潜山县东北六十里之一山，福建惠安县东北三十里之一山，广西邕宁东北一百二十里之一山。然据笔者揣测，以昆仑名山者远不仅如此。历来出现于典籍之昆仑则有：《禹贡》记载的阿尼马卿山、《史记·大宛列传》记载的于阗南山、《汉书·地理志》记载的青海西宁、《汉书·地理志》记载的敦煌、《水经注》所记之葱岭、《十六国春秋》记载的酒泉、《元史》所载之兴都库什山、《大清一统志》记载的巴颜喀拉山、孙壁文《新义录》引洪亮吉说的天山、《大清一统志》所记之冈底斯山、张星烺《中西交通史料汇编》所引英国人夏德说喀喇科龙山，等等。此外，尚有昆仑祁连山、昆仑玛沁雪山、昆仑喜马拉雅山等说法。总之，昆仑已经成了一个千古谜团。

昆仑为何会成为千古之谜呢？

姚宇亮认为，[5]古代典籍中的“昆仑”的位置并不确定，但是有一个大致范围——姑且称为“昆仑文化区”。之所以会产生“昆仑文化区”，且“昆仑”的方位不确定，这和昆仑地区是人类的发祥地之一及昆仑地区所在的西方是日没之地有关。古人昆仑神话和太阳崇拜可归于同一个母题——生命。后来的神话、民俗、文学之中的“昆仑”的象征意义和丰富意蕴都由此生发。

姚景强认为，[6]最早开始对古“昆仑”进行考证的最初出现在西汉时期。汉武帝刘彻根据《山海经》中有关“昆仑丘”的记载里“河水出焉，而南流，注于无达”之内容，派专人沿黄河上游找到于阗南山，认为那里就是黄河之源头，使者归报“山多玉石”，刘彻便将于阗南山命名为昆仑山。其理论依据大概是因为于阗南山有玉，昆仑山上也有玉之故。但在《山海经》一书中记述了很多山都有“山多玉石”，并且很多水都源于山，绝不止于阗一处。对于于阗南山为古昆仑之说，历代学者都提出质疑，认为“《山海经》光怪陆离，气象万千，许多地方当真匪夷所思，又无明确史实”。最早提出质疑的要算西汉史学大家司马迁了。他在《史记·大宛列传》中说：“《禹本纪》言河出昆仑，昆仑高二千五百里余，日月所相避隐为光明也。自张骞使大夏之后，穷河源，恶睹所谓昆仑者乎？故言九州山川，《尚书》近之矣。至《禹本纪》《山海经》所有，放哉！”司马迁的这番话，实际上是对《禹本纪》和《山海经》所谓“昆仑山”的否定，充分体现了他作为史学家所具有的深刻见识和批判精神。而同样是在汉代奉旨修书的班固，在《汉书》里却只说于阗有南山，却不提昆仑山。

近代以来，学者们对昆仑山就倍加关注和研究，但是对它的认识和解析却众说纷纭，而对于昆仑地望的探讨与争议尤为激烈。清代学者万斯同博考众书，对汉文古籍文献关于昆仑的诸说异见进行了比较细致的考证和分析，最终认定《山海经》中对昆仑的记载切实可靠[7]，但他没有对该书所述的昆仑地望及其含义作出确解。20世纪80年代，就有学者提出昆仑并非实际存在的山脉，而是一种想象力的虚构，其代表为顾颉刚先生。他认为《山海经》中“昆仑区的地理和人物是从西北传入，其人物是西北民族的想象力所构成，其地理含有西北的实际背景，但不能实定其确切的所在。”[8]顾氏用当时的实际地理版图去考察古代的文献记载，陷入了以今视古的误区，尽管考述翔实，但并不能完全站得住脚，所以也就引发了一系列对昆仑进行深入探讨和研究的问题。冯广宏肯定“昆仑是西部地理实体”，并结合古史典籍与近人的考证材料，得出“《山海经》昆仑丘可定位于今新疆库木勒盆地”的结论。[9]在将《山海经》的昆仑看成是现实存在的问题上，有更多的支持者，但是他们对昆仑地望的判定也各不相同。有学者认为是居于现今昆仑山脉与祁连山脉的西北段。[10]林梅村认为，由于析罗漫山是大月氏人的宗教、文化和政治中心，而大月氏王廷就在巴里坤草原，昆仑指天山东段的巴里坤一带的山体。[11]余太山指出，[12]“昆仑”汉之前应指阿尔泰山，故在《管子》所描述的时代，月氏人已向西扩张其势力至阿尔泰山东麓。有主张青海高原说的[13]，也有主张鄂尔多斯高原说的[14]，还有提出昆仑地处横断山脉说的[15]，甚至有人认为它位于中国之外[16]，等等。进入21世纪以来，仍有详加考辨其具体方位的成果面世，如昆仑为越过陇山山脉至甘青境内说，昆仑即现今新疆与西藏间的昆仑山脉[17]，这一说法慢慢地居于主流。但仍有诸多异论，代表性的说法有：黄崇浩的昆仑为秦岭说[18]，金宇飞的昆仑为贺兰山说[19]，贾雯鹤的昆仑原型为岷山说[20]，王天峰的古昆仑即五台山说[21]，等等。综观诸说，总体可以分为两大类，一类认为《山海经》的昆仑为虚写，一类为实写。为什么同是面对《山海经》的文本，同是研究昆仑现象，竟会出现如此大的争议呢？首先是因为古籍文献的记载本身存有异议，直接导致了学人争立新说局面的产生。再者，由于先贤时哲都想以古证今，或以今求古，便会导致各自站在各自的学科立场去辨析昆仑的原型特点及地理方位，他们或从地理学角度去循迹，或从文化起源的根由上去追溯，或在古籍文献中全面地搜索与考证，但是这些方法均属于游离于《山海经》文本之外的研究方法，并没有站在《山海经》文本的内部去挖掘昆仑的实义，也并没有去探讨为什么《山海经》一书会浓墨重彩地描写昆仑的物类事象，更没有深入地去分析昆仑形象在历史文化早期的演变与发展。[22]

从历史文献和专家的考证，我们知道，自有文字记载以来，“昆仑”一名其实为一名多地，于是出现多地同名现象。不同时期的文献和不同的民族都有确指的某一山体，所以“昆仑”一名出现在西北的多个地方。

王守春在前人研究的基础上，又向前推进了一步，他认为，昆仑的位置有广义和狭义两种理解。顾颉刚先生认为《山海经》中的昆仑既像是在甘肃，又像是在青海，也像是在新疆。[23]这就是广义的理解。这种理解实际上就是认为昆仑是一个较大的范围，位于甘、青、新的毗邻地域。谭其骧先生认为《五藏山经》中的昆仑位于酒泉南面的甘、青交界处的祁连山脉的高峰，[24]则是狭义的理解。王守春更倾向于广义的理解，因为《西次三经》对昆仑之丘的记述，实际是对一个范围非常广大的地区的高度概括。虽然《西次三经》记述的由昆仑之丘发源的四条河流这一区域地理特征也很像是酒泉南面的祁连山主峰地区（这四条河流是，南流的“河水”，东南流的赤水，西南流的洋水，西流的黑水），这四条河流似乎也都可以在酒泉南面的祁连山脉主峰周围找到与之相对应的河流，其中的“黑水”可以比定为向西北流经敦煌的党河，或者也可以比定为向北流而后向西流的疏勒河。赤水可以比定为发源于祁连山地向西南注入柴达木盆地的河流。由此，以广义的理解，即把“昆仑之丘”理解为甘、青、新毗邻的广大地区，包括祁连山脉的西段、阿尔金山以及塔里木盆地南缘的昆仑山脉的东端这一广大地区，上述的黄河源问题就可以解决，也比较合乎情理。[25]

凌纯声关注中国文化西来的要素，他发现中国的封禅源于两河流域的昆仑文化：“此文化之输入中国有早晚两期：早期的坛禅较为低小，晚期的台观则高大。”[26]他认为昆仑丘与西王母和明堂有关，[27]埃及金字塔对中国古王陵有明显影响。[28]这些都是“大陆文化”，由“华夏民族”引进，是周秦文化的“上层建筑”。此说还需要进一步证明。

刘宗迪详细研究了《山海经》中的“昆仑”，认为[29]《海内西经》和《海外南经》对昆仑之丘的描述表明，《山海经》的“昆仑”原本并非一座自然造就的巍峨高山，而只是一座人工建筑物，即观象授时的明堂。昆仑一名原本就是神坛之名。《史记·封禅书》云汉武帝时，“济南人公玉带上黄帝时明堂图，中有一殿，四面无壁，以茅盖，通水圜宫垣，为复道，上有楼，从西南人，命曰昆仑。”《汉书·郊祀志》亦有相同的记载。此“昆仑”或指明堂，或指明堂上的楼，俱足以暗示明堂与昆仑的关系。正因为昆仑的原型是明堂，而非自然之山，因此它就可以出现在任何地方。在《山海经》中，昆仑的位置就是变动不居的。《大荒西经》《海内西经》谓昆仑在西方，《海外南经》则谓之在南方。“昆仑”一名被误解为山名之初，因“昆仑”尚未被落实于特定的山峰，故凡人们心目中的神山皆可谓之“昆仑”。《尔雅·释丘》云：“丘，一成为敦丘，再成为陶丘，再成锐上为融丘，三成为昆仑丘。”可见“昆仑”原非一山之专称，而是神山之通名。笔者基本同意这一观点。

总之，《山海经》所述昆仑的位置，后世之所以会有如此大的聚讼纷争，是由于两方面的原因造成的。一方面是因为昆仑不仅有广狭之分，即甘、青、新的毗邻地域为广义昆仑；酒泉南面的祁连山为狭义昆仑。另一方面，昆仑还有虚实之别，即广狭的昆仑为实昆仑，观象授时的明堂，后来衍生为封禅祭天对象的明堂为虚昆仑。汉之后，昆仑一般确指于阗南山。

四、关于昆仑神话

《山海经》《神异经》《淮南子》《后汉书·西域传》《汉武内传》《穆天子传》《庄子》《楚辞》《诗经》《列子》《史记》《拾遗记》《博物志》《独异志》等，无不留下昆仑神话的烙印。在古希腊神话中，在远古时期，世界发生了大洪水，诺亚用方舟拯救了人类。而在昆仑神话中，伏羲与女娲在大洪水时，幸运地躲在昆仑山上，他们等洪水退却后，走下昆仑山，结婚生子，繁衍出人类。这场大洪水对人类留下的震撼，持久而深刻。

翦伯赞在《先秦史》中指出，“在野蛮时代之初，分布于甘肃、青海一带的诸羌之族，亦开始新的迁徙。一部分沿南山北麓之天然走廊，西徙新疆，与原住塔里木盆地的诸氏族发生接触。中国传说中，许多神话人物皆与昆仑山有关，或与西王母有往来，正是暗示这一历史内容。”

其实，古人已将昆仑神话了。据《淮南子·地形训》：“昆仑之丘，或上倍之，是谓凉风之山，登之不死。或上倍之，是谓悬圃，登之乃灵，能使风雨。或上倍之，乃维上天，登之乃神，是谓太帝之居。扶木在阳州，日之所曊。建木在都广，众帝所自上下，日中无景，呼而无响，盖天地之中也。”

《河图括地象》：“地中央曰昆仑……”“昆仑之墟下洞，含有赤县之州，是为中则。”“昆仑山为柱，气上通天。昆仑者地之中也。”“昆仑居地之中，其势四下，名山大川，皆有气相承接。”“昆仑地之中也，其外有五色弱水，横绕三千里，深十三寻。”

远古人初能发挥想象力时，幻想极为丰富。那时仰视天空，见其广大无垠，高不可攀，以为必有一种超越吾人之种类，居于其间，名曰神明，或曰精灵。其能力至为伟大，且又青春永驻，长生不死。顾其形体及其感情意志，则与今人类似。人类之宗教心理，因要求神之与人相通，故有人神同形说、天人交感说、转劫说等学说的出现；远古人思想简单，则又想象天神必常居地面，以便与凡人接触，因此建立庙宇及神坛，成为神明护驾之所。但神又不能长居凡尘，则又想象崇高之山岭，为神地面之栖止处。于是神山“昆仑”便应运而生。[30]

郑德坤指出，昆仑是中国神话系统里最重要的神山。“原始的宇宙观常把最高的山作为神圣的地方。”[31]茅盾先生指出：“原始人设想神是聚族而居的，又设想神们的住处是在极高山上，所以境内最高的山便成了神话中神的住处。希腊人对于奥林帕斯山的神秘的观念就是由此发生的。中国的神话与之相当的，就是昆仑。”[32]中国（尤其西北）高山多得很，但古代却偏偏把昆仑看得特别伟大、崇高而神秘。《水经·河水注》：“昆仑墟在西北，去嵩高五万里，地之中也。”《初学记》卷五引《河图括地象》：“昆仑者，地之中也。《山海经·海内西经》郭注：“昆仑虚……盖天地之中也。见《禹本纪》。”

人不但要有一点“精神”，而且需要一些“幻想”的，不然就无以安慰并延扩孤寂的心灵。这是古代和现代不断产生“神话”的动因之一。遥远、神秘而又模糊的“乐园——世界中心”就成为幻想追求或古老信仰的一个内核或“情结”。神话能够使平庸的现实变成诗。《山海经》和《楚辞·离骚》等对昆仑乐土的向往或神游就是明证。因为高不可测的大山往往都具有宗教、神话所要求的神奇性、神秘性和神圣性。[33]

苏雪林认为，[34]山东半岛之泰山在远古时即居昆仑地位，泰者大也。泰山者大山也，殆取西亚“世界大山”之义。又居大地脐上，天门在其顶，幽都处其下，与西亚世界大山条件无一不合。幼发拉底斯在西亚称为“大地之灵魂”（goulofland），谓天地间万物皆由其创造，尊称为 River 而不名。我国黄河亦称“河”而不名……则黄河与泰山神话殆同时传入者。苏氏主张域外文化曾两度入我国，第一度尚在夏商前，此当属之第一度。彼时仅传白水，青赤黑诸水，恐尚未附会成功，以当时域外移民，脚迹未能出山东半岛，能在半岛境内置一世界大山并建立八神祭坛，其魄力已不小。惜此类高级文化之移民，日久势衰，竟为土著人民所消灭或被征服而同化。至战国中叶，域外文化又大量涌入，由《山海经》一类地理书，昆仑问题乃得复活，顾以新兴之西海仙洲魅力太大，中国人之注意力集中于仙洲，对昆仑殊为冷淡。昆仑之成为热门问题者，系在汉武之世。

《应帝王篇》更说：“中央之神，名曰混沌。”混沌既是圆浑飞旋的“元气”的人格化、神格化，又是居“中”的大神。昆仑上应于天而居天下之中，正是中央之山。混沌应是昆仑之神，所以《山海经·西山经》说“混敦”在“天山”，“天山……有神焉，其状如黄囊，赤如丹火，六足四翼，浑敦无面目，是识歌舞，实为帝江也。”而昆仑、祁连又都有“天山”之称。“浑敦无面目而状如黄囊者”，意谓它是圆滚滚的一团元气；圆滚混沌之神出于天山，从此也无可反证作为“天山”并且象征“圜天”的昆祁、祁连在古人想象中也是一种“环形山”。清代毕沅《山海经注》云：“江读如鸿”，《春秋传》云：帝鸿氏有不才子，天下谓之浑沌。”而《左传》文十八年杜注：“帝鸿，黄帝。”可见浑敦（浑沌）或帝江（鸿）都是黄帝的分化。黄帝正是“天山”昆仑之神，在五方帝系统里居“中”，所谓“中央土……其神黄帝”是也；其间关系对应之紧密可谓丝丝入扣。[35]

齐昀认为，[36]黄帝就是昆仑。中国皇帝一向自称天子，而“天”是夏人至上之神，殷灭夏后，不愿沿用夏人所创之“天”，另创新名“帝”。黄帝作为五帝之首，当然应是至上“天”神。而匈奴人则以高耸入云之山作为天和天神之象征，并以“天”呼之。颜师古注《汉书·霍去病传》之“祁连山”云，“‘祁连山’即天山也，匈奴呼天为祁连。”从语音上考证，“祁连”古音与匈奴谓天神之“撑犁”为同音异译。可见，匈奴人把巍然屹立的高山作为天和天神的象征而加以崇拜。更重要的是，撑犁不但与古代中国人之“天”相同，而且两者还有渊源。《史记·匈奴列传》载，“匈奴，其先祖夏后氏之苗裔也。”何星亮认为，“殷灭夏后，一部分夏人北迁，经过长期发展，成为蒙古草原的霸主，也是完全有可能的。……大概匈奴人继承了夏人传统，仍称天神为天。”[37]可见，帝、天、山、天神都本出一源，此可证黄帝即昆仑。

刘宗迪认为：[38]《海内西经》所述昆仑的原型，是人工建筑，就是明堂建筑。古之明堂亦即观象台、天文台，为先王观象授时、布令行政之所。《淮南子·泰族训》云：“昔者五帝三王之莅政施教……乃立明堂之朝，行明堂之令，以调阴阳之气，以和四时之节，以辟疾病之灾。”关于明堂的用途和建筑风格，刘宗迪总结为：（1）明堂是观象授时之所；（2）故明堂之建筑格局皆像天数；（3）明堂基址方形四达，即作十字形；（4）明堂四周环水；（5）明堂三级。

总之，刘宗迪认为，《海内西经》和《海外南经》对昆仑之墟的描述表明，昆仑原本并非一座自然造就的巍峨高山，而只是一座人工建筑物，即观象授时的明堂。

五、关于昆仑语源

关于“昆仑”的语源，笔者曾在编著《中国地名由来词典》和《新疆地名概说》时，对昆仑一名，引岑仲勉《中外史地考证》之说，即“昆仑”来自于阗语，是“南方”的意思，昆仑山又云“南山”。[39]现在认为，此说没有对名称语源进行详细论证，似乎不妥。

关于昆仑语源，比较流行的说法则是林梅村的观点。据林梅村引现代加拿大汉学家蒲立本和美国汉学家梅维恒意见，认为：“祁连”和“昆仑”是同一名称的不同汉译，为吐火罗语（月氏语）的“圣天”之意。[40]“祁连”一词不见于先秦汉文文献，说明译名有先后，即先秦时译名昆仑，汉代译名祁连。匈奴人称敦煌南山为“祁连山”并非本族语，而是根据当地居民对该山的称谓。敦煌是月氏人的故乡，那么，这个词应在月氏语，也即吐火罗语中寻找其源。加拿大汉学家蒲立本（E. G. Pulleyblank）将“祁连山”的古音拟作 * giir - lien。美国汉学家梅维恒（V. H. Mair）则另辟蹊径，他在其他印欧语词中寻找音近的词，结果发现拉丁语的 Caelum（天空、天堂）和汉语“祁连”音相近意相同，所以，他相信“祁连”应译自和拉丁语 Caelum 同源的某个吐火罗语词。[41]“祁连”一词似应译自吐火罗语阳性形容词体格单数klom和klyomo的早期形式＊kilyom（o），意为“圣天”。吐火罗语klyom和klyomo都是8～9世纪的形式，其早期形式应拟作＊kilyom（o），因为早期吐火罗语的/i/在晚期吐火罗语中往往失落。[42]

林先生的结论存在问题：即在“祁连”是哪个民族语言都有疑问的前提下，直接采纳颜师古所训“天”的词义，便推论祁连是月氏语即吐火罗语且在已知吐火罗语中没有表示“天”的词语的前提下，提出这个吐火罗语词应写的Kaelum，其结论很难让人信服。

由于没有搞清昆仑的原型和昆仑神话，故自古至今论说昆仑地望和语源才会众说纷纭。

“昆仑”一语的语源也流露出其与明堂的渊源。台湾学者王孝廉概括诸家对“昆仑”语源的解释云：“昆仑的语源，L. de. Saussure教授认为是指‘天之穹隆的球状’。《康熙字典》说：‘凡物之圇浑者曰昆仑。’《晋书·天文志》说：‘天形穹隆，如鸡子，其际如幕，四海之表周接，元气上浮。’这‘穹隆’二字就是昆仑的语源。根据御手洗胜的考察，昆仑的原义是指天体。昆仑二字的字音如果用一个音来表示的话，就是‘圇’。”[43]穹隆就是“穹顶”，圇就是“圆”，就是半圆山。明堂观天，为天道运行呈现之所，明堂因此就成为天在地上的缩影，因天称昆仑，而谓明堂曰昆仑，可谓顺理成章。

刘宗迪认为，正因为昆仑的原型是明堂，而非自然之山因此它就可以出现在任何地方，在《山海经》中，昆仑的位置就是变动不居的。《大荒西经》《海内西经》谓昆仑在西方，《海外南经》则谓之在南方。“昆仑”一名被误解为山名之初，因“昆仑”尚未被落实于特定的山峰，故凡人们心目中的神山皆可谓之“昆仑”。《尔雅·释丘》云：“丘，一成为敦丘，再成为陶丘，再成锐上为融丘，三成为昆仑丘。”可见“昆仑”原非一山之专称，而是山丘之通名。今人只知道昆仑山在西方，而据《水经注·河水》东海方丈也谓之“昆仑”。[44]

《山海经》中虽有《海外南经》称昆仑之墟在南方，但《大荒西经》《海内西经》《西次三经》皆称昆仑在西方，少数服从多数，因此，昆仑在西方之说就占据了上风，后人因此一心一意地到西方寻找传说中的昆仑山。实则正如刘宗迪《〈海外经〉和〈大荒经〉地域及年代考》所指出的，《海经》所反映的只是东方一个方圆十余里到几十里左右的地区，真要考订昆仑山的位置，倒是着眼于东方世界才对头。

何新认为，根据中国上古时代的天地四方观念，曾把齐州所在的齐鲁之地看作天的正中区。《列子·周穆王》："四海之齐，谓中央之国。"《汉书·郊祀志》："齐之所以为齐，以天齐（脐）也。"由昆仑山和都广（黄都）所在是天地正中这一方位，我们也就可以判断出这座古大山的真相究竟是什么了。这座山实际上就是东岳——泰山。在中国人的古代观念中，泰岱及其所在的齐州，正居于天地的正中心。而这与昆仑山及其所在的都广之野恰相重合。[45]

王孝廉从纳西族的"三成"神山居那若罗进而推出昆仑原是纳西等藏缅语族羌语支先人羌族的圣地。他说："摩梭人是古代羌族的一支。……我们由摩梭人的神山文字和彝族的断天地通的神话，往上回溯，似乎可以了解中国的昆仑神话是源于古代先族的神山信仰。"[46]他甚至认为泰山之成为华夏的中心山，是姜姓齐人移植昆仑神话的结果。他说："即便是东方以泰山为昆仑的仙乡信仰，也是与古代羌族有关，在山东建国的齐太公姜尚，就是羌人。先人姜氏族在山东建国，国名为'齐'是'与天齐'之义，即是说自己的所居地是'天地之中'，其本义原是羌人以昆仑圣山为天柱、天地之中心的'天脐'。他们把自己原有的圣山信仰随着民族的移动而依附到各地，于是而有姜齐以泰山为东方昆仑的神话和信仰。"[47]我们虽然还难以证实王先生大胆的推论，但是由此更加相信，羌人肯定在移植和建构昆仑（乃至泰山）神话，从而在建构多彩的"华夏"文化上起过重要的作用。

随着人们地理知识的积累和地域视野的扩大，神话地理一方面被实证地理所代替，另一方面它依然被人们用作建构地理知识的先验模式。此种神话地理和实证地理的交织，在一种文明的"轴心期"是不可避免的。在中国，就是从战国到秦汉这一段政治和地理大一统的时期，《山海经》"地理"纷纷被附会于实际的世界地理，其中尤为著名的是汉武帝对昆仑的定位。

《史记·大宛列传》云："汉使穷河源，河源出于阗，其山多玉石，采来，天子案古图书，名河所出山曰昆仑云。"汉人凿空，地理视野大开，雄才大略的汉武帝忙着为帝国疆域命名，因为命名同时也就意味着占有，于是按图索骥将西方一座据说是河水所出的大山命名为昆仑山，昆仑山从此就在遥远的西方安家落户了。汉武帝所据"古图书"，或许就是《山海经》。汉武帝的虚妄当时就被饱学之士太史公看穿，《史记·大宛列传》又云："今自张骞使大夏之后也，穷河源，恶睹本纪所谓昆仑者乎？故言九州山川，《尚书》近之矣。至《禹本纪》《山海经》所有怪物，余不敢言之也。"太史公对《山海经》敬而远之的态度，也表明他不将《山海经》地理信以为真。

至于《晋书》《新唐书》《元史》《明太祖实录》等所谓昆仑，皆属后人不明昆仑渊源之附会，万斯同早已驳之。至于现代学者苏雪林等为华夏文化西来说所误，不仅将昆仑远推到两河流域，而且认为《山海经》是巴比伦人的作品，显然证据不足。明白了昆仑的原型原意不过是明堂，表示高山神山的通名，而后世之地理学上的昆仑只是古人“案古图书”为大地命名时所附会。[48]

纳西族的“居那若果”神山和西藏的冈底斯山，它们虽都有本土“基础”，却都是吸收了“昆仑/须弥”这些神山兼乐园的一些要素的。众所周知，冈底斯可指代“昆仑”或“须弥”，是西部乐园文化、中华神话文化的重要构成。而它也是羌人神山，就是有名的“贡嘎山”。任乃强说，羌人崇拜此山，称为“昆”，即“昆仑”之词干或原读（按，昆仑也称“昆”）。“其山体正圆（按，注意其形状为圆）壁立，绕行一周须两日半，约250里。其岩壁望不见顶，大约超过2000米。远望其上尖圆积雪之白顶部亦在1000米以上，恰似古代华北储粮的仓库。为远古羌族信奉并按时朝拜之神山。古羌语呼万年积雪之山峰为‘昆’（今云“贡噶”，“贡”与“冈”及“昆”为一音之转）。”[49]阿育王时代，印度高僧传法至此，惊叹而称此即“地轴”之须弥山。后来羌人将其传说散播至各处。此说揭出羌藏人民在创传昆仑——乐园文化，传播各族神话文化上的重要作用。但就历史地理而言，冈底斯只是神话昆仑的一个母型。任先生也承认穆王与西王母会饮之“瑶池”（此难定地望）和《禹本纪》言“河出昆仑”之昆仑山（即《西山经》之昆仑），“皆在今于田县南山（喀喇昆仑山口北侧）”[50]，大方向是很明确的。

昆仑，是通过“混沦”跟“混沌”通转的。《周礼·春官·大司乐》“地祇”（郑注“崐崘”），陆氏释文说“本又作混沦”，是昆仑、混沦可通。混沦，即“浑沦”。

《列子·天瑞篇》说：“浑沌者，言万物相浑沦而未相离也。”[51]晋张湛注说，“浑沦”的词干是“浑”，“沦”语之助也。[52]（按，就是说“沦”“仑”是助词，没有实际意义。）吴泽顺说：“沌、沦，定、来旁纽双声，文部叠韵。”[53]所以浑沌可通昆仑。他又说：“昆仑一名，语源于混沌。……浑沦、混沦、昆仑并为混沌之转语形式，混沦与昆仑古音同。”[54]在读音上，它们确是可比、趋同或通转的。

【昆仑】kuən luən	【混沦】ɣuən luən
【混沌】ɣuən duən	【浑沌】ɣuən duən
【混敦】ɣuən luən	【绲纶】kuən luən

它们之间显然是对音的（拟音未注明者，主要依据王力系统，采用简式

音标，为便印刷，偶有改动）。

我们怀疑，上古汉语的一个音节的词缓读变为两个音节的分音词与该词是复辅音有一定关系，因此，“昆”（圜）它们可以拟为复辅音字：＊klən，或＊ɣlən；“昆仑”也可以促读拼合为单音节合音字：kuən。

【昆仑】kuən luən：kuən，崐（山）

【混沌】ɣuən duən：ɣuən，浑

“浑”就是混茫、圆浑、封闭。

“崐”（山）就是乾（gian）坤（k′uən），就是圜，就是昆仑（音干）。[55]

从以上叙述，我们可知，上古中国汉族及西部其他民族都存在昆仑神话，其核心就是对高不可测的大山赋予宗教的神奇性、神秘性和神圣性的崇拜。而在上古汉语能表达山体高大而又浑圆之意的词有“昆”和“圜”，昆和圜应为同源词，上古文献也有称为“昆”的，加之对比圜与昆仑的语音相近，因此我们怀疑“昆仑”的早期形式可能是“昆”和“圜”。

据《说文》：“圜，天体也。”（按，浑圆为圜，平圆为圆。）据《吕氏春秋·圜道》注：“圜，天道也。”据《吕氏春秋·序意》：“大圜在上。”注：圜“天也。”据《易·说卦》：“乾为天，为圜。”据《楚辞·天问》：“圜则九重，孰营度之?”总之，“圜”指天体“穹隆”的球状。

我们知道，在汉语语音发展过程中，常有一个字缓读变为两个或两个字急读变成一个字的现象。前者称为“缓读词”或“分音词”，后者称为“急读词”或“合音词”，古人统称为“切脚语”，今人又统称“反语骈词”。如《礼仪·大射礼》：“奏貍首”。郑玄注曰：“貍，言不来也。”意思是说，“貍”就是“不来”二字的合音。《尔雅·释器》：“不律谓之笔。”是说“不律”即是“笔”字的分音。这种反语骈词的特点是：单双音词对照，单音词变为双音词的第一音节取声母，第二音节为叠韵；双音词的两个音节反切即为单音词。王雪樵认为，依照这个规律变化的词很多。宋代文学家洪迈在《容斋三笔》一书就举过不少例子。如以“蓬”为“勃笼”，“盘”为“勃烂”，“铎”为“突落”，“叵”为“不可”，“团”为“突栾”，“钲”为“丁宁”，“顶”为“滴宁”，“角”为“矻落”，“蒲”为“勃卢”，“精”为“即零”，“镗”为“突郎”，“诸”为“之乎”，等等。[56]这种反语骈词，由于第二个音节声母多数为边音，故有的学者称之为“嵌1词”。例如：孔 kong = 窟窿 kulong；圈 quan = 曲连 qulian；浑 huen = 囫囵 huluen，等等。

瑞典汉学家高本汉[57]构拟的上古汉语“圜”的音质为［giwan/jiwɛn］，圆

的音质为［giwan/jiwɛn］，说明上古圜和圆读音相同。“昆仑”音质为［kwən－lwən］，“穹窿”音质为［kiung－gliɷng/liung］，两者语音也非常接近。从以上可知，“圜”与“昆”的语音区别主要是清浊的区别，其舌根音的清浊变换的对应关系在上古也是有规律可循的。加拿大汉学家蒲立本认为，在汉代早期的对音材料中，发现了“穹庐”一词，他拟定的对音为［khiung－lio］（指蒙古包）。[58]“穹庐”应是“穹窿”一词的引申，其读音和词义都有相关性。通过对比圜与昆的语音，再结合反切缓读规律，我们怀疑，昆仑最早的形式为“昆”或者“圜”（圆），反切缓读之后，就变成“昆仑”“穹窿”“穹庐”了。

如上所说，“混沌”转音为“混沦”，“混沦”再转为“昆仑”，昆（崐）、混字通。《诗·大雅·緜》“混夷”即是“昆夷”。汉扬雄《太玄经》将混沦（即混沌之气）写作“昆仑”，谓“昆仑磅礴”。

动态的“混沌”是团旋飞舞的“原气”，物化为世界大山之“昆仑”，变做静态的圆浑、封闭、内敛的物体，而与“葫芦”对应（葫芦是昆仑的袖珍本，是具体而微的混沌）。但昆仑仍然“浑沦”地保存着原气。《列子·天瑞篇》说：“太初者，气之始也；太始者，形之始也；太索者，质之始也。气形质具而未相离，故曰‘浑沦’。浑沦即昆仑、混沦。

汉王逸《楚辞章句·天问》说昆仑为“元气”所出。这种元气或原气，《西山经》黏附之以火山爆发：“南望昆仑，其光熊熊，其气魂魂。”郭赞谓之灵气，“熊熊魂魂”。这也可以视为“混沌”解破的一种特殊形态。

程憬曾论证，“昆仑”就是“混沌”，神话“昆仑”之山实演化自“混沌”之气。他说：“昆仑”即“混沌”。“混”字古亦作“浑”，“沌”字或作“沦”，故“浑沌”，古亦有作“浑沦”者。《列子·天瑞》：“气形质具而未相离，故曰浑沦。”如是也，“混沦”字又变为“昆仑”。《太玄经》曰“昆仑磅礴”，斯其证也。[59]

《老子》的“混成之物”，就是混沌，就是原气，是动态的弥漫在星际的“气团”；混沌，浑沦，也就是囫囵，“义为完整、浑圆，那么，‘浑沌’可通‘混沦’，即昆仑”。无论是山的昆仑，气的混沦，都是“道”的一种原型意象。[60]《神异经·西山经》将它们怪化，丑化，但依然让山之昆仑与兽之浑沌对位、相应；“昆仑西有兽焉……名曰浑沌。”正如庞朴所说：“帝鸿浑敦就是黄帝，同《神异经》上怪兽浑沌住在昆仑的说法，也能接榫。……黄帝是住在昆仑的。”[61]

吴泽顺论证昆仑与混沌之对应关系说：“浑沦、混沦、昆仑并为混沌之转语形式，混沦与昆仑古音同。混沌由宇宙本原变为一座神山，正是古代开天辟地的神话意象和由一元而发展为二元的哲学思想的反映。实际上，昆仑就是混沌在时间（后移）和方位（下移）上的一种延伸，就是浑沌之神，即黄帝的化身。"[62]

叶舒宪、萧兵等认为，通俗的解释是：混沌，作为道体或“天地”的一种“形态”一种“运动”，意味着开辟前的宇宙的“存在形式”，是相对的“封闭”、圆浑、中空而又有所蕴含——这就是“原气”（超微粒子，或类星际弥漫物质）及其团旋飞动。[63]

它可以是“气”（浑沦）；可以是“山”（昆仑）；大而为宇宙（乾坤）；小而为葫芦；还可以是母腹（谷神：玄牝）；还可以人格化为“人神”或英雄……这些又都是“混沌”可以通过“混沦”与“昆仑”对位并且通转的证明。而“混沌：昆仑”又涵化着“黄帝：帝鸿：浑沌”的可置换性。但这并不是说它们毫无差别。不仅作为“物化形式”之物象各不相同（“昆仑”是圜形山，混沌是气团，浑脱是皮囊，“玄牝：母腹”是人体器官，“葫芦”则是它们的“植物模式”），而且它们的神话特性，或所谓“象征层面”也各有侧重，指涉或旨向虽一致而形象不同。[64]

总之，“昆仑”一名被误解为山名之初，因“昆仑”尚未被落实于特定的山峰，故凡人们心目中的神山皆可谓之“昆仑”。昆仑原本并非一座自然造就的巍峨高山，而只是一座人工建筑物，即观象授时的明堂之通名。古之明堂亦即观象台授时、布令行政之所。“混”字古亦作“浑”，“沌”字或作“沦”，故“浑沌”，古也有作“浑沦”者。“混沌”转音为“混沦”，“混沦”再转为“昆仑”，昆（崐）、混字通。无论是山的昆仑，气的混沦，都是“道”的一种原型意象。昆仑源自古汉语，昆仑的早期形式就是“昆”，意指天体“穹隆”的球状，即“圜”。

六、结论

昆仑文化是中华民族的文化之源。昆仑文化作为黄河文明，始终为中华早期文化的扩散提供动力。昆仑文化可以说是中华的根文化，是中华文明的思想之源和精神之源。几千年来，没有一座山比昆仑山更多地被赋予了更神秘的色彩和难以确指。《山海经》所述昆仑的位置，后世聚讼纷纭，是由于后人并未明了《山海经》“昆仑”一名的原型原意所造成的。一方面昆仑不仅有广狭之分，即甘、青、新的毗邻地域为广义昆仑；酒泉南面的祁连山为狭义昆仑。另一方面，昆仑还有虚实之别，即广狭的昆仑为实昆仑，汉代之后，昆仑一般确指于阗南山。观象授时的明堂，后来衍生为封禅祭天对象的明堂为虚昆仑。昆仑原本并非一座自然造就的巍峨高山，而只是一座人工建筑物，即观象授时、布令行政的明堂。昆仑就是混沌在时间和方位上的一种延伸，就是浑沌之神，即黄帝的化身。昆仑的语源为古汉语，昆仑的早期形式就是“昆”，意为“圜”，即“穹隆”（天体球状）。远古“昆仑”原非一山之专称，而是表示神化的山丘通名，昆仑的神话意义为具有封禅祭天对象之明堂功能的山丘。

参考文献：

[1] 苏雪林. 屈赋论丛 [M]. 武汉：武汉大学出版社，2007.

[2] 汤洪，吴玥. 屈辞“昆仑”再探索 [J]. 中华文化论坛，2013 (5)：44－45.

[3] 丁笃本. 丝绸之路古道研究 [M]. 乌鲁木齐：新疆人民出版社，2010：69－70.

[4] 汤洪，吴玥. 屈辞“昆仑”再探索 [J]. 中华文化论坛，2013 (5)：44－45.

[5] 姚宇亮.《离骚》之“昆仑”新论 [J]. 中南大学学报（社会科学版），2007，13 (1)：78－79.

[6] 姚景强. 王屋山即古昆仑考辨 [J]. 济源职业技术学院学报，2007，6 (2)：39－40.

[7] 谭其骧. 清人文集地理类汇编（第一卷）[M]. 杭州：浙江人民出版社，1988：560－561.

[8] 顾颉刚.《山海经》中的昆仑区 [J]. 中国社会科学，1982 (1).

[9] 冯广宏.《山海经》昆仑丘解读 [J]. 文史杂志，2003 (1).

[10] 黄文弼. 西北史地论丛 [M]. 上海：上海人民出版社，1981：99.

[11] 林梅村. 吐火罗人与龙部落 [J]. 西域研究，1997，1 (11)：收入：林梅村. 汉唐西域与中国文明 [M]. 北京：文物出版社，1989.

[12] 余太山. 吐火罗问题 [M] //古族新考. 北京：商务印书馆，2012：21－22.

[13] 徐旭生. 中国古史的传说时代——读山海经札记 [M]. 北京：文物出版社，1985：295.

[14] 王红旗，孙晓琴. 经典图读山海经 [M]. 上海：上海辞书出版社，2003：16.

[15] 扶永发. 神州的发现 [M]. 昆明：云南人民出版社，1992：11.

［16］ 宫玉海. 谈谈如何解开《山海经》奥秘［J］. 长白论坛,1994(3).

［17］ 王钟翰．中国民族史［M］．太原：山西教育出版社，2004.

［18］ 黄崇浩．昆仑即秦岭考［J］．中国文化研究，2007（3）：105.

［19］ 金宇飞．《山海经》中“昆仑”地理位置新探［J］．宁夏大学学报（人文社会科学版），2007（6）：85.

［20］ 贾雯鹤．昆仑原型为岷山考［J］．四川大学学报（哲学社会科学版），2009（2）：5.

［21］ 王天峰．古昆仑即五台山考［J］．五台山研究，2011（4）：44.

［22］ 黄刚．论《山海经》中昆仑的实义所指——兼议与其相关的物类事象［J］．青海社会科学，2014（6）．

［23］ 顾颉刚．《山海经》中的昆仑区［J］．中国社会科学，1982（1）．

［24］ 谭其骧．《五藏山经》的地域范围提要［C］//山海经新探．成都：四川省社会科学出版社，1986；谭其骧．论《五藏山经》的地域范围［C］//长水集（谭其骧先生论文集）续编．北京：人民出版社，1994.

［25］ 王守春．《山海经》与古代新疆历史地理相关问题的研究［J］．西域研究，1997（3）：62－63.

［26］ 凌纯声．中国的封禅与两河流域的昆仑文化［J］．中研院民族学研究所集刊，1965（19）：收入：凌纯声．中国边疆民族与环太平洋文化［M］．台北：联经出版事业公司，1979.

［27］ 凌纯声．昆仑丘与西王母［J］．中研院民族学研究所集刊，1966（22）：收入：凌纯声．中国边疆民族与环太平洋文化［M］．台北：联经出版事业公司，1979.

［28］ 凌纯声．埃及金字塔与中国古王陵［J］．中研院民族学研究所集刊，1967（24）：收入：凌纯声．中国边疆民族与环太平洋文化［M］．台北：联经出版事业公司，1979.

［29］ 刘宗迪．昆仑原型考——《山海经》研究之五［J］．文化研究，2003（3）：28－39.

［30］ 苏雪林．昆仑之谜［M］//屈赋论丛［M］．武汉：武汉大学出版社，2007.

［31］ 郑德坤．山海经及其神话［J］．史学年报，1932（5）：135.

［32］ 茅盾．文艺评论文集·中国神话研究初探（下册）［M］．北京：人民文学出版社，1979：278：收入：茅盾．神话研究［M］．北京：百花文

艺出版社，1981：167.

［33］叶舒宪，萧兵，郑在书．山海经的文化寻踪——想象地理学与东西文化碰触［M］．武汉：湖北人民出版社，2004：709.

［34］苏雪林．昆仑之谜［M］//屈赋论丛［M］．武汉：武汉大学出版社，2007.

［35］萧兵．蜂蚁·帝台·中央之神——《楚辞·天河》新解［M］//中国古典文学研究论丛（第一辑）．长春：吉林人民出版社，1980.

［36］齐昀．黄帝与昆仑同源考［J］．青海师范大学学报（社会科学版），1996（2）：46－47.

［37］何星亮．自然神与自然崇拜［M］．上海：上海三联出版社，1992：64－65.

［38］刘宗迪．昆仑原型考——《山海经》研究之五［J］．文化研究，2003（3）：28－39.

［39］牛汝辰．中国地名由来词典［M］．中央民族大学出版社，1995：41；牛汝辰．新疆地名概说［M］．中央民族大学出版社，1994：149.

［40］林梅村．祁连与昆仑［J］．敦煌研究，1994（4）：114－116.

［41］MAIRVH. Reflections on the Origins of the Modern Standard Mandarin Place Name “Dunhuang”［C］//李铮，等．季羡林教授八十华诞纪念文集（第二卷）．南昌：江西人民出版社，1991.

［42］林梅村．祁连与昆仑［J］．敦煌研究，1994（4）：114－116.

［43］王孝廉．中国的神话世界［M］．北京：作家出版社，1991；吕微．昆仑语义释源［J］．民间文学论坛1987.（5）.

［44］刘宗迪．昆仑原型考——《山海经》研究之五［J］．文化研究，2003（3）：28－39.

［45］何新．诸神的起源［M］．北京：三联出版社，1986：86－88.

［46］—［47］王孝廉．绝天地通——以苏雪林教授对昆仑神话主题解说为起点一些相关考察［C］．海峡两岸苏雪林教授学术研讨会论文集，黄山（下册），2000：1024.

［48］刘宗迪．昆仑原型考——《山海经》研究之五［J］．文化研究，2003（3）：28－39.

［49］—［50］任乃强．试论《山海经》的成书年代与其资料来源［C］．中国《山海经》学术讨论会编辑．山海经新探，成都：四川省社会科学院出版社，1986:327.

[51]—[52]杨伯峻:《列子集释》,中华书局,1979.

[53] 吴泽顺. “混沌”转语记——民俗训诂学举例之一 [J]. 淮阴师专学报, 1992 (1): 68.

[54] 吴泽顺. 黄帝轩辕氏系混沌之神考 [J]. 东岳论丛, 1981 (6): 64.

[55] 叶舒宪, 萧兵, 郑在书. 山海经的文化寻踪 [M]. 武汉: 湖北人民出版社, 2004: 892-895.

[56] 王雪樵. 古匈奴人呼天为“祁连”本出汉语考 [J]. 晋阳学刊, 1994 (4): 107-108.

[57] 高本汉. 汉语典 [M]. 上海: 上海辞书出版社, 1979.

[58] 蒲立本. 上古汉语的辅音系统 [M]. 北京: 中华书局, 1999: 166.

[59] 程憬. 古神话中的天、地及昆仑 [J]. 说文月刊, 1944 (4): 958.

[60] 萧兵, 叶舒宪. 老子的文化解读·道的原型意象 [M]. 武汉: 湖北人民出版社, 1994: 358.

[61] 庞朴. 黄帝考原 [J]. 传统文化与现代化, 1993 (2).

[62] 吴泽顺. 黄帝轩辕氏系混沌之神考 [J]. 东岳论丛, 1981 (6): 63.

[63] — [64] 叶舒宪, 萧兵, 郑在书. 山海经的文化寻踪 [M]. 武汉: 湖北人民出版社, 2004: 892-895.

新疆地名音转溯源研究

一、引言

音转是由于历史的同源分化、地域的方言分化和语言文字使用上的音近通假等原因所产生的语音流转互译现象。音转常常伴随着词形和词义的变化，所以，音转虽属于音韵学和训诂学的范畴，但音转与语源学、方言学、地名学、历史学及历史语言学等学科具有密切关系，其价值远超语言学和史地学。[1]

在新疆史地研究中，最令人头痛的恐怕就是地名问题了。在地名问题中，最令人头痛的是语源含义问题。这几乎成了新疆史地研究的“哥德巴赫猜想”。我们发现在地名语源的考释求证中，大量的汉文史籍在记录新疆地名时，译名五花八门，很不统一，有时一个地名先后有几十种汉译形式，令人难辨真伪，给今天的新疆史地研究“雪上加霜”。如果人们能对历史时期的新疆地名的汉译对音总结出一条清晰的脉络和对应规律，那无疑是“攻克了一道国际难题”（黄盛璋语）。关于新疆地名的音转问题，由于涉及学科太多，难度太大，故至今没有对该问题进行过系统研究的专著刊布，而针对具体地名的音转研究也大多散见于相关的史地学及语言学的考证之中，如罗常培、向达、岑仲勉、冯承钧、韩儒林、季羡林、周连宽等学者都曾进行过许多语源和音转的考证。薛宗正[2]曾对汉晋时期的西域地名古音进行过系统梳理，在《新疆大学学报》2000 年第 1 期发表了《汉晋古音与西域地名》一文，根据《切韵》和《广韵》列出了四十一声纽和六十一韵部，并对《汉书·西域传》记录的西域地名进行了古音复原，值得肯定。笔者也曾于 1994 年出版过《新疆地名概说》一书，[3]对很多新疆地名也进行过语音还原和考证，根据笔者对新疆地名的研究，对新疆地名音转溯源问题谈一点粗浅的认识，希望能起到抛砖引玉的作用并引起学界对地名研究的重视。

汉文史籍由于所根据的资料来源不同（如有的资料来源于所记载的本民族语，有的则是根据重译或三译而来），或由于编纂史书的人不懂民族语言或受本人方言的影响，因而同名异译、前后颠倒、或漏或衍等现象屡见不鲜；在地名译音时，难免使用方言来译写民族语地名。同时，在传抄或印刷过程中，因译音用字形近而造成错上加错的例子就更不胜枚举。不过有些汉字今天看起来是风马牛不相及的，但在古代却是同音或近音的，不可完全以今音来证古音。

二、汉唐所记新疆地名音转的复杂性问题

《大唐西域记》是记录唐时新疆史地的重要文献，而玄奘在用汉文译写新疆地名时，往往指责以前的汉译名“讹也”。我们对这种断语必须仔细鉴别，不能盲从。因为玄奘惯于用梵文去对照早先的汉译名，那些汉译名并不都是直接从梵文译出，而是从某种“胡语”译出，所以那些译名对于梵文来说是“讹”了，但对“胡语”而言并不讹。[4]

新疆的“龟兹”一名，在佛教徒的著录中，异名很多，如西晋时竺法护译《申日经》作归兹，《水经注》引道安《释氏新疆记》作屈茨，梁僧拓《出三藏记集》卷十一作拘夷；龟兹沙门礼言《梵语杂名》作归兹，或称俱

支那（Kucina）、俱支囊（Kucinan）；玄奘记作屈支。屈支、丘慈与龟兹既不同纽也不同韵。龟字属见纽，屈和丘二字都为高溪纽，见纽不吐气，溪纽吐气，这是声母的区别，再加上韵母上的区别，使我们可以看出佛教徒为了附会于梵语名称，而把西汉时代新疆地名的译音改变了。但佛教徒反而说他们的译音才是“正音”，旧的译音都扣上一个“讹也”的帽子。季羡林说得好：“其实这些旧日的音译也不‘讹’也不‘略’，因为据我们现在的研究，有很多中译佛典的原文不是梵文，而是俗语，或中亚古代语言。这些认为是‘讹略’的旧译，就是从俗语或中亚语言里译过来的。”[5]

按《切韵》龟兹，音 kiwi－tsi。屈支，音 kiuət－ts‘i。丘慈，音 k‘iəu－dz‘i。从上述语音的分析看，屈支、丘慈之与龟兹，既不同纽，也不同韵。使我们可以看到佛教徒为了附会于梵语名称，而把西汉时代西域地名的译音改变了。但佛教徒反而说他们的译音才是“正音”，旧的译音都扣上一个“讹也”的帽子。我们认为无论是 kuci、küci，抑或是 kuĈi，都不能代表西汉时代龟兹的古名，只能是受佛教影响后梵化的名称。

回鹘文题记中称乙种方言为 kusan 语，又称 ugu kusan 或四 kusan 国，1918 年缪勒发表《吐火罗与贵霜》，据贵霜之名印度梵文作 kusana，希腊文作 kosana，波斯文作 kusan 等，和此 kusan 极近而认为系贵霜语说，属于大月氏的一种方言。后经日本羽田亨根据回鹘文书考证 kusan 实为龟兹。羽田亨所据之证据有二：一为王树枬在吐鲁番所获 10 世纪摩尼教徒祈愿文残卷中，记四个摩尼教徒的原生籍贯：一人为 qamlir，即哈密；二人为 sulmilr，即《元史》之唆里迷，即焉耆；一人为 kusanlig，即 kusan 人。法人伯希和早在 1923 年《通报》的《库车、阿克苏、乌什之古名》一文中已经指出汉译曲先、苦先等都是对译蒙古语 kusan，后者即《蒙古秘史》库车之名。所以 kusan 国无疑即龟兹国。拉施得《集史》的 kusan，海得尔《中亚史》的 kusan，都是龟兹。

1083 年，喀什噶里《突厥语大辞典》著录库车之名有两种形式，一为 kuca，另一为 kusan。吕岱司从勒柯克在新疆所获残卷中找到库车梵名为 kuca，《大唐西域记》卷一屈支国应对译梵文 kuci，今维吾尔语作 kuca（r），均来自库车本地名 kuci（c = ts），汉译之龟兹、丘兹、丘慈、屈茨等均 kutsi 之音译，元代之苦叉、近代之库车显然译自 kuca。波斯文《世界境域志》作 kusan、蒙古语 kusan、西藏文《于阗国史》之 Guzan，以及元明汉译之苦先、曲先等，均出自 kusan。

龟兹等出于本地自名 kusti 的形容词形式 kucanne，但何以仅用 kusan，而略去尾字“ne”还不好解释。突厥文毗伽可汗碑文中之 Toquz Arsin，Arsin 和 Arsi 比较，后也加“－n”。王静如先生以为，“所谓甲种方言、示多数之意，每加－n音，则 Arsin 始由 Arsi 一字所转译音。”925 年于阗文书《使河西记》焉耆作 Arginva，“－va”乃于阗塞语多数格，Argi＋n 表示多数，另又加塞语多数格“－va”，这种叠床架屋的译名方法，正是各种语言转译另一语言所常见之例。以此类推，kusan 后加“－n”，也有可能采用多数格。于阗塞语地名、部族名往往有单数、多数两种形式并存。

“库车”在现代维吾尔语叫 kuqar，来自 kuqa（即汉文古代写作龟兹 kutsi～kuqi）＋古代龟兹语 ri（“城市”之意），即 kuqa＋ri＞kuqar，意为“龟兹城”。据英人 H. 万柏利的意思，龟兹“白性”来自当地地名“龟兹”kutsi，即“白”“明亮”之意。[3]

今阿克苏，我国史籍汉代作姑墨、亟墨，《魏书》作姑默，唐代作拨换，玄奘记作跋禄迦国，《悟空行纪》云：“威戎城，亦名钵浣国，正云怖汗国。”所有姑墨、姑默、亟墨、威戎、钵浣、怖汗、跋禄迦等名，指的都是同一个地方。跋禄迦来自印度梵文的 Baluka，意为“沙”或“沙漠”。玄奘之所以采用这个名称，理由很简单，历史上姑墨一名是出自突厥语的 Khum，意为沙或沙漠。从印度来的僧徒用梵名代替当地原名 Khum，于是写作 Baluka，玄奘则译为跋禄迦。[6]玄奘经过新疆时，正值西突厥强盛之际。此时天山南路城郭诸国，包括龟兹在内，都隶属于突厥，尽管屈支、跋禄迦一带流行龟兹语，但还是会受到突厥语的影响。龟兹北的白山，《新唐书》称为阿羯田山，为突厥语 AkTagh 的对音，就是一例。周连宽认为姑墨一名既不能追源于突厥语，也不能追源于 4 世纪时才形成的龟兹语。它在西汉时已经使用，可能是出于蒙古语和突厥语的共同阿尔泰语，但正确的答案，尚有待进一步研究。[7]

《新唐书》卷一谓：“殑［jìng］伽河，旧曰恒河，又曰恒伽，讹也。”因此，按梵文 Gangd，是应译成“殑伽”，但是焉耆语和龟兹语则变此字为 Gank 或 Gan，所以汉译名作“恒”并不讹。又如，玄奘在序里注道，苏迷卢（山）“旧曰须弥，又曰须弥娄，皆讹略也”。按梵文 Sumeru 译“须弥”确讹，但按焉着语和龟兹语则作 sumer，汉译名作须弥，并无错误。[8]

三、古代汉语阳声字和入声字在新疆专名中的遗存

我国音韵学家把汉字分为两类，凡以鼻音 m、n、ng 收尾的字，称为阳声字。韵母中无鼻音成分的叫阴声字。与收声 m、n、ng 的阳声字相应的是入声字，即收声为 p、t、k 的字。我们对新疆史地进行勘同工作时，首先应引起我

们注意的就是这些收声 p、t、k 的入声字及 m 收尾的阳声字。

根据《广韵》，入声字中收声 p 的有“缉”“合”“叶”等 9 韵，唐代西北民族文字的音节收声 b 及 p 的，以选这 9 韵中声音相近字对音。例如，西域地名 Suyab 音译为碎叶，突厥官名 Yabghu 音译为叶护，用汉文叶（yieap）字与 Yab 对音；突厥官名 alp，意为英雄，汉文音译用“合”（hap）字对音。[3]

入声字中“质”“术”等 13 韵的字，收声为 t，唐代民族语音节中有 d、t、r、i 收声的，用汉字音译时，均选用这 13 韵中声音相近的字。例如，用“设”译 Shad（官名），“汩［gǔ］”译 qut（幸福），“密”译 mir（星期日），“阙特勤”译 KüiTigin（人）。[9]

入声字中收声 k 的是“屋”“沃”“药”“铎”等 12 韵的字，当时用以译写民族语音节中有 kh、gh、k、g 收声的字，如 Tutukh 都督，Toghla 独乐（河名），Beg 匐［fú］（官名），Bökli 莫离［支］（官名）。据薛宗正对新疆地名古音的复原有：“温宿”古音为［uwnsiuk］，“婼羌”古音为［iakkiaŋ］，其中“宿”“婼”为入声字。

民族语中收声为 m 的音节，汉译时用 m 收尾的“侵”“寝”“沁”等 27 韵中的字对音。例如，隋唐以来的拂菻一词，东西学者都知道是东罗马，至于原字是什么，两三百年来猜谜的不下十余家。有人不做审音工作，竟用 Bolin（希腊人的罗马京城的称呼）、Farang（波斯人对欧洲人的称呼）等字与拂菻勘同，是望文生义瞎猜的。唐代西北方言读拂菻为 Purlim，20 世纪初在突厥文阙特勤碑中发现 Purum 一词，拂菻的勘同问题才解决了。[3]

四、在新疆地名中保留的古音和方音

多官[10]认为，在乌鲁木齐新疆大学附近有一条街道，名“三甬碑”，其当地读音为 Santungbei，其中“甬”字跟单念 üng 读音不同，多了一个舌尖塞音声母 t，令人费解。三甬碑一名保留古音确是肯定的。“甬”类字上古时期本有舌尖塞音声母，早已为音韵学家曾运乾先生在《韵母古读考》这篇著名论文中所证实。若观察汉字之形声，更不觉怪。拿“甬”作声符者固然有读 üng的，如“勇、涌、恿、蛹、俑”之类，也有不少读 tung 的，如“通、桶、捅、痛”等等。此类形声字之所以能产生，实因“甬”字在上古本有舌尖塞音声母。今天乌鲁木齐人把“三甬碑”的“甬”字说成“tung”，显然是上古音之遗迹。20 世纪 80 年代在此处设立邮电所时，挂出“三屯碑邮电所”牌子，把“甬”换成“屯”字，大概是察觉到“甬”字读音与口头不合。选用“屯”字却是由乌鲁木齐汉话影响所致。照普通话，“屯”读“tun”，韵母不合；若写“通”，读“tong”，韵母也不合，乌鲁木齐汉话“屯”字读作“tung”，声韵全合（当地方言，中高元音韵腹之字音没有舌尖鼻韵尾，一律读舌根鼻韵尾）。普通话“甬”读上声，“屯”读阳平，声调也不合，而乌鲁木齐汉话两者同调，声调也一致。“甬”类字上古时代本有舌尖塞音声母这一古音学研究中的发现，却在现代汉语南北方言中已很难找到痕迹。通过这一实例说明，要搞清古代新疆地名的汉译是非常困难的，不论是“甬”字保留古音，还是“甬”字改为“屯”字，要弄清这些问题，既需要有古汉语音韵学训诂学的知识、古代民族语的知识，还需要有汉语方言学的知识等，需要多人甚至几代人的努力。

五、新疆地名研究大有可为

研究地名的音转就是要解决地名的来源和异称问题，也就是地名在历史演变过程中发生的变化。之前举例的阿克苏古地名姑墨、亟墨、姑默、拨换、玄奘跋禄迦等，这些异称地名，需要以声音为线索，来确定它们之间的同义关系。例如，“中国”的国外名称 China（支那）的来源，就与音转有密切关系。有的学者认为源于瓷器，有的认为是“秦”的转音。冯承钧先生则认为“支那”来源于梵文 cina。cina 是“边鄙之称，源于雪山以北诸种之后，后以为中国之号。”[11]

由于考证新疆地名语源及其对音或者说音转如此困难，黄盛璋先生倡议把新疆地名的研究作为一项尖端研究来对待。他指出：从 19 世纪末至 20 世纪初，新疆地区、甘肃、长城内外、敦煌、额济纳河流域以至内蒙古高原，发现许多民族古语文如佉卢文（楼兰语）、于阗和图姆舒克语（尉头塞语）、新疆吐火罗语、突厥（回鹘）语文、吐蕃语文、西夏语文、蒙古语文资料，包括碑刻、简牍、文书以及遗物、遗址。上述古语文，大多为死语文，或与现存该民族语文有很大的差异，不能相通。但这些古语文资料对研究语言学、民族学、历史学，尤其是民族历史地理学有重要的推动作用，促进了研究领域的扩展，成为国际上的显学。其中最关键的，一是古语文本身的解读，二是其中的地名、族名问题。语言关、地名关、族名关，可以说是国际研究上的三关，[12]经历一个世纪各国学者的研究、讨论，至今并未完全过关。难关之一，就是这些民族语文书，除西夏文外，全为拼音文字，而汉字不是拼音文字。地名、族名之汉译，首先就要还原、对音，而对音本身就是一门学问。不同的语文，对音规律随之而异，需要作为尖端研究，总结规律。而至今除梵汉对音外，其余都还没有开展，确属紧要工作。

研究新疆地名，特别是汉文历史典籍记述的新疆汉文地名，很重要的一个方法就是要充分利用中国音韵学的成果和知识。罗常培先生早在1944年的《读书通讯》第83期上发表的《音韵学不是绝学》一文[13-14]中指出了研究音韵学的四种困难和解决办法：（1）国字不适于表音，中国的文字以形义为主，不以声音为主；（2）名实的混淆，旧韵书里所用的术语往往有同名异实或异名同实的情形；（3）古今音异；（4）方言分歧。罗先生同时指出了克服以上四种困难的方法，这四种方法也是研究新疆地名的有效方法：（1）审音：听见一个声音后能够分析它包含几个因素。（2）正名：审音有根据以后，还得要做一番正名的功夫，对于上面所说的那些同名异实或异名同实的现象，就可以比较参究而得出清晰的概念，自然可以重订确切的无疑的名称。（3）明变：人类语言随时变迁，中国语音分为六期：周秦至汉初、汉初至汉末、魏晋南北朝、隋唐宋、元明清、现代。这几期应平等看待，不可妄加轩轾。不但要客观地认清每一时期现象，而且要根据音理来解释各种现象。比如说，受梵文影响的守温字母对于研究中古声类帮助很大，而戴震、陈澧认为它来自西域，偏偏不可应用。《中原音韵》的系统明明可以代表元明以来的北音，而一般墨守《广韵》，乃至《平水韵》的人，总以为它不是正统的韵书，这便是抹杀历史事实不达通变的态度。至于推测古音的读法和通转，尤其要顾到后代演变的情形，要让它在整个演进历程上讲得通。（4）旁征：要帮助中国音韵学分析音素，构拟古读，并了解各地的方言，尤其有旁征博考多采用比较参证的材料之必要。因为参证梵文的悉昙，才产生了守温字母（守温来自人名，音韵学家用来指称汉字声母的代表字）；因为比照罗马字母的拼音，才得到分析音素的工具；因为模仿满洲文的十二字头，才创造了合声反切。这都是由于比较而促成进步的成绩。笔者认为，要克服中国音韵学的困难，至少下面三种材料都得到旁征：（1）现代方言；（2）域外借字和译音；（3）国外关于中国音韵学的著作。

如果能熟练应用中国音韵学知识，了解历史上新疆古代民族的语言和文献成果，学习现代民族语言知识，熟悉新疆民族历史发展脉络和国外对新疆史地的研究成果，那么新疆地名研究就大有可为。

参考文献：

[1]吴泽顺. 论音转的性质与音转研究的意义[J]. 求索,2004(2).

［2］薛宗正．汉晋古音与古西域地名［J］．新疆大学学报：社会科学版，2000（1）：50－53.

［3］牛汝辰．新疆地名概说［M］．北京：中央民族大学出版社，1994.

［4］章巽．《大唐西域记》导读［M］．成都：巴蜀书社，1990.

［5］季羡林．中印文化关系史论丛［M］．北京：人民出版社，1957：73.

［6］Watters T. OnYuan Chwang's Wravels in India［M］. Kessinger Publishing Co.，2007：16.

［7］周连宽．《大唐西域记》史地研究丛稿［M］．北京：中华书局，1984.

［8］季羡林．吐火罗语的发现与考释及其在中印文化交流中的作用［M］．北京：科学出版社，1956.

［9］罗常培．唐五代西北方音［M］．北京：商务印书馆，2012.

［10］多官．"三甬碑"与"三屯碑"［J］．新疆大学学报：社会科学版，1990（1）.

［11］冯承钧．西域地名［M］．北京：中华书局，1980.

［12］黄盛璋．当前需要突破的尖端研究［J］．中国地名，1997（5）.

［13］罗莘田，罗常培．音韵学不是绝学［J］．读书通讯，1944（83）.

［14］罗常培．语言学论文集［M］．北京：商务印书馆，2004.

新疆地名的语言考察

新疆自古以来接触过三大语系，即阿尔泰语系，包括突厥语族、蒙古语族和满洲通古斯语族；印欧语系，这一语系中与新疆关系较密切的是伊朗语族的东伊朗语支，如粟特语、花拉子模语、斯基泰语、安息语、塞语、吐火罗语，另外还有梵语等；汉藏语系，这一语系中与新疆有关的是汉语、藏语和唐古特语等。[1]

一、新疆地名语言的历史背景

难怪法国汉学家韩百诗曾说："中亚地名确实令人费解。"中亚新疆地名之所以让学者们头痛，原因在于不少地名有许多同名异译，而异译之歧有时是因某种语言自身的语音问题所造成的；有时一地多名，则是出自不同语言的民族各有各的叫法。这就要求既要研究某一民族语言自身的语音演变或发音问题，又要研究不同语系的多种民族语言乃至多种死文字、死语言的问题。凡此种种都为研究新疆地名带来了极大的麻烦。另外，研究新疆地名还具有以下难点：

（1）历史上各民族命名的地名，有的是用少数民族文字记载下来的，但大多是用汉文记载的，而汉文不善表音，使地名难以复原。特别是用汉文翻译地名，有的掐头去尾，以至一词有四十多种译法（如 erikh“小溪”曾译为艾日克、艾列克、矣里克、阿日克、艾里克等），巴尔楚克缩写为巴楚。即便是汉字，古音今音有别，如“龟兹”读 qiuci，不读 guizi；“且末”读 jumo，不读 qiemo 等。

（2）有的因文献不同，地名也不同。库车，古代史书作“龟兹”，《释氏西域记》作“屈茨”，《出三藏记载》作“拘夷”，《大唐西域记》作“屈支”，《新唐书》作“丘慈”，《元史》作“苦先”“苦叉”，清史作“库车”。

（3）有的地名原来是汉文，后来译成了少数民族语，使人难以识别。如唐代的金满城，译成民族语再写成汉字为吉木萨尔。“金满”转译为“吉木”，“城”在古代突厥语里是“萨尔”。

（4）有些地名来自古代梵语、粟特语、于阗语、藏语、尼雅俗语、焉耆——龟兹语（旧称吐火罗语）、古代突厥语、察哈台语等，因而地名研究将有待于古文献的解读和古语言的研究。

（5）有些地名因时代不同，地名也不同。前一王朝的地名到后一王朝就变了。如汉朝将楼兰改为鄯善，清朝又把辟展改为鄯善；汉代的姑师、车师、高昌壁，唐代叫高昌县，元代叫哈喇和卓，明代叫火州、土尔番，清代叫吐鲁番。

（6）在我国境内有八个操突厥语的民族，在新疆境内就有六个。由于他们的语言都属一个语族，有大量的同源词，这样有的地名就难以判定是维吾尔语的还是哈萨克语，或者是柯尔克孜语的。这就需要从社会发展、民族历史，地理分布等方面综合考察，不能拿维吾尔语代替哈萨克语、柯尔克孜语或其他民族语。这也是如何贯彻党的民族政策的问题。[2]

二、新疆地名考证

首先，要考证新疆古地名的含义，就首先要了解汉语的古音、古义及其演变，要有渊博的语言文字知识。例如：周连宽先生在《大唐西域记史地研究丛稿》一书中考证屈支国名时运用音韵学知识来考证古代地名。他写道："龟兹，音 $ki^{w}i$ - tsi。而屈支的屈，区物切，其发音属溪纽，收音属物韵，音 kiuət；支，章移切，其发音属章纽，收音属支韵，音 t'śi，屈支，音 kiuat - t'śi。丘慈的丘，去求切，其发音属溪纽，收音属尤韵……丘慈，音 k'iəu - dz'i。从上述语音分析看，屈支、丘慈之龟慈，既不同纽，也不同韵。"他认为："无论是 kuci、küci 抑或是kuči，都不能代表西汉时代龟兹的古名，只能是受佛教影响后梵化的名称。"[3] 其次，要考证边疆地名源于何种语言，非常困难。正如冯承钧先生在《西域地名》（中华书局 1930 年）一书的序中所说："其中最难的，就是语言问题……又一方面要考究汉译的地名本于何种语言，这种问题就更难了。只就天山南路说，除开世人已识的梵文雅语、俗语、佉卢语、突厥语、大食语、古波斯语、中世波斯语、西藏语、蒙古语种种语言不计外，还有好几种世人未识而尚在研究的：两种吐火罗语（焉耆—龟兹语），窣利语（粟特语），于阗语，特种钵罗婆语。要把匈奴语、月氏语、鲜卑语、契丹语、西夏语加在里头，这个数目就很可观了。一个人的知识无论如何渊博，总不能面面俱到，就是把东西汉学家的成绩综合起来也是免不了疏漏错误的。"冯先生所举还仅仅是新疆的南部，如就全新疆来说，其难度就更大了。

新疆地区经历了复杂的历史过程，这就必然影响到新疆地名的形成。从中国、印度和希腊—罗马的古典文献中，可以查到有关新疆地区及其民族的最早资料。根据这些历史资料可以确定，就语言学而言，塔里木盆地的居民过去说的是印欧语系伊朗语族的各种语言。至于那些说伊朗语的民族究竟向北分布多远，那是很难确定的，但在准噶尔的地图上，至今仍可见到伊朗语的地名。现在已经证实，塞民族的伊朗部族，曾散居在整个南疆地区。[4]

半个世纪以前，从塔里木盆地发掘的古物表明，那里有丰富的伊朗文物。一般说来，内容都是宗教方面的，属中世纪初期（7—10 世纪）。关于这些古物的研究已发表了很多文章。这些文章着重指出，在库车、巴楚、和田、吐鲁番和敦煌发掘的文物，具有极其重大的意义。根据这些文物可以以新的方式来探讨伊朗语的历史、伊朗语民族的文化以及正确了解伊朗语民族的分布。吐鲁番的文物表明，语言种类极多，但基本上都属于印欧语族的范围。而和田的史料使得人们能够辨别出和阗绿洲的塞语，因而这里的地名往往是和阗塞语。同时塔里木盆地地区主要是使用月氏语。这种语言有些文章的作者认为属古印度语，而另一些作者则认为属伊朗语。后者较准确，因为那里早就住有伊朗语的民族。[5]由此可见，新疆地名层的最底层基本上是印欧语。属于这一类型的大地名有喀什、和阗、罗布、库车等许多地名。它们的意义已经失传，就是现在的突厥语居民也不了解这些地名的含义，并且为个别地名又另取了名字，因而产生了一地多名的情况。如维吾尔人称于田为克里雅、若羌为恰克勒克，鄯善为皮羌、轮台为布古尔等。新疆境内现有 87 个市县，其中这类一地双名的市县就有 37 个。[6]但就在今天，塔里木盆地（尤其是南部）的水名中含有伊朗语 ob 和 ab“水”的仍是屡见不鲜。[7]

隋唐时期，西突厥汗国（552— 657）曾统治过整个西域，这就使西域的民族、语言发生了新的变化。原来讲印欧语系语言或羌、藏语言的民族，他们的母语逐渐被突厥语所代替，他们的语言也融合于突厥语言的各民族中。

现在新疆地名中最占优势的是突厥语。数百年来，突厥语地名在和古代非突厥语成分的竞争中发展并巩固起来。后来其他突厥语民族（柯尔克孜和哈萨克族等）的出现也促进了这一过程。现代维吾尔语的形成和伊朗语有直接的密切联系，并且从伊朗语吸收了大量词汇，甚至语法也受到了一定程度的影响。[8]据某些学者论证，喀什和叶尔羌某些地区的居民在 150—200 年前所用的是一种近似塔吉克语的伊朗语。众所周知，在费尔干、泽拉夫善流域、布哈拉，都曾有过这样的过程，这些地方的居民在 19 世纪中叶，讲伊朗语或两种方言，这种情况至今也常见。塔什库尔干的塔吉克人就是同时以两种语言为通用语，他们从小就能流利地说维吾尔语和塔吉克语。[9]于是突厥语在广大地区普遍通行，代替了伊朗语。许多中亚民族都经历了这一过程。只有正确地理解这一过程，才能正确地解释许多地名的语源，了解地名的系统。

自元代起，西蒙古的准噶尔、和硕特、土尔扈特、杜尔伯特四部的兴起，蒙古人的足迹遍布天山南北。新疆地名随之也发生了变化。现在新疆蒙古语地名十分明显，而且分布很广，其分布主要在天山以北，数量可观。如把昭苏县称为“蒙古库热”，意为“蒙古庙”。尉犁县又称 Lopnur，蒙古语称湖为 nur，即罗布泊。

汉语地名在新疆也得到了特殊的发展。一般说来，汉语地名比较简单易解，但在新疆情况就复杂了。最早的汉代政治家张骞在这里碰到的是已经成型的地名，他们按照最初听到的发音译成汉字。在《汉书·西域传》里记载了三十六国的汉译名称，如婼羌，楼兰、且末、于阗、皮山、大宛、莎车、疏勒、焉耆、姑师等，用汉语读当时民族语地名，自然完全变成了不同的语音，也失去了原意。从另一些地名的翻译中可以看到译成汉字时有简化的倾向，有时只保留了第一个音节。如：“喀什”，全名是“喀什噶尔”；“乌什”

代替了“乌什吐鲁番”；“伊宁”，是伊犁河的第一个音节，再加上一个“宁”字，等等。近一二百年来，新疆出现了新的汉语地名，特别是新中国成立后，汉族向新疆的大量移民，加速了这一进程。其分布大多在北疆和东疆等地，如三道河、阜康、石河子、车排子等。

如果对新疆东南部，塔里木盆地南缘的地名进行考察，也会发现一些藏语地名。这是吐蕃王朝统治这一地区时留下的遗迹，特别是和田地区。一些学者认为，皮山县，维吾尔族称为“固玛”（guma），固玛就是藏语“贼”的意思；另外还有“藏桂”“桑株”等地名。世界第二峰“乔戈里（峰）”似为藏语“神女”之意。另外还有粟特语地名，如疏勒（县）[10]等。还有一些阿拉伯语地名，如克里雅（集镇之意）等地名。

三、新疆地名辨析

古代的中亚新疆一带，居住着许多不同人种，有不同语言的部落或部族。我国历代不少旅行家都记载了所经各地的语言文字，但记述最详尽的还是玄奘。他在这方面的观察相当敏锐，连微小的差别都加以记录。例如《大唐西域记》称窣利“文字语言，即随称矣。字源简略，本二十余言，转而相生，其流浸广。粗有书记，竖读其文。”瞿萨旦那国（今和田），“文字宪章，聿遵印度。微改体势，粗有沿革，语异诸国。”这些互不相同的文字语言，在19世纪末首先被欧洲的学者研究弄清。在高昌（今吐鲁番）、焉耆和龟兹（今库车）一带流行的是一种属于印欧语系的所谓“吐火罗语”，文字采用婆罗门字母。这一语言又分成两种方言，即只限于焉耆和高昌一带使用的“甲种吐火罗语”（现通称焉耆语）和广泛流行于天山南麓，但主要在库车发现文书的“乙种吐火罗语”（现在通称龟兹语）。在于阗（今和田）疏勒（今喀什）一带流行的是属于印欧语系的一种伊朗语，称于阗语，也就是玄奘所说的瞿萨旦那国的语言，后来发现曾在印度西北部及中亚一带建国的塞族人也用这种语言，所以又称于阗塞语。粟特语（或窣利语）在西域交通道上广泛流行，但主要使用在玄奘所说的窣利（粟特）地区，它属印欧语系的东伊朗语之一。在吐火罗地区（今阿富汗北部）则流行所谓“真正吐火罗语。”进入印度后，语言就是梵语了。可见《大唐西域记》中地名的语源相当纷杂，不可能全部来自梵语。玄奘在书中用汉文音译地名时，往往指责以前的汉译名“讹”也。对这种断论必须仔细鉴别，不能盲从。因为玄奘惯于用梵文去对照早先的汉译名，而那些汉译名却并不都是直接从梵文译出，而是从某种“胡语”译出。所以，那些译名对于梵文来说是“讹”了，但对“胡语”而言，却并不讹。

例如，《大唐西域记》卷一谓：“殑伽河，旧曰恒河，又曰恒伽，讹也。”固然按梵文 Gaṅgā，是应译成“殑伽”，但是焉耆语和龟兹语则读此词为 Gaṅk 或 Gaṅ，所以汉译名作“恒”并不讹。又如，玄奘在序里注道，苏迷卢（山）“旧曰须弥，又曰须弥娄，皆讹略也。”按梵文 Sumeru 译，“须弥”确讹，但按焉耆和龟兹语，则作 Sumur，汉译名作须弥，并无错误。[11]

如前所述，在考证新疆地名方面，最难的可谓语源问题。许多大地名的语源就更复杂，学术界至今尚无定论。但往往是随着这些地名语源问题的解决，不仅能丰富新疆的民族语言学，而且还能为新疆的民族学、考古学、地理学、历史学、民俗学及民族文化的研究提供重要的佐证和依据。它们具有化石的作用。

现对新疆的乌鲁木齐、喀什噶尔、哈密、和田这四个地名试作分析。

1. 乌鲁木齐

乌鲁木齐的语源，社会上广为流传的是：系蒙古语，意为优美的牧场或好围场。但乌鲁木齐一名早在 10 世纪时就出现了，而蒙古人进入新疆则是元朝以后的事，因而此说难以成立。另一说以徐松为代表，他在《西域水道记》中说：乌鲁木齐是“回语格斗之谓，准、回二部格斗于斯，故名”。“准”指蒙古准噶尔部，“回”指维吾尔族。此说的错误也是明显的。在维吾尔语中既没有 ürümqi 一词，也没有 ürüm 一词，在维吾尔语中“斗”是 ur，名词是 urux，因而此说难以成立。乌鲁木齐一名在 925 年于阗塞文文书《使河西记》中记作“irūmcinā”。根据古代塞语词典，“irū”意为“柳树”“树林”，“m”具有名词的性质，或与别的词结合作连词具有附加的语气，“ciña”意为茂密的、繁茂的。“irūmciña”意为“柳树林”。古代回鹘语在吸收了梵语、吐火罗语、塞语中的语词时，语音总要发生音变。古代突厥、回鹘文不区别“j”和“q”，而用一个字母表示，大多读作“q”，所以塞语中的“irūmcinā”，在维吾尔语中的“ürümqi”，这是符合突厥语的元音和谐习惯的。公元 7 世纪，汉文史料中称乌鲁木齐一带为“轮台”（这与汉代轮台不在一地）。这时正是从西突厥语中保留的“irumci”一名转写成汉文的“轮台”。其中的“irum”译为“轮”，“ci”译为“台”（tiei）。此名最初借入突厥语应该是“irumqi”或“irumti”，由于这个词的发音不符合突厥语习惯，于是就可能读作“ürümqi”。[12]

2. 喀什噶尔

今简称喀什。喀什噶尔一名，我国大多学者认为其译音起自元代，如

《元史》译作可失哈耳，《元秘史》译作乞思合儿，《耶律希亮传》译作可失合儿，《世祖本纪》译作可失合儿，又作合失合儿等。但唐代的《慧超往五天竺国传》记道："又从葱岭步入一月至疏勒，外国自呼名伽师祇离（kashgiri）国，慧琳《一切经音义》作迦师洁黎（kashgar）。"日本学者藤田丰八在《慧超往五天竺国传笺释》（1910 年）中认为祇离与噶尔，为同音异译。如果不错的话，唐代就有 kashgar 一名。

喀什噶尔（kashgar），今读 khäxkhär。其语别含义说法不一。有人认为是突厥语、古伊朗语、波斯语等，含义有"玉石集中之地""农夫"等多种解释。《西域水道记》云："回语谓各色为喀什（kash），砖屋为噶尔（gar），地富庶多砖屋也。"但瓦特斯指出，此种解释未必正确，突厥语 kasha（或 kaska）义为各色；而 gar，蒙古语作 ger，是印度语 ghar 之讹，义为屋。羽溪了缔认为 kāsh，义为玉，baluc 语 ghar 义为市，又引白鸟库吉之说，是瓦罕语、阿富汗语 ghar，义为山，认为 kashghar 一词，似系玉市或玉山之意。[13]

3. 哈密

关于哈密的语源有多种说法，其一认为 khumul 一名来自昆莫勒（kunmoli）。此说是以古代乌孙人早在公元前就生活在敦煌、哈密一带，并将其王称为"昆莫"，将王所居的都府称为"昆莫勒"以及哈密一度成为乌孙的王都等作为依据。一种认为哈密为蒙古语，是因三堡西北的哈木尔达坂得名。另一种认为哈密一名是由古代乌孙王号昆莫或昆弥转变的。另一观点认为，在早年由伯希和等人从敦煌所获现存法国的 9—10 世纪回鹘文文献中有这样一段叙述："你无论去哪儿，请写信，将一份留哈密（khamil），一份寄给我。"[14]其中 khamil 就是现今维吾尔语的"khumúl"的古代形式。直到元初才由维吾尔语"khumil"间接地音译成汉语的"哈密"。因而认为"哈密"名称系蒙古语"哈密力"的对音是不可信的。khumil 一名之首音为小舌音，而蒙语里没有以小舌音为首的词，维吾尔语的 khamil，蒙古语读为［hamil］。汉语的"哈密力、合迷里、哈梅里"等都是元朝建立后由维吾尔语音译为蒙语的形式再音译的，并且由这些汉译形式缩写和固定为"哈密"的。维吾尔语中的 khamil 也很可能是由后来在维吾尔语中逐渐消失了的早期阿尔泰语成分（在维吾尔语中的变体为）——表示"关闭"之义的动词 kha－和构成名词的词缀－mil 的结合物，意为"大门"。如果不错的话，这跟历史上曾喻为"西域大门"的哈密之地理位置也是再吻合不过了。[15]

4. 和田

现今和田地区，为古代于阗国故地。其名称清以前的文献多作"于阗”，清代统一译作“和阗”，1959 年将“阗”字简化成“田”。据唐代玄奘所著《大唐西域记》一书记载，当时于阗国的“雅盲”称于阗为“瞿萨旦那”，“俗语谓之涣那国，匈奴谓之于遁，诸胡谓之豁旦，印度谓之屈丹，旧曰于阗，讹也。”11 世纪突厥语言学家麻赫穆德·喀什噶里在其所著《突厥语大词典》中收有“于遁”一词，释文曰：“和田城名，生活在和田的人也称于遁。”出土于尼雅遗址的佉卢文书中有“khotan”（和田）或“kustana”（瞿萨旦那）两种形式。“于阗”一名最早见于《史记·大宛列传》。关于于阗（或和阗）一名的语源，自唐迄今，众说纷纭，至今仍无定论。

一说源于玄奘的《大唐西域记》和吐蕃文献《于阗国授记》等。玄奘在《大唐西域记》中说瞿萨旦那国，“唐言地乳”。现在的研究者以为“瞿萨旦那”为梵文“kustana”的对音“ku”言地，“stana”言妇女乳房，合之即“地乳”之义。一说以外国学者瓦特所主，他在《玄奘旅行记》一书中认为一些诸如 Yü – tien，Chütan 等形式的发音，实际上代表了像 Go – dan，或 Go – tān这样的名称。这些形式先在突厥语中出现，后又出现在印度方言里，其含义是“放牛的牧场。”同时吐蕃语中又称于阗为 Li – yul，意为“Li 之国”，Li 即牦牛，与上述含义相同。而法国汉学家则加以否定，认为这是虚构的突厥语形式。另一说据汉文古籍《翻梵语》一书将于阗（yü – tien）译为“优地耶那”（udyāna），其含义是“惬意的果园”或“花园”。日本的白鸟库吉博士认为：西藏语中玉石一词作 gyu（yu），古音“于”为 khu 或 gu，所以“于”有玉石之义。又西藏语中城邑、村落为 tong，与 tan 相对应。因此，和阗或于阗的含义是玉城或玉邑。其地为有名的产玉之地，顺理成章。又据法国学者列维的观点，认为唐代玄奘所用“瞿萨旦那”一词中的“瞿”，应还原成“qu”音，不应还原成 ko 或 ku。在印度语辞典里，qostani 即 kus – tan，qostani 的含义是“葡萄”。[16]

四、结论

从一定意义上说，有怎样的地名学方法，就有怎样的地名学。纵观地名学发展表明，几乎比较大的地名学成就和变革，往往是首先从地名学方法上开始突破的。而地名是人们用来区别个体地物的语言符号，是时空统一和发展变化着的社会文化现象。地名学是研究地名的起源、语词构成、含义、演变、分布规律、读写标准化以及地名与自然和社会环境之间相互关系的一门科学。因而语言分析法是地名研究中最基本而又最重要的方法之一。地名语源的研究应以地名演变的研究为基础，不弄清地名形式、语言和意义自始至终的演变，不了解地名演变的原因，就难以解释词义。用地名的现代形式和不明系属的其他语言比较，用现代形式解释古代地名，或对地名作个别趣味性的解释，都容易产生错误。地名语源的研究可用历史比较语言学的方法。在确定地名的语言系属之后，再进行比较研究。

1. 将某一民族语言地名的中心词（通常是地名通名）跟亲属语言或方言有关的词比较，从现代语言的形式、意义方面追溯到古代语言。

2. 在某一语言范围内确定构成地名其他成分的词义，对地名作合理的解释。

正确使用历史比较法，要注意：（1）地名词汇的比较只能在亲属语言间进行，不同亲属关系的语言不能进行比较。（2）年代不同或年代模糊的地名之间不能进行比较，因为语言是不断变化的。（3）对语词的判断，应在大量材料的比较中得出结论，不能大胆假设、小心求证。孤独材料的对比往往得出错误结论。在比较研究中应找出语言变化的规律。（4）研究词源应熟悉有关语言，否则难免出错。[17]

参考文献：

[1] 牛汝极．新疆地名中的文化透视［J］．地名知识，1990（1）．

[2] 牛汝辰，牛汝极．新疆地名研究的回顾与展望［J］．新疆师大学报，1987（1）．

[3] 11世纪70年成书的《突厥语大词典》同时著录龟兹地名的两种形式：kuča和küsän。有的学者认为现代维吾尔语的kuča（r）形式来自kuča + ri，为古代龟兹语的城市之意。

[4]—[6] Мурзаев · Э · М. Очерки Топонимика[М]. Мосва: Hayka, 1974.

[7] 牛汝辰．少数民族语地名研究对发展语言学的意义［J］．西南民院学报，1987（3）．

[8] 牛汝辰，牛汝极．试论伊斯兰教的传播对维吾尔书面语的影响［J］．新疆大学学报，1984（2）．

[9] 牛汝辰，牛汝极．疏勒名称试辨［J］．地名知识，1986（4）．

[10] Мурзаев · Э · М. Очеркий Топонимика[М]. Мосва: Hayka, 1974.

[11] 季羡林．吐火罗语的发现与考释及其在中印文化交流中的作用［J］．语言研究，1956（1）．

[12] 库尔班·外力．我们的家乡（维文版）［M］．乌鲁木齐：新疆人

民出版社，1986.

［13］周连宽．大唐西域记史地研究丛稿［M］．北京：中华书局，1984.

［14］牛汝极．四封9—10世纪的回鹘文书信译考［J］．新疆大学学报，1989（2）．

［15］阿尔斯兰·阿不都拉．哈密名称新探［J］．新疆大学学报，1990（4）．

［16］李吟屏．和田之名解说种种［J］．新疆地名，1989（2）．

［17］牛汝辰．地名研究方法发展趋势［J］．地名知识，1990（3）．

新疆地名的变迁

一、新疆地名历史概说

新疆自古以来是多民族活动的地区。据历史记载，早在西汉以前和两汉时期沿昆仑山北坡有羌人，塔里木盆地有土著人和少数的雅利安人，吐鲁番一带有车师人；伊犁河流域最早有塞克人，还有乌孙人；准噶尔盆地匈奴人。两汉之后，鲜卑人、柔然人、铁勒人、突厥人、回鹘人、黠戛斯人、吐蕃人、契丹人、蒙古人、回族人、满族人、锡伯人、达斡尔人等，陆续出现在新疆的广大地区。汉人至迟在汉代已开始来到新疆。

这些民族，各有各的语言，或者几个民族用一种语言，或者一个民族还有不同的方言。例如：按民族分有匈奴语、月氏语、乌孙语、鲜卑语、突厥语、回鹘语、契丹语、吐蕃语、蒙古语、满语、汉语。就地区来说，有于阗语、龟兹语、焉耆语等方言。因为语言不同，他们居住的地区，地名的命名也就不同。这些不同称呼的地名，有的保留至今。所以新疆地名的变迁，往往与民族活动和迁徙有关。

这么多的民族命名的历史地名，被记载下来的，多半是汉文，也有少数是民族文字的。汉文记载下来的地名，多半是近似的汉语译音。用汉字记载下来的地名，与原音多少有些出入。特别是用汉文翻译地名，往往是掐头去尾地只用其中的几个音节。如历史上把乌贪訾离简称为乌贪，白龙堆写成龙堆，巴尔楚克缩成巴楚，塔尔巴哈台改为塔城。

因时代不同、地名也不同而有所不同。前一王朝的地名，后面的王朝就改名了。如汉朝将楼兰改为鄯善，清朝又把辟展改为鄯善。历代的于阗都在今和田境内，清朝改克里雅为于阗，又将原于阗改为和阗（即今和田）。汉代的婼羌不在交通要道上，清朝又在原鄯善境内设婼羌，位于交通要道上。汉代的温宿在乌什，唐代的温肃（又名温府州）也设在乌什地区，清朝在阿克苏北部设温宿，又搬了家。

后来新疆的民族，将原先民族语地名改了。如塔城，元代蒙古族叫塔儿八合他驿，清代的满族改为塔尔巴噶台，后来又叫塔尔巴哈台。吐鲁番，元代的蒙古人叫哈剌和卓，明代的汉人叫火州，后来又改为吐鲁番。

有些地名，虽然名称相同，但因时代不同、地点不同而有所不同。汉代耿恭固守的疏勒城，不在天山以南，而是唐代的沙钵城，即现在吉木萨尔双岔河子一带。唐代和元代的轮台，不在天山以南，而是在天山以北。元代的天山，不在新疆，是在内蒙古；元代的阴山是指新疆的天山。元代的天池，是指现在的赛里木湖。

有的历史地名是迁徙来的人，从原居住地搬来的。如昌吉的陕西工，兰州湾；奇台的西地（即广西地）和东地（即广东地）；米泉的羊毛工（来自青海西宁羊毛产地）。乌鲁木齐头屯海垦区的“安南工”（安南，越南的旧称），是越南黄文缵部众逃入中国，清乾隆年间被安置在乌鲁木齐头屯洞垦区而得名。乌什，汉代叫温宿，唐代叫温肃州，又叫于祝，元代称为倭赤，清代叫乌什；乌什人迁到伊犁后，清朝又从吐鲁番往乌什移民。从吐鲁番迁到乌什的人，就把乌什叫作乌什吐鲁番。清代新疆地方政府向伊犁移民，便把“吐鲁番圩孜”带到了伊宁。今伊犁还有“和田买里”“多浪圩孜”（来自多浪家乡——麦盖提县）以及“阿克苏买里”“卡克勒克买里”（叶城县的维吾尔语名称）等地名都与移民有关。

有的地名因记载不同，地名也改变了。和田，古代各书多作“于阗”，《大唐西域记》作“瞿萨旦那”，《西游录》作“五端”，《元朝秘史》作“兀丹”，《元史》作“斡端”，又作“忽炭”，清代作“和阗”。库车，古代史书作“龟兹”，《释氏西域记》作“屈茨”，《出三藏记集》作“拘夷”，《大唐西域记》作“屈支”；《新唐书》作“丘慈”，亦作“屈兹”；《元史》作“苦先”“苦叉”；《清史》作“库车”。焉耆，古代史书多作“焉耆”，《佛国记》作“倡彝”，《释氏西域记》作“乌夷”，《高僧传》作“乌耆”，《大唐西域记》作“阿耆尼”，清代的《西域图志》作“哈喇沙尔”。

现代的地名是由历史地名演变而来的。在各个历史时期都有不同的称呼。呼图壁：元代叫古塔巴，又名苦他巴，清代叫呼图克拜，后来又改为呼图壁。乌鲁木齐：明代叫委鲁母，清代叫乌鲁木齐。喀什：汉代叫疏勒；魏晋时叫竭石，又作竭叉；唐代又叫疏勒；元代叫乞思合儿，亦作可失哈尔；明代叫哈实哈儿，或哈失哈耳；清代叫喀什噶尔。塔什库尔干：汉代叫蒲犁，魏晋南北朝时为汉盘陀、诃盘陀、渴盘随，唐代叫揭盘陀、葱岭镇，清代叫蒲犁。

有的地名原来是汉文，有的译成少数民族文字，就变了样。唐代的金满城，后来译成少数民族文字，金满变成济木或吉木，城为萨尔或沙尔，金满城就成了济木萨尔或吉木萨尔了。唐代的蒲昌县，明代译为必残，又为北昌；清代为辟展。所以说，历史地名往往因译来译去，就变样了。

山、河、湖名称也是如此。天山，后汉时为白山，隋代为时罗馒山，元代称为阴山，清代称为天山、昆仑山，汉代叫南山，后来叫昆仑山。阿尔泰山，后汉叫金微山，唐代叫金山，元代叫阿勒台山，清代叫阿尔泰山。帕米尔，汉代叫葱岭，唐代的史书有的称作“波谜罗”，或“播密”。南北朝时期，于阗的达利水又叫黑玉河，五代时叫乌玉河，就是现代的喀拉喀什河。南北朝时期，于阗地区的树枝水、计戍水、计式水、白玉河，就是现代和田的玉龙喀什河。罗布淖尔，古代的书中称为泑泽、蒲昌海、盐泽、牢兰海、罗布泊。赛里木湖，元代叫天池，清代才称为赛里木湖。巴里坤湖，汉代叫蒲类泽，唐代叫蒲类海，唐代称婆悉海，后称巴尔库尔淖尔。

20 世纪初，帝国主义分子以学术调查或游历为名偷测地图时，对我国山川河流等擅自命名竟达一百余起，在我国自己出版的八种地图上曾出现 54 个。在新疆有于田县境的“吕什塔格山”（即俄罗斯山，有的译为“鲁斯克依山”），若羌县与青海省交界处的“莫诺马哈（皇冠）峰”，是沙皇参谋部少将普尔热瓦斯基于 1884 年以 11 世纪基辅大公的姓氏命名的。1943 年苏联测绘总局将我国新疆境内的“托木尔峰”命名为俄语的“胜利峰”。这些地名有损于民族尊严，当然都恢复为我们自己的名称。

二、新疆地名层的分析

从新疆地名形成的过程看，可分为四大地名层。

1. 印欧语地名层

这个地名层位于新疆（北疆的地名大多产生于元代及其后期，这里所指，主要是指南疆）地名层中的最底层。

西汉时，由于汉武帝治理西域的雄图大略，张骞两次出使西域，就有可能在《史记》和两《汉书》中对西域的政区有一个明确的记载。《后汉书》记载："武帝时，西域内属，有三十六国。衮平间，自相分割为五十五国。"实际上《汉书》上所列的地名只有五十三个。这里，我们仅以起初的三十六国为例：婼羌、楼兰（后改为鄯善）、且末、小宛、精绝、戎卢、子合、蒲犁、依耐、无雷、难兜、大宛、桃槐、休循、捐毒、莎车、疏勒、尉头、姑墨、温宿、龟兹、尉犁、危须、焉耆、姑师、墨山、乌垒、伽师、轮台、伊吾等。这些既是政权名，又是地名，大多分布在敦煌以西，葱岭以东，天山以南，昆仑山以北。魏晋以后，由于大政权不断地兼并小政权，一部分地名就很少见于史籍。时至今日，还有十个名称是作为今天的县名的，如若羌、鄯善、且末、于田、皮山、莎车、疏勒、温宿、尉犁、焉耆。这些地名可能大多属印欧语系语言。如"莎车"，古音为＊sku/＊skà，此名与古代当地的居民塞族人称 Saka 有关。"疏勒"大概是粟特族名 sugh－lakh（或 Sughdakh，l～d 两音在古代粟特语方言中有交替现象）一语的汉译名。"龟兹"（今库车一带）一名，属古代印欧语之一的龟兹语的 kutsi，意为"白"，古代龟兹人多姓白。回鹘西迁后，称该地为 küsün/küŝän，汉文作曲先、苦先等，均来门古龟兹语 kütsi 的形容词形式 kücäe。焉耆，其梵文名为 Agni/Aknidis（＜梵文＞Agnide，sa），为梵文"火"之意。"于阗"（又称"于遁""屈丹""于田"等）一名来自塞人部落名称 odon（尉迟，又为姓氏名称）。唐代，于阗又称"瞿萨旦那"（Gostana），来自梵文，其中 go 为梵文"地"之意，stana 为"乳房"之意，两字合之，意为"地乳"。伊斯兰教传入后，穆斯林称为 Hotan。就已出土的文书来看，从公元 3—11 世纪初，塔里木盆地南缘的和阗，西缘的巴楚（大概也包括喀什在内）一带居民使用属于印欧语系伊朗语族中的古代东伊朗语的几种方言，与现在塔什库尔干塔吉克自治县的塔吉克族使用的舒格南语、瓦罕语属同一系统。

2. 突厥语地名层

虽然公元前数世纪新疆就有操突厥语的民族在这里活动，但从文献材料来看，公元 5 世纪以前的突厥语地名并不很多。如别失巴里、阿尔泰等。公元 5 世纪后期，天山之北，阿尔泰山之南有突厥人兴起。天山东部也有操突厥语的铁勒人的活动足迹。隋唐时代，西突厥汗国（552— 657）曾统治过整个西域。这就使西域的民族、语言发生了新的变化。原先讲羌、藏语言或印欧语系语言的民族，他们的母语逐渐被突厥语所代替，他们的民族也逐渐融合于操突厥语言的各族中。这就是新疆历史上的人种、民族或部族突厥化的过程。这种过程，到公元 840 年建于漠北的回鹘汗国灭亡，回鹘人大量西迁，特别是10世纪初哈拉汗王朝建立后，就大大地加快了，并且最终完成了突厥化过程。这个过程表现在地名上特别显著。随着移民的前来，人口的不断增加，西域地名的数量比两汉时期多得多了，更加突厥化了。如“托克逊”（意为九十）、“阿克苏”（意为白水）、“拜城”（意为富庶）、“阿瓦提”（意为繁荣）、“英吉沙”（意为新城）、“塔什库尔干”（意为石头城堡）、“阿合奇”（意为白色芨芨草）等。以上是县名。至于县以下的小地名，在突厥化后遍及全新疆，特别是塔里木盆地边缘的绿洲和新疆山、河、湖的名称。

突厥化前的地名	突厥化后的地名
若羌	Qakilik
且末	Qarqan
轮台	Bügür
疏勒	kaxkaryengixahar
巴楚	Maralbexi
伽师	Payzawat
莎车	Yakan

3. 蒙语地名层

元代，从蒙宪宗到元世祖，中央政府不断加强了对西域的行政管理，不断地改善和增置了各级行政机构。另外，西蒙古准噶尔、和硕特、土尔扈特、杜尔伯特四部的兴起，蒙古人的足迹涉及天山南北，游牧于准噶尔盆地。后来，部分蒙古人逐渐融合于突厥民族，使新疆这块土地的民族分布增添了新的内容和色彩。我们仍以县名为例：如伊宁县的民族语名称是ghulja，这是由厄鲁特蒙古人在伊犁河北修建的固尔札都钢，俗称金顶寺的名称变来的。昭苏县又叫蒙古库热，这是因为原来那里有一个蒙古庙而得名。和硕县，是因为乾隆三十六年清政府安置回归祖国的土尔扈特部留居和靖县时，又有十一个苏木的和硕特人被安置于此地，故置县时以部落名称Hoxut作为县名；尉犁县又称Lopnur。蒙古语把湖称为Nur，Lopnur是蒙语对罗布泊的称谓。博湖县的民族语地名现在是突厥语Baghrax，但汉文博湖是博斯腾湖的简称，而博斯腾湖则是由蒙古语对该湖的称谓Bostnur音译来的。准噶尔盆地是以西蒙古四部之一的准噶尔部落名称命名的。“博尔塔拉”是蒙古语“灰色的草原”。“巴音郭楞”是蒙古语“富饶的河”。“特克斯”是蒙古语“野山羊”之意。

4. 汉语地名层

至少自汉代西域归入汉朝版图以后，汉语地名便出现在西域大地上，如葱岭、高昌、北庭、沙州、安西、伊州、柳中、交河、金满城等。随后历代，新疆的汉语地名都在不断增加。清代以来，随着新土地的大量开垦、屯田及汉、回大批移民，汉语地名迅速增加，如头工、二工、皇工、头畦、二畦、红畦、八家地、十二户等。清政府在平定准噶尔时，以北疆沿天山一带设立了不少军塘、驿站，其中大部分是以汉语命名的，如迪化底塘、阜康塘、三台塘；奇台塘、羊圈沟塘、巩宁驿、孚远驿、会宁驿等。

清朝命名新疆地名的特点是：东疆和北疆东部的地名大半使用汉语命名；北疆其他地区多采用蒙古语；南疆地名多采用维吾尔语命名，或者使用历史地名命名。

新中国成立以后，又把清朝以来具有封建色彩的历史地名，改掉了一些。如 1953 年，改乾德县为米泉县，改迪化县为乌鲁木齐县，改宁西县为察布查尔县，改巩哈县为倪利克县，改镇西县为巴里坤县，改孚远县为吉木萨尔县，改绥来县为玛纳斯县，改承化县为阿泰县，改景化县为呼图壁县，改迪化市为乌鲁木齐市。

新疆的双语和双语地名

一、双语现象

双语现象就是指同一言语集体范围内两种语言的并存现象。

由于新疆各民族的不同分布和不同的社会历史发展，形成了不同的双语类型。概括起来有以下 4 种：

（一）少数民族既熟悉本民族语又兼通汉语。这是新疆最主要的、最普遍的双语类型。新疆的 13 个民族中，除汉族、回族使用汉语外，其他各少数民族都使用自己的民族语，他们之中不少人兼通汉语，特别是北疆地区和一些民族杂居地区，汉语通常是各民族之间的族际交际语。

（二）少数民族既熟悉本民族语又兼通另一少数民族语。一些人口少的民族，如乌孜别克族、塔塔尔族、俄罗斯族等，由于居住分散，本民族语使用的范围极小，因而不得不掌握维吾尔语或哈萨克语，作为其在公共场合使用的交际语。人口较多，居住集中的柯尔克孜、塔吉克、哈萨克、蒙古族中也有不少兼通维吾尔语的。杂居在其他民族中的维吾尔族也兼通其他少数民族语。

（三）一部分回族和少数汉族既使用汉语又兼通少数民族语。在新疆，有不少世代居住在这里的回族、汉族，长期和维吾尔、哈萨克等民族生活在一起，不仅学会了少数民族语言，甚至宗教信仰、生活习俗也都少数民族化了。

（四）个别少数民族除使用本民族语外，还兼通汉语和其他少数民族语。新疆的锡伯族、蒙古族就是操多语者，特别是锡伯族，由于能自由地运用多种语言而被誉为“翻译族”，他们中的许多人能使用汉语、哈萨克语、蒙古语和维吾尔语。

新疆自古以来就是一个多民族居住的地区，各族人民有着相互学习语言文字的优良传统，双语现象由来已久，但在不同时期双语的内容是不同的。古称“西域”的这块宝地，以其优越的地理位置、自然环境、良好的气候吸引了不少草原民族来此定居。塞种、羌人、匈奴、突厥、乌孙、铁勒、回鹘、吐蕃和一些讲印欧语系伊兰语的民族都在此地留下了自己的足迹。同时，由于新疆地处亚洲腹地、古丝路的要冲，是三大宗教、三大古老文明的交会处，文化的冲撞、战争和共同的经济、文化生活，使得原有的民族结构解体，逐渐融合，形成今天的民族和分布的格局。各民族之中都有不少双语人，甚至有的整个民族都是双语人。成书于 11 世纪的《突厥语大词典》就明确地记载，“粟特、坎且克、阿尔乌部族就是这样的双语人，一部分常和外国人和城里人来往的和田人、吐蕃人和唐古特人也是双语人。”新疆发掘的考古资料、多种文字的文献、文书、契约也证明当时曾流行多种语言。著名的《坎曼尔诗签》中写道：“古宋汉人为吾师，为人学字不疲倦。吾祖学字十余载，吾父学字十二载，今吾学字十三载。”反映了维吾尔族的先人世代学习汉语文的情况。伊斯兰教的传入，对新疆各民族的经济文化都产生很大的影响。由于宗教宣传的需要，维吾尔族的上层人士和知识分子不少都变成了双语人，他们既精通本民族语，也通晓阿拉伯语、波斯语，不少人还能用阿拉伯语、波斯语写作。这一时期的维吾尔书面语——察合台语文献，就深刻反映了这一点。新中国成立后，新疆维吾尔自治区实行双语制，维吾尔语和汉语在政府和各种官方机构中具有同等地位，政府行文一律使用双语。

由于新疆长期历史形成的这种双语现象，已深深地影响了新疆的地名形成，产生了大量的双语地名。

二、双语地名

双语地名就是指一个地方有两种不同语言的地名并行使用的现象。

新疆市县级行政区划单位共 101 个，除了市县同名（如乌鲁木齐市和乌鲁木齐县）的地名外，约有 86 个，其中双语地名 40 个，约占市县级以上地名总数的二分之一。根据语种的不同，大致可将新疆双语地名分为下列几种类型。

1. 印欧语—突厥语双语地名

这里的印欧语多为自汉至唐生活在新疆的印欧语民族留下的地名，现在多为汉字记音。如：

莎车　（＊Saku/＊Saka）——yarkant
焉耆　（Agni）karasar
疏勒　（＊suglak/＊Sugdak）——kaxkaryengixar
泽普　（Zerafxan）——Poskam
和田　（udun）——Hotan

2. 汉语—突厥语双语地名

这类地名自古至今都存在。汉人至少从汉代以来或为屯田，或为避难，或被差遣而来新疆者始终不断，故汉语地名在新疆也由少到多，由大地名到小地名，不绝于书，不绝于世。如：

伊吾——Araturfuk
轮台——Bugur
新和——Toksu
且末——Qarqan
巩留——tokkuztara
温泉——Arixang
墨玉——Karakax
鄯善——Piqan
乌什——Uqturpan
乌恰——Ulugqat
伽师——Payzawat
巴楚——Maralwexi

古今汉语—突厥语双语地名的存在是由于汉民族和操突厥语民族杂居造

成的。在现今的新疆民族人口中，操突厥语的民族占一多半，其中维吾尔、柯尔克孜族主要分布在天山南部，哈萨克、乌兹别克、塔塔尔等民族主要分布在天山北部。汉族南北疆都有，但以北疆为多。

3. 汉语—蒙古语双语地名

蒙古语地名的出现是随着元代蒙古人在新疆的统治开始的。汉语—蒙古语地名多分布于北疆。如：

额敏——Dolbuljin　　裕民——Qagantokay
富蕴——Koktokay　　昭苏——Mongolkure
福海——Burultokay　　伊宁——Gulja

4. 汉语—突厥语—蒙古语三语地名

塔城—— Qoqek——Tarbahatay
乌苏——Xihu——kurharusu
博湖——Bagrax——Bostnur

三语地名虽然不多，但它却生动地反映了多民族杂居的历史和现状。

三、双语地名产生的原因

不同类型的双语地名可能有不同的成因，当然也有一定的共性。

1. 双语地名的产生往往由移民造成

新疆历来就是一个移民频繁、民族杂居的地区，今天一个民族给此地取了一个名字，明天另一个民族来了，给此地又取了新名字。如：今阿克苏，汉代为姑墨，唐代为姑墨州，一曰亟墨，贾耽《四夷路程》云："拔换城，一曰威戎城，曰姑墨州。"按，"拔换"，为阿拉伯语 Barkhuan 之对音，梵语作 Baluka，即《大唐西域记》和《西域记》之"跋禄迦"。唐代此地大概有三种称呼：姑墨、拔换、跋绿迦。

由于移民和交往，使操不同语言的人聚居、生活在一起，从而自然地形成双语现象。新疆是一个移民频繁的地区，新疆的双语地名就是由于各地移民杂居一地形成的。

2. 双语地名的存在受文化心理的制约

任何一个民族都有自己的文化传统，在人们的观念中，要保持传统文化首先要保持使用本民族语，而不用外民族语，在多民族聚居区尤其如此。地名作为语言的一部分也不例外。双语地名一旦形成，一般说来将会保持较长的一段时间，因为人们往往不愿放弃使用自己本民族语的地名而使用外民族语地名。其目的主要是要保持自己的文化传统和民族特点。上文所述汉语—突厥语—蒙古语三语地名就是典型的例证。

说明：本节地名的拉丁字母拼写是根据《少数民族语地名汉语拼音字母音译转写法》拼写。

《钢和泰藏卷》地名研究评述

敦煌所出《钢和泰藏卷》，正面是汉文佛经，背面则是藏文与和阗文文书，皆为于阗派往沙州曹氏使臣们所写，对我国西北史地、交通与民族的研究具有极其重要的价值。使团有两个吐蕃贵族而供职于阗者，其中 Rgyasam 并为使团首领，藏文文书即彼等所写草稿呈请曹议金允予返回于阗。和田文书分四部，除第四部为爱情诗外，其余三部分别为于阗王尉迟娑缚婆（即李圣天）十四年（鸡年）七月十四日、十二月十二日、十二月二十日所记在沙州活动，及河西节度使所属范围内地理。沙州主要当政职官，部落名称以及由于阗赴河西所经历城镇名，因而国内有人定名为《使河西记》。原卷为钢和泰在北京大学任教时所得，但他不能解读，1929 年藏文、和田文分别由托马斯与挪威柯诺研究，合著为《敦煌所出两种中世纪文书》，在《印度研究丛刊》中发表，立即引起西方学者极大注意。伯希和首先在 1930 年《通报》中予以评价，1931 年英人克劳逊发表《钢和泰藏卷地名研究》，伯希和也发表《和田塞语中若干地名》。自此西方学者皆称为《钢和泰藏卷》，不断撰文研究，最受人注意为和田文书（以下简称《文书》）第二部分，所列新疆、甘肃、宁夏交通、城镇地名五十多个、五个沙州当权之汉姓职官，河西“蕃落”十多个，而地名、交通、城镇部分尤为西方学者讨论、研究之中心。50 年来发表论著已有十多种，大抵皆为西方学者，从柯诺、托马斯开始，历经伯希和、克劳逊、贝利、亨宁、霍古达（夏隆）、薄立本等，各有讨论，但皆限于部分地名，且有不少错误。

法国学者哈密顿于 1958 年在《通报》上发表了《钢和泰藏卷考释》，主要讨论和田文书第二部分的地名，而且对地名一个不漏地逐一进行讨论，利用已有成果，在总结前人的基础上有所进步，所以哈密顿此文对《文书》地名而论，可以说是集西方研究之大成的代表之作。但此卷地名考释难度颇大，落实不易，首先是和田文地名对音往往加上语尾变化，甚至每一字后都要按和田语法习惯加以词尾，以致所译汉语地名有不少几乎面目全非，难以辨识；加上西北方音有时代变迁，古今不同，如此和田文拼写转译，又多一层方音障碍，例如："tcidyaimä"一名，西方学者比定为"柴达木"，而哈密顿则译为"政南"，其实它是"紫亭"对音，差之毫厘，失之千里，可见悬殊之大。其次，汉语地名考证，必须牵涉地理沿革变迁，同时也要牵涉大量汉文文献，西方学者对此多不熟悉，难以查阅，而古语与今语不同，西方学者理解不易，甚至断读为难。如哈密顿用敦煌文书中"政南"比附 tcidyaimä，其实"政南"实是"正南"，所指乃方向而非地名。哈密顿虽然引用不少汉籍文献，比上引西方学者为多，但汉籍"汗牛充栋"，西方学者掌握不易，这样在地名考证上，容易疏误、遗漏，影响地名的落实。因此仍然存在不少问题。

唐以后五代，南北宋分裂之际，汉籍西北史料极感缺乏，而以新疆地区为甚，《文书》所提供西北史地、民族材料极为难得，有不少皆为汉文记载所无，汉文书至今尚未见内容有如此丰富、详细。至于少数民族文书中则更属绝无仅有，所以一经刊布，西方学者立即认为它对中亚史地研究的重要价值。《钢和泰藏卷》在西方之东方学界几为人所尽知，但在东方则研究不多，日本仅有个别论著中论及，而在我国过去由于没有托马斯、柯诺 1929 年刊布之原著，知者更少，仅岑仲勉先生利用西方学者早期论文中地名材料加以比附，而称之为于阗文护照，其所利用仅为三十年代柯诺、克劳逊、托马斯、贝利等人早年论著。当时对和田文研究仅属开始，不仅通读存在问题，汉籍及其他有关材料亦少利用，地名、人名仅据音似，疏误甚多。我国学者黄茂琳于 1979 年曾刊布《和田文书"使河西记"地理研究》，但终以未见托马斯、柯诺所刊《敦煌所出两种中世纪文书》原著，所以虽曾三次赴新疆实地考察，但多有不同。后获托马斯等人原著，又于 1981 年绕塔里木盆地考察一周，行程万里，经数年研究。该项研究已获重要进展，发表了《哈密顿〈钢和泰藏卷〉辨正》一文，刊布在《亚洲文明》。由于他们的成果在国内不易见到，故综合哈密顿和黄茂琳等人的研究，将《钢和泰藏卷》地名考释列于后。

第 10 行第 3 个地名 Phimāna 城。此城即《大唐西域记》之媲摩，它与坎城是一是二，旧未能决，沙畹认为是一，但无确证。此文以坎城与媲摩城实有区别，并非一地。案斯文海定所收和田文书，有一和田文与汉文对译，见贝利《和田文书》四集 24 号和田文书有"汝闻令后，全镇的人和汝所有牲畜全入 Phema 城"，汉文书作"人畜一切，尽收入坎城防备"。所以，Phema（媲摩）即坎城，因和田、汉文书对照，而完全解决。

第11行第1个地名Tsādikā城。哈密顿比定为卡克里克（Carklik）亦即今之若羌，这是不对的。此城为离于阗后第二站，不可能远至若羌，且后文自有相当若羌之程站，故不会是Carlik之对音。第一程为坎城，第二城得为兰城镇，兰城应为《大唐西域记》尼壤之省译。Tādika如不在尼雅，亦必在其前后，不得远至若羌。

第11行第3个地名Kadakä城。此城或为尼雅乐安得尔古城。现在安得尔牧场之北，有二古城，此城或为其一。

第11行第4个地名Kadakä地区（或人）的城。Kadak对音无疑为怯台，亨廷顿《亚洲之脉动》称为Katak－Shari，即Katak城，尚有遗址，西距安得尔138英里，东距楼兰故城264英里，在且末东南。

第11行第7个地名Ysaba－däparrum城。此处地名应分写为Ysaba－däparrum，däparrum可转写为diparrum等于dipar，而Ysaba为萨毗，等于吐蕃文书之Tshalbyi，吐蕃文书中有"Tshal－byi的Cercen"，cer－cen为鄯善，今之且末，故Ysaba－däparrum即萨毗且末，等于吐蕃之Tshal－byi的Cer－cen，其地所指即且末。

第13行第3个地名Kuacū，即汉籍中瓜州之对音。

第13行第4个地名Sinäśe。按晋元康五年置新乡县，隆安四年增置会稽、广至、常乐、新城四郡，而新城治新乡，后周废新乡为镇，《通典》174："瓜州南至新乡镇一百八十里"，sinäśe当为新城对音，其他在瓜州南180里。

第13行第6个地名tcīdyaimä城。此城为紫亭对音，紫亭镇为曹氏六镇之一，与tcīdyaimä音韵完全吻合。今敦煌南200里党河北有党城，与《图经》所记紫亭山方位、里距皆合，即紫亭镇遗址。

第14行第3个地名hvedu城。黄茂琳考订为"合黎"对音，《元丰九域志》建康郡领祈连、合黎二县，古有梨水即今张掖河，合黎城必在张掖河上。

第14行第4个地名PumKarä（Fukarä）城。黄茂琳考订为伏谷对音，《太平寰宇记》肃州下"北回纥界伏谷泉三百里"，方位皆合。

第15行第1个地名Sauhäicū城。有人将此地考订为酒泉治所肃州。哈密顿则倾向于认为Saukjū是Saūjūan（酒泉）的一种不规则形式。

第15行第2个地名Lāhä：Pum城。唐肃州辖酒泉、禄福、玉门三县，《文书》肃州、玉门皆有，不能独缺禄福，故可比定Lāhä对禄，Pum对福，可以吻合。

第15行第3个地名Kvinä－kam。这是建康的对音。《元和郡县图志》中认为建康军创建于695年，位于甘州治所以西二百里。建康距今之高台县不远，位于甘州西北九十千米处。

第15行第4个地名Lvainä－tsvaina城。此地名之音当对“暖泉”。高台西南有暖泉堡，或即此地。

第16行第1个地名Kamacü城。此即甘州的对音。《世界疆域志》中的Khāmčü肯定是指甘州。

第16行第2个地名Laicu城。此地名当对凉州。

第16行第3个地名Sāhwā。此地当为朔方的对音。这是唐代和五代时期黄河河套的一方镇，其治所为灵武或灵州，位于今黄河东岸灵州的西南。

第17行第2个地名Secūbisekhamthe。这一词组意为“西州诸城”。西州为唐代所建，地处高昌王国的疆域内。在910年，“西州”一名系指回鹘汗国。

第17行第3个地名Icū。这是伊州的对音，其治所为哈密（Qamīl，Qomul），汉籍中又称之为伊吾。

第17行第4个地名Kauyākä城。唐伊州有三县：伊吾、纳职、柔远，《文书》伊州、纳职皆有，故Kauyaka应为柔远。Ya（n）可对“远”，“Kau”可能对“怀”，怀远与柔远同义，地名多以为名，可能为民间通用。

第17行第5个地名dapäci城。托马斯将此地考订为纳职，也就是Lapäuq，位于哈密以西60公里的地方。

第18行第1个地名Phūcanä城。克劳逊将此定为鄯善，也就是《马可·波罗游记》中的Pucian。此城在唐代时被称为蒲昌，王延德又称之为宝庄。

第18行第2个地名sakāhä城。托马斯将之考订为Sögä，即楚辉的对音，哈密顿则认为sakānä应作Sak－āhä，考订为赤谷。据《唐书》地志记载，赤谷位于罗护（又称纳库或惠井子，位于现今哈密至鄯善县之间的大道上）的西北，相当于斯坦因《亚洲腹地考古记》中的Jam－bulaq。

第18行第3个地名tsiäkyepä城。黄茂琳考订为赤谷对音。

第18行第4个地名’iṡumä城。第19行第2个地名Yuṡumä城。黄茂琳考订为“于湛”对音，吐鲁番出土文书数见于湛城，“于”对“Yu”，而湛对“Sum”甚为吻合。于湛属柳中而在其东60里。《文书》下文仅隔一地名后即属柳中（鲁克沁），方位正合。

第19行第3个地名hve’－tsverä城。黄茂琳考订为“郝遮”对音，郝遮为后庭三镇之一，《新唐书·地理志》庭州后庭下有“蒲类、郝遮、咸泉三镇”，hve对“郝”，tsverä对“遮”，完全吻合。唐郝遮镇在奇台东北40里。

第 19 行第 4 个地名 dūkäcū 城。当为柳中之对音。位于吐鲁番东南。

第 19 行第 5 个地名 ttiyakä 城。哈密顿考证为丁峪，吐峪沟即唐之丁峪，西北方言“n”丢失，“丁”（Tin）因后“－yu”音同化可变为“吐”（Tu）。

第 20 行第 1 个地名 tcyām－tsvainä 城。哈密顿定为“长泉”对音，《新唐书·地理志》伊州纳职下记至北庭路程有“又出赤谷口经长泉、龙泉百八十里有独山守提，又经蒲类百六十里至北庭都护府”，长泉、龙泉皆所经地名。

第 20 行第 2 个地名 Kautaai 城。哈密顿认为此城在《元史》中作古塔巴。它就是位于呼图壁（Khutubai）河畔的呼图壁城，地处迪化西北，昌吉和玛纳斯之间。如果可以解释清楚 ñ＝b 的话，那就可以肯定Kantañai 即 Kutaibai，也就是古塔巴或今之呼图壁。

第 20 行第 3 个地名 SecūmistäKamtha 城。哈密顿认为该词组本意为“西州府城”，指高昌。当时回鹘国可能有双都，即北庭（别失八里）和高昌。

第 20 行第 4 个地名 Pamjäkamtha 城。此地为“五城”，突厥语中叫作别失八里（Beš－balīq），而汉籍称北庭。其城址很可能在古城。

第 21 行第 1 个地名 häinäbihärakänāmaKamtha 城。哈密顿认为其意可能为“一座叫作 Xan Bägräk 的城市”。实指别失八里城堡中“可汗王子城”。在伯希和敦煌写本第 2741 号中，“汗”字就被译成和阗文 häinä。和阗文中的 h 完全可以翻译突厥文和汉文中的 g，如 ühā 和 uha＝ügä 等。

第 21 行第 2 个地名 ṡaparṡ。已经有人将此考证为沙钵，位于北庭（古城）西五十至六十里处，即今之浮远城附近。

第 22 行第 1 个地名 Yirrūmcinä。普遍认为此城就是乌鲁木齐。参阅《世界疆域志》第 72 页第 3 条。

第 22 行第 2 个地名 Camaidäbadaikä。哈密顿认为该名肯定由 čamilbaliq 演变而来，与《世界疆域志》中的 J. M. Lkath 为同一地，即天山山后的五镇之一。

第 22 行第 3 个地名 argivābisāKamtha 城。这一词组的意思是“Argin 人的城”，而 Argi 肯定又是 Argi（焉耆）的派生词，位于今焉耆城偏西一些。

第 23 行第 1 个地名’ermvābisā Kamtha 城。其意为“’erma 人之城”。贝利根据《于阗国史》而认为’erma 人系指 Guzan 人，后者可能为古城（五城，别失八里），但也可能为凉州治所姑臧。如果取其后一种意义，那就是指嗢末人，有时也作浑末，一个由吐蕃人所统治的民族，在 910 年时居住在凉州地区。

第23行第2个地名Phalayākä城。黄茂琳考订此城为“蒲类”对音。

第23行第3个地名tturpanä城。此乃吐鲁番之对音。在10世纪中叶的一卷回鹘文敦煌写本中，曾经提到过吐鲁番人（turpanlir）。

第24行第1个地名bapanä城，托马斯已将此名比定为无半，玄奘曾认为此地位于高昌与笃进（托克逊）之间。

《突厥语大词典》第一卷西域地名研究

《突厥语大词典》（以下简称《词典》）的作者是维吾尔族的伟大学者马合木德·喀什噶里。《词典》成书于11世纪70年代，当为我国南宋时期。《词典》自1915年在伊斯坦布尔刊布以来，国外先后把它译成德文、土耳其文及乌孜别克等文的译本，俄文本也即将出版。同时还有许多学者正致力于《词典》的研究，已发表了许多专著和学术论文。国内自新中国成立后，也有一些这方面的论著发表，1981年出版了《词典》的维吾尔文第一、二、三卷。汉译稿交付出版。本文要参照维文本第一卷，研究书中出现的中亚、新疆地名的含义及地望。由于宋代的汉文史籍中，记述中亚地理方面的著作不多，因此，《词典》在这方面填补了这一时期汉文史籍中的空白。历史上中亚、新疆地名资料奇缺、杂乱，加之汉译地名的缺陷，许多非汉语地名难以复原，造成今天中亚、新疆地名研究的复杂化。

正如《词典》作者所说：“我花了几年的时间，考察了突厥人、土库曼人、虎思/乌古斯人、职乙/炽俟人、黠戛斯/柯尔克孜人的城市，冬夏的住所。在收集这些语词的同时研究并弄清了他们的语词的不同特性。”[1]正是基于这种情况，我们可以说《词典》是一部有价值的中亚、新疆地名文献。据不完全统计，第一卷所收地名有72条之多，其中对山川脉络、城镇方位、道路远近，当地居民及民间传说等都详加叙述。《词典》所附的圆形地图[2]是流传至今的最早而又最完整的中亚舆图，因此我们也可以说《词典》的作者是一位当之无愧的地理学家。

下面我们就第一卷中的地名按音序一一叙述并补注，因才学所限，错误难免，敬希批评指正。

（1）“阿勒呑（altun）”——离回鹘不远的一座大山，它的四周居住着许多游牧的突厥人。当祖尔卡尔纳音逼近秦的领土时，一位突厥战士用马刀砍死了祖尔卡尔纳音的一个战士，把他从头至肚脐眼劈成两半。在死去的战士的腰上，系着装了金币的钱包，它也被劈开，血迹斑斑的金币散落在地上。次日清晨，突厥战士看到血迹斑斑的金币，相互问道：'这是什么?'他们说：'AltunKan——金色的血'，于是在这里的一座大山也起了这个名字。(T. I. 122)

阿勒吞山，即今天的阿尔泰山。史籍上曾称"金徽山"和"金山"。[3]"阿勒吞"为突厥语"金子"之意，此山产金，故名。上述《词典》记述的"阿勒吞"一条，属民间传说，并非就一定是阿尔泰山的由来。

(2)"阿勒腾（altïn）"——下面，下游。(T. I. 147 页)

此词在中亚地名中常用来表示方位，如在喀什噶尔东北部有一地名叫阿图什。它南面不远处有一个村庄就叫"阿勒腾阿图什（altïnatux）"——下阿图什，在哈萨克斯坦伊犁河北部有一座叫阿尔腾埃麦利山脉，在阿嬷（alay）山谷南部的阿尔腾马扎尔（altïn－mazar）可能就表示"下面的坟墓"或"下面的陵园"之意。

(3)"阿鲁克——吐鲁克（arukh—turukh）"——为费尔干和喀什噶尔之间的一达坂名。又说"阿鲁克艾尔（arukhər）"——疲惫的人，该词用于别处也有此意。(T. I. 189 页)

(4)"阿什羌（axïqan）"——通往秦的道路上的一个落脚城。(T. I. 186)

(5)"阿鲁什（alux）"——喀什噶尔的一个村名。(T. I. 84)。此村离马合木德喀什噶里的家乡乌帕尔不远。[4]

(6)"阿拉姆特（aramut）"——一地名，位于回鹘汗国不远的一个突厥部落。(T. I. 187 页)

(7)"阿尔古（arghu）"——两山之间，在恒罗斯（或塔拉斯，今江布尔城）和八剌沙衮之间的城市就叫阿尔古，因地处两山之间。(T. I. 172 页)

"阿尔古"一名，《新疆图志》为"阿喇古"，《新疆识略》作"阿尔瑚"，谓在玉斯图阿图什（今阿图什县治）城东北八十里。今阿图什市北有阿湖，即阿尔瑚也。[5]"阿尔古"一名不见于更古的其他史料，作者说阿尔古一般指两山之间的隘路，显然阿尔古地区得名是因其位于亚历山大洛夫斯基山（楚河与恒逻斯之间的山脉）和楚—伊犁山脉之间。[6]

(8)"阿勒古克（alghukh）"——喀什噶尔的一个村名。(T. I. 136 页)

(9)"阿克萨依（akhsay）"——一地名。(T. I. 111 页)

"阿克萨依"一名，作者没有讲是在何处。我们疑为今天和田县南部的

“阿克萨依钦湖”附近。“阿克萨依”为维吾尔语“白河滩”之意。

（10）“阿兹克（azïkh）”——我们家乡的名字。（T. I. 86 页）

阿兹克在疏附县乌帕尔乡的“阿兹克”村（在苏赛尔山口）。“阿兹克”一词，作者释为“熊”。[4]马合木德于97岁时，逝世于阿兹克村，埋葬在今被称作“海兹莱提·毛拉姆（意为尊敬的学者）”陵墓。[7]

（11）“阿拉（ala）”——费尔干旁边的一个牧场名。（T. I. 111 页）

作者对阿拉一词释为“讨厌的（人）”，“花色（马）”和“二心、不忠”等意。

（12）“阿拉·牙尕奇（alayaghaq）”——为一边界地名。（T. I. 111 页）

“阿拉·牙尕奇”为维吾尔语“花木，杂色木”之意。

（13）“阿孜孜（aziz）山”——无法翻越的高山。（手抄本 T. I. 88 页）[1]

（14）“阿孜格什（azo7kïx）”——一地名。（T. I. 131 页）

（15）“布古尔（bügür）”——在库车和回鹘国之间的山上建立的一个城堡。这是边界。（T. I. 468 页）

《西域图志》为布古尔，也作玉古尔，汉代为轮台地，《史记》作仑头，即今轮台县治。“布古尔”系古维吾尔语，似为“肾，肾脏”之意。

（16）“八剌沙衮（balasaghun）”又呼虎思斡耳朵（Kuzordu）。（T. I. 168 页）

“虎思斡耳朵”一名的产生不会晚于766年，虎思/乌古斯人起源于九姓乌古斯[8]（即九姓）。“斡耳朵（ordu）”原系突厥“牙帐”之意，后转为“宫殿，王城”之意。“虎思斡耳朵”即乌古斯王城之意。此为西辽国都，在今托克马克城东四十里。[9]八剌沙衮即裴罗之对音，而沙衮则为将军，因此，遂有裴罗将军城之称，谓为纪念骨力裴罗（牛注—— 一说为突骑施黑姓可汗名阿多裴罗）而得名。[10]

（17）“布勒加尔（bulghjar）”——大家都熟知的一突厥城。（T. I. 596 页）布勒加尔为伏尔加河中游的一部落名称，其语言大多学者认为属突厥语。[11]

（18）“巴克尔勒格（bakhïrligh）”——距八剌沙衮不远的一个地名。（T. I. 644 页）“巴克尔勒格”手抄本释为“铜山”（手抄本 T. I. 457 页）。[1]

（19）“巴尔楚克（barqukh）”——是阿夫拉西雅普[12]建立的一城市。布合塔·纳萨尔（buhtanassar）的儿子 bətzən（一说 Bizen）葬于此。（T. I. 608 页）

巴尔楚克就是今天的巴楚。“巴尔楚克”《西域同文志》释为“回语（即维吾尔语)，楚克全有也、地饶水草故名。”

(20) “巴勒克勒格奥古孜（balïklih ogüz）”——盛产鱼的河流。此词（ogüz）在阿尔古部落语言中用来表示沼泽、泥泞的地方。(手抄本 I. 458 页)“巴勒克勒格”为突厥语“有鱼的”意思。

(21)“布喀其阿尔特（bukhaqart)”——一达坂名。(T. 184 页)

“阿尔特”表示“山口、达坂”之意，这中亚山区的地图上有许多以“阿尔特”结尾的地名：别迭里阿尔特（Beгeлвapм）[13]，库加尔特（kyгapт）[14]，木扎尔特达坂（muzart dawini）[15]，阿卡尔特（Akapм）[14]，克孜尔阿尔特山口（Кызы – KAp）[13]，图鲁噶尔特山口（Turugart）[16]等。显然阿尔特一词表示人们能够通行的达坂、山口之意，《词典》里有一则谚语道：“yalkhawgha ə xikartbolur.”（懒汉跨门槛，好似科达坂。）

(22)“巴格拉姆·库姆（baghram · kum)”——大沙漠、沙海。喀什噶尔和莎车之间的沙漠叫“巴格拉姆·库姆”。(T. I. 631 页)

在疏勒和莎车之间现在有个叫 baghakum 的沙漠，就是《词典》里的“巴格拉姆·库姆”。[17]

(23)“八尔罕（barhan)”——下秦的名字。离喀什噶尔不远的一个山上的城堡。此山产金矿。(T. I. 567 页)

参见“桃花石”条。

(24)“巴尔羌（barqan)”——地名（T. I. 567 页）。

(25)“霍扎尔（hozar)”——突厥国一地名。(T. I. 536 页)

(26) “伊拉（ïla)”——一河名。河两岸居住着突厥的样磨，土赫色（tohsi）及处月部落的一部分。此河就是突厥国的阿姆河（jδyhun)。(T. I. 124 页)

“伊拉”即今天的伊犁河。据《世界境域志》记载：“伊犁河，源于伊格拉吉·阿尔特山，向北注入亦思宽湖。”(应注入巴尔喀什湖，非此湖。)[18]伊犁河《前汉书·陈汤传》名伊列水；《新唐书》称伊丽河，亦名帝帝河；《西游录》叫亦列河。《西域同文志》把“伊犁”释为准噶尔蒙古语，为“光明显达”之意。待考。

(27)“依克奥古孜（ikkiθgüz)”——距湖不远有城名依克奥古孜，即“双河”之意，因位于伊犁河与另一河牙分奇（yafinq）汇合处而得名。(手抄本 I. 58/T. I. 80 页)

但在《词典》所附地图中，牙分奇画在伊犁河南，双河画在伊犁河北。1253 年欧洲旅行家鲁不路克在伊犁河北经过一 Equius 城。该城可能就是双河的拉丁文拼音。[19]

(28)“坎且克·赛依尔（kənqək səngir）”——塔拉斯旁边一个城名。此地为科普恰克的边界。(T. I. 626 页) 坎且克为一突厥部落。(T. I. 626 页)

“坎且克”又疑为佉沙。[20]

(29)“坎德（kənd）”——在乌古斯及其邻近的人民的语言里为“村庄”之意，在大多数突厥人民的语言里为“城市”之意，如费尔干城就叫“奥孜坎德”（θzkend）即“自己的城”之意。又如“赛米孜坎德”（Səmiz Kənd）也因是个大城而这样称呼。在波斯语里它为“Səmər kənd”。(T. I. 448 – 449 页)

“坎德”在现代维吾尔语里为“村庄”之意，在地名中用的较多。

(30)“苦散（Kusən）”——“库车”城的又一称呼。此城位于回鹘边界。(T. I. 526)

库车古称龟兹，《元史》作苦先，又作曲先和苦叉，都为龟兹的不同译音。“库车”在现代维吾尔语叫 Kuqar，来自 Kuqa（汉文古代写作龟兹Kutsi – kuqi）+古代龟兹语 ri（“城市”之意），即 kuqa + ri > kuqar，意为“龟兹城”。[21]《词典》谈到伊斯兰教疆域时说：“伊斯兰教的北界是库车（手抄本 I. 339 页）和布古尔（Bügür 同上 301 页），南界是且末（qurqən）城（同上，364 页）。”

(31)“克什米尔（kəmir）”——突厥国的边远城市。此城为天使苏来曼圣人所建。(T. I. 597 页)

“克什米尔”一词汉魏时称罽宾，唐代称箇失密，《西域记》作迦湿弥罗，《元史》作怯失迷儿。“克什米尔”为梵文“迦布耶布（神名）的住所”。一说意为梵文“从水中汲干的土地”。

(32)“喀尔纳克（kharnakh）”——乌古斯城。(T. I. 618 页)

(33)“喀普什（kapux）”——阿尔古国一地名。(T. I. 478 页)

(34)“克普恰克(khəfqakh)”——喀什噶尔旁边的一个地名。(T. I. 620页)

“克普恰克”在今阿图什市西北部的买依丹（maydan）河和奥尔吐苏（ortusu）河之间的一个村子。[22]克普恰克（或科普察克）为一突厥部落名称。

(35)“柯孜勒（khizil）”——横穿喀什噶尔的一条河名。(T. I. 512 页)

“柯孜勒”即今天的柯孜勒苏河，在今乌恰县境内。“柯孜勒”为突厥语的“红”之意。

(36)“库孜塔格（khuztagh）”——阳光照不到的山，只在傍晚左侧略有一点阳光。(手抄本 I. 315 页)。[1]

（37）“曼克什拉格（mankhixlagh）”——乌古斯家乡一地名。（T. I. 607 页）“克什拉格——冬窝子，过冬的地方。”（T. I. 607 页）

（38）“奥尔达（ordu）”——靠近八剌沙衮的一个城市。八剌沙衮城又叫虎思斡耳朵。”（T. I. 168 页）“汗城”，以此把可汗居住的喀什噶尔城叫作 kənd。（T. I. 168 页）

当时喀拉汗王朝的大可汗驻在虎思斡耳朵，付可汗驻地先是怛逻斯（塔拉斯），之后迁到喀什噶尔。[23] “ordu kənd”为“汗城”之意。

（39）“奥特鲁克（otlukh）”——塔拉斯附近的一个城名。（T. I. 133 页）“奥特鲁克——在该城居民的语言里意为马厩。”（T. I. 133 页）

（40）“奥孜（oz）”——喀什噶尔山上的一个冬窝子。（T. I. 110 页）

此村位于柯尔克孜州乌恰县南部，现在叫柯孜勒奥衣（khiziloy）。[24]

（41）“乌帕尔（opal）”——我们家乡的名字。（T. I. 99 页）

作者特别强调了这个大村庄距喀什噶尔西南 36 公里，直到现在还叫乌帕尔。[25]前面提到的“阿兹克”为今疏附县的乌帕尔乡的阿兹克村。[7]乌帕尔《西域图志》作鄂坡勒，《新疆识略》作乌帕尔。

（42）“恰格拉（qaghla）”——乌奇（uq）城外的一个牧场的名字。（T. I. 561 页）

恰格拉可能在今阿克苏阿苏克（asuk）的西部，现位于靠近乌什边界的恰格拉克（qaghlak）地区。[26]

（43）“丘尔羌（qurqan）”——且末（qərqən），秦道路上的穆斯林一边界之地。（T. I. 567）

“丘尔羌”在今且末县治，一说为今县治与塔他浪（Tartrang）之间。且末又称东尔臣，此地之国时为鄯善国所并。“鄯善”“车尔臣”可能都是“丘尔羌”的音转。汉代鄯善在今若羌县境，与今鄯善县不同。

（44）“苏拉格（suwlagh）”——地名。（T. I. 606 页）

苏拉格可能是今疏附县西北的苏拉格（sullagh）。[27]苏拉格可能就是疏勒，即粟特的一个村落。在丝绸之路上分布着许多经商的粟特人的村落，公元七八世纪时，这些粟特村落在各地颇受优待，享受着自治权。[28]

（45）“赛克尔买（səkirmə）”——和田路上的一个城名。（T. I. 638 页）

（46）“苏格纳克（sughnakh）”——乌古斯城。（T. I. 616 页）

（47）“斯特昆（sitkün）”——乌古斯城名。（T. I. 577 页）

（48）“塔拉斯（talas）”——怛逻斯（tǐraz）的名字和著名的城市名。此城有二：一个叫“乌鲁格·塔拉斯（ulugh talas）——大塔拉斯”；另一个是在穆斯林交界处，叫‘凯米·塔拉斯（kəmitalas）——小塔拉斯（T. Ⅰ. 474 页）。

塔拉斯（但逻斯）在今吉尔吉斯斯坦的江布尔城。“塔拉斯”一词的含义，《词典》释为：用麻织成的在赛马场和游艺场用的绳子。（T. I. 474 页）

（49）“吐曼（tümən）”——流经喀什噶尔中部的一条河的名字。（T. I. 522 页）

“吐曼”意为“万，许多”（T. I. 522 页）。

（50）“吐力格（torǐgh）”——喀什噶尔的一个牧场名。（T. I. 484 页）

吐力格可能在流经乌恰县东北部的吐尔尕特（torghat）大坂的吐尔尕特河之滨，现在此地还有吐尔尕特居民点。[29]

（51）“塔尔吐克（tartuk）”——样磨（yaghma）故乡的一个城名。（T. I. 611 页）

（52）“塔什干（taxkənt）”——夏西（xax）城的名字，原名是“塔什干”，即“石头城”。（T. I. 577 页）

作者在谈到此城时说，塔什干城还有“恰奇（qaq）”和“塔尔干（tark?nd）”等名字。在阿拉伯文献中是“夏西”，在塔吉克一波斯文献里是“恰奇”，而在突厥语文献中就是“塔尔干”。后一名称我们是从《词典》里找到的：“塔尔干”表示“附属的”。可汗统治者把隶属于他们的省称作塔尔干。（手抄本 I. 413 页）[1]

（53）“塔乌什干奥古孜（tawuxkhan θgüz）”——乌什（uq）城的一条河。（手抄本卷 1. 256 页）

此河从今乌什县城附近流过，现称“托什干（toxkhan）河”。[1]

（54）“塔姆尕（tamgha）”——注入大海、湖泊或注入大江的河流及分支，小舟在河里的停泊处也称为塔姆尕。（手抄本 I. 400 页）[39]

（55）“塔里木（tarim）”——注入湖泊和沙漠的河流的分支。

在回鹘边界上库车附近的一个地方也叫“乌斯米·塔里木”（usmitarim），那儿流淌的一条河也叫“塔里木”。（T. I. 514 页）“乌斯米·塔里木，是从伊斯兰[30]流往回鹘汗国的一条大河。此河在此注入沙漠。（T. I. 175 页）

“塔里木”一词的含义至今说法不一，一说为维吾尔语“脱缰之马”，一说为维吾尔语“宜于耕种之地”；一说为古匈奴语“撑犁”音转，意为“天”，引申为“圣贤”“光明”等意。我们认为《词典》的解释是正确的，因为这一解释说明当地居民和作者都了解塔里木河是流入湖泊的，同时知道中亚河流的令人吃惊的特性——消失于沙漠之中；“塔尔（tar）”一词通常表示“传播，移动，分布，消失”之意。现代乌兹别克语中“塔尔莫克（tar-mok）”一词表示“急流，支脉”。

（56）“塔德滚（tadghun）”——塔孜滚（tazghun）河，为幼发拉底（firat）河及其类似的一条流域。此词可当表示‘河’之意的‘奥古孜（θgüz）’一词来使用。（T. I. 570 页）

塔孜滚河指今疏勒和英吉沙之间的河流。[31]

（57）“桃花石（tavghaq）”——摩秦国名。此国和秦相距四个月的路程。实际上有三个：①上秦在东，是桃花石；②中秦为契丹；③下秦为八尔罕。而八尔罕就是喀什噶尔，但现今桃花石被称为摩秦，契丹被称为秦。（T. I. 592 页）

（58）“桃花石——”每一个大而古老的东西叫“tavghaqazi”，此词（tavghaq）也用于汗的称号。“桃花石汗（tavghaqhan）”意为“国家古老而又伟大的汗”。（T. I. 9592页）

桃花石一名为“强有力”之意，曾是建立我国北魏（386—534）王朝的一个操阿尔泰语系的民族拓跋的名字。[23]喀拉汗王朝在中国西部建立以后，大汗所上尊号中经常出现桃花石汗字样。汗国分为东西南部，这一称号也经常见于东、西两部大汗的全称之中。公元 1069 年在喀什噶尔成书的《福乐智慧》中就有这一称号；又如西辽的步离的斤称汗后。所上尊号为易卜拉欣·桃花石汗，这个称号见于他在 1059 年（回历 451）铸造的钱币上，而且凡有桃花石汗一名的地方，均易为阿拉伯语的“蔑力克”——秦，意为“中国之君”。[2]这表明了他们同东方祖国的关系，马合木德·喀什噶里自认自己是秦人，即中国人。

从作者对“秦”所作的释文中看，我们在处理秦/摩秦的译名时就必须把整体之秦[32]译为宋、契丹和喀什噶尔；中国就是由上述三部分组成的整体；摩秦[33]译为宋，狭义之秦译为契丹，这才更加切合当时的实况，也更体现《词典》作者的本意。[2]根据《词典》的记载，我们可以推测“上”和“下”是用来表示东方和西方的。须知上秦完全不是山国，而是辽阔的平原。相反下秦——是中国高山的一部分，操突厥语的各民族，其所以把“东”称为“上”，是因“上”意味着“太阳升起的地方”，“西”所以称“下”，是“下”表示“日落的地方”。马合木德·喀什噶里的圆形地图的方向是这样表示的：上—东，下—西，右—南，左—北。弄清了这一点，《词典》提到的“上秦”为中国东部，“下秦”为中国西部就容易理解了。

（59）“塔特·桃花石（tat tayghaq）”——突厥的一部，因为他们生活在桃花石的故乡，所以叫“塔特·桃花石”，“塔特”指回鹘；“桃花石”指秦。（T. I. 592）

（60）“塔特桃花石”—— 一谐音词，“塔特”一词表示“波斯（pars）”之意，“桃花石”一词表示“突厥”之意。伊斯兰国的著名解释是这样的，在一些地方也是这样。（T. I. 592 页）

有趣的是，喀拉汗王朝对穆斯林伊兰人和异教徒回鹘人都用一个词——塔特（tat）——称呼之（手抄本Ⅱ，224 页）。关于这个词的来源现在尚有争论。在民族学上，它现在用来称高加索操伊兰——突厥混合语的犹太人（塔特语为一种伊兰语，属伊兰语西支）。这个词在中亚土库曼人中用来指称有农业文化的人（包括希瓦人）。这个词在 11 世纪也用于这个意义。否则就不能解释为什么同一个词同时用来指称伊兰任何定居的突厥回鹘人。[34]

（61）“突厥（türk）”——“突厥”一词具有统一和众多之意。如问道：“你是谁?”答道：“我是突厥”这就具有统一之意。说“突厥军队已出发”时，表示众多之意。（T. I. 458 页）

（62）“突厥”——一突厥城名。（T. I. 455 页）

关于“突厥”一词的含义说法不一。一说为“强有力的”之意，[35]一说《隋书》把突厥解释为兜鍪，即头盔。国外万贝里解释为“创造者”之意。巴特曼诺夫解释为“以法规联合起来的人”。[36]前一说法较流行，即“强有力的”。

（63）“乌鲁什（ulux）”——村名，冬窝子名，为处月语。在八剌沙衮及相邻的阿尔古城中，居民称乌鲁什为城市之意。所以八剌沙衮城又叫库孜·乌鲁什（khuz ulux）。（T. I. 85 页）

库孜·乌鲁什与虎思斡耳朵都为“乌古斯王城”之意。

（64）“回鹘（Uyghur）”[30]——一国名。[37]此国有五城，这些城市是他们与祖尔卡尔纳音（zulkərnəyn）可汗协商后所建。“这些城市是唆里建（sülmi），此城为祖尔卡尔纳音所建，高昌（koqu），彰八里（qanbalǐk），别失八里（bəxbalǐk），养吉八里（yangǐbalǐk）。”（T. I. 152 页）

“唆里迷（sülmi）”——是 10—13 世纪时的名称，在此之前称作焉夷，阿耆尼（唐以前）之后叫作恰里斯（明末清初），喀喇沙尔（清以后到现在），就是今天的焉耆或焉耆附近。[38]在《词典》所附的圆形地图中，唆里迷被置于高昌以南，库车以东。

"高昌（khoqu）"——城名，也是整个地区名。（手抄本Ⅲ.168 页及 180 页）

高昌为今吐鲁番市哈剌和卓城，也称亦都护城。

"彰八里（qanbalǏk）"——又称昌八里等，为今昌吉。

"别失八里"——为今吉木萨尔县北后堡子北之破城子。为唐代北庭故城。"别失八里"系突厥语，为"五城"之意。[39]八里（balǏkh）（城市）一词和别失八里早在鄂尔浑碑铭中已有。《词典》中 balǏkh 一词被称解释为"黏土"。"城市"一词来源于其建筑材料。[6]据《旧唐书·地理志》记载："后汉车师后王庭，胡故庭有五城，俗号五城之地"。经实地考证别失八里城确系五部分组成，别失八里在回鹘史中占有极其重要的地位；840 年漠北回鹘西征至北庭，从此北庭始称别失八里；并成为北庭回鹘的真正中心，实际上的都城；至迟到 851 年，回鹘又以别失八里为基地进据西州建立了高昌回鹘王国，别失八里一度成为都城，后改为"陪都"。[40]

"仰吉八里"——疑为呼图壁以西，玛纳斯县治以东三十里，《西域图志》为阳巴勒噶逊。[30]

（65）"先曲（Xənqü）"——上秦路上的一个城市（T. I. 544 页）。

（66）"艾提勒（etil）"——伏尔加河。科普恰克国一河名。此河注入布勒加尔（里海），其中一支来自俄国。（T. I. 100 页）

（67）"艾提勒"——艾提勒河水奔流，撞击着岩石之脚，许多鱼和蛙在池中，由于河水泛滥，池水是满满的。（T. I. 100 页）

伏尔加河在布勒加尔人和哈扎尔人那里都称作艾提勒。这个词在楚瓦什语中为"河流"之意。《隋书》作阿得水。早在公元 2 世纪，即当（希腊）地理学家普拖雷家米时代，匈奴已出现在离伏尔加河不远的地方。艾提勒一名那时尚未出现。[6]

刘义堂认为铁勒，丁零等皆为古突厥语艾提勒（Etil）一音之转，其义为"河流"。故其部族乃因居于河宾而得名。[41]

（68）"奥祖克（θzük）"——因挖掘而形成的湖泊。自河流分出的河湾就叫"奥祖克苏（θzük suw）。（T. I. 97 页）

"奥祖克"一词在苏联卡腊卡尔巴克用得十分普遍，阿姆河的支流都带有乌贾克（即奥祖克）的后缀：喀拉乌贾克，库库贾克，苏廷乌贾克，季库贾克。

（69）"奥吐坎（θtükən）"——鞑靼（蒙古）原野上的一个地名。距回鹘不远。（T. I. 186 页）

（70）“奥古孜（θgüz）”——同阿姆河和幼发拉底河一样，表示所有汇集于大河流的名称。此词单用时，乌古斯语流行着“bənəgit”河的概念，因为它们的城市就濒临此河，他们的游牧民也在此河之滨生活。在突厥人民家乡的一些其他河流和水系也叫奥古孜。（T. I. 80 页）

“奥古孜”一词为“水，河流”之意，C. Л. 托尔斯托夫研究过这个词的含义，他写道：“突厥语奥古孜”一词具有两个基本含义——“河流”和“公牛。”希腊人称之为阿克斯（Akes）。中亚居民到 17 世纪时称阿姆河为奥古孜河。这是里海沿岸的游牧民族马萨格泰人的词，而马萨格泰人则属中亚突厥人种。[42]

B. B. 巴尔托里德也提到阿萨夫奥古孜是阿姆河的主要支流。[43]

“有一则谚语：kaynar θgüz keqiksiz bolmas——即使是湍急大河，也不会无处涉渡（也不会没有渡口）。”（手抄本 1. 371 页）

这样，奥古孜一词具有“水”“河流”“支流”这样一些独立的很普通的意义。古希腊的奥克斯（oks）、奥克苏斯（oksus）——就是被曲解的奥古孜“河流”一词。

（71）“玉栏（ür · ng）”——紧靠罗马国北部边界的一个地名，正确的写法是“外栏（w · r · ng）”（T. I. 182 页）。

（72）“于阗（üdün）——和田城的名字。在和田的居民也被称为“于阗”。（T. I. 104 页）

“于阗即今天的和田，“于阗”是 üdün 的汉文译音。《西域记》上说：“匈奴谓之于遁，诸胡谓之豁丹（kotona），印度谓之屈丹。”“于阗”是一个古和田部族或人们共同体的名称。后来汉文史籍翻译的尉迟姓氏的尉迟二字也是来自于阗（üdün）这个名称。

（73）“额尔齐斯（ərtix）”——河名，流经雅马克草原。由一些支流汇集而成，此水汇入湖泊。额尔齐斯的词意是这样的：它来自 ərtixmak 一词，具有“竞渡”之意。（T. I. 234 页）

“额尔齐斯”一词有人认为不是突厥语。[44]

参考文献：

[1]《词典》手抄本第一卷 44 页，这里的译文参照 X · X · 哈萨诺夫的俄文译出，载《东方地名》31 页，莫斯科 1962 年 .

[2] 张广达 . 关于马合木 · 喀什噶里的《突厥词汇》与见于此书的圆形地图 [J] . 中央民族学院学报，1978（2）.

[3] 谭其骧. 中国历史地图集（第三/四册）[M]. 北京：中国地图出版社，1996.

[4] 伊布拉音·穆提义，米尔苏里坦·乌斯曼. 关于喀什马合木德·喀什噶里陵墓的调查报告 [K]. 油印稿，1983.

[5] 冯承钧. 西域地名 [M]. 北京：中华书局，1980：6.

[6] [苏] 巴尔托里德. 中亚突厥史十二讲 [M] //耿世民，译. 中亚简史，乌鲁木齐：新疆人民出版社，1980.

[7] 伊不拉音·穆提义.《突厥语词典》及其作者马合木德·喀什噶里 [J]. 百科知识，1984（1）.

[8] 王小甫. 试论碎叶城与八剌沙衮城的兴替 [J]. 中亚研究资料，1984（1）.

[9] 冯承钧. 西域地名 [M]. 北京：中华书局，1980：10，30.

[10] 刘义棠. 维吾尔研究 [M]. 正中书局，1997：159.

[11] [苏] 巴尔托里德. 中亚突厥始史十二讲 [M] //耿世民，译. 中亚简史，乌鲁木齐：新疆人民出版社，1980：95.

[12] 阿夫拉西推普（afrasiyap）尽管是个非突厥语的名字。我们第一次从马氏书中知道。突厥古代民歌中的英雄阿勒普通阿（Alp Tonga）与阿夫拉西推普是一个人。(《词典》手抄本 I. 44 页）关于阿夫拉西推普的首府被说成是喀什（手抄本 I. 288 页），参见：[苏] 维·维·巴尔托里德. 中亚突厥史十二册 [M] //耿世民，译. 中亚简史，乌鲁木齐：新疆人民出版社，1980：115.

[13] 在吉尔吉斯斯坦的伊塞克库尔州。

[14] 在吉尔吉斯斯坦的奥什州。

[15] 在新疆昭苏县。

[16] 在新疆乌恰县。

[17] 参见《词典》（维文本）I. 631 页注 [1].

[18] 胡杜德·阿勒·阿拉姆. 王治来，周锡娟，译. 世界境域志（中世纪下半叶）[C] //新疆社会科学院中亚所. 中亚学会论文，1983.

[19] [苏] 巴尔托里德. 中亚突厥始史十二讲 [M] //耿世民，译. 中亚简史，乌鲁木齐：新疆人民出版社，1980：120.

[20] 马合木德·喀什噶里. 突厥语词典（乌兹别克文）[M]. “在喀什附近有说坎且克语的村子，居住在城市中的人则说王朝（喀拉汗王朝）突厥语”（第一卷）：65－66.

[21] 耿世民．试论塔里木盆地民族的融合和近代维吾尔族的形成［C］//新疆历史论文集．乌鲁木齐：新疆人民出版社，1982：269.

[22] 见《词典》（维文版）620 页注［1］.

[23] 耿世民．哈拉汗朝历史简述［J］．新疆社会科学，1982（1）.

[24]《词典》T. I. 110 页注［1］.

[25]《词典》T. I. 99 页注［1］，其中里程可能有误，应为 40 多公里，1∶1百万地图。

[26－27]《词典》T. I. 561 页注［1］.

[28] 穆提义．中亚地区的三个重要民族及其语言［C］//新疆历史论文续集．乌鲁木齐：新疆人民出版社.

[29]《词典》T. I. 484 页注［1］.

[30] 由于当时库车以西的居民信仰了伊斯兰教，而东部回鹘则仍信仰佛教，为了区别两者，称东部为回鹘，西部为伊斯兰。

[31]《词典》T. I. 570 页注［1］.

[32] 在印度，伊朗中亚地区，中国因秦国/秦朝而被称为秦，此说已成定论，参见：伯希和．中国名称起源考［J］．通报，1912，13.

[33] 摩秦，实由印度及穆斯林对中国的又一称呼——摩诃支那/莫诃支那——演变而来。这一演变在不少文献中有明确记载，例如 13 世纪波斯史学家剌失德丁就在他的《史集》中说道："在印度人的语言中，南部中国被称为摩支那/摩秦，意为'中国'，摩秦一词即由此产生。"参见：卡特梅尔布本《剌失德丁撰蒙古史》，转引注［2］.

[34]［苏］巴尔托里德．中亚突厥始史十二讲［M］//耿世民，译．中亚简史，乌鲁木齐：新疆人民出版社，1980：118.

[35] 中央民院民语系．古代突厥语文献选读（一）［M］. 1977：1.

[36] 魏萃．中国突厥语概论（总论初稿）. 1984：2.

[37] 指隶属于中国的地方政权。

[38] 耿世民，张广达．唆里迷考［J］．历史研究，1980.

[39] 冯承钧．西域地名［M］．中华书局，1980：105.

[40] 孟凡人．论别失八里［J］新疆社会科学，1984（1）.

[41] 刘义堂．维吾尔研究［M］．正中书局，1975：157.

[42] С. Л. 托尔斯托夫．引自露西早期史《古代民族学文集》［J］．苏联民族学，1947（617）：39—59.

[43] B. B. 巴尔托里德．有关咸海和阿姆河下游地区从远古时期至十七

世纪的情况［J］．塔什干，1902：76.

［44］［苏］巴尔托里德．中亚突厥始史十二讲［M］//耿世民，译．中亚简史，乌鲁木齐：新疆人民出版社，1980：124.

疏勒名称试辩

关于新疆“疏勒”一名的语别含义问题，国内外学者早有所述。主要有两种说法，一说以黄文弼先生为代表，他认为疏勒是突厥语，“突厥语称水为‘苏’，有水为苏勒克（Suluk），喀什噶尔水草丰美，故得此名。”[1]但许多学者，如岑仲勉、白鸟库吉先生等认为疏勒就是粟特一词之音转，为国内外学者普遍接受。近年有人提出，疏勒就是古突厥语的“有水”，再次肯定了黄文弼先生的说法，但遗憾的是，作者并没有对疏勒一名进行令人满意的科学考证。[2]因而我们觉得有必要进行进一步论证。虽然新疆地名考证起来令人头痛，加之我们学识浅薄，更是谬误难免，恳请专家指正。

“疏勒”在不同时期文献上称呼各异。（1）《两汉书》《魏书》《北史》《隋史》《新唐书》《旧唐书》《宋史》皆称疏勒国，疏一作疎。（2）《洛阳伽蓝记》《高僧传》《续高僧传》称沙勒。（3）《大唐西域记》为佉沙国。（4）《大慈恩寺三藏法师传》为沙落迦（Saraka）。（5）《梵文千字文》为婆罗娥（Saraga）。（6）西安所存《大秦景教流行中国碑》的叙利亚文中则为沙落伽（Saraka）。（7）《西域记》作窣利。（8）《梵语杂名》作苏哩（Suli）。（9）《大智度论四无畏义》作修利。（10）《寄归内法传》《求法高僧传·玄照传》作速利。（11）《晋书·西戎传》作粟弋。（12）《往五天竺国传》有石骡国或疑“螺”字衍文，白鸟库吉认为石骡为疏勒。

从上面已看出，从汉代至宋代的正史，均作疏勒，唐以后的佛教文献一作Saraka，一作Suli。我们知道沙落迦（Saraka）是梵语地名，因在梵语里，地名后常加“迦”或“伽”（－ka）。如沮渠，《西域记》作斫句迦，斫句与沮渠为同一词之音转。[3]又如恒河，梵语称恒伽（河）或殑伽（河）。[4]佛教文献之所以有两种写法，一种是按梵语书写的，另一种则是按当地发音记述的，如窣利、苏哩（Suli）。

疏勒一名汉代就已出现了。根据《切韵》还原为［Sinolək］，《广韵》

中的疏为［Suət］。我们知道，粟特语是以撒马尔罕方言为基础而形成的一种文学语言。敦煌附近发现的粟特文书（原来以为这是属于公元1世纪的，后来经亨廷顿考证，认为这是属于公元4世纪的），安达热在古楼兰废墟中发现的粟特文书以及塔吉克斯坦的穆哥山发现的粟特碑文等文献（这是在粟特人的故乡发现的唯一的粟特文文献）的语言，是属于4世纪以前的老粟特语。而敦煌、吐鲁番发现的摩尼教和景教文献是属于七八世纪的新粟特语。[5]

从语音学观点看，可将粟特语分为“d”方言和“L”方言两种。“d”方言是早期的粟特语，“L”方言是晚期的粟特语。现在仍然保存的泽拉夫善河上游的亚格马河流域的粟特语不属于这两种语言。“d”方言分布于粟特人的西部和北部地区；“L”方言分布在粟特人的东部和南部地区。按照“d”方言，“粟特”一词称作“Soghid”或者“Soghdakh”。[6]按照“L”方言，粟特一词称作Sulik，或Suli。而在喀什噶尔一带的粟特村落的语言是属于“L”方言的。因而不同的方言区，同一名称叫法就不一。在粟特人的聚居区称So·id或So·dak，而在喀什噶尔一带就称Sulik，或Suli。《突厥语大词典》第一卷就有村落名Suwlagh，这可能就是当地居民对疏勒一名的叫法。[7]如Suwlagh汉文就记作疏勒，［Siuolək］。汉语无gh［ə］音，见gh一般都写作k。可见疏勒是Sulikh的译音。而疏勒与粟特又根据方言的影响同一名称有不同的叫法。关于“粟特”的含义，匈牙利学者哈尔玛达最近曾撰文论述，认为“粟特”是古代伊朗语的“圣地”之意。[8]

窣利（粟特）语从发现的地区分布来看，是广泛地沿着西域交通路线而使用的。后来经过研究，才认识文书中所记月名，与11世纪学者俾鲁尼的著作中所用窣利语的月名相一致，遂决定其为窣利语。[9]从近年拾获的贵霜货币看，也是东汉或东汉之后，由“善商贾，好牟利”的粟特人带进来的，尽管贵霜王朝建于公元前2世纪，亡于公元6世纪中叶。但在楼兰遗址发现的粟特之书，则是属于公元4世纪前不久的粟特语。因此贵霜王朝统治下的粟特人，在古丝绸之路上活动的时间自东汉已经开始。[10]在吐蕃统治前的敦煌曾居住有不少粟特人。[11]产生于10世纪的《世界境域志》也有许多关于粟特的记载。其第十二章第二节说：“吐鲁番（T·f－qao）山山后有五个村子。”村名全为粟特语。并说“九姓古斯王夏天住在（其中的）Panjikath村”。密诺尔斯基说，这应是指北庭，即别失八里。第九章第二十二节记载：“布尔希姆（Bukk Himu）与纳维吉克特（Navijkahm）为粟特语，意为新城，当指罗布泊地区的康居村落。《沙州都督府图经》记载此地有康居聚落，是中国的两个城镇，地处海边，繁荣秀丽，地域广阔。其居民好战。”[12]11世纪的《突厥语大语典》在“soghdakh”条下注为：“迁居于八拉沙衮的一个部落。这些人来自粟特，生活在布哈拉和撒马尔罕之间。他们已经突厥化了。”[13]

公元前二三世纪时，塔里木盆地南缘的和田、巴楚（很可能也包括喀什在内）一带使用一种属于印欧语系伊兰语族中的中古东伊朗语（或几个方言），与现在塔什库尔干塔吉克自治县所使用的西格南（Shignan）语，尤其是瓦汗（wahan）语有渊源关系，现在一般称它为古和田语。[14]而东伊兰人就是南土耳其斯坦（伊朗）的巴克特里亚和索格底（粟特）人及伊兰高原东部的若干人民。[15]

总之，在七河区，天山南北各重要关隘、罗布泊地区、河西走廊，一直到唐朝的都城长安，都设有经商的粟特人的村落，其中以罗布泊地区的粟特村落为最有名。公元七八世纪时，这些粟特村落在各地颇受优待，享受着自治权。[16]粟特人的聚居地是分割为许多城邦小国或者庄园的。从七到八世纪，粟特语成了丝绸之路上重要的文学语言或共同交际语。[17]

通过以上分析和考证，我们认为疏勒就是粟特，古代伊朗语意为“圣地”。另外，甘肃的疏勒（河）与此意相同。

参考文献：

[1] 黄文弼．汉西域诸国之分布及种族问题［C］//西北史地论丛．上海：上海人民出版社，1981：65

[2] 苏北海．疏勒名称考［J］．新疆大学学报，1984（3）．

[3] 周连宽．大唐西域记史地研究丛稿［M］．北京：中华书局，1984.

[4] 季羡林．吐火罗语的发现与考释及其在中印文化交流中的作用［J］．语言研究，1956（1）．

[5] 依布拉音·穆提依．中亚地区的三个重要民族及其语言［C］//新疆历史论文续集．乌鲁木齐：新疆人民出版社，1982.

[6] 马合木德·喀什噶里．突厥语大词典（维文本）第一卷［M］．乌鲁木齐：新疆人民出版社，1984：615页有“Soghdakh”，说它是“迁居于八剌沙衮的一个部落”。

[7] 牛汝辰．突厥语大词典（维文）第一卷中亚地名研究［J］．西北史地，1987（2）．

[8] 黄振华．粟特文［C］//中国民族古文字．中国民族古文字研究会编，1982.

[9] 羽田亨著，张宏英译．中央亚细亚的文化［M］．上海：上海商务印书馆，1941：61－62.

[10] 陈汝国．楼兰古城历史地理若干问题探讨［J］．新疆大学学报，1984（3）．

[11] 池田温．八世纪中叶敦煌粟特人的村落［J］．欧亚文化研究（一号），1965//转引［日］森安孝夫．关于伊斯兰时期以前的中亚史研究［J］．中国史研究动态，1981（4）．

[12] 王治来，周锡娟，译．世界境域志［M］．乌鲁木齐：新疆社会科学院中亚研究所，1983.

[13] 马合木德·喀什噶里．突厥语大词典（维文本）第一卷［M］．乌鲁木齐：新疆人民出版社，1984：615.

[14] 耿世民．试论塔里木盆地民族的融合和近代维吾尔族的形成［C］//新疆历史论文续集．乌鲁木齐：新疆人民出版社，1982.

[15] 麦高文．中亚古国史［M］．北京：中华书局，1958：70.

[16]—[17] 依布拉音·穆提依．中亚地区的三个重要民族及其语言［C］//新疆历史论文续集．乌鲁木齐：新疆人民出版社，1982.

新疆地名中“喀拉”一词辨析

《新疆维吾尔自治区地名录》中，带有“喀拉”一词的地名约有410条之多。“喀拉”这个词不仅见于现今的地名，也常见于史籍，如《阙特勤碑》中的“喀拉湖”，[1]《暾欲谷碑》中的“喀拉库木”，[2]以及9世纪末期至11世纪初期，我国西域著名的地方政权之一的“喀拉汗王朝”等。“喀拉”在汉文史籍中，常常写为“哈喇”“喀喇”“哈拉”等。“喀拉”这个词自古至今沿用不衰，到底是什么意思呢？“喀拉”系阿尔泰语系的同源词，突厥语为“khara”，蒙古语为“hara”，本义为“黑的”。新疆一些地名中的“喀拉”确有此意，如kharamay（喀拉玛依），“玛依”是维吾尔语“油”的译音，全名意为“黑油”，新疆最大的油田即因此而得名；又如kharakax（喀拉喀什）是墨玉县的维吾尔语称谓，“墨”当然是黑的，墨玉即黑玉，等等。

但是，如果把四百多地名中的“喀拉”，都以“黑”来理解和翻译，未必是妥当的。有些地名中的“喀拉”所表明的事物外观并不黑，有的甚至是相反的。如“喀拉库木”中的“库木”，意为沙或沙漠，喀拉苏中的“苏”意为“水”。不论是沙或水不但都不是黑色的，而却都是浅色的，因此，把它们中的“喀拉”译为“黑”就不对了。那么，对这样众多地名中的“喀拉”怎样理解和翻译呢？笔者认为，只有依据当地的具体情况，结合“喀拉”的本意、引申义和民族习惯来理解和解释，才可能接近或符合地名的原意。例如据近人研究，我国北方一些民族都习惯把方位和颜色联系起来表示某种含义，如北方—黑色，南方—红色，东方—青色，西方—白色，而以北方为尊，从而尚黑，使“黑”具有伟大、最高等含义。这可从高昌汗国的国旗用黑色得到证明。

综上所述，笔者认为新疆地名中的“喀拉”除以本意理解和翻译外，还应从以下几个方面来理解和翻译。

一、“喀拉”表示“伟大”“高大”“神圣”等意

喀拉和卓（kharahoja），在今吐鲁番市。《金史》和《南游记》译为“和州”，《元史》译为“哈剌火者”“哈剌霍州”“哈剌火州”“合剌和州”等。“和卓”，法国人伯希和考订为：“高昌”之对音，丁谦考订为：“此地极热，夏日如火，人物多成黑色，故曰哈剌火州。哈剌者黑也。回语称尊贵人曰和卓。”[3]刘义棠沿袭伯希和“和卓”为“高昌”对音之说而释为“神都高昌”。《西域同文志》曰：“哈喇和卓，人名，传有哈喇和卓，旧居其地故名。”

“和卓”可归纳为两点，一说为“高昌”音转，一说为尊贵人之意。现很难断定谁是谁非。如果“和卓”为“高昌”音转，可释为“圣都高昌”，如果为后一说，可释为“伟大的和卓”或“尊敬的和卓”。

喀拉奥尔达（kharaorda），在今喀什。史籍上曾称“哈喇斡耳朵”，又有人称“卡拉屋尔达”。喀拉汗王朝建都于八剌沙衮，名为“喀拉奥尔达”。“奥尔达”（orda）原为突厥语“牙帐”之意，后转为“宫殿”“王城”之意。喀拉奥尔达可释为“圣宫”“圣都”。

喀喇沙尔（kharasar），在今焉耆县。《西域同文志》说此名为维吾尔语。“沙尔，城也，其城年久色黑故名。”其说显然是根据后来的情况而言。此地很早就是丝绸之路上的重镇之一。汉代为焉耆国员渠城，北魏设焉耆镇。唐代其地置焉耆都督府。明代改国号名为亦里把里。《西域图志》称“哈喇沙尔”。喀喇沙尔可释为“圣城”。

喀喇昆仑（kharakorum），即今日的喀喇昆仑山。喀喇昆仑，《新疆志略》释为维吾尔语，意为“黑磨石”。《中国古今地名大辞典》释为维吾尔语，意

为“黑石块”。日本人野强氏说：“喀拉昆仑（ karakorum）省而为昆仑（korum），转讹而为昆仑（kunlun）。”然而我们知道昆仑（kunlun）的出现比喀喇昆仑出现要早得多。昆仑早在《禹贡》和《山海经》上就已出现，而喀喇昆仑的出现大约在清代，因而此说难以成立。此外，尽管“昆仑”与“喀喇昆仑”之“昆仑”汉字一样，但语音不同，前者是（ kunlun），后者为（korum）或（koram）的译音。“昆仑”（kunlun）《辞源》释为汉语“广大无垠貌”。一说为岑仲勉先生的于阗文“南方”之意。“喀喇昆仑”之“昆仑”（koram）可能为维吾尔语“巨石”之意。由此“喀喇昆仑”可释为“高大巨石”，以此来形容巍峨的喀喇昆仑山。再则，喀喇昆仑山外观并不黑，大多山峰到是白雪覆盖，也可作为旁证。

喀拉塔格山（ kharatagh），在托克逊、吐鲁番、柯坪、阿图什、疏附等县均有此名。系维吾尔语，“塔格”为“山”之意，喀喇塔格山可释为“高山”“大山”。

喀拉塔木（ kharatam），在墨玉县，察布查尔及裕民等地亦有此名。它系维吾尔语，“塔木”意为“墙”，喀拉塔木可释为“高墙”（或“黑墙”）。

喀拉吐干（ karatoghan），在于田县。系维吾尔语，“吐干”意为“拦河坝”，喀喇吐干可释为“大拦河坝”。

二、“喀拉”表示宽广和辽阔之意

喀拉库木（ kharakhum），在轮台、阜康、木垒等县。系维吾尔语，“库木”意为“沙、沙漠”。喀拉库木可释为“大沙漠”。

喀拉阔布（ kharakobi），在哈巴河县。系突厥语，“阔布”意为“戈壁”，喀拉阔布可释为“大戈壁”。

喀拉达拉（kharadala），在特克斯县。系突厥语，达拉意为原野，喀拉达拉可释为辽阔的原野或沃野。

三、“喀拉”表示液体的清亮和纯净之意

喀拉乌苏（haraus ），为乌苏市的蒙古语称呼。《新疆乌苏县志》称为“库尔喀拉乌苏”，并释为蒙古语“黑雪水”之意。“乌苏”意为“水”。“喀拉乌苏”可释为“清亮的水”，因为在蒙古语里一般液体的“黑”实指“清亮”“纯净”之意。如白酒为 hara arhi（直译为黑酒），白开水为 hara us（直译为黑水）。

喀拉布拉克（kharabulakh），在霍城、昭苏、于田等县。系突厥语，“布

拉克”意为“泉”，喀拉布拉克可释为“清泉”。

喀拉库勒（kharakul），在阿克苏、布尔津、巴楚、洛浦、莎车等县。系突厥语，“库勒”意为湖，喀拉库勒可释为“清湖”。

四、“喀拉”表示树木的众多，有“林”“丛”等意

喀拉巴格（kharabagh），在疏附、伊宁、库尔勒、叶城等县。系维吾尔语，“巴格”意为果园，喀拉巴格可释为“葱郁的果园”。

喀拉吉格代（kharajigda），在乌苏、焉耆、霍城等县。系突厥语，吉格代意为沙枣，喀拉吉格代可释为“沙枣林”。

喀拉托海（kharatokhay），在特克斯县。系突厥语，托海意为灌木，喀拉托海可释为“灌木丛”。

五、“喀拉”表示程度的强烈

喀拉克孜勒塔格山（kharakhizil tagh）在和硕县。系突厥语，克孜勒意为红色，塔格意为山，喀拉克孜勒塔格山可释为“深红色的山”。

喀拉阔足克（kharakozuk），在墨玉县。系维吾尔语，阔足克意为旋风，喀拉阔足克可释为“狂旋风”或“黑旋风”。

以上考证只是笔者的一点极不成熟的认识，难免有误，仅供参考。

参考文献：

[1]—[2]中央民族学院民族语言文学系. 古代突厥语文献选读第一分册[M]. 1977.

[3] 冯家升，程溯洛，穆广文. 维吾尔族史料简编（上册）[M]. 北京：民族出版社，1981.

[4] 冯承钧. 西域地名[M]. 北京：中华书局，1982.

[5] 丁谦. 元经世大典图地理考证（卷一）[M]. 杭州：浙江图书馆. 台版艺文印书馆印行发行，1964.

[6] 中国历史地图集编辑组. 中国历史地图集（第七—八册）[M]. 上海：中华地图学社，1974.

第四章　地名文化考源

地名与文化

地名是文化的镜像。地名学的研究犹如一座蕴藏丰富的综合性矿山，可供开采挖掘的“财富”众多。从文化学的角度来审视，可以发现这里面有许多内容都与我们民族文化息息相关。如地名与文化的关系就包括地名与社会文化心理，地名与社会生活，地名与宗教信仰、图腾崇拜、民族迁徙，地名对文化的反作用，等等。因而有必要以新的理论背景、新的切入视角对地名学做一较为全面、系统、深入的研究。我们认为，地名现象千差万别，纷纭复杂，但归根结底，它是人类文化之一。人类生存的环境和地域为何要有名字，地名如何发展演变，地名的形式结构，地名的内隐含义等，都是由文化这个总根派生出来的，都可以从文化学的角度加以解释和验证。就连地名的物质材料——语言文字，也是文化在表层的投射反映，是文化的一个组成部分。正如英国著名的人类学家马林诺夫斯基所指出的那样：“一切对于人类活动、人类集团及人类思维和信仰的个别专门研究，必会和文化的比较研究相衔接，而且得到相互的助益。”[1]

一、地名是一种文化现象

文化是一个复杂的概念。当今比较有倾向的看法是将文化限定于精神领域。其内容大致包括：语言、信仰、命题、规约、公众价值观、行事方法、常规、风俗，还有宗教、哲学、艺术、社会心理等。它是“历史上所创造的生存式样的系统”，“具有为整个群体共享的倾向，或是在一定时期中为群体的特定部分所共享”。[2]文化可以体现为不同的形态。美国人类学家克鲁克洪指出，它“既包括显性式样又包括隐性式样”。这个观点给我们的地名与文化的研究以很大的启示。作为人类文化的一个组成部分，地名实际上是显性式样和隐性式样的综合体。地名的物质材料——语言文字形式及地名的结构模式等，均属于地名与文化的显性形态；而地名的形式和结构背后所反映的信仰、习俗、道德观、价值观、文化心理、美学观念，等等，则是其隐性内涵。显性形态是隐性内涵的外化，受隐性内涵的种种影响和规约；通过显性形态的描写、分析，可以比较准确地把握隐藏在其背后的种种观念，从而揭示出地名与文化的种种深刻内涵。

根据系统论的观点，我们可以把复杂的地名现象看作一个系统。这个系统内部包括专名、通名、地名词缀、简称、雅称、俗称、全称、旧称等因子，它们构成了地名系统内部的关系网络；这个系统外部则同文化、历史、社会、地理、生活等因子有着广泛而深刻的联系，构成了地名系统外部的种种关系网络。前者的关系网络表现为地名文化的显性的、表层的形态，后者则积淀成地名文化的隐性的、深层的内涵。把地名的表层形态和深层内涵之间的对应关系揭示出来，正是地名学研究的主要目的。

地名，首先是一种语言现象。作为专名学中的地名，与一般的语言现象相比，有其自身特点。第一，特指性。每一个地名都与具体的所指对象相联系，都是某个地域或地点的特定标志。如深圳，特指广东省南部与香港相邻的我国经济特区。第二，符号性。用于地名的语言材料与普通词汇不同，它们大都失去了其在语库中原有的含义，主要作为一种指别的符号。如“上海”并不是“上面的海”，“天山”也不是“天上的山”的意思。

除了特指性和符号性的特点之外，地名还具有变异性的特点。这种变异性主要体现在功能上。地名的功能是指别，一个地名特指一个具体的地域。但是在现实生活中，地名的这种特性也会发生程度不同的偏离，产生变异现象。这就是所谓的“功能变异”。[3] 由于人们命名中某种共同心理的影响，地名常可能发生同名，这样，地名的特指性就要打折扣了。例如在中国叫“城关镇”的有几百个，同时大约每个县（市）内有20%～40%的村庄名称使用姓氏。一些大姓村庄的重名现象尤为严重，如浙江省嵊州市面积1828平方千米，有自然村2276个，其中同名的村庄306个，多为姓氏名称的村庄重名，如王家村、张家村、黄家村等。

地名除了功能上有变异性之外，其形式也存在着变异性。如在语音上，由于历史的原因，地名中许多字有其特定的读法。如“百色”读bo se，“龟兹”读qiu zi，“六安”读lu an，“乐亭”读lao ting。有时甚至地名的基本结构也可能发生变异。如汉语地名为“专名+通名”结构，而我国壮侗和藏缅等语族的地名则为“通名 + 专名”结构，如西藏的“错龙（湖）”“错那（湖）”，“错”意为“湖”。由于受汉语的影响，现在的壮侗和藏缅语族的地名大多都变成了“专名 + 通名”结构，如“扎日南木错”“纳木错”等。

地名系统内部的种种变异大都与系统外部因素有关。形式的变异反映了历史文化的变迁，结构上的变异则反映了不同文化之间的交融等。如果说，地名的特指性、符号性特点使之作为一种语言现象，那么，地名的种种变异现象，则作为地名与文化密切联系的一个切面。它一方面使地名系统的表层形态复杂丰富，另一方面则同深层的文化内涵紧紧联系在一起，从这个意义上说，地名不仅仅是一种语言现象，本质上它还是一种文化现象。

二、地名是文化的载体

地名与文化共生。它是人类文化不可分割的一部分，是人类文化发展的必然结果，是人类文化的标志之一和首批果实。地名的历史同语言本身一样古老。地名从它产生的那一天起，便成为人类文化一个密不可分的组成部分。

地名与文化共变。人类文化从古到今已有近百万年的历史，文化也经历了由简单到复杂、由单一到丰富的发展过程。地名在这个过程中是与文化同步发展的。例如图腾产生之前，原始人群过着游徙生活，既没有群体名称，也没有地名。图腾产生之后，每一个群体都以某种动物或植物作为自己的图腾，并以它作为自己的名称。由于每一个群体、每一个氏族都有自己的图腾名称，所以，当他们定居于某一个地方后，人们往往以其群体或氏族的名称作为该地的名称。因此，最早的地名大多是图腾名称。李玄伯曾说：“……最初只有图腾之分，而无地域之别。所谓先有英吉利人而后有英格兰，英格兰名字，得自英吉利人。”他认为：“我国最古的地名，大部是图腾的名字。用这种图腾（姓）的团（氏族），因定居在某一地，就用图腾以名其地。”据他考证：虞地得名因驺虞（仁兽）氏族定居，扈地得名因扈鸟氏族定居，燕地得名因玄鸟氏族定居。[4]彝族曾以虎为图腾，主要表现在本民族的自称与虎的名称相同。云南哀牢山有彝村名“罗摩”（母虎），所居山冈名有“纳罗”（黑虎）。凉山州北邻峨眉山为彝族故居，彝称“罗目（即罗摩）山”，即母虎山。[5]“峨眉”一名也许就源自罗摩。

地名是文化的镜像。文化渗透在人类社会生活的各个方面，对各种社会现象和人们的各种行为都产生潜移默化的影响。地名是人们的社会行为产生的结果，与社会心理、社会生活、风俗习惯等因素都有关系。透过地名的种种镜像，可以观照到文化在社会心理、社会生活、风俗习惯等方面的投影。

在地名中有许多避讳的实例，如鲁隐公名“息姑”，当时鲁国史官避讳，便将地名“姑蔑”省称为“蔑”。鲁哀公的父亲鲁定公名“宋”，避讳“宋”字。所以在鲁哀公同衅夏对话过程中，衅夏避讳“宋”字，将“宋”称之为“商”。汉高祖刘邦，避讳“邦”字。汉代人凡“邦”都称国。

地名是文化的载体。地名和其他语言现象一样，在文化的发展过程中，充当了运载、传播的工具和角色。由于年代的久远、岁月的淘洗，上古许许多多的文化内容已湮不可考，但正是在地名中，还保留着不少上古文化的痕迹。如在今云南省红河哈尼族彝族自治州元阳县南部的黄草岭、俄扎乡一带的哈尼族腊咪支系，至今尚保存着较为完整的“地名连名制”。[6]从地名连名可以看出一母寨分出若干子寨，这些子寨又繁衍出新的子寨，子寨名称都带有母寨名称的一个字。如“堕铁”→“多沙”（即堕铁沙）→“多普”（即多沙普）→“多洛”（即多普洛）→“多脚”（即多洛脚）。地名连名制的产生是与氏族制度密不可分的。在氏族制度下，每一氏族在发展中分为若干女儿氏族，这些女儿氏族与母亲氏族组成胞族；若干胞族组成部落；若干部落又组成部落联盟。一方面氏族分裂出女儿氏族；另一方面，原有的村寨也分裂出女儿村寨。这些分裂出来的氏族，其内在的联系必定是血缘的联系，而外在的联系及其形式则是地名。地名连名制的出现应早于父子连名制，因为前者产生于氏族分离和村寨分裂之时，而后者产生于父系家庭建立之后。所以从某种意义上说，地名连名制曾给父子连名制以启示。

参考文献：

[1] 马林诺夫斯基．文化论［M］．费孝通，译．北京：中国民间文艺出版社，1987.

[2] 克鲁克洪，等．文化与个人［M］．杭州：浙江人民出版社，1986.

[3] 何小平，林文彪．试论地名的重名现象［J］．绍兴师专学报，1989（3）．

[4] 李玄伯．中国古代社会新探［M］．北京：开明书店，1949.

[5] 牛汝辰．地名与中华民族的图腾崇拜［J］．社会科学战线，1988（3）．

[6] 王清华．元阳哈尼族“地名连名制”试探［J］．云南社会科学，1984（5）．

地名与中华民族的图腾崇拜

“图腾”始见于朗格的《印第安旅行记》。印第安语意为“他的亲族”。马克思说：“图腾一词表示氏族的标志或符号。例如狼是狼氏族的图腾。”法国涂尔干（E. Durkhein）说：“一大群人，彼此都认为有亲属关系，但这个亲属关系，不是由血族而生，乃是同认在一个特别的记号范围内，这个记号，便是图腾。”朱天顺说：“图腾崇拜实际是自然崇拜或动物崇拜与鬼魂崇拜（或祖先崇拜）互相结合起来的一种宗教形式。”[1]

从民族学、历史学、考古学的资料证明，我国各族多具有一个基本相同的神话传说，表达一个共同的思想意识：各族远祖是同出自一个葫芦里伏羲、女娲兄妹或夫妻相配的子孙。龙女娲部落主要代表苗、黎、壮、佤、蒙古、满等各族的原始先民；虎伏羲部落主要代表羌、彝、白、纳西、土家等各族的原始先民。汉族是以龙虎两部落为基础融合而产生、发展、壮大起来的。龙虎文化主要表现在以上民族的自然崇拜、图腾崇拜、祖先崇拜等原始宗教方面。在我国历史上，夏有“龙旗虎历”，商有“龙虎尊”，周秦有“龙虎纽”，刘邦有“龙虎气”，东汉经学大师写有《龙虎赋》，诸葛亮“龙骧虎视”，唐宋有“龙虎榜”。迄今常说的中华民族“生龙活虎”，其闻具有内在联系；即它们都是出自一个葫芦里龙女娲和虎伏羲的子孙。[2]

伏羲又写成“包羲”，女娲写成“炮娲”。“包”“炮”义为匏或瓠（均读胡），义为葫芦。“娲”的音义均为瓜即葫芦，羲为戏，包戏为匏瓠，伏羲和女娲都是葫芦，即“汉族以葫芦（瓜）为伏羲、女娲本身”。换句话说，葫芦是伏羲和女娲的共同体，葫芦转为“槃瓠”，槃转为盘，瓠转古，由槃瓠转为盘古。川、滇凉山彝文典籍《勒俄特依》记载，藏、彝、汉三族的始祖同出自一个葫芦。凉山彝族自治州美姑县南境有彝村名“葫芦寨”，[3]即因传说人出自葫芦而取名。滇西南的佤族也是出自葫芦的龙种，在沧源和西盟两个佤族自治县之间的阿佤山有一个岩洞，佤语名为“司岗里”。“司岗”义为成熟的葫芦，“里”义为出来，意思是人出自葫芦，于是称这个岩洞为“出人洞”。佤族传说，从这个象征葫芦的岩洞里，最先出来的是佤族，依次为汉、拉祜、傣各族。[4]沧源县旧称“葫芦国”，它与佤族传说人出自葫芦有关。

云南哀牢山彝族祭祖时，在葫芦瓢凸面绘虎头，悬挂门楣，表示本户为虎族祭虎祖。彝族曾以虎为图腾，主要表现在本民族的自称与虎的名称等同，凉山彝族把本民族的父系氏族为母虎“勒摩”。哀牢山上段的彝族，多自称“罗罗”或“罗”，男人自称“罗罗颇”或“罗颇”，女人自称“罗罗摩”或“罗摩”，对虎的称呼和人一致。哀牢山有彝村名“罗摩”（母虎），所居山冈名有“纳罗”（黑虎），意为母族黑虎族居住的村落、山冈。凉山彝族的虎图腾在所居地名也有反映。他们世代游牧及至今栖息的山脉名叫“纳拉山”（雅砻江和金沙江的分水岭），大凉山中心地区有若干村名叫“罗罗”。“罗罗摩”，意为黑虎族、虎族、母虎族所居的山脉、村落。凉山彝族自治州北邻峨眉山是彝族故居，彝称“罗目”（即罗摩），即母虎山，有彝文典籍名《罗目山经》。[3]

彝族和纳西族尚黑，崇拜黑虎。滇、川、黔白族和鄂土家族尚白，崇拜白虎。云南、贵州的白族自称“白子”或“比子”，湖南、湖北的土家族自称“比兹”，两族的自称基本相同，都崇拜白虎。从这两族自称可追溯其虎图腾的历史渊源。白族所居滇西大理白族自治州首府下关市东南，据康熙《大理府志·山川》记载有毗雌江，俗名比齐河。民国《大定县志》（卷五）记载，贵州毕节市是因所居“比跻—白罗罗”（白族）而取名。《元文类·招扑》说，今贵阳市和惠水县之间，元代有“必际县”为必际人居住。毗雌、比齐、比跻、毕节、必际都是白族自称，“白子”的别写。伏羲在《管子·封禅篇》和《淮南子·览冥训》里均作“虙戏”，二字均从“虍”，其义为虎，与白族和土家族的虎图腾相同。《说文》：“虙，虎皃（貌），从‘虎’，必声。”则虙戏可读必戏、必息、必子、比兹，其音与白族和土家族自称相同。[2]

伏羲出生于西戎或西羌即羌戎地区。昆仑一名与羌戎相关。《汉书·地理志》记载，“临羌县有昆仑山祠”，在青海西宁县西；《十六国春秋》记载“酒泉南山即昆仑山之体”，此在甘肃酒泉。这些都是古羌戎居地，往西迁达葱岭亦有昆仑。

昆仑山为西王母居山，《山海经·大荒西经》说：“西海之南，流沙之滨，赤水之后，黑水之前，有大山名曰昆仑之丘。有神—人面虎身，有文有尾……有人，戴胜，虎齿有豹尾，穴处，名曰西王母。”西王母的原形体是西羌的母虎图腾，经后人把它神格化之后又作了人格化，却成了周穆王西巡慕恋的人物。《列子·周穆王篇》记载：（穆王）“遂宿于昆仑之阿，赤水之阳。别日升于昆仑之丘，以观黄帝之宫，而封之以诒后世。遂宾于西王母，觞于瑶池之上。西王母为王瑶、王和之。”

“昆仑”是肚里空虚的葫芦的别称，《淮南子·坠形篇·高注》：“昆仑，虚门也。”居昆仑虚门的西王母很像以葫芦为合体的虎伏羲和龙女娲的综合，其形象似虎，性别为女。唐代李冗《独异志》记载早先流传于各民族间的一则神话：昔宇宙初开之时，只有女娲兄妹二人在昆仑山。这就以伏羲、女娲兄妹相合为一而演变为居昆仑的西王母。广西壮族的神话，伏羲、女娲避洪水的葫芦置于昆仑山。今广西南宁东北在唐宋时已有“昆仑山”之名。昆仑和葫芦与羌戎相关，因之两者可互换。

古羌戎西迁达于帕米尔葱岭，便以葫芦的化名“昆仑”作为发脉于此的山脉之名。当羌戎向东达山东半岛渤海，于是渤海三神山蓬莱、方丈、瀛洲均名为“葫芦”。《水经注》说：“方丈亦有昆仑之称”。今蓬莱（登州），据《大明一统志》卷三十五《山东·登州府》记载，也有大昆仑和小昆仑山。[2]

在龙虎图腾中，虎图腾的对象是单一的、明确的、固定的；龙图腾的对象是综合的、笼统的、复杂的。同一个民族对于龙的看法也不一致，哀牢山彝族以穿山甲（龙鲤）为龙，滇南峨山、新平县彝族以蜥蜴（山壁猴）为龙，四川凉山彝族以一种红色的小花蛇为龙；很多地区的汉族以鱼为龙，有些汉族以蛇或蛙为龙，汉代东方朔认为蜥蜴是龙。在古人看来，水生动物，水陆两栖动物乃至鸟类可互相变化，特异者能成龙，它是鱼、蛙、龟、蛇、蜥蜴等鳞虫类及鸟类的综合。[5]例如福建省的“闽”，据《说文》：“闽，东南越，蛇种。”《福建通志》指出了《说文》的不足：“以其地多虫，多蛇，非虫种，蛇种也。”这显然是古代氏族社会中图腾的遗迹。古以闽地多蛇，对蛇颇为敬畏，故以蛇为图腾，相沿既久，后来就变成了地名。又如巴蜀的“巴”，古为巴国，今重庆市辖巴南区。据《山海经·大荒北经》载：“西南有巴国，有黑蛇，青首，食象。”《说文》解释：“巴，虫也，或曰食象蛇。”这显然也是一种对虫（蛇）的图腾崇拜。[6]

云南有鹤拓一名，泛指白族居住的广大南诏地区，有时指大理，有时指鹤庆。“鹤拓”为白语“俄坤”的意译，“俄”指白鹤，“坤”指开拓、发展。[7]“鹤拓”一名的起源直接与白族先民的白鹤图腾崇拜有关。据元代《白古通记》说：“时观音大士开疆、水退、木翳，人不敢入。有二鹤，自河尾日行其中，人始尾鹤而入。刊斩渐开，果得平地以居。”王叔武先生认为徐元虔《南诏录》说“南诏别名鹤拓”，其义盖本于此。[8]传说牟伽陀祖师开辟坝子成功以后，成群结队的白鹤飞来庆贺，因此给坝子赐名“鹤庆”。又传说牟伽陀泄水开疆后，有一天突然一声惊天动地的巨响，海坝中心长出两棵松树，一对丹顶白鹤飞来绕树起舞，以示庆贺，人们便叫这个新开辟出来的坝子为鹤庆。这些传说反映了白族的白鹤图腾崇拜。人们认为祖先可以保佑后代子孙，遂有“人始尾鹤而入，刊斩渐开，果得平土以居”的说法。意思是人们的第一个祖先白鹤保佑引导人们开拓了这些地方，“鹤拓”就是从这类白鹤图腾神话演变来的地名。[9]另外，在云南祥云检村石椁墓中发现的编钟上的“两虎相斗”和“两鹤相争”的图案，自然也是虎、鹤图腾的形象。据章鸿宇先生调查：“每年旧历三月二十五日，鹤庆县松桂公社的三庄村，都要举办传统的娘娘会。传说，娘娘名叫鹤妹，她是一只白鹤生的，每到她的生日这天，三庄村娘娘庙就要办会纪念她。”这个白族的白鹤图腾神话说明，白族认为自己的祖先是“一只白鹤生的”。[10]李元阳纂《嘉靖大理府志》记载“禽之属五十九”，把鹤列为第一种，说明明代大理尚有白鹤。直到今天，白族人仍把白鹤视为吉祥圣洁的象征。

又如山西汾河一名，最早见于公元前11世纪以后西周社会的诗歌中。据《史记·周本纪》记载：“汾”也作“邠”。“邠”因临汾水为邑而名，为水域则为汾。“汾”之含义，大概是由原始社会时期，居住在这一水域的一个崇拜凤鸟图腾的氏族，以凤为图腾的族名和地名进化而来。说汾河之得名源于凤鸟，在历史学、古文字学特别是在语言学上均得到确切的印证。[11]殷代甲骨文，有“卜其皿（盟）凤方”等几条卜辞，均有凤方的记载。但这卜辞“凤方”之凤从声读，却不读作凤，而是读作分。甲骨文中“凤方”之凤字通假为风，而风字按其古音读作分。因此汾河得名是在夏代以前的原始社会时期，与一个曾定居于在这一水域的凤方所崇拜的凤鸟图腾有关。[12]又如，以崇拜鸟图腾最为清楚的商族，《诗》云“天命玄鸟，降而生商”，其族定居的“燕山”就是崇拜候鸟燕子图腾而得名的。

中华民族的龙虎文化，始自远古女娲、伏羲，经由夏、商、周、秦、汉，一贯而下。龙是“阴物”，虎是“阳物”，这“阴阳二神”“混生俱生”。女娲是龙，伏羲是虎，一阴一阳，相互依存。夏虎、商龙也是龙、虎相依；因而，夏有“龙旗，虎历”，商有“龙虎尊”。

我国远古龙、虎图腾，分别由女娲、伏羲两部落代表。虎伏羲部在其发展过程中，分衍为炎帝、黄帝两部落，各融合其周围大大小小的其他图腾部落。龙女娲部落在其发展过程中，包括了鱼、龟、蛇、蛙、蜥蜴、燕、鹊、狼、犬等为图腾的部落，并融合了其他各图腾部落。龙女娲和虎伏羲这东西两大部落的融合，是中国历史上的第一次民族大融合，由此产生我国第一个统一政权夏朝。夏商分别代表虎、龙两部落中的先进者，周代称其为“夏”，春秋时称之为“华”，然后合称为“华夏”。汉族脱胎于夏、商之前虎、龙两部落的第一次各族先民大融合。到春秋战国时期，经吴、越、徐、荆、巴、蜀、戎各族大融合，这是我国历史上第二次大融合，从而产生秦、汉统一政权，汉族随之形成。中国皇帝自命为龙，皇后为凤，则当为龙凤文化。古人认为鸟为龙类，则凤自当属于龙类，皇帝皇后都同是龙。因此，自远古以来便是龙虎文化。[5]正因为如此，在我国各个时期的大地上，有无数的“龙”“虎”地名。如《中国历史地名大辞典》[13]收有“龙”字起头的地名，就有255条，还不算约200条同名的。例如：龙潭、龙泉、龙岩、龙女、龙山、龙川、龙子、龙井、龙屯、龙王、龙爪、龙牙、龙化、龙水、龙平、龙丘、龙穴、龙石、龙巨、龙田、龙母、龙池、龙江、龙伏、龙安、龙州、龙回、龙光、龙坊、龙多、龙耳、龙血、龙沙、龙里、龙门、龙角、龙车、龙谷、龙岗、龙虎、龙居、龙奔、龙爬、龙店、龙坪、龙陂、龙来、龙首等。此书收入“虎”字起头的地名也有近百条。例如：虎子山、虎子坑、虎井、虎井屿、虎尾、虎形、虎狼山、虎头山、虎头埤、虎头溪、虎林街、虎耳、虎牙、虎忙、虎牢、虎村、虎冈、虎门、虎市、虎皮、虎母、虎爪、虎山、虎丘、虎洞、虎峪、虎峰、虎豹、虎崖、虎渡、虎跳、虎猛、虎跑、虎头、虎狮、虎沟、虎踞、虎龙、虎翼、虎蹲、虎啸、虎岭、虎瞰、虎北口、虎榜，等等。此书所收三万余条主要是些有名的大地名，小地名就更多了。1983年版的《中国地名录》收词3200万条，光带“龙”字起首的地名就330条。[14]如果注意一下北京市的地名，就会发现其数之多让人吃惊。这些地名基本上都与我们中华民族的龙、虎图腾崇拜有关。

参考文献：

[1] 杨正伟．试论苗族始祖神话与图腾［J］．贵州民族研究，1985（1）：51－59.

[2] 刘尧汉．中华民族龙虎文化论——联接中国各族的龙虎文化纽带渊源自远古女娲、伏羲的合体葫芦（上）［J］．贵州民族研究，1985（1）：38－51.

[3] 中国科学院民族研究所，四川少数民族社会历史调查组．凉山西昌彝族地区土司历史及土司统治区社会概况［M］．1933.

[4] 中国科学院民族研究所．云南少数民族社会历史调查组佤族简史简志合编［M］．1963.

[5] 杨正伟．试论苗族始祖神话与图腾（下）［J］．贵州民族研究，1985（2）．

[6] 史为乐. 谈地名学与历史研究[J]. 历史研究,1982(1)：187－192.

［7］方国瑜．唐代后期云南安抚司（南诏）地名考说［J］．历史研究，1982（3）：127－144.

［8］王叔武．云南古佚书钞［M］．昆明：云南人民出版社，1996.

［9］张了．“鹤拓”考说［J］．地名集刊，1985，（1）．

［10］白族娘娘会［N］．大理报，1983－09－29.

［11］王克林．甲骨文中所见“凤方”与舜、夏人的关系［J］．贵州民族研究，1983（1）．

［12］王克林．汾河释名［J］．地名知识，1984，（3）．

［13］郑梁生．中国历史地名大辞典［M］．三通图书公司，1984.

［14］测绘研究所地名研究室．中国地名录（中华人民共和国地图集地名索引）［M］．北京：地图出版社，1977.

中国民族语地名的多元文化背景

地名，是民族文化的产物。深入地研究中国地名将有助于挖掘中华民族的文化遗产。[1]

我国是统一的多民族国家，50 个少数民族的人口占全国总人口的 6.7%，其分布面积占全国总面积的 62.5%。汉族人口虽多，是由少数民族融合而成的，越往古代，今少数民族的先民的分布十分广阔。据《史记·夏本纪》引先秦《尚书·属贡》、《后汉书·郡国志》、唐《括地志》、宋《舆地广记》、《大明一统志》、清《读史方舆纪要》等等历史地理典籍记载，先秦的所谓“蛮、夷、戎、狄”遍布全国。历来称为中原的河南省，其境临汝县西南，据《读史方舆纪要》记载有“蛮城”，[2]为春秋时“戎蛮国城”：中原尚且有“蛮城”，它的周围自然曾有更多的“夷戎”环居其境。因此，研究我国民族语地名及其文化就具有极其重要的价值。

不同的民族具有不同的文化，因而在我国这样一个多民族大家庭里民族语地名就呈现出多元的文化背景。

一、从地名看图腾崇拜

图腾地名是图腾崇拜现象在现代社会的遗存。从民族学、历史学、考古学的资料证明，我国各族多具有一个基本相同的神话传说，表达一个共同的思想意识、各族远祖是同出自一个葫芦里伏羲、女娲兄妹或夫妻相配的子孙。

龙部落主要代表苗、黎、壮、佤、蒙古、满等各族的原始先民；虎部落主要代表羌、彝、白、纳西、土家等各族的原始先民。汉族是以龙虎两部落为基础融合而产生、发展、壮大起来的。龙虎文化主要表现在以上民族的自然崇拜、图腾崇拜、祖先崇拜等原始宗教方面。

伏羲又写成“包羲”，女娲写成“炮娲”。“包”“炮”义为匏或瓠（均读胡），义为葫芦。“娲”的音更均为瓜即葫芦。羲为戏，包戏为匏瓠，伏羲和女娲都是葫芦，即“汉族以葫芦（瓜）为伏羲、女娲本身”。换句话说，葫芦是伏羲和女娲的共同体，葫芦转为“槃瓠”，槃转为盘，瓠转古，由槃瓠转为盘古。川、滇凉山彝文典籍《勒俄特依》记载，藏、彝、汉三族的始祖同出自一个葫芦。凉山彝族自治州美姑县南境有彝村名“葫芦寨”[3]，即因传说人出自葫芦而取名。滇西南的佤族也是出自葫芦的龙种、在沧源和西盟两个佤族自治县之间的阿佤山有一个岩洞，佤语名为“司岗里”。“司岗”义为成熟的葫芦，“里”义为出来，意思是人出自葫芦，于是称这个岩洞为“出人洞”。佤族传说，从这个象征葫芦的岩洞里，最先出来的是佤族，依次为汉、拉祜、傣各族[4]。沧源县旧称“葫芦国”，它与佤族传说人出自葫芦有关。

彝族曾以虎为图腾，主要表现在本民族的自称与虎的名称相同。云南哀牢山有彝村名“罗摩”（母虎），所居山冈名有“纳罗”（黑虎），意为母虎黑虎族居住的村落、山冈。

凉山彝族世代游牧及至今栖息的山脉名叫“纳拉山”，“纳拉”意为黑虎。凉山中心地区有若干村名叫“罗罗”“罗罗摩”，意为黑虎族、虎族、母虎族所居的山脉、村落。凉山彝族自治州北部峨眉山是彝族故居，彝称“罗目（即罗摩）山”，即母虎山。

在龙虎图腾中，虎图腾的对象是单一的、明确的、固定的；龙图腾的对象是综合的、笼统的、复杂的。同一个民族对于龙的看法也不一致，哀牢山彝族以穿山甲（龙鲤）为龙；滇南峨山，新平县彝族以蜥蜴（山壁猴）为龙；四川凉山彝族以一种红色的小花蛇为龙；很多地区的汉族以鱼为龙，有些汉族以蛇或蛙为龙，汉代东方朔认为蜥蜴是龙。在古人看来，水生动物、水陆两栖动物乃至鸟类可互相变化，特异者能成龙，它是鱼、蛙、龟、蛇、蜥蜴等鳞虫类及鸟类的综合。例如福建省的“闽”．据《说文》：“闽，东南越，蛇种。”《福建通志》指出了《说文》的不足：“以其地多虫，多蛇，非虫种，蛇种也。”这显然是古代氏族社会中图腾的遗迹。古以闽地多蛇，对蛇颇为敬畏，故以蛇为图腾，相沿既久，后来就变成了地名。又如巴蜀的“巴”，古为巴国，今重庆市辖巴南区。据《山海经·大荒北经》载：“西南有巴国，有黑蛇，青首，食象。”《说文》解释：“巴，虫也，或曰食象蛇。”这显然也是一种对虫（蛇）的图腾崇拜。又如山西汾河的得名是在夏代以前的原始社会时期，与一个曾定居于这一水域的凤方所崇拜的凤鸟图腾有关。又如以崇拜鸟图腾最为清楚的商族，其族定居的“燕山”，就是崇拜候鸟燕子图腾而得名的。[3]

二、从地名看宗教信仰

宗教对人类的影响是无孔不入的，它包括人类社会生活的各个领域。通过地名也可以发现不同的宗教对人类社会的影响程度。

今天在受宗教影响比较深的西藏地区，其宗教色彩的地名就很突出。古代西藏曾普遍信奉过一种称之为“本教”的宗教，最初，它流行于后藏阿里一带，后来自西向东逐渐传播。在佛教传入西藏以前，本教几乎渗入了以上地区的各个角落。至今西藏还保留了一些与本教有关的地名。如聂荣县的彭赛、彭尼两地名，前者意为“本教地阴坡”，后者意为“本教地阳坡”。洛隆县的白达卡，意为“本教寺坡上村”。巴青县的本塔，意即“本教地”。聂拉木县的盆岗，意为“本教房屋”。

佛教势力自7世纪中叶开始传入西藏地区。今天在西藏地名中，带有藏传佛教性质的就有相当的数量。以人名作地名的以古印度僧人莲花生之名最为突出。如白朗县的乌兼拉，意为“莲花生大师山”；谢通门县的沃间，意为“莲花生大师”；察隅县的乌金白玛拉，意为“莲花生大师山口”。以佛境世界为地名的有堆龙德庆县的县名，察隅县的吉太曲、类乌齐县的古然多等，均含有“极乐地”的内容。芒康县的县名，即“善妙地域”。闻名中外的布达拉宫的宫名，也是“普陀罗”的译音。以佛、神、菩萨名作为地名的有聂拉木县的赛卓玛、幽玛、问卓玛，其意为“黄金度母”“碧玉度母”“海螺度母”。度母是藏传佛教的女神名。南木林县的石莫、错那县的斯莫，意为“罗刹女”，女罗刹在佛教中被当作绝美妇人。以佛教术语作为地名的有：加查县的玛尼溪卡，意为“六字明咒庄园”。所谓六字明咒即佛教秘密莲花部之“根本真言”。加查县的卡多，意为“悟空”等。以宗教活动为地名的有：南木林县的多角，意为“讲经”；萨迦县的曲定，意为“讲经地”。聂荣县的希楚迪，为“诵经小丘”。这些地方历史上可能举行过某些讲诵经书的活动。

比较本教色彩和佛教色彩的地名，看得出数量悬殊，这完全证实了西藏佛教战胜本教的历史事实。从宗教地名的分布，也可以不同程度地说明不同宗教的影响范围。本教地名今天主要出现在远离人口密集的政治中心地带，而多数处在边远山区，如聂荣县、巴青县、洛隆县、左贡县、定日县、聂拉木县等，这反映了本教势力的影响大多被限制在边远之地。[4]

三、从双语地名看民族杂居

所谓双语地名，是指一个地方有两种或两种以上的名称并行使用，其中主要是当地少数民族有一个叫法，汉族另有一个叫法，两种叫法之间既不是译音，也不是译意。新疆境内有87个市县，其中约有37个（不包括重名的）市县有两个共存的名称。例如：乌苏市，维吾尔、哈萨克族称“西湖”；轮台县，维吾尔族称“布古尔”；于田县，维吾尔族称克里雅；伊宁市，蒙古、哈萨克、维吾尔族称“古尔扎”；青海省的青海湖，蒙古族称“库库诺尔”，藏族称“错温布”；云南省的芒市，是佤族、德昂族的叫法，而傣族则叫“勐焕”，汉族称“潞西”；等等。[5]双语地名的形成主要是多民族杂居和民族变迁造成的。以上所举双语地名实例就是民族杂居的有力证据。

古代新疆南部，在西汉、魏晋南北朝和隋朝生活着许多操印欧语系的古代民族，主要是东部伊朗语族的各部族，他们在和田、喀什、库车等地占据有相当重要的地位，因此在这些地区的古地名中，从那些语言通留下来的词占有重要的地位。如今这些地名的汉语名称多是从那些语言音译过来的，如喀什、和田、库车、且末、鄯善、若羌等。而这些地名的民族语名称多是新疆突厥化以后由突厥语民族命名的。从公元6世纪起，古代和田塞语、粟特语、龟兹语等开始融入突厥诸语言。到了11世纪左右，这一突厥化过程已基本完成。从人种构成的角度看，现代的维吾尔民族是以维吾尔为主体的突厥语诸族，以及古代塞人、粟特人、月氏人和元代蒙古人逐渐相互融合而形成的多元的民族。这说明民族融合往往是由于民族杂居造成的。上述一些地名正是新疆历史上民族杂居、融合的活化石。[6]

四、从地名看民族迁徙

在中国历史上，曾出现过无数次的社会动乱，尔后，有的民族南下，有的百姓西迁。在这一次次的迁徙和移民中，原来的家乡地名被带到了新地，有的地名甚至成为迁徙的唯一记录[7]。在我国西北，有许多地名显示了古代中亚民族迁徙的踪迹。例如“疏勒”一名，至少有三处，一为新疆喀什市附近的疏勒县，一为甘肃河西走廊的疏勒河，一为青海的疏勒山。笔者认为“疏勒”一名是“粟特”一词的方言音转。[8]粟特为一中亚古代民族。粟特语从发现的地区分布来看，也是广泛地沿着西域交通路线而使用的。粟特人在古丝绸之路上活动的时间自东汉已经开始。产生于10世纪的《世界境域志》一书也有许多关于粟特人的记载。其第十二章第二节说，“吐鲁番山山后有5个村子”，村名全为粟特语。“粟特”系古代伊朗语（与粟特语有渊源关系）“圣地”之意。今天沿着古丝绸之路分布的“疏勒”地名，正是古代粟特人在古丝绸之路上活动和迁徙的写照。

又如颜师古注《汉书·地理志》龟兹条说：“龟兹国人来降服者……处之于此县，故以名云。”龟兹县故址在今新疆库车县，而龟兹县故城在今陕西，这说明汉代已有新疆龟兹人向陕西移民了。如新疆乌什（县），清朝从吐鲁番往乌什移民，从吐鲁番迁到乌什的人，就把乌什叫乌什吐鲁番。在伊宁附近有个地名叫吐鲁番玗子。据清代记载，清朝也从吐鲁番往伊犁移民屯田，这个地名也是原吐鲁番人带到这里的。米泉区的羊毛工，是因青海西宁羊毛工人迁来之后，将地名带到这里的。现在新疆地名中至少有10个以上的地名是以“莫尕里（或英尕勒）”命名的，如在英吉沙、疏勒、岳普湖等县均有，这应是蒙古族称的遗存，这与元代以后蒙古人向新疆移民有关。又如昌吉市的兰州湾子、玛纳斯县的凉州户、莎车县的天津邦、昌吉市的陕西工等名称，都与新疆近现代的移民有着密切联系。[6]

五、从地名看奴隶制遗迹

在我国殷代的甲骨文中有多处地名的记载。据陈梦家统计，甲骨文中有500余处地名的记述。[9]

（1）“……五日丁未，在𦎫圉羌。”（前7、19、2）

地名，在今河南省沁水以西，是殷代的一个重要地点。圉，在此用为动词，意即将抓获的羌奴囚禁在监狱中。陈梦家认为这条卜辞证明𦎫地去羌不远。这就说明在距羌不远的地方设立了监狱，用以囚禁猎捕的羌奴。

（2）“甲戌［卜］，贞䇂自泐圉，得不其得？”（库267+库276）

地名。卜辞内容是：甲戌日占卜，问有奴隶从泐地监狱里逃跑，抓得到吗？抓不到吗？

综上所述，根据在卜辞中代表监狱的“圉”字前面常冠以地名这一线索，说明了殷代在全国各地设有监狱这一重要事实。[10]

在四川凉山地区，由于长期存在着奴隶制，在现今的地名上还留有许多遗痕。处于奴隶制时期的大小凉山，历代虽在名义上是一定的行政区划，有所归属，但实际上却没有统一政权，奴隶主各霸一方，各自为政。所以，以奴隶主的姓氏命其地名，也就成了一种至高无上的权力象征。凉山有名的黑彝（贵族阶层）奴隶主中金曲、莫什、苏呷、巴且、甘、罗洪、思扎、阿候、马、瓦扎、果基、阿硕等姓氏都有命名为地名的。如“金口”，彝语即“金曲家的住地”；“莫什阿觉”，彝语，即“莫什家的坝子”，等等。

在奴隶制时期，由于凉山无统一政权，所以家支在奴隶制统治中起了极大的作用。一个家支也就是一个大小不同的社会行政单位。正因为如此，它为了区别于其他家族，显示自己家族的力量与名位，往往就将其家支的名称代替住地的地名。以家支名作地名的比例很高，据统计，昭觉县俄尔觉区和竹核区的庆恒、格五等7个乡，用家支姓氏命名的自然村都在45%以上；最高的甘洛县则沟乡，竟在12个自然村中就有6个以家支姓氏命名的，占50%。[11]

六、从地名看十二生肖

翻开贵州和云南、广西地图，往往可以发现许多以动物命名的地名，如马场、牛场、龙街、羊街等，而且不少是异地同名。仔细分析不难看出，这类地名的命名规律，是在“场、街”等通名前，冠以十二生肖构成。

云贵一些地名以生肖命名，估计同农村集市日期有关，因而是生肖纪日的一种遗迹。集市，贵州称为“场”，云南称为“街”，所谓“赶场”“赶街”，相当于北方的“赶集”。大约以前这一带农村集市曾以某生肖日为场期。如果某地是在地支逢辰的那天举行集市，相沿了一个阶段，人们自然地便把这里叫“龙场”或“龙街”，久之便成为该地的地名了。云贵两省以生肖命名的地名，绝大多数是县以下集镇，少数是现在的县城。可见这类地名确实与农村集市及其周期有关。

十二生肖按地支顺序排列为子鼠、丑牛、寅虎、卯兔、辰龙、巳蛇、午马、未羊、申猴、酉鸡、戌狗、亥猪。按理说以生肖冠字的地名应该都有。但是由于民间习俗存在着某种忌讳，虎、蛇两个生肖有着例外现象。地支寅，地名并不称为“虎场”“虎街”，而改称“猫场”“猫街”。云南南涧彝族自治县有“虎街”，当地读音却作“猫街”。这同云贵一些地方的虎姓一样，写“虎”读“猫”。云南弥渡县有寅街，则是干脆以地支的寅代虎讳了。地支巳属蛇，而“蛇场”“蛇街”不见于云贵两省。群众把蛇称为“小龙”或“长虫”，故云南景东彝族自治县有小龙街，南涧彝族自治县有长虫街。

云南、贵州冠以生肖的地名，大多集中在贵州的安顺、毕节、六盘水地区和黔南、黔西南自治州，以及云南省曲靖、昭通、玉溪地区，和楚雄、红河、文山自治州一带。这一地区范围广大，同一天举行集市的当不止一处，因此异地同名相当多。[12]这些十二生肖地名可能与彝语支民族有密切关系。

七、地名连名制

在今云南省红河哈尼族彝族自治州元阳县南部的黄草岭、俄扎乡一带的哈尼族腊咪支系，至今尚保存着较为完整的“地名连名制”。从地名连名可以看出，一母寨分出若干子寨，这些子寨又繁衍出新的子寨，子寨名称都带有母寨名称的一个字。如“堕沙”，“堕”指的是母寨堕铁，“沙”意为好住的地方，“堕沙”就是堕铁沙，意思是从堕铁搬到好住的地方。

地名连名制的产生是与氏族制度密不可分的。在氏族制度下，每一氏族在发展中分为若干女儿氏族，这些女儿氏族与母系氏族组成胞族；若干胞族组成部落，若干部落又组成部落联盟。一方面，氏族分裂出女儿氏族；另一方面，原有的村寨也分裂出女儿村寨。对这些女儿村寨来说，原来的老寨就是母寨。这些分裂出来的氏族，其内在的联系必定是血缘的联系，而外在的联系及其形式则是地名相连。

黄草岭一带的地名连名保持得较为完整，这与崇山峻岭、交通闭塞有关；而俄扎一带和其他几例残破的连名地名，多处于旧时的交通要道上。

地名连名随着赖以生存的基础——氏族制度的崩溃，也不可避免地衰落了。民族间的交往在政治、经济上对此都造成了强烈影响，文化的渗透更是到处可见。现在元阳县的哈尼族地名，很多就是汉彝、汉哈尼、瑶哈尼语掺半的。如从“苏皮”→“皮寨”、“闷洛”→“洛塘”这样的连名，已能看出汉文化已渗入他们的地名中。地名连名制的出现应早于父子连名制，因为前者产生于氏族分离和村寨分裂之时，而后者产生于父系制家庭建立之后。所以，从某种意义上说，地名连名制可能曾给父子连名制以启示。[13]

八、从地名看民族习尚

在《新疆维吾尔自治区地名录》中，带有“喀拉”一词的地名约有410条之多。“喀拉”一词不仅见于现今地名，也常见于史籍，如《阙特勤碑》中的“喀拉湖”、《暾欲谷碑》中的喀拉库木，以及公元9世纪末的西域著名地方政权之一的“喀拉汗王朝”等。

“喀拉”一词自古至今沿用不衰，它是阿尔泰语系的同源词。突厥语本意为“黑的”。但在地名中常常还有“伟大、高大、神圣、辽阔、清亮、纯净、

黄草岭一带的地名连名表

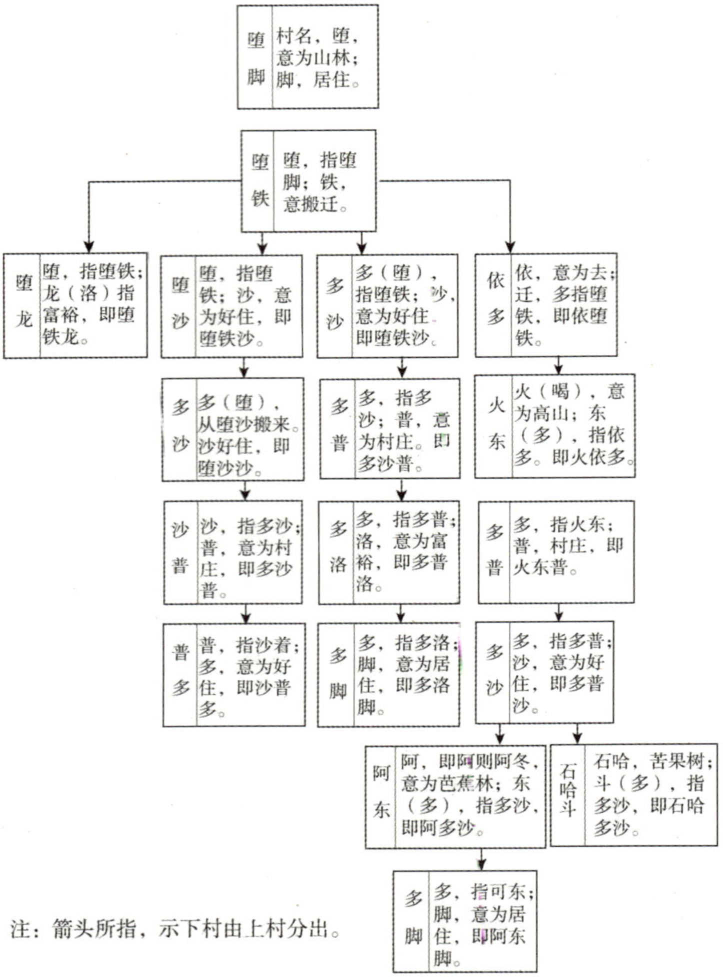

注：箭头所指，示下村由上村分出。

众多、强烈”等意义。我国北方一些民族都习惯把方位和颜色联系起来表示某种含义，如北方—黑色、南方—红色、东方—青色、西方—白色，而以北方为尊。从而尚黑。如地名“喀拉和卓”，系维吾尔语，意为“神都高昌”；“喀拉斡耳朵”，系突厥语，意为“圣都”“圣宫”；“喀拉沙尔”，系突厥语，意为“圣城”；喀喇昆仑，系维吾尔语，意为“巍峨巨石”；“喀拉塔格山”，系维吾尔语，意为“高山”；“喀拉库木”，系维吾尔语，意为“大沙漠”，等等。以上地名反映了突厥民族的尚黑的习俗。[14]

而蒙古族是一个游牧民族，千百年来，畜牧一直是他们的主要经济形式。

在长期的畜牧业生产实践和日常生活中，蒙古族接触的白颜色很多，无论是赖以生存的羊群和乳汁，还是住的蒙古包、铺的羊毛毯、穿的羊皮袄，全都具有白色的特征。天长日久，使他们形成了一种观念：白颜色是美好、吉祥、高尚、纯洁的象征，逐渐形成了尚白的习俗。“白”，蒙古语为“查干”。在地名中，带有“查干”的不胜枚举。在《内蒙古自治区地名录》中，仅以“查干”起头的地名，就有204条之多，如查干布拉格、查干哈达、查干呼都格、查干敖包、查干乌拉等。[15]这在地名中也反映了蒙古族的尚白习俗。

九、从地名看岩画分布

岩画就是刻画在山洞的壁上和山崖上的图画，又叫崖画。广西左江流域两岸奇峰挺拔，峭壁对峙，湖光山色，交相辉映，景色宜人。一幅幅用赭红色颜料绘成的各种人物、动物和器物的画像就分布在周围的悬壁上，俗称“悬崖壁画”。目前已发现分散在79个地点183处，绵延200多公里，其中以宁明县花山崖壁画最为壮观。其实宁明县的花山，实为“画山”，而且在左江流域凡有叫“花山”一名的地方，都发现有崖壁画，如龙州县棉江乡的花山，崇左市古坡乡的花山都已发现了许多崖壁画。在左江流域最先发现有崖壁画的山是宁明县的芭来。“芭来”为古越语地名，从古越人后裔壮族人的语言来看，“芭”指石山，“来”指人脸和器物表面上的斑点，这可作花纹解。“芭来”即“有花纹的山”，因而芭来遂被称为“花山”。从历史上看“花山”是新出现的地名，“花山”一名出自清光绪年间的《宁明州志》。

在云南省沧源佤族自治县也发现有崖壁画10处，其中有4处的地名与崖画有关。如在今勐乃乡所在地东北，山崖大体上呈南北走向，崖面向西，附近有一小村落，现称“崖画寨”。此地原名“帕典姆”，系佤语，意为画崖。在曼坟大寨通往勐省大路旁，有一地名叫“壤典姆”，系佤语，意为画崖。在永德海村之东北处，有一地名叫“壤达来”，系佤语，意为“画洞之山崖”。以上地点都发现有崖画。

湖南新宁县有“画山”，广西宾阳县有“仙影山”，武宣县有“仙岩”，环江毛南族自治县红水河右岸有“人影山”“画山”，“人影山”和“仙岩”等名称，皆因岩壁上有绘画而得名。

“我认为其他各县凡有‘花山’‘华山’名称的，可能古时山上都有岩画或古文字存在，不过后来陵谷变迁，归于漫灭，或高山峻岭，荒榛蔓草，不易发现罢了。”[16]

通过地名来研究中国文化，称为地名文化学，也就是要把中国的地名材料和中国文化史上的种种问题结合起来，探索地名与文化史的内在联系。这是一项引人入胜的事业。对文化的研究能够扩大地名学的视野，对地名的探索则能加深文化史的研究。20 世纪 70 年代后期，我国进行了空前规模的地名普查，80 年代初以来陆续刊布了近千种地名志。这些材料足以使我们开始对中国文化和地名的关系进行深入的研究，把如此丰富的材料和历史悠久、多姿多彩的中国文化结合起来研究，是大有作为的领域。同时，把我国地名的历史演变同历史上汉民族与其他民族在政治、经济、文化上的交流、冲突、跌宕结合起来研究，同样是一个广阔的天地。民族语地名的演变是一种耗散运动，它在历史上同周围其他民族语言互相影响、互相渗透。从民族地区地名演变史往往可以映照民族交融的历史。中国地名学的解放在呼唤地名学与文化学的结合。地名学与文化学相互渗透是一种历史的必然。

参考文献：

[1] 牛汝辰．地名与中国文化［N］．中国文化报，1989－08－09（3）．

[2]《方舆纪要》卷五十一《河南·南阳府·汝州》．

[3] 牛汝辰．地名与中华民族的图腾崇拜［J］．社会科学战线，1988（3）．

[4] 闻黎明．西藏地名的宗教色彩［J］．地名知识，1984（2）．

[5] 牛汝辰，牛汝极．少数民族语地名研究对发展语言学的意义［J］．西南民族学院学报，1987（3）．

[6] 牛汝极．新疆地名的文化透视［J］．地名知识，1990（1）．

[7] 牛汝辰．地名与民族迁徙［J］．贵州民族研究，1987（4）．

[8] 牛汝辰，牛汝极．疏勒名称试辩［J］．地名知识，1986（4）．

[9] 陈梦家．殷墟卜辞综述［M］．北京：科学出版社，1956：281.

[10] 齐文心．殷代的奴隶监狱和奴隶暴动——兼甲骨文“圉”“戎”二字用法分析［J］．中国史研究，1979（1）．

[11] 刘海林．凉山地区地名的奴隶制遗痕［J］．地名知识，1984（6）．

[12] 杨煜光．十二生肖与云贵地名［J］．地名知识，1980（3）．

[13] 王清华．元阳哈尼族“地名连名制”试探［J］．云南社会科学，1984（5）．

[14] 牛汝辰．新疆地名中“喀拉”一词辨析［J］．新疆社会科学，1984（4）．

[15] 姚克诚．蒙古语地名中的查干 [J]．地名知识，1984 (1)．
[16] 牛汝辰．从地名看我国岩画分布 [J]．地名丛刊，1990 (2)．

地名与民族迁徙

在中国历史上，曾出现过无数次的社会动乱，而后有的民族南下，有的百姓西迁。在这一次次的迁徙和移民中，原有的地名却保存了下来，有的地名甚至成为迁徙的唯一记录。

在中国的地理沿革史料中，可以找到许多显示古代民族迁徙的踪迹。例如，《汉书·地理志》张掖郡治下有骊靬县，故址在今甘肃永昌县南。钱坫《新斠注地理志》卷十二骊靬条注："《说文解字》作骊靬，《张骞传》作犛轩，《西域传》作犁靬，本以黎靬降人置县。"《史记·大宛列传》的黎轩，《后汉书·西域传》的犁鞬，也就是这个地方。日本桑原藏说："骊靬名称的解释，虽然还没有定说，可是它是当时罗马帝国或其一部分的地名，现在的学术界已经没有异议了。"[1]《汉书·西域传》温宿图条，颜师古注："今雍州（陕西）醴泉县北，有山名温宿岭者，本因汉时得温宿国人令居此田牧，因以为名。"[1]古代温宿国在今新疆阿克苏市，可见汉代温宿岭的得名，与温宿国人移民有关。《汉书·地理志》有龟兹县，颜师古注："龟兹国人来降服者，处之于此县，故以名云。"《新斠注地理志》卷十三谓即陕西米脂县。古龟兹在今新疆库车县，汉代的龟兹县既然在现在陕西的米脂境内，可见当时已经有一部分龟兹人移居陕西了。[1]

台湾人口，大多来自福建南部和广东东部。今日台湾的文化，可以说是闽南粤东文化的延长；风俗语言完全相同；就连地名也有许多是相同的，或与闽粤居民有关，可见地名连同移民一起被带到了台湾。台湾的汉族移民，多为泉州，次为漳州，再次为嘉应州。这些居民常常把自己故乡的地名移植到新居住地。今日台湾地名之中，以泉州为名者共有 9 个，其中有 5 个叫泉州厝。泉州移民又分安溪、同安等系，因此台湾也有 4 个同安村、3 个同安厝、2 个安溪和 2 个安溪厝。漳州府籍的移民多来自海澄、长泰、龙溪、诏安、平和与东山等县，因此在台湾也可以找到以上的地名。

嘉应州所属各县之中，有一县为蕉岭，原称镇平。目前，我国常用地图上，在梅县之北已没有镇平一名了，但在台湾的五万分之一地形图上却可以找到5个镇平。此外，惠州与潮州也有移民，而惠州的多属靠海的陆丰和海丰；因此台湾有3个海丰村和1个海丰庄、海丰仓、海丰坡与陆丰村。台湾以潮州为名的有潮州镇、潮州村和潮州寮，都分布在屏东平原，那里是潮州移民分布较多的地方。潮州府下辖11个县中，饶平、大埔、南澳与惠来等四县居民移入台湾较多，因此这几个县名都能在台湾找到。台湾以大埔为名的有20处，虽然未必全因潮州府东北角靠福建的大埔县而来，但其中有些一定与这个县名有关。[2]

除了府、县名之外，较小的地名也被移植过来，如台湾古地名之一安平。安平原为郑成功的故乡，在泉州府的南安县。郑成功收复台湾后，即将鲲身改为安平。这既是对家乡的怀念，又是对同乡士兵的鼓励。又如鼓山，原为福州名山，而福州正为福建至台湾交通的要津，因而鼓山一名也被移植台湾。

移民来到台湾之后，总希望自己的家族和集团事业兴旺，于是产生了“福兴”与“广兴”等地名。陈正祥先生做了个统计，发现台湾全岛共有21个福兴、3个福隆、9个广兴和5个广福。[2]

参阅丁文江等所编《中华民国新地图》，发现台湾与闽粤两省的地名，原有其普遍的相似性。今日台湾地名中所常见的溪、埔、尾、角、港、澳、围、坑、寮、陂、潭、隘等，在闽南粤东都很普遍。这说明闽粤两省地名对台湾地名来源有深远影响。如台湾有262个以坑为名以及近100个以隘为名的地名就是证明。

西晋末年，“五胡乱华”，中原沦陷。元帝南渡，重在建康（今江苏南京）立国。中原人民不堪战争蹂躏的，相率往江南迁徙。他们起初还抱着侨居的思想，打算重返故乡。终因两百多年中原不能收复，久而久之，也不再有北归的念头，他们的后裔就死心塌地地做了南方人了。这次民族迁徙是中华民族发展史上一关键，不过由于这是民间自发的事情，和朝廷法令无关，所以正史纪传很少详细记载。后代研究历史的人虽然知道此事，可对当时迁徙的情况不太了解。如果要想在现存史料中搞清这次民族迁徙的情况，唯一的办法就是从当时侨置的州县中去找线索。

当时南渡的老百姓，有根据他们的旧籍贯侨置州郡县的制度。原来的用意只在怀念故土，不忘北归。我们就可以根据这些侨置的地名去了解这次民族迁徙的情况。这些侨置州郡县在沈约《宋书州郡志》、萧子显《南齐书州郡志》和唐人所修的《晋书·地理志》里，都有详细记载。我们只要把这些记载排比起来，考证他们所侨置的地点和年代等，当时迁徙的痕迹就不难看出其眉目了。谭其骧按照现在行政区划把江苏、安徽、湖北、江西、湖南、四川、河南、陕西、山东九省在当时的侨置州郡县，根据《宋书州郡志》把他们的“本地”“侨地”列成详表；并且把东晋、宋初和南齐制度的参差处也列在略注里面，撰写了《晋永嘉丧乱后的民族迁徙》[3]一文，指出：迁入江苏省的移民，比其他省为多，因为这是帝都所在地。据《宋书州郡县》记载，侨郡有23个、侨县75个。其中，来自北方诸省者以山东为主，有侨郡15个，侨县30个；河北次之，有侨郡1个、侨县5个；河南、山西、陕西又次之，河南有1郡2县，山西3县，陕西1郡1县，只有甘肃没有。江苏和安徽省境内淮河南北的居民，大多侨置在长江南北，江苏有3郡21县，安徽2郡3县。侨置在江南的，在今天的江宁、镇江、武进一带为多；江北的以今天的江都、淮阴等县为多。

安徽省境内的侨民，来自北方的以河南为多，有8侨郡、54侨县；河北次之，有1侨郡、6侨县；山东、山西又次之，各有3侨县；陕、甘两省无。而安徽、江苏省境内淮河南北的居民，也多侨置在长江南北，安徽有4郡13县，江苏有1郡6县。侨置于江北的移民比江南多。侨置于江南的都聚于下游芜湖附近一隅，江北则散处江淮间。

今江南有当涂、繁昌2县，其名皆得自东晋所立侨县（按：当涂西晋故属淮南郡，今怀远县地；繁昌故属襄城郡，今河南临颍县地）。可见当时淮南、河南人已来到江南。

湖北可分为三部分：1. 长江上游、江陵、松滋一带，其侨民多来自山西、陕西、河南，还有苏皖之淮河流域的人。2. 长江下游，武昌、黄梅一带，其侨民多来自河南，亦有安徽的淮河以北的人。3. 汉水流域，上自郧西、竹溪，下至宜城、钟祥，而以襄阳为中心；此区侨民倍于以上两区，其中来自陕西的最多，河南、甘肃次之，河北、山西、安徽、四川又次之。……今湖北有松滋市，也得名于东晋时侨县（按，松潜）。西晋故属安丰郡，今安徽霍邱县地。

江西、湖南两省处皖鄂之南，距中原已远，所以来此的侨民较少，或仅限于北部一小部分。

四川省境内共有十余侨郡、数十侨县，然其情形至为简单，侨民除极少数为河南人外，皆来自陕西、甘肃及四川省北部。侨地除彭山之外，皆在成都东北、川陕通途一带。

河南大部分属黄河流域，南部属淮汉流域，侨置于淮汉流域的，大部分来自河南北部及陕西、甘肃及河北南部。

陕西自终南山以南属汉水流域，曰汉中，其侨民多来自甘肃、四川及本省北部。

山东在中国北部，但也有侨州郡县的。外省侨民大部来自河北，也有河南的黄河北部及山西人。

关于中原人民南迁的途径，谭先生认为：“如汉水为陕甘人东南下之通途，故南郑、襄阳为汉域两大都会，同时亦为陕甘移民之两大集合地。金牛道（即南栈道）为陕甘人西南下之通途，故四川省境内之侨郡县，皆在此道附近。时邗沟已鑿，穿通江淮，故沟南端之江都及其对岸之镇江武进，遂为山东及苏北移民之集合地。淮域诸支流皆东南向，故河南人大都东南迁安徽，不由正南移湖北也。”

在我国西北，也有许多地名显示了古代中亚民族迁徙的踪迹。例如“疏勒”一名，在现今至少有三处，一为新疆喀什市附近的疏勒县，一为甘肃河西走廊的疏勒河，一为青海的疏勒山。“疏勒”一名，一说为突厥语“有水”之意，一说为“粟特”一词之音转。粟特为一中亚古代民族。笔者是支持后一观点的。[4]笔者认为：除了当时古代民族语言和方言材料的佐证之外，粟特语从发现的地区分布来看，也是广泛地沿着西域交通路线而使用的。粟特人在古丝道上活动的时间自东汉已经开始。[5]在吐蕃统治前的敦煌曾居住有不少粟特人。[6]产生于10世界的《世界境域志》也有许多关于粟特的记载。第十二章第二节说“吐鲁番山山后有5个村子”，村名全为粟特说；并说“九姓古斯王夏天住在（其中的）Panjikath村”。密诺尔斯基说，这应是指北庭，即别失八里。第九章第二十二节记载有“布尔希姆”与“纳维告克特”，为粟特语，意为“新城”，当指罗布泊地区的康居村落。[7]总之，在七河区、天山南北各重要关隘、罗布泊地区、河西走廊，一直到唐朝的都城长安，都设有经商的粟特人的村落，其中以罗布泊地区的粟特村落最有名。公元7、8世纪时，这些粟特村落在各地颇受优待，享受着自治权。[8]粟特人的聚居地是分割为许多城邦小国或者庄园的。从7到8世纪，粟特语成了丝绸之路上重要的文学语言及共同交际用语。笔者认为疏勒就是粟特，古代伊朗语（与粟特语有渊源关系）意为“圣地”。[4]可见，如果此说无误，今天沿着古丝绸之路分布的“疏勒”地名，正是古代粟特人在古丝绸之路上活动和迁徙的写照。

正如钱穆先生在《再论楚辞地名答方君》[9]一文中所说：“异地同名，决非同时并起，亦非偶然巧合。古人迁居不常，由此及彼，往往以故地名新邑，如殷人所都皆曰‘亳’之类是也。故鄙论谓探索古史地名，有可以推见古代民族迁徙之遗迹者，在此。异地同名既有先后，则必其地人文开发较早者得名在先，人文开发较迟者得名在后，故湖南地名有与湖北相同者，大抵皆湖北人迁徙至湖南，而挟故乡之旧名以肇锡兹新土，非湖南之山水地自始即有此名，与湖北所有者暗合。此虽古人无一语说及此事，而古今人不相远，后世如魏晋南迁，及近代如西洋殖民之历史，及以情理推之，居可信也。然地名非一成不变，往往其地人事之变剧者，其地名之变亦剧，其地人事之变缓者，而地名之变亦缓。故人文开发较早之地，以人事之繁变，而地名亦繁变，新名掩其故名，久则故名渐致遗失，而人惟知有新名。”

参考文献：

[1] 何健民. 隋唐时代西域人华化考 [M]. 华中书局，1937.

[2] 陈正祥. 中国文化地理 [M]. 北京：三联出版社，1984.

[3] 谭其骧. 晋永嘉丧乱后的民族迁徙 [J]. 燕京学报，1934 (15): 51-76.

[4] 牛汝辰，牛汝极. 疏勒名称试辩 [J]. 地名知识，1986 (4).

[5] 陈汝周. 楼兰古城历史地理若干问题探索 [J]. 新疆大学学报，1984 (3).

[6] 池田温. 八世纪中叶敦煌粟特人的村落 [J]. 欧亚文化研究，1965 (1).

[7] 王治来，周锡娟，译. 世界境域志 [M]. 乌鲁木齐新疆社会科学院中亚所，1983.

[8] 依布拉音·穆提依. 中亚地区的三个重要民族及其语言 [C] //新疆历史论文续集. 乌鲁木齐：新疆人民出版社，1982.

[9] 钱穆. 再论楚辞地名答方君 [J]. 禹贡半月刊，1937, 7 (1-3).

藏族部落与西藏地名

从藏族的古代传说和文献资料，特别是20世纪初在敦煌出土的古藏文文献看，藏族的氏族部落组织起源很早。藏族在原始社会时期同其他民族一样经历了漫长的氏族部落阶段，氏族起源的神话传说、氏族部落崇拜的神祇和宗教、部落形态下的文化生活以及部落间的交往和战争，构成了藏族远古史的主要内容。藏文古籍中关于藏族起源于四大姓氏或六大姓氏以及由六大姓氏繁衍出各个支系分布于青藏高原各地的记载，反映了古代氏族部落发展迁徙和繁衍的情形。从有关藏族资料分析，藏族在松赞干布的先祖止贡赞普的时代即已具有相对发达的部落联盟组织形式，公元6世纪中叶松赞干布的祖父达布聂塞时，西藏已形成十二小邦即十几个部落集团，其中雅隆部落集团已成为赞普与“父王之臣”“母后之臣”即亲族部落间的永久联盟。[1]

一、藏族部落概述

吐蕃王朝建立了一整套职官制度、行政制度、军事制度和法律，具备了与其社会形态相适应的完整的国家形态。但是在吐蕃王朝的地方军政组织中，在“如”和千户所政权组织之下，仍然保留着部落组织的形式。《敦煌吐蕃历史文书》和新疆出土的古藏文木简中，记载了大量吐蕃部落的名称，吐蕃大相表中的大臣，必冠以家族的姓氏，都说明氏族和部落在吐蕃王朝的政治生活中仍占有十分重要的地位。随着吐蕃王朝的扩张，在甘肃、青海、四川广大牧业区，则有不少西羌系、鲜卑吐谷浑系的游牧部落被统一到吐蕃的统治之下，逐渐融入藏族之中。吐蕃占据河西、陇右之后，还将其统治之下的汉人也编入部落之组织形式，以便管理。这说明吐蕃王朝时期藏族部落已经从血缘氏族部落向地区部落转化，具有一级行政组织的性质。吐蕃王朝崩溃后，前后藏地区出现众多地方割据势力，家族统治和农奴制领主庄园发展起来，部落制度基本解体，所以在《玛尔巴译师传》《米拉日巴传》中已基本见不到部落制度的遗存。[2]

从大量的历史资料看，从藏族部落具有地区行政组织的性质以来，藏族部落的组织系统具有某种不稳定性，特别是游牧部落的迁徙、部落之间的联合和战争、部落内部的分化组合时有发生。加上中央政权的政治管理和行政区划的变动，使得有关藏族部落的历史记载零碎不全。一些部落在历史舞台上曾活跃一时，随即又消失得踪迹难寻，又有一些新的部落代之而起。

西藏自治区境内，藏族部落主要分布于藏北。藏北，指西藏北部地区，藏语称之为羌塘，也是北部草原或北部高原的意思。藏北地区位于昆仑山脉、唐古拉山脉和冈底斯—念青唐古拉山脉之间。长约2400千米，最宽处700多千米，将近占西藏自治区总面积的2/3。

藏北高原主要有羌日、那仓和霍尔三个部族。其中羌日包括霍尔巴达、安多、买玛、雄索、格尔曲、桑雄6个部落。因此，又称之为羌日六部。那仓部族也由本雄、达处嘎松、桑秋赛松、拉本文松、贡那和卓贝六个部落组成，故又称“那仓六部”。霍尔即为汉藏文史籍中所记载的霍尔三十九族。“霍尔”早期泛指北方民族，元代专指蒙古人。因该部族的先民是蒙古族，或因该部族早先的头人出身于蒙古族而得名。“三十九族”实为 39 个部落，它们是：贡木休、比如、彭盼、达珠、热西、查仁、纳若、三擦、布作、朵玛尔、巴昊、格木、阿堆、阿麦、索德、朱雪、本塔、竹居、益塔、冲仓、玛荣、嘎堆、嘎麦、宁塔、宁木、斯布塔、玛如、嫩查、质达、央巴、顿巴、热松木、恰色、嘎尔康、冈如、那如、多尔堆、多尔麦、赤如。其中，许多的部落名称保留在现今的许多地名之中。除上述 8 大部族外，藏北境内还有朗如、当雄、辛格尔等若干大小部落。这些部族和部落在今那曲地区的申扎、班戈、安多、聂荣、那曲、索县、巴青、比如、嘉黎和拉萨市的当雄、林周以及昌都地区的丁青、类乌齐、边坝等县境内。[1] 在这些地区都有许多以部落命名的地名和以地名命名的部落名。此外，在日喀则地区和山南地区，也有一些以部落命名的地名和以地名命名的部落名，说明在这些地方也曾有藏族部落，这还可以弥补史料之不足。

二、藏族部落源流及其分布

根据西藏测绘局和西藏军区编的《西藏地名资料简编》（1979 年）[3] 的粗略统计，与藏族部落名相同的地名约 110 条。其中，那曲地区 68 条，昌都地区 13 条，阿里地区 5 条，日喀则地区 15 条，山南地区 6 条，拉萨市 3 条；藏北地区约占 86 条，藏南约占 24 条。这说明藏族部落主要集中在藏北地区。从分布地区来看，这些以部落名命名的地名，大多分布在边远的山区，主要在远离人口密集的政治中心地带。如那曲县、安多县、聂荣县、巴青县、索县、比如县等地处西藏邻近青海省的位置上，申扎县位于念青唐古拉山西侧的山谷地带，昌都县、丁青县、边坝县则位于西藏东北边缘，定日县、康马县、亚东县、岗巴县、萨嘎县、错那县则位于中尼、中锡、中不边境。而且这类地名的分布地域与本教地名的分布区域基本相近。从这类部落名同名的地名的类别来分析，有村名 9 个，山口名 4 个，河名 2 个，湖名 1 个，牧点 1 个，其余 93 个均为区名和乡名，这说明这些名称历史久远、人口相对集中，与历史上曾有过的部落组织形式有着紧密联系。下面简述藏北部落名与地名同名的情况，参见《中国藏族部落》一书。

1. 申扎县

今申扎县境内主要有那仓部落，另外还有从谢通门县并入的巴林、多巴夏和从达那仁钦则豁卡划归的亚巴等部落。而以那仓部落为主体原居部落。

那仓部落西接阿里，北邻新疆，地处高寒，很多地方荒无人烟，被称为“无人区”“藏北荒原”，但其境内的许多“神湖圣山”仍为人们所向往。在噶厦政权时期，那仓共有8个部落，后因部落战争，其中的两个部落被消灭，剩下6个部落。从此，那仓被称为“那仓措珠”，即那仓六部之意。那仓六部指本雄、达处嘎松、桑秋赛松、拉本文松、贡那、卓贝。至1959年时，那仓部落下辖贡那、拉堆、秋措、卓哇、本雄、雄麦、邦堆、桑及、嘎尔措、文部、触洛、赛尔秀、唐久、色巴西恰、沃巴嘎、索树、日秋等十七八个小部落。其中秋措、卓哇（今作卓瓦）、雄麦（今作雄梅）、邦堆（今作邦多）、文部等就是以部落名命名的区乡名。

（1）贡那措哇，为“那仓六部”之一。民主改革前，贡那部落当时辖有吾堆、吾麦、加岭、俄曲堆玛、俄曲麦玛、古莫、赛嘎、容奴、都凉、曲差、扎木尼堆、江嘎、扛龙、深牙、夏容等十多个小措哇。其中的吾堆（今作吴尔多）、吾麦（今作吴尔卖）、俄曲堆玛（今作哦尼多马）、俄曲麦玛（今作哦曲卖马）、赛嘎（今作色尔嘎）、夏容（今作夏容）等为今以部落名命名的区乡。

（2）拉堆措哇，为那仓拉本文松部落的一支。拉堆措哇内部又分拉堆强玛和拉堆罗玛两部分，“拉堆强玛”为拉堆北部之意，含堆肖、麦肖两个小措哇，均在今邦多区来多强玛乡（即拉堆强玛的同词异译）境内；“拉堆罗玛”为拉堆南部之意，由门堆、瓦空和巴果3个小措哇组成，在今文部区来多罗玛乡（即拉堆罗玛的同词异译）。

（3）秋措措哇，为原那仓桑秋赛松部的一支。秋措措哇按其地理位置又分为上下两部，藏语称作秋措堆玛、秋措麦玛。其中秋措堆玛在今邦多区秋措多乡（以秋措堆玛命名）境内，秋措麦玛大致在今文部区秋措买乡（以秋措麦玛命名）境内。

（4）卓哇措哇，原为那仓的卓贝部，在今卓瓦区（以卓哇命名）境内。

（5）雄麦措哇，为原“那仓六部”中的本雄部落的一支，位于今雄梅区的雄梅（以雄麦命名）、马窑等乡境内。雄麦措哇包括买玛、玛窑、措止、雄麦等4个小措哇，其中措止（今作措折）、雄麦（今作雄梅）作为现今的区乡名。

（6）邦堆措哇，原“那仓六部”中拉本文松部落的一支，在今邦堆区的中仓等乡境内。

（7）嘎尔措措哇，原“那仓六部”中达处嘎松部的嘎部，位于今申扎区嘎错乡（以嘎尔措命名）境内。

（8）文部措哇，为原“那仓六部”中拉本文松部的一支，地处今文部区。

（9）触洛措哇，为“那仓六部”中达处嘎松的处部，在今申扎区朝洛乡（为触洛的同词异译）境内。

2. 班戈县

班戈县境内湖泊星罗棋布，共有巴木错、班戈错等将近50个湖泊，其湖泊之多仅次于申扎县。境内主要有朗如、萨迦、多巴、辛格尔、卡达尔、曲柯尔等六个部落。

（1）朗如部落：据传，当初此地水草肥美，但仅有几户人家。后来纳木错湖畔的人们被这里优越的自然条件所吸引，陆续迁来许多牧民，不久发展成一个大部落，定名为“朗如”，是来自纳木错湖畔的部落之意。一时间朗如发展成下辖13个措哇的大部落。后来噶厦政府在其江龙地方设置朗如宗，同时将其中4个措哇合并为两个，所以朗如宗下辖11个措畦，它们是：仁巴、赛巴、迥那、江如、南饮、德庆、南琼、果茫、嘎德、夏札和顿巴。其中赛巴（今作色哇）、迥那（今作均那）、德庆、嘎德、夏札（今作西扎）等部落又命名为现今的区乡名。

（a）赛巴措哇；赛巴下辖多玛、买玛、尼巴、足小等4个小部落。赛巴措哇位于色哇区的多玛、买玛等乡境内。

（b）迥那措哇；在今均那区境内。

（c）德庆措哇；在今德庆区境内。

（d）果茫措哇；在今德庆区果茫乡。

（e）嘎德措哇；在今嘎德乡境内。

（f）夏札措哇；在今保吉区西扎乡（为夏札的同词异译）境内。

（2）多巴部落：历史上隶属于班禅大师，班禅大师在这里派有两名总管。历史上多巴部落曾被称为“朵贝千户地区”，是黑河“四大独立部落”之一。多巴部落在今多巴区的色巴、雪如等乡境内。

（3）辛格尔部落：又称辛吉尔部落。在今新吉区（是辛吉尔的同词异译）的统一（龙桑）、解放（科尔曲）、团结（诺尔德）三乡境内。

3. 安多县

安多县地处唐古拉山南麓，北邻青海省。安多县境内主要有安多部落，另外还有一个自己没有草场而在安多草原上放牧的小部落——康赛部落。

（1）安多部落：为藏北“羌日六部”之一，也是黑河地区最大的一个部落。民主改革前，安多部落归黑河宗管辖。1959年西藏自治区筹备委员会将黑河宗分为黑河（后来改称那曲）、安多二县，把原安多部落的绝大部分划归安多县，其一小部分划归黑河县。据《安多政教史》记有关于“安多”这一地名的解释，书中说：“通天河近岸的安钦冈加和多拉两山以下的藏区统称安多。”可见，“安多”本指甘肃、青海一带藏区。而该部落被称为安多，则与它的先民的来源有关。当地民间有两种说法，一种说法是，从前此地荒无人烟，后来，青海、甘肃等地的一些藏族或者为了躲债，或者为了逃避命案，来此谋生，渐渐发展成部落，由于其先民多来自安多地区，故名安多；另一种说法是，14世纪70年代，后来成为格鲁派创始人的宗喀巴进藏学佛时，从青海带了七个人（一说七户人家），而这七个人越过唐古拉山后留恋此处水草丰茂的草场，没有再往前走，成为那里最早的七户人家，这七户人家很快发展成为大部落，部落则以其先民的祖籍叫作安多部落。

（a）多玛措哇：在今多玛、青瓦、扎萨、买玛等区境内。“多玛”为上部之意，因该措哇原驻牧于唐古拉山南麓的措玛即红海一带，地处青海、新疆、西藏三省（自治区）交界，位于安多部落上部，故名。

（b）买玛措哇：地处今买玛、扎萨等区境内。“买玛”为下部之意。该措哇是从多玛措哇划分出来的，其位置相对于多玛在下部，因而得名。

4. 那曲县

那曲县地处那曲河畔。县因河得名。那曲县的主要部落有巴尔达、强玛、罗玛、桑雄、买玛、格尔哇、仁孔囊措、达波措斯等。其中，巴尔达、罗玛、桑雄与现今区乡名相同。

（1）巴尔达部落：为“羌日六部”之一，原称霍贝，也称霍尔巴达。由于该部落下辖9个措哇，民间又称之为“巴尔达格雄古”，为巴尔达九部之意。巴尔达部落位于今巴尔达区一带。

（2）罗玛部落：为“羌日六部”之雄索部落的一部分，后来雄索分为两部落，它即为南方部落，故名罗玛。罗玛部落由罗玛让学、囊索、门堆、恩乃、拥怎、学宁玛6个如哇组成，因而称之为“罗玛学珠”，是南方六部之意。罗玛部落在今罗马乡。

（3）桑雄部落：为“羌日六部”之一。桑雄部落位于今桑雄区境内。“桑雄”为广阔平原之意。桑雄部落下辖阿巴、托如、玛尔庸、苏儿巴、森巴措哇、扎江、森巴达孜玛、甘丹如哇、赛东如哇9个小部落，因而又称“桑雄格儿雄古”，为桑雄九部之意。其中，托如（地名为妥如）、玛尔庸（地名为马荣）部落与地名相同。

（4）买玛部落：为“羌日六部”之一。该部落全称“买玛学西”，为下方四部之意。所辖4个措哇是库尔茫、如萨尔、如宁、钦本等四个措哇。其中库尔茫（似为今孔马）、如萨尔（如萨）、如宁等与地名同名。

5. 索县

索县历史上为内地入藏的重要中转站，元代为乌思藏和朵甘思两个宣慰使司都元帅府的交界处，设有大驿站。境内主要有荣布、军巴、索巴、质达、加如、赤如、多巴、江达、嫩查、热松木、央巴等部落。其中，荣布、军巴、索巴、赤如、央巴部落与地名相同。

（1）荣布部落：在今荣布区境内。荣布部落下辖拉达、荣布、消巴3个措哇。

（2）军巴部落：地处今军巴区境。改部落亦属哲蚌寺，也是由“霍尔王”献给五世达赖喇嘛，五世达赖又转赐给哲蚌寺的。军巴部落下辖七个措哇。

（3）索巴部落：在今索巴区一带。索巴部落绝大部分牧户的领主也是哲蚌寺，和上述荣布、军巴一样，是由“霍尔王”供奉给五世达赖喇嘛，五世达赖喇嘛再转赐给该寺院的。

（4）赤如部落：为霍尔三十九族之一。该部落在今索县军巴区赤如乡。

（5）央巴部落：为“玉巴五族”之一。据朱祖明先生认为，岷江发源之山称为“羊膊”山，是央巴族原先的居地，拉萨城西北的羊八井也是古代央巴人的居地。

6. 巴青县

巴青县牧民多信仰本教，主要本教寺院有鲁普寺、坝仓寺、普那寺、阿额寺等。巴青县境内主要有益塔、本塔、朱雪、竹居、冲仓嘎贡、雅安多、玛荣、玛如等部落。其中，益塔、本塔、雅安多部落名称与今区乡名同。

（1）益塔部落：系霍尔三十九族之一，在今巴青县益塔区境内。益塔部落为纯牧业部落。汉文史料将益塔写作依他，杨质夫认为，益塔部落很可能是“驻牧依戎地方的夥尔族”。

（2）本塔部落：为霍尔三十九族之一，在今巴青本索区本塔乡一带。汉文史料将“本塔”写作贲他族或彭他麻族。

（3）朱雪部落：为一千户部落，为藏北霍尔三十九族之一。汉文史料写作卓宿族。在今江绵区松塔一带，松塔也为部落名。

（4）雅安多部落：原属尺牍宗，在今巴青县东北部的雅安多区境内。

7. 比如县

比如县有一个叫比如的部落，因而县以该部落得名。比如县境主要有查仁、热西、果木休、比如、达珠、彭盼、三擦、那若、布作、彭嘎、古西等部落。其中查仁、热西、比如、彭盼、三擦等部落名至今仍为现今地名，只是用字略有不同。

（1）查仁部落：为霍尔三十九族之一。汉文史料写作色尔札、叉仁族。在今柴仁区境内，查仁与柴仁为同名异译。

（2）热西部落：为霍尔三十九族之一。汉文史料译作拉克族、拉什克族、喇克喜族等。在今热西区境内。

（3）比如部落：比如县名以部落名而命名。“比如”是牦牛部族之意，因该部落多牦牛而得名。

（4）彭盼部落：曾译奔盆族、或奉盆。在今彭盼区境内。

（5）三擦部落：在今山扎区境内，三擦与山扎为同名异译。

（6）彭嘎部落：在今比如县东部白嘎区的白嘎、雅安多、吉中等乡境内。彭嘎与白嘎似为同名异译。

除了藏北地区之外，藏南也有20余个地名与部落同名，而在《中国藏族部落》一书中未收一个藏南部落，或许是因为该书作者认为藏南没有藏族部落或没有藏南的部落资料。当然也有可能现存于地名中的部落名是由藏北部落的群众带到藏南地区的。问题是许多藏南部落与藏北部落名根本不同，如定日县的加错部落、亚东县的吉汝部落在藏北就根本没有。所以说藏南的这些与部落同名的地名，对研究西藏的藏族部落具有一定的价值。现将西藏与部落同名的地名列表于后。

西藏部落与地名同名一览表

现今地名	所属地县	地名含义	类别	曾用名
阿洪	那曲/那曲		乡	东方红
嘎如	那曲/那曲		乡	东风
达萨	那曲/那曲		乡	达沙
达仁	那曲/那曲	长虎	区/乡	大仁
哈尔麦	那曲/那曲	游牧部落下方	区	
如宁	那曲/那曲	旧部落	乡	七一
巴尔达	那曲/那曲	中间	区	巴尔达九部落

续表

现今地名	所属地县	地名含义	类别	曾用名
恩尼	那曲/那曲		乡	恩利、恩乃
西塔	那曲/那曲		乡	习塔
妥如	那曲/那曲	散居部落	乡	
罗马	那曲/那曲	南部	乡	
桑雄	那曲/那曲	广阔平原	区	桑雄八部落
达自	那曲/那曲	牧马人	乡	达孜、达志
孔马	那曲/那曲	多轮	区	
如萨	那曲/那曲	新部落	乡	如沙
马荣	那曲/那曲	全红	乡	马里勇
错莫如瓦	那曲/那曲	湖部落	湖	
多玛	那曲/安多	上部	区	
买玛	那曲/安多	下部	区	
强玛	那曲/安多	北部	乡	
得萨	那曲/安多	新部落	乡	得沙
白雄	那曲/聂荣	“白”部落	区/乡	
前塔	那曲/巴青		乡	
益塔	那曲/巴青		区	何益塔
松塔	那曲/巴青		乡	
公日	那曲/巴青		乡	
阿秀	那曲/巴青		乡	
巴吾	那曲/巴青	荞麦	乡	巴伍
本塔	那曲/巴青	黑教地	乡	邦达

续表

现今地名	所属地县	地名含义	类别	曾用名
折如	那曲/巴青		村	则绕
赤如	那曲/索县		乡	次如、次汝
荣布	那曲/索县		区	
军巴	那曲/索县		区	
索巴	那曲/索县		区	
多玛	那曲/索县	石头部落下方	村	答玛
羊膊	那曲/索县		山	
比如	那曲/比如		县/区	德吉
彭盼	那曲/比如		区	
柴仁	那曲/比如		区	查仁
热西	那曲/比如		区	
白嘎	那曲/比如		区	彭嘎
山扎	那曲/比如		区	三扎
普宗	那曲/比如	男孩聚会处	乡	普宋、普中
均那	那曲/班戈		区	迥那
德庆	那曲/班戈	极乐地	区	
果茫	那曲/班戈		乡	
噶德	那曲/班戈	营帐部落	乡	尕德、尕尔德
西扎	那曲/班戈		乡	夏札
色哇	那曲/班戈		区	色瓦、色娃
新吉	那曲/班戈		区	辛格尔
多帕查角	那曲/班戈	上部落岩山	山	

续表

现今地名	所属地县	地名含义	类别	曾用名
措多	那曲/嘉黎	上部落	乡	巴嘎堆巴
措麦	那曲/嘉黎	下部落	乡	错麦
邦多	那曲/申扎		区	
秋措多	那曲/申扎	上富裕部落	乡	上秋措
来多罗马	那曲/申扎	南上垭	乡	
秋措买	那曲/申扎	下富裕部落	乡	秋措麦、下秋措
多瓦	那曲/申扎		乡	多巴卓瓦
措折	那曲/申扎	联湖	乡	错折
吴尔卖	那曲/申扎	噪声下	乡	无美，八一
吴尔多	那曲/申扎	噪声上	乡	无多，吴尔道
雄梅	那曲/申扎	滩下	区/乡	
买巴	那曲/申扎	下方	乡	麦巴
吉瓦	那曲/申扎	生长，长出一个山	区/乡	
哦居多马	那曲/申扎	上青水	乡/乡	俄久多
岗隆	那曲/申扎	雪沟	乡	扛弄、岗龙
色尔嘎	那曲/申扎	金鞍	乡	赛尔嘎
卓瓦	那曲/申扎	桦树皮	区	
申亚	那曲/申扎	猫头鹰	乡	
曲则里	那曲/申扎	花斑丸水	乡	
狭隆	那曲/申扎	“下”草沟	村	狭奴
嘎尔	那曲/申扎		乡	
文部	那曲/申扎		区	

续表

现今地名	所属地县	地名含义	类别	曾用名
朝洛	那曲/申扎		乡	
索卖	阿里/噶尔	下蒙古部落	乡	索麦、索莫
索多	阿里/噶尔	上蒙古部落	乡	索堆
左左	阿里/噶尔	主要部落	区	
亚热	阿里/革吉		区	雅然
巴措	阿里/革吉	中间部落	乡	扒措
波日	昌都/昌都	草坪部落	乡	邦日
肖那日哇	昌都/昌都	荒垭部落	村	
达多日瓦	昌都/昌都	马石部落	村	
瓦得拉	昌都/昌都	中间部落山	山口	
汝曲	昌都/丁青	部落河	河	日曲
马秀	昌都/边坝	下部落	乡	学竹
孜德	昌都/察雅	顶上部落	村	泽得
措珠	林芝/察隅	六部落	乡	
底巴	昌都/江达	部落、村落	村	
学安	昌都/洛隆	五部落	乡	
措瓦	昌都/芒康	五部落	区/乡	
麦巴若瓦	昌都/芒康	下游居民部落	牧点	麦巴若巴
夺底	拉萨/城关	狭谷部落	乡	光明
加如	日喀则/堆龙德庆	铁部落	乡	贾儒

续表

现今地名	所属地县	地名含义	类别	曾用名
郝如	拉萨/当雄	游牧民部落	乡	火如
索钦	日喀则/南木林	大蒙古部落	乡	锁金
加错	日喀则/定日	百人部落	乡	甲错、江错
加措拉	日喀则/定日	百人部落山	山口	加错拉
塔觉拉	日喀则/聂拉木	经幡山	山口	西布拉
如莎	日喀则/昂仁	解部落	乡	
涅如	日喀则/康马	近部落、捷径地	区	
亚德	日喀则/仁布	牦牛部落	区	亚代
亚德曲	日喀则/仁布	牦牛部落河	河	
吉汝	日喀则/亚东	喜悦部落	乡	
吉汝	日喀则/岗巴	喜悦部落	村	
雄如	日喀则/萨噶	大滩部落	区	兄如
夏如	日喀则/萨噶	东部落	乡	
夏如拉	日喀则/萨噶	东部落山	山口	夏如拉山口
德庆溪卡	山南/乃东	大部落庄园	村	
吉汝	山南/札囊	中间部落	区/乡	吉如、吉鲁
夏瓦	山南/浪卡子	东部落	乡	夏娃
西午	山南/错那		乡	西伍、锡伍
郭如	山南/错那	鞍部落	村	

参考文献：

[1] 多杰才旦. 中国藏族部落［M］. 北京：中国藏学出版社，1990.

[2] 闻黎明. 西藏地名的宗教色彩［J］. 地名知识，1984，(2).

[3] 西藏测绘局，西藏军区. 西藏地名资料简编［Z］. 内部资料，1979.

从方言地名看地方文化

方言，是一种语言的地方变体，是语言分化的结果。我国幅员辽阔，方言复杂。作为语言词汇一部分的地名，同样带有浓厚的方言色彩。从方言地名，我们就可以看到地方的社会文化和自然环境的许多特点。方言地名实在像一个万花筒，从中可以看到五彩缤纷的地方文化世界。

一、常见方言地名字

在闽粤赣三省交界的辽阔山区里散居着数百万计的说客家话的汉族居民。由于客家人在这里长期定居，产生了许多方言地名。例如，居民地通名，多用坊、屋、庄、家、寨、畲，如王坊、卜屋、林家庄、黄家、石壁寨、葛畲等。山地通名多用山东、岑、岌、崀、龙、坰、阬、洞、坜、迳、窠、窝、岩、障，如向阳山东、草鞋岑、十字岌、石子崀、背头龙、麻公坰、乌泥阬、马洋洞、下坜、黄坭迳、帽子窠、老君窝、朱子岩、石门障等。水体通名多用水、坑、溪、源、潭、湾、濯、礤、崆、渡、湖洋，如山折水、鲜水坑、浑水溪、大水淭、九江潭、勾刀湾、濯田、白水礤、埪头、水西渡、湖洋冇等。地段通名多用坪、塅、垅、场、坝、地、塘、丘、墩、坎、排、盂、洋、断，如小坪、千斤塅、黄泥垅、大屋场、宫庄坝、六十地、癞痢塘、田螺坵、东墩、天灯坎、高排、黄连盂、西家洋、断子下等。[1]

而福建的地名通名也有特点，常见的山名多用山东、崠、嶂（见于闽南）、尖、岕、寨、崙、岩（见于闽南）、岬（见于闽北）、峤（见于闽东）。房屋名厝（见于闽方言区）、屋（见于客家方言区）。亭名，多用寮（见于闽南）、厂（见于闽北）。池塘名多用窟、堀、潭（见于闽南）、塘（见于闽北）。河滩名多用浦、涂、芸（见于闽东）、坪（见于闽北）。河湾名多用澳、港、角（见于闽方言区）。瀑布名多用于漈、礤（见于闽方言区）。水渠名多用圳（见于闽方言区）。[2]

专名中的方言词各地都有。例如，福建有：鸡角石，“鸡角”指公鸡；永春的石鼓，即“石头”；吾旗岭的吾旗，即“蚂蟥”；金门的料罗湾的料罗，指喽啰；妈祖宫的“妈祖”，指女神；浦城的天萝坞的“天萝”，指丝瓜；茶梨湾的“茶梨”，指一种油菜；建阳的椮元岭的“椮元”，指栗子；土回瑶，指瓷窑福清的竹筦厝的“竹筦”，指晒衣竹竿；骹带苍的“骹带”，指裹脚布；龙海的斗门头的“斗门”，指小水闸；鲎鱼山咀的“鲎鱼”，指鲤鱼；南安的十六柱的“柱”，指宗教的分支；鹅角髻，指公鹅冠；福州的硋埕里的“硋埕”，指瓷场；婆奶弄的“婆奶”，指保姆；鲎桸弄的“鲎桸”，指鲎鱼壳做的水勺；江墘社的“江墘”，指江边；泉州的涂虱巷的“涂虱”，指带刺的泥鳅；破柴巷的“破柴”，指劈柴。[2]

二、从方言地名看社会生活的特征

各个方言区都有一些特殊的方言词，这些特殊方言词的产生是由于地方社会的生活特点决定的。例如，福建有许多带有硋、硐的地名，这硋、硐与陶瓷有关，反映了古代福建的陶瓷业的发达。在韩江三角洲的潮州方言区，以“厝”命名的地名特别多，主要是自然村，如刘厝、王厝、李厝、朱厝寨、纪厝围、黄厝尾等五六十条。在闽南地区，带“厝”字的地名也有近百条。“厝”即“房屋”之意。“厝”，《说文》指的是“厉石”，即磨刀石。“厝”字地名又主要分布在多石的闽南丘陵地区，至今当地还多以石筑屋。“厝”字地名可能就反映了古代居住条件，即以石筑屋。又如在平潭县地名中有“石扈”，意为用石头垒起成围墙状，是一种涨潮时鱼跟水进到里面，落潮时鱼关在里面的捕捞鱼建筑物。还有“绛”“缊”“桧桁”等，这些地名字都指渔业上的作业用具，“缊”意为网，“桧桁”指用竹（或木棍）架在海上供一个足球门似的定置网。[3]从带有这些方言的地名字也可以知道这里从事渔业。

在潮州方言地区的海丰、陆丰一带多用“寮”。在汕头地区分县地图上，可以看到许多以“寮”命名的地名。如塘边寮、边寮、港寮、雷公寮、下寮尾、大厝寮、新寮姚、客寮、枫树寮、桶寮、观飞寮、西寮、紫坑寮。“寮”意为“草棚”“木板棚”以及用瓦片盖顶而不一定有围墙的棚子，这反映了古代居民的居住条件。

三、从方言地名看地方水文特征

“涌”“滘”“氹”“圳”等都是广东方言地名常用字，这些方言地名字反映了地方的水文特征。

涌（读 chong，冲），是广东地名中常见的方言字。广州、佛山、南海、番禺、三水、中山、东莞、斗门、顺德一带，在西、北和东三江下游出海口，水网密布，河汊纵横，处处水乡，人称“鱼米之乡”。那阡陌纵横的小河汊，当地群众称为“涌”。在地图上带涌的地名很多，真可谓琳琅满目，河汊有多少，它就有多少。较著名的在广州有东豪涌、司马涌、柳波涌、西关涌、大涌口、新河浦涌、台涌、罗涌村、文冲涌、花地涌、五仙涌、小龙涌等。通过“涌”字地名，就可以知道这里有河汊分布。[4]

滘（读 jiao，叫），河道的分支，两条以上小涌交汇的地方，也是珠江三角洲一带通用的广州方言地名的常用字，指水相通处。以前的字书没有这个“滘”字，据清初学者屈大均著的《广东新语》一书解释，“滘”是指“水相通处也”，是广东特有的广州方言地名用字。《现代汉语词典》解释：“分支的河道，多用以地名，如道滘，双滘墟（都在广东）。”《中华大辞典》说：“滘，音叫啸韵，地名。《茶香室三钞》英吉利入城始末所载地名，有大黄滘，鸡鸭滘。粤之俗字。”在广州、佛山地区一带，就会发现许多带“滘”的地名，如迭滘、沙滘、道滘、滘口、茶滘、思贤滘等。据考，凡带“滘”字的地方，多是处于小涌汇入在河的地方，地势一般比较平坦、开阔，有如小小的三角洲。

氹（读 dang，当），氹也写作凼、凼，而氹较通行。在珠江三角洲一带，有一种较池塘小的积水洼，水坑或小坑，广州话叫“氹”。广州有淘沙氹、纸氹巷，澳门有氹仔，南海有澳边氹、氹浪村，佛山市也有个淘沙氹。在珠江三角洲的地形图上，还有许多带有“氹”的地名。

圳（读 zhen，甽），“圳”在广东、福建和浙江有不同的读法，在广东“圳”读“俊”。据《中华大字典》：“圳，子鸩切，音浸，沁韵。粤人以通水之道为圳。”圳多用作地名，如广东经济特区——深圳市的圳。圳系田畔小水，或是小溪、河溪，当地群众称为水圳。深圳市是我国重要出入口岸。深圳因本市与九龙、新界间有一条颇深的小河得名。圳在广东用得较多，如三圳、梅圳、圳口村等。在福建地名中，圳字用的也不少，如华安有中圳，沙县有圳后，浦城有圳边，龙海有圳头、圳边、圳子尾，三明有圳头墘，永春有圳古，长泰有圳古头，漳浦有圳口，永定有圳下等。[5]

四、从方言地名看地方地貌特征

在台湾地名中，有许多带有通名仑、崁、坑、墘等字的地名。仑指小丘，地形较附近平原略高；在多洪水泛滥的平原上，这些小丘的价值是很高的，常被选作村落的地点。台湾各地以仑为名的至少有110个；其中以仑字起首的50个，以仑字收尾的46个。还有一些将仑字夹在中间的。以仑字起头的有7个仑子顶、6个仑子，还有仑背、沙仑、青草仑等。

崁或作坎，近似阶台或山崖，多分布于河岸或溪谷中。在台湾地名中，至少有80个带“崁”的地名，以崁字起首的有49个，其中有13个崁顶，10个崁脚，9个崁头，8个崁子脚和4个崁下。

坑为山地或丘陵区的小坳谷，中有流水，本省人称为坑沟。在台湾地名中，用到坑字的有262个，多数以坑字收尾，如大坑、中坑、小坑、下坑、粗坑、沙坑、竹坑、乾坑、深坑、后坑、老坑、南坑、直坑、北山坑、三岔坑等。以坑字起首的有38个，其中有8个坑口、6个坑内、5个坑子内，以及3个坑头、坑底和坑子口。村口台地四周，有许多小溪辐射外流，形成许多小溪谷，故以坑为名的多。据二万五千分之一与五万分之一地形图加以统计分析，每3个地名之中便有一个以坑为名的。

墘为岸边之地，其地形亦稍高仰，或在溪边，或在港边，或在海边，或在潭边。因此，台湾有许多溪墘、溪子墘、港墘、港子墘、沟子墘、潭子墘、海墘、埤子墘、埔子墘、湳墘乃至车路墘等地名。[6]

埔为闽粤地区常见的通用名字。据中国文字改革委员会汉字处的一个统计资料，福建省带埔字地名有1115处，广东省有1478处。“埔”字在闽方言里，指大片的平地。其本字应当是先秦的面积度量单位“夫”。《汉书·食货志》在追述周代井田制时说：“六尺为步、步百为亩、亩百为夫，夫三为屋、屋三为井，井方一里，是为九夫。”百亩称为夫，当然是大片平地了。在粤方言区，黄埔的“埔”读布。《集韵》里有个地名专用字与此音相符：“浦，博故切，地名。周世宗遣将破贼于东浦洲。”从字形看，浦从水，义是洲名，正是水边通名。黄埔也是水滨的地名。[7]

墩在闽方言区指“平地有堆”。在武夷山区的崇安县有47处带墩字的地名，如洋墩、乌墩。在莆仙方言区，墩读“坨”。据说坨是墩的习惯写法。莆田市境内有99处带坨字的地名。

在山西运城盆地多有带“卓”字的地名，如临猗县有卓里、奕家卓、胡家卓、冯家卓、卓儿、景家卓、吴家卓、韩家卓；运城市有麻家卓、滕卓、景家卓、燕家卓等。“卓”意为卓然而立，平地突兀。

山西东南部的黎城县及其毗邻的平顺、潞城、襄垣、武乡等县，晋中的左权县，居民地名称中多带“峧”字地名。如寺峪峧、水峧、白寺峧、老金峧、香炉峧、前峧、后峧、鸽子峧、上孔家峧、下孙家峧等约三十处。平顺县、左权县各有约二十处带峧字地名。“峧”为山西方言用字。

山西地处黄土高原东部，流水冲刷切割较剧，黄河在秦晋峡谷中蜿蜒奔流，山地高原和盆地周围，沟壑纵横，山川相间。地名除具黄土高原地名多塬（坦、原）、桥、峁、沟、窑、坪等外，河流交汇处居民地名称多带“交”“会”等字。如忻县、离石区、柳林县都有三交，还有交口县，离石、灵石、永和、乡宁等县都有交口，另外还有交城、古交、大交、交漳、东交、龙交、泗交等地名。吕桥地区多带“会”字，如兴县有贺家会、东会，临县有蔡家会、桥家会、刘家会等三十余处。[8]

在陕北黄土地区，有许多反映当地地貌的方言地名。如反映正向地貌的小山包称为疙瘩、圪垯，如双疙瘩、槐疙瘩、秦家圪垯、庙梁疙瘩。反映负向地貌的山顶上较洼的地方称为圪凹，如高家凹；三面环山的短沟附近的地方叫圪凹，如雷家圪；悬崖下叫“石磕”，如大石磕。反映坡坎地貌的较陡的坡称之为坬（wa），如曹家坬、阳家坬；一边是山、一边是沟的狭长地带称为砭（bian），如扬砭、椿树砭；较缓的坡地称作塌（ta），如麻家塌、核桃树塌等。反映有窑洞的地方叫“印子”，如刘家印子。[9]

参考文献：

[1] 池粤松．漫谈客家话地名［J］．地名，1982（2）．

[2] 李如龙．试论地名的分类［J］．地名，1982（2）．

[3] 李如龙．要正确处理方言和方言字［J］．地名，1981（3）．

[4] 牛汝辰．中国水名词典［M］．哈尔滨：哈尔滨地图出版社，1993.

[5] 陈栋康．闽粤方言地名的研究［Z］．油印稿，1982.

[6] 陈正详．中国文化地理［M］．北京：三联书店，1985：222.

[7] 李如龙．地名中的同字异素和同素异字［J］．中国语文天地，1986（4）．

[8] 梁鼎豫．山西地名用字的区域特色［J］．地名知识，1981（1）．

[9] 刘家信．陕北黄土地貌特征在地名上的反映［J］．地名知识，1981（4－5）．

地名与岩画

岩画就是刻画在山洞的壁上和山崖上的图画，又叫崖画。目前我国已有14个省（自治区）50个县（旗）发现有岩画，它们分布的范围包括东起黄海之滨，西达昆仑山口，北抵牡丹江江畔，南至广西左江沿岸。

左江流域两岸奇峰挺拔，峭壁对峙，湖光山色，交相辉映，景色宜人。一幅幅用赭红色颜料绘成的各种人物、动物和器物的画像就分布在周围的悬崖壁上，俗称“崖壁画”。目前已发现分散在79个地点183处，延绵200多公里，其中以宁明县花山崖壁画最为壮观。

其实宁明县的花山，实为“画山”，而且在左江流域凡有叫“花山”一名的地方，都发现有崖壁画，如龙津县棉江乡的花山、崇左市古坡乡的花山都已发现了许多崖壁画。

在左江流域最先发现有崖壁画的山是宁明县的芭来。“芭来”为古越语地名，从古越人后裔壮族人的语言来看，“芭”指石山，“来”指人脸和器物表面上的斑点，这可作花纹解。“芭来”即“有花纹的山”，因而芭来逐被称为“花山”。从历史上看“花山”是新出现的地名，“花山”一名出自清光绪年间的《宁明州志》。

在云南省沧源佤族自治县也发现有崖画10处，其中有4处的地名与崖画有关。如在今勐乃乡所在地东北，山崖大体上呈南北走向，崖面向西，附近有一小村落，现称“崖画寨”。此地原名“帕典姆”，系佤语，意为画崖。在曼坟大寨通往勐省大路旁，有一个地名叫“壤典姆”，系佤语，意为画崖。在永德海村之东北处，有一地名叫“壤达来”，系佤语，意为“画洞之山崖”。以上地点都发现有崖画。

在福建省华安县新圩乡有山名“华山”，为明末乡贤陈天定、方进、吴公布隐居之地。《龙溪县志》说：陈天定“甲申后遁迹花山，僧衣褒帽，放言自废，以贫困终。”可知今日的华山本是明代的花山。因为县名“华安”，县城名“华封”，花山受此影响，改“花山”为“华山”，从此失了原来的意义。

叫“花山”的有下列几处：（1）在江苏吴县西，又名天池山；（2）在江苏容县北约30千米，亦名“花山”；（3）在江苏丰县东南15千米的，亦名“小华山”；（4）在江西余江县西北3.5千米，又名云盖山；（5）在湖南郴县北30千米，一名华石山，或讹化为话石山（可能是画石山）。

地名“花山”的有下列几处：（1）在江苏高淳县东南20千米；（2）在江苏江阴市；（3）在浙江海宁市东25千米；（4）在广东花都区北；（5）在安徽含山县北7.5千米，褒禅山也称华山；（6）广西宁明县的花山。

此外，广西新宁县有“画山”，宾阳县有“仙影山”，武宣县有“仙岩”，思恩县红水河右岸有“人影山”“画山”。“人影山”和“仙岩”等名称，皆因岩壁上有绘画而得名。其他各县凡有“花山”“华山”名称的，可能古时山上都有岩画或古文字存在，不过后来陵谷变迁，归于湮灭，或高山峻岭，荒榛蔓草，不易发现罢了。

上述有“花山”“华山”等地名的省县，都是古代百越人民活跃的地区。华安有花山这一地名，足证华安原始居民属于百越的支系。据传离花山不远的黄枣，就有古文字刻在石上，可惜到现在还没有解读出来。

第五章　规范应用求效

地名标准化与宽容度

地名标准化的主要内容之一，就是“一个地名的读音和书写要符合正音正字的规定。”[1]也就是指地名的用字要符合文字规范，并按标准音定音。一般认为就是指按《新华字典》《现代汉语词典》和1962年制定的《普通话异读词三次审音总表初稿》等进行定音定字，并在审音方面提出了“名从主人”的原则。

一、问题的提出

一般说的“名从主人”，主要指外语或少数民族语地名翻译成汉语时，或在方言地名的标音时，一般按当地人的拼读习惯转写，而对一些地方性的汉语地名来说，如果有特殊读音，拼写时不照普通话拼读，而照《现代汉语词典》中相当于当地的读音拼写。例如，河南省的泌阳读 Bìyáng，不读 Mìyáng。这样做是必要的，但“名从主人”原则是有条件的，总是要受到一定的语言、历史、文化、社会等条件制约的。文字是表达语言的，这种表达不是消极的，它会给语言造成一定的影响，但这种影响是逐渐发生的，而不是突发的。在我们实行“名从主人”的原则时，必然会输入许多与汉语语素表现不同的书写形式，如果我们硬要让汉语的标准音系去迁就这些“主人”的音，就无异于削足适履。我们应在尊重汉语习惯和北京音系的前提下实行“名从主人”，因为有些人名、地名也许根本不可能“名从主人”，如古代的契丹、乌孙、鲜卑等族名，我们已很难从语言上还原。[2]用生僻字、异读字书写地名，虽然使地名富有地方特色且多样化，对研究我国的语言、文字历史也是一份难得的宝贵文化遗产。但是，已经进入现代化的今天，地名要标准化，文字要规范化，要方便人民群众的相互交往，就要尽可能减少使用生僻字和异读字。也就是说，地名标准化是时代的要求。

如何解决上面这一矛盾？这不仅关系到地名标准化的进一步实施和完善，也关系到语文现代化能否深入发展的问题。为了缓和这一矛盾，笔者试提出“宽容度”一说，主要指在地名标准化过程中，原则上制定一套地名标准化原则和模式，但在具体应用上，可允许在一定范围和时间内保留原读音（或原形）和方音（方言词）。也就是说，非标准化朝标准化的过渡，既不能简单地一刀切，又要使我们的语文能适应飞速发展的现代社会的需要。这也正是当前语言文字改革面临的一大难点。

二、异读地名的现状

异读字的几种读音既然分别出现在不同的词里，似乎都表示着不同的意义，所以有人又称它为“多音多义字”。所谓“音随义转”，十分科学，表现了汉字的“灵活性”。其实这种异读有时并不表示意义的差别，如“百”作数词用时读 bǎi，在广西地名“百色”中则读 bó；“蚌”在地名“蚌埠”中读 bèng，在别处读 bàng；浙江“天台山”中的“台”读 tāi，而“台湾”的“台”读 tái；一个“堡”字，《新华字典》收有三种读音，如陕西的“吴堡”读 bǔ，安徽、北京的“十里堡”读 pù，河北任丘市的“吕公堡”读 bǎo；同一个“埔”，在广东就有两读，在“大埔”中读 bù，而“黄埔”中读 pǔ。有些异读似乎带有一些规律性，如“乐”读 lè，表示快乐，是形容同或动词。地名乐陵（山东）、乐清（浙江），读 yuè，常与音乐、乐器等词连用作名词。“载”读 zǎi 时，表示“年”，如“两载”；读 zài 时，表示满载、充满，是动词；地名有“万载”。“单”读 dān，表示单个；有地名单县（山东），读 shàn；还作为古代匈奴君主的称谓“单于”，读 chán。虽然从这些多音多义字的不同读音上可以区别词义和词性，但是也并不能一概类推，可见异读现象并不是语言发展规律或结构规律的反映。大量的异读字的存在是方块汉字的根本弱点所造成的。[3]

像汉字这样存在的异读现象，在其他语言中是少见的。《多音多义字用法举例》[4]共收了比较常用的 456 个字，包含 938 个读音。《新华字典》所收的 8000 多个字中，共收 828 个多音字，包含 1857 个读音，共收地名专用字 200 多个。《普通话异读词三次审音总表初稿》中收入地名 192 条，其中有 76 条是专用于地名的字，当中有 60 条是有异读音的。但这次审定的只限于县级以上大的自然地理名称和较大的乡镇名称，如果统计一下全国 1∶100 万地图，这个数字会上翻数倍。有人曾对广西 1∶5 万地图上的地名做过统计，发现不规范的汉字就达 660 多个。[5]这不仅给人们学习和使用汉字带来了许多困难，而且与现代化的需要是极不适应的。因此，在精简汉字数量的过程中，不仅要精简一般交际中的多音字异读，还应当把地名中的异读字和生僻字的精简作为一项重要任务。

异读现象的根本解决，目前看有一定的难度。但在此之前，进行适当的审核、调整，不但可以在一定程度上克服汉字的这一固有缺陷，而且可以彻底解决异读问题，为地名读音的统一提供必要的条件。

三、定音应依“从今、从俗、从众”的原则

普通话审音委员会在 1957 年到 1962 年间发了三编《普通话异读词审音表初稿》，[6]审定了 1800 多条异读词（包括异读字 930 多个）和地名 192 个。这次审音，基本上解决了当时我国县市地名的异读字的语音规范。这次对地名进行审音的原则是：“我国地名的本地读音，如果在音系上跟北京音是相当的，一概以北京音为准”，“凡地名某字在历史上有某种特殊念法而现在本地音和它相合的，一概‘名从主人’，不加改动。例如：‘栎阳’念 yuèyáng，不念 lìyáng”。凡地名某字在历史上有某种特殊念法而现在本地音和它不合的，也按‘名从主人’的原则，把本地实际读法按照方言跟北京音对应规律，定出普通话的读法。例如：‘菏泽’定为 hézé，‘费县’为 fèixiàn”。

这次地名的审音原则，就当时来说是可行的，也取得了可喜的成绩。当时地名的拼读和书写存在着大量的不规范现象，如果一次定音定型，显然困难重重，群众也难以掌握，所以当时的审音原则是应当肯定的。但是二十多年过去了，语言规范化、现代化与地名标准化之间潜在的矛盾就上升了。群众要求地名易读、易懂、易记，现代社会要求地名一致、规范，因而固守“名从主人”的原则，势必妨碍语文现代化的进程，无益于社会的正常交际。例如，这次审音把安徽的“六安”的“六”审定为 lù，而普通话读 liù。“丽水”（浙江）和“高丽”的“丽”读 lí，而普通话读 lì，如云南的“丽江”。山东的“牟平”的“牟”，审定为 mù，普通话读 móu，等等。这不仅给人们学习和使用带来了许多困难，而且许多当地人现在已按普通话读音读了，更何况这也不利于汉语拼音的推行。

可能是由于以上原因，中国语言文字改革委员会又于 1982 年 7 月 6 日发表了新的《审音范围和审音原则》，规定：（1）以符合北京音系发展规律为原则，以便于方言区学习普通话为前提。对个别词语也要考虑实际情况，采纳多数人

习惯。(2) 人名、地名读音以从今、从俗、从众为原则，对运用“名从主人”的习惯原则，应取慎重态度。考虑所从的读音是不是方音，如果是，即应与普通话语音对应，不取方音（例如，江西“铅山”不必注为 yánshān，因为江西方言把“铅笔”的“铅”也读成 yán)。有些地方需要“名从主人”时，可以加注，不另立词条。(3) 不辨义的一字多音，酌予合并，采取删汰、改定、补充等办法。必要保留的异读，可以加注，不另立词条。[7]

这一修订适应了时代的需要，制定了“从今、从俗、从众”的原则，对我们今天的地名标准化来说同样具有指导意义。但对于地名的异读问题，至今仍是因袭旧规，并没有按新的审音原则进行修订（据说，若再审，只是限于未审过的地名)。这个问题在我们的工作中越来越突出地显示出其不足，我们深感应该对那些已审过的地名（也包括未审过的）进行重新审定。

新中国成立后，我们更改了一些地名生僻字。什么是地名生僻字呢？当时有关文件主要提出了两条标准：(1) 要看这个字对全国人民来说生僻不生僻，而不能仅仅根据当地已识字人的习惯来判断。(2) 要根据这个字除了作地名用字外还有没有其他用处及用处有多大来判断。如果这个字对其他地区的群众来说是生僻的，如果这个字除了作地名用字外，在现代汉语书面语中很少出现，那就应该认为是生僻地名字。[8]

当时有关文件提出了五条更改生僻字的标准：(1) 读音相同的字，应尽量选用在当地方言中读音也相同的字；(2) 比较常用的字；(3) 简单易写的字；(4) 当地群众中已经通行的比较合理的简易字；(5) 不要跟已有的地名混同。20 世纪五六十年代，经国务院批准更改了 35 个县级以上的地名。如婺川县改为务川县，葭县改为佳县，汧阳县改为千阳县等。其中有些字，由于在现代汉语书面语中只用于记写地名，随着地名用字的更改，这些字已被精简，这对于减少现代通用汉字的字数也有积极作用。目前还有许多类似的地名用字，尤其是县以下大量的地名用字较生僻，这对于语文现代化和地名标准化是不利的，因此精简地名用字的工作还应继续下去。例如安徽歙县读 shèxiàn，我们能否用 shè 的同音字代替呢？

四、逐步定音，适当宽容

为了适应社会发展的需要，确实有必要对异读字和生僻字进行定音定型，但由于地名内在规律的稳定性和现存各方言的差异性，对这些地名一次定音定型是难以实现的。这就要求我们根据不同情况进行逐步定型，分散难点，然后逐步缩小范围，最后达到地名标准化。因此，在实现地名标准化的过程中，就应规定一个宽容度，即对现在不符合地名标准化原则的，规定一个适当的宽容度，指出哪些是标准化后应当被取代而现今仍可使用的读音和书写形式。要明确在一定的时间内，“还要采用双轨制，或者还要正名加注副名、或者标准音与方音共存，在一定时期内允许个别较有影响的异读音和个别的地名生僻字继续使用。”正如周有光先生指出的：“‘约定俗成’是正词法的灵魂。‘约定俗成’可以机械地分成两半：‘约定’和‘俗成’。‘约定’指正词规范从群众的拼写实践中来。‘俗成’指正词法教育到群众的拼写实践中去。”[9]即正词法规范只有示范作用，没有强制作用。这就是我们提出地名规范与宽容度的处理原则。

如何制定这一宽容度？尚需进行认真的研究，我们提出这一总的原则，望同行能作进一步的引申和补充。下面我们先对审定过的异读地名根据新定的“从今、从俗、从众”的原则进行重新审定，分作声同韵异、韵同声异、声韵同而调异和声韵调皆异四类。

1. 声同韵异

牟平，有两读。一读 móu，表示取，如牟取暴利；一读 mù，只用于地名。所以“牟”可规范为 móu。

穆棱，有两读。一读 léng，表示棱角；一读 líng，只用于地名。“棱”应规范为 léng。

百色，有两读。一读 bǎi，为数词；一读 bó，只用于地名“百色”。如果“百色”系少数民族语音译，可用同音字代替，若这是汉语方音，可规范为 bǎi。

涡河，有两读。一读 wō，指旋涡；一读 guō，只用于地名。所以“涡”可规范为 wō。

六安、六合，有两读。一读 liù，为数词；一读 lù，为方音，只用于地名。所以“六”字规范为 liù。

铅山，有两读。一读 qiān，为金属的一种；一读 yán，只用于地名，为方音。所以“铅”可规范为 qiān。

蚌埠，有两读。一读 bàng，指生活在淡水里的一种软体动物；一读 bèng，只用于地名。“蚌”也可规范为 bàng。

2. 韵同声异

泌阳，有两读。一读 mì，表示分泌，如泌尿；一读 bì，只用于地名。因此“泌”可规范为 mì。

畹町，有两读。一读 tǐng，表示田界；一读 dīng，只用于地名。“町”可规范为 tǐng。

犍为，有两读。一读 jiān，表示公牛，如犍牛；一读 qián，只用于地名。所以“犍”可规范为 jiān。

番禺，有三读。一读 fān，用于动量词或表示外国或外域，如翻两番、番茄；一读 pān，多用于广东地名；一读 bō，如吐番，指古代西藏（《现代汉语词典》拼作 fān）。其中 pān 为方音，bō 为古音，因此可规范为 fān。

繁峙，有两读。一读 zhì，表示直立、耸立；一读 shì，多用于地名。“峙”可规范为 zhì。

荥阳、荥经，有两读。一读 xíng，一读 yíng，都用于地名，后者为四川方音。所以“荥”可规范为 xíng。

东莞，有两读。一读 wǎn，表示微笑的样子；一读 guǎn，只用于广东地名。所以“莞”可规范为 wǎn。

枞阳，有两读。一读 cōng，指常绿乔木；一读 zōng，用于地名。所以“枞”可规范为 cōng。

浚县，有两读。一读 jùn，表示疏通；一读 xùn，用于地名。因而“浚”可规范为 jùn。

大埔、黄埔，有两读。一读 pû，用于地名，如黄埔（广东）；一读 bù，用于地名，如大埔（广东）。所以“埔”可根据影响面定为 pû。

3. 声韵同而调异

济南，有两读。作 jì 时，表示救济、调剂；而作 jǐ 时，只用于地名，如山东的济南、济宁等。因此“济”可以规范为 jì。

冠县，有两读。一读 guàn，指把帽子戴在头上，引申为超群出众，如冠军；一读 guān，多在词组中出现，如衣冠整齐，还用于地名。两读既没有明显的语义差别，后一读又不单念，且多用于地名，因而可以合并为 guàn。

贵筑，有两读。一读 zhù，表示建筑；一读 zhú，指古乐器或贵阳市别称——贵筑。“筑”应规范为 zhù。

监利，有两读。一读 jiān，监视、监督意；一读 jiàn，为古官名，如“太监”，另用于地名。所以“监”可以规范为 jiān。

筠连，有两读。一读 yún，指竹皮、竹子；一读 jūn，只用于地名或人名。或规范为 yún，或者保留 jūn 的读音，用同音字“均”代替。

丽水、丽江，有两读。一读 lì，表示好看、美丽，地名有丽江（云南）；一读 lí，只用于地名，如高丽、丽水（浙江）。“丽”可规范为 lì。

闽侯，有两读。一读 hóu，如封侯、诸侯；一读 hòu，用于地名。所以“侯”可规范为 hóu。

天台，有两读。一读 tái，表示高平的建筑物，如舞台，地名有台湾；一读 tāi，只用于地名，如天台山（浙江）。所以“台”可规范为 tái。

4. 声韵调皆异

蔚县，有两读。作 wèi 时，指草木茂盛；作 yù 时，只用于地名。“蔚”可以规范为 wèi。

尉犁，有两读。作 wèi 时，指古代官名，如“太尉”；用于地名的，如河南尉县；作 yù 时，一用于古代西域和田的复姓尉迟；一用于地名，如今新疆的尉犁县，而当地人常把“尉”读 wèi。所以“尉”可规范为 wèi。

栎阳，有两读。一读 lì，指一种树；一读 yuè，只用于地名。“栎”可规范为 lì，如果要保留其 yuè 的读音，可用同音字代替。

渑池，有两读。一读 miǎn，如渑池，只用于地名；一读 séng，指古水名（在今山东临淄一带）。“渑”可规范为 miǎn。

漯河、漯水，有两读，都用于地名。一读 luò，如河南漯河；一读 tà，如山东漯水。根据“从众”的原则，可规范为 luò。

黄陂，有三读。一读 bēi，指池塘或山坡；一读 pō，只用于陂陀（pōtuó）的联绵词中，表示不平坦；一读 pí，只用于地名。“陂”可规范为 bēi。

柞水，有两读。一读 zuò，如柞树、柞丝；读 zhà 时，只用于地方性地名。因此“柞”可规范为 zuò。

莘县，有两读。一读 shēn，古汉语“莘莘”为众多之义，现多用于地名，如莘县（山东）；一读 xīn，多用于地名，如上海的“莘庄”。根据“从今、从众”的原则，可规范为 xīn。也可用 shēn 的同音字代替。

我们认为，经过讨论制定一套地名正音法，对那些可行的地名在公开出版物上逐步做到标准化。对另一些地名，可以制定原则而不作严格规定，等时机成熟后再力求达到标准化。有些地名在普通话中就有几读，有的是有一定影响的重要地名，尽管不规范，但群众已经习惯，我们认为是可以宽容的，仍可沿用原音或是夹注。如以下地名：

单县，有三读。地名可读 shàn，包括人名。

栖霞（县），有两读。地名中读 qī，“栖”表示鸟停在树上；“栖栖”（xī）则表示不安的样子。

万载，有两读，一读 zǎi，表示年数，如三年两载；一读 zài，表示充满、满载之意，还用于地名。

乐亭、乐陵、乐山、乐清，有三读。一读 yuè，如音乐，地名有乐清；一读 lè，表示快乐，地名有乐陵、乐山；一读 lào，如乐亭。

应县，有两读。一读 yīng，如应该，也用于人名；一读 yìng，如应对应付，也有用于地名的。

厦门，有两读。一读 shà，如高楼大厦；一读 xià，用于地名。

华山、华阴、华县、华夏、华北，有三读。一读 huá，表示美丽有光彩，还用于地名，如华夏、华北；一读 huà，用于人名、地名，如华山、华阴、华县；一读 huā，为古音，同“花”，现已基本不用。

长子，有两读。一读 cháng，表示长度；一读 zhǎng，用于生长，长辈，还用于地名。

要高，有两读。一读 yāo，如要求，还用于地名；一读 yào，表示索取、应该。

柏林、柏乡，有三读。一读 bǎi，指常绿乔木，如松柏，还用于地名，如柏乡（河北）；一读 bó，用于地名，如柏林；一读 bò，如黄柏（一种落叶乔木）。

掖县（已撤销），有两读。一读 yè，指用手扶着别人的胳膊，还用于地名；一读 yē，指把东西塞在衣袋或夹缝里。

解虞，有三读。一读 xiè，用于人名及地名，如解虞；一读 jiě，表示分开、除去；一读 jiè，指押送财物或犯人。

乌鞘岭，有两读。一读 shāo，指鞭鞘。还用于地名，如乌鞘岭；一读 qiào，指刀鞘。

以上诸异读字我们认为在一定时期内是可以宽容的。总之，一方面我们要明确方向，制定一套原则，坚持三个面向（面向未来、面向现实、面向汉语）[10]，另一方面又要留有余地，不能操之过急。开始可以从宽，实行双轨制，逐步做到一字一音、字形简易，最终达到地名的标准化。

参考文献

[1] 王际桐．我国地名标准化刍论［C］．国家测绘局测绘科学研究所．测绘科研论文集，1983.

[2] 史有为．主词法中的四个统一［J］．文字改革，1984，(2)．

[3] 李如龙．关于多音字的精简问题［J］．文字改革，1984，(2)．

[4] 齐学初．多音多义字用法举例［M］．上海：上海人民出版社，1973.

[5] 陈根良．地名汉语用字浅议［J］．地名知识，1984，(1)．

［6］中国语言文字改革委员会．普通话异读词三次审音总表初稿［M］．北京：文学改革出版社，1963.

［7］本刊资料组．审音范围和审音原则［J］．文字改革，1982，(3)：27.

［8］本刊资料组．审音范围和审音原则［J］．文字改革，1983，(1)：25.

［9］周有光．正词法的性质问题［J］．文字改革，1984，(1)．

［10］史有为．正词法在现阶段［J］．文字改革，1985，(6)．

昆仑西测区地名调绘存在的问题和对策

为了国家建设的需要，1991 年四川测绘局承担了昆仑西测区 243 幅 1∶5 万地形图的更新任务，面积约为 98900 平方千米，其中新测 233 幅，缩编 10 幅，包括新疆克孜勒苏柯尔克孜自治州的阿图什市、阿克陶县；喀什地区的疏附、疏勒、英吉沙、莎车、泽普、岳普湖、麦盖提、叶城等县，塔什库尔干塔吉克自治县和喀什市；和田地区的皮山、墨玉、洛浦、策勒、于田、民丰等县及和田市。

一、昆仑西测区地名调绘的主要依据和工作方法

1. 根据有关国家标准和“新疆昆仑西测区 1∶5 万地形图更新航测外业设计书”（川测二队制定）的有关地名调查和汉字译写要求执行。（见注释）

2. 更新图上的地名以各县市地名图志为准，同时参考旧 1∶5 万或 1∶10 万地形图上的地名资料进行适量补充。

3. 对增补地名图志以外的地名，要进行记音（新老维吾尔文均可）。根据所记的音，按《维吾尔语地名译音规则》（以下简称《规则》）译成规范汉字，并填写《少数民族语地名调查表》，再由当地地名办公室审核备案。

4. 中队、大队验收组在测区实地对全部外业资料进行验收，并对部分外业成果进行实地抽查。

5. 各外业小组一般都请有翻译，并随小组到野外，对地名进行调查、询问、记音，从野外回来后再整理填表。

二、存在的问题

1. 过分依赖地名图志资料，失去了外业测量人员的优势和责任，没有借此机会使有问题的地名得到纠正。另因“设计书”要求：地名图志上已有的地名，除有明显错误的地名外，可不填写“地名调查表”。因而为了少填表、少麻烦，故外业人员很少增加地名图志以外的地名。

2. 外业人员虽接受了10天左右的培训，但由于大多外业务人员的语言基础较差，人还未至测区，所学的一些地名译音方面的知识就忘得差不多了。因而要到当地询问地名并记音，必须完全依靠翻译。且不说翻译水平如何及能否书写维吾尔文，外业人员完全听别人说的“音”，再查《规则》译音表中相近的汉字，然后译出，这样就难免出错（按要求应先查词汇表，后查译音表）。

3. 中队及局验收人员在测区实地验收，由于不懂民族语言文字，在室内主要看地名密度，野外主要询问有无某某地名，至于汉字译写的正确与否就难以把关了。

4. 有的市县至今没有印刷出版地名图志，外业人员在开展外业工作之前，只得到市、县地名办公室把地名图上的地名转抄在1：5万（或1：10万）图上，而且只有一份，验收人员也无法核对查验地名抄写的是否正确。如叶城县不仅没有印刷出版叶城县地名图志，而且普查的地名图只限于行政村一级，大多自然村没有标准地名资料，县地名办公室还希望外业队通过地名调绘，能为他们提供一些基础资料。而外业人员大多还是沿用旧1：5万和1：10万图上的地名。由于沿用旧图地名，外业人员没有记音，汉字译写就失去依据，因而验收人员只能凭地名译音表中的同音字替换。

5. 各地地名标准化程度不一，有的市县已出版地名图志，而有的县市没有出版地名图志。没有出版地名图志的地名普查资料不多，可资利用的资料有限。此次地图更新既有调绘任务，也有编绘任务。编绘的1：5万地形图，其地名无须到实地调绘，只是沿用1：1万旧图上的地名，而旧图上的地名大多数没有规范化。这样新绘的1：5万地形图，其调绘和编绘的地名其标准化的程度也就不同。

三、建议和对策

1. 要实现地图上地名规范化，关键在一线的测量员，这是最根本的。如果一个局或一个大队只靠一个人把关，是不够的。地名调绘的正确与否，是否有遗漏，汉字译写是否正确，只靠验收人员是难以把好关的。根本问题是每个调绘组要有一专门人员负责地名记音和地名译写，并对这些人进行一定时期的培训，以 20 天为宜；且学习的人数一次不宜太多。

2. 建立省局、大队、中队、小组地名调绘负责制，制定具体措施，把好质量关。如果只在最后验收的时候再来修改，只能修修皮毛，难及根本。加之许多人对地名不太重视，常常敷衍了事。因此，必须制定明确的地名译写负责制，错译地名达到一定数量（一幅图错译 5 条等），就要降低成果品级。这也是提高成果质量的途径之一。

3. 及时编辑出版《测量员地名调查和汉字译写手册》，内容包括民族语地名的语音、语法、词汇的主要特点，各语种地名汉字译写原则和办法，地图上地名更新的意义及要求等。继续制定颁布少数民族语地名的汉字译音规则，并以法定的形式将有关规则转发社会各界使用。这对于促进边疆少数民族地区的地名标准化将起到推动作用。

4. 建议新调绘和编绘的 1∶5 万地形图，都应根据地名志或地名普查资料更新地名。不可标准地名与非标准地名共存，降低地图的质量。

5. 个局（如四川局）各队设计书中有关地名调绘的要求不一，建议能统一起来，即“凡上图的地名均须填写地名调查表，如果地名志上已有的地名和已约定俗成的现行汉语地名，可不填写民族文字和译音两项内容。”

6. 随着全国 1∶5 万地形图的完成，逐步建立 1∶5 万地形图地名数据库。为了实现这一目标，应从现在起着手收集有关地名资料，包括各地已出版的地名志、地名图志、地名录、地名图及外业队的地名调查表、图历簿等，以作为国家测绘局的一项拳头产品，向社会各界提供优质服务。

7. 加强测绘行业地名的研究，如关于少数民族语地名汉字译写的研究，地名调查和翻译通则的修订，关于测绘外业地名存在的问题及其解决办法的研究，地图上地名注记及其密度的研究（包括一地双名和区划名与驻地名的取舍问题等），制作民族地区地名调译的录像片，参加外业地名培训和地名验收。为搞好地名工作适当增加外业培训、地名验收和应用研究的经费，逐步加强对测绘行业地名工作的管理。

注释：

关于地理名称的调注要求：“（1）地名一般以新疆维吾尔自治区地名办公室出版的地名册为依据，核实后注记在调绘片上。（2）地名调注，按《少数民族地名调查和翻译通则（草案）》要求执行。本地区地名译音规则按 20 世纪80年代由年国家测绘局和总参测绘局制定的《维吾尔地名译音规则》《哈萨克语地名译音规则》《柯尔克孜语地名汉字译音规则》执行。（3）新译地名应填写《少数民族语地名调查表》。地名录上已有的地名，除有明显错误的地名外，可不填写《少数民族地名调查表》，但应在图历表内说明。《少数民族地名调查表》一式两份，送县地名办盖章后，一份随成果上缴，一份送县地名办备查。”

地名与城市规划

城市地名对于城市的交通、邮电、旅游等各项事业的发展，影响极大。因此，城市地名应不断走向规律化，这是城市建设与发展的客观要求。如果城市地名缺乏科学管理，继续保持杂乱的分布状态，将会影响信息流、人流和物流的传递效率，给人们带来不便。特别是在我国，随着现代化建设发展，城市化进程加速，20世纪末已有4.3亿人口相继进入城镇生活。这样，如果继续采取过去的分散而零乱的命名方式，忽视城市地名规划，不仅会使城市地名更加混乱，也会造成新的重名和混乱现象。因此只有进行全面的城市地名规划，才能有效地建立科学化的合理的城市地名体系。

一、城市规划应与城市地名规划同步

城市地名是一个多层次多类别的复杂的地名系统。它具有下列特点：

1. 分布密集，单位面积内的地名数量多，其密度为农村地名数的十倍甚至数百倍。仅以上海为例，在只有230平方千米的城区面积中，就分布1800多条街路（指有名街路）。

2. 使用频繁，特别是在人口稠密的居住地和人流聚散地区。

3. 知名度高，有的地名不仅本市区内外，省区内外共知，甚至国内外有名。

4. 复杂多变，随着城市建设发展，新城区扩展，各类地名处于不停的增生消逝中。

城市建设应与城市地名规划同步发展。城市地名规划是对城市地域内的各种地名的命名与更名，及其相应的分布形态作业整体规划，使其更加科学化、合理化，以利于加强地名管理，有助于提高信息传递效率和交往的便捷，以适应现代信息社会的要求。城市地名规划内容包括面状地名（行政区划和区片名称）、线状地名（街巷道路里弄等）和重要的点状地名（居民点、车站、码头、广场）等。如北京和平里小区太大，一个主地名不好找，原一机部副部长反映：朋友到我家找我，大约要用一个小时。还有人说现在楼群找人还不如大街胡同好找，足以证明北京命名原则中的“好找好记”是做得不够的。又如北京石景山区小区的命名，在八角一带有八角路居民区、八角北路居民区、八角南路居民区、八角北里、八角中里、八角南里等。不要说北京其他区的人不好找，就连住在这儿的居民也分不清这些小区的分布。再如石景山区古城一带的道路名，也如一团乱麻，很难厘清，用同一个专名命名的道路太多，如古城西路、古城路、古路北路、古城南路、古城大街、古城南大街、古城东大街、古城小街等。它们的不同只在于通名部分的不同，使人难以记住。像北京为亚运会服务的有关工程，命名跟不上工程速度，当然会影响使用，亚运村的名字就迟迟才定下来。

二、城市地名规划的原则

城市地名规划应遵循地名的时空演变规律及其运动的趋势，同时要根据城市建设规划的特点，从有利于发挥地名的信息功能和加强地名管理的角度出发，创建出一套群众喜闻乐见的地名体系。为了实现上述要求，在城市地名规划中应充分体现下列原则：

1. 城市地名与城市地域环境的协调性原则：城市地名应反映各种不同城市的特色，特别是反映现代城市的建设成就和城市风貌，应反映城市地域的自然环境、人文环境的特色和差异特点，并与城市内功能分区（商业区、工业区、文教区、风景旅游区等）保持协调。

2. 城市地名优化结构与强化功能的原则：城市是一个多层次多等级的网络系统。城市地名规划的根本目的在于优化地名系统的结构与强化地名功能。为此，城市地名规划应根据城市的规模和性质，对城市面状地名（按区域大小与分布状况）的行政辖区名称的居民点名称，城市线状地名（按长度、宽度、走向）的主干街道、分支街道、巷、弄等不同层次结构的地名，应该进行分门别类的命名与更名。包括各类地名的通名规范化和专名的设计方案的科学化。

3. 城市地名的个体美化与群体有序化原则：城市个体地名应尽量反映城市各种美好事物的特色和现代建设的成就，做到音、形、义的美化，为群众所喜闻乐见。另外，城市的各类个体地名，应采取统一的命名设计方案，使个体地名有规律地组合，达到群体地名有序化。

4. 城市地名的历史性原则：对于历史遗留下来的原有地名，应采取慎重的保留态度，除了那些有政治错误、迷信色彩和造成地名混乱的地名外，都应予以保留。特别是具有历史意义的地名应坚决保留。在城市街巷区域系列化命名过程中，有的街巷地名属于可改可不改的“中性”地名，可采取新老地名同时并用，由群众选择，经过一段时间考验，优胜劣汰。

三、城市地名规划的步骤与方法

城市地名规划是整个城市建设与发展总体规划的组成部分，是对一定时期内城市规划所涉及的各类人文地理实体名称的设计及对相应的地域分布格局进行科学的综合部署，是城市地名管理的主要依据。因此，城市地名规划应与城市建设总体规划同步进行。在规划过程中，城市建筑规划师们应考虑城市地名历史特点，充分体现城市面状地名的指称范围，线性地名的长度密度、走向等客观要求；地名规划师们则应根据城市建设规划的建筑布局与特色，科学地安排各类地名空间布局。

1. 城市地名规划的步骤

（1）确定地名类型和地名系列。在收集城市地域环境有关自然、人文等各种资料基础上，根据城市建设总体规划内容，分析城市的地域环境特征和城市特色，建设成就与建筑风格统筹安排，确定各种地名的类型和地名系列，使地名含义与环境特征基本协调。

（2）设计各类地名的命名方案。在确定各种地名的类型和地名系列基础上，根据城市地名的层次和类别分别设计不同的命名方案。一般来说，各类地名的要求不同，如行政辖区名称，主干道名称，首先应考虑城市环境总体特征和城市特色，而居民点名称和街道名称则主要依据环境差异特征，分支街道和巷、弄则主要考虑系列化的内容和方式。

（3）选定留名和更名内容。在分析比较旧城区的所有历史地名，采取慎重的保留态度，确定哪些地名保留，哪些地名更名。在新扩建城区和新城市一般都启用新地名。

（4）评议测定和定名。在规划过程中，设计者一般都提出整套方案，供领导群众评议，并采取社会调查、民意调查、科学论证等不同方式测定出最佳方案，最后定名。城市地名规划，应与城市建设规划一样，广为宣传，做到家喻户晓。

（5）建立城市地名数据库。在大城市内，地名的数量庞大，传统的手工的管理方式，已不能适应大城市现代建设的发展。建立城市地名数据库，可以避免重名和混乱现象的发生和扩大，有利于为地名命名和更名提供依据，特别是对大城市地名的总体规划设计提供简洁科学的手段。

2. 城市地名规划的方法

（1）线状地名规划着重在实体区域系列化命名。要求做到通名规范化、个体地名区域化和群体地名排列有序化，从而更有效地发挥地名的功能作用。通名规范化指根据城市道路的方向、宽度、长度，分别用大道（路）、街、路、巷、胡同（里弄）等通名，或用南北走向为街、东西走向称路等方式，使城市道路命名形成层次结构。个体命名区域化指根据城市道路所处区域不同分别采用不同的地名系列，使人们可以根据道路名称去判定道路的大致位置。群体地名排列有序化指根据街道、巷、弄的有规律分布用上一系列相应名字符号，呈现出彼此相互联系的地名分布形态。例如四平市将铁西区的主干道和干道通称为大街、街；而将铁东区的各类道路的通称均称大路和路。这对于人们使用无疑是方便的。再如辽源市，沿用了东吉、南康、西宁、北寿的名称，并作为中心大街的名称。以中兴广场为中心点，东行者为东吉大路，西行者为西宁大路；而南北行者则通称为南康、北寿大街。并形成东、西、南、北四个地名群体，在东吉片，所有街路名称，一律“吉”字打头，分别叫“吉阳”“吉光”“吉普”“吉照”路，尾字连读则为“阳光普照”。形成横念路名有讲、竖念尾字成词使路巷呈层次序列，别有意境。

（2）面状地名反映城市各种不同的区域特征。各种面状地名根据地域大小和空间布局差异，命名方式和美化形式都有区别。行政辖区名称着重反映整个城市的宏观环境特征和城市特色。如西安市有碑林、雁塔、灞桥、未央和阎良等辖区名称，反映了西安古城特色；桂林市有秀峰、叠彩、象山、七星等辖区名称，反映出桂林风景如画的旅游城市风貌。

参考文献：

［1］陈初才．城市规划和城市地名规划［J］．城市规划，1989，(3)．

［2］杨光浴．应用地名学［M］．哈尔滨：哈尔滨地图出版社．1986：58.

［3］石景山区地名志编辑委员会．北京石景山区地名录［M］．北京：北京科学技术出版社，1991.

地名与矿产

20世纪六七十年代，国务院和有关地质部门联合发出通知，号召群众报矿，如果了解地名和矿产之间的联系，往往可以引导我们去探索当地的宝藏，因为很多地名是与当地的矿藏有关。虽然许多矿坑、矿井经历了久远的年代，大都已废弃或淹没，甚至不见踪迹，但它的名称（地名）却世世代代保留下来，为我们提供了一个宝贵的线索，并具有现实意义。由于古代生产力低下，加上技术落后，矿井（坑）一般都开得很浅，而且有些矿井因塌方、冒顶、涌水等意外事故停产，但深部矿层或矿体并没有触动，那么今天正是它们重见天日之时。

一、金地名

古代人们曾把铜、铁分别称为“美金”“恶金”，把金银铜铁锡合称为“五金”。这些黄金之外的“金”矿产在发现、开采过程中也逐渐形成了一批带“金”字的地名。仅据1974年出版的《中华人民共和国分省地图集》统计，全国带“金”字的地名就有160多处。在我国辽阔的国土上已发现的金矿点中，其相当一部分就分布在这些带金字地名的地域内。[1]

山东省牟平县（今已撤销）南依昆嵛山，北滨黄海，境内山丘广布，河流纵横交错，矿产资源十分丰富；尤其是黄金生产、开采历史更为悠久，全县40多个自然地理实体，地名都缀以“金”字，如金牛山、堆金泊、金村、高金埠、金山寨、金沙奋等。还有的以吉祥嘉言命名，暗示地下有珍贵稀有之物，如贵山、福禄地、安吉村等。贵山以藏金得名，有金贵之意，在贵山周围约10平方公里的面积内，发现数十条石英脉，其中含金的有25条。安吉村位于贵山北部，以地藏珍宝、宝贵吉祥命名。此村四周均产黄金，发现含金磁铁矿脉，拣块化验，含金量高达20克/吨。福禄地金矿在1972年和1984年经山东省冶金地质勘探公司第三勘探队先后两次勘探，在250米处见矿，矿体厚度1.5米左右，含金品位较好，平均13.49克/吨。牟平县（今已撤销）1988年全县产黄金量名列全国第三位。牟平县地名中缀以那么多的“金”字，可以说是名副其实。[2]

流经云南、四川的金沙江，是因江中出沙金而得名。小兴安岭北麓的黑龙江及其支流沿岸，古今以产金著称于世，有老金沟、金山、纳金口子等地名。新疆的阿尔泰山，为蒙古语金山之意，阿尔金山为维吾尔语阿尔吞（金）的维汉结合地名，都以产金而得名。唐山以珍贵的黄金命名的地名有：金厂峪、前金庄、北金庄、金川院、金庄、上金山院、下金山院、金子峪等。据《唐山市地方志》记载，下营乡（主要指金厂峪）“黄金储量丰富”，而且开采历史较久，据传唐代就有人在金厂峪挖金。[3]

地质人员在燕山地区从事黄金普查和勘探过程中，发现地名和黄金有相当密切的联系。河北省金厂峪是我国目前的大金矿之一，该矿就是河北省地质五队根据金厂峪这个地名和老百姓采金的历史传说普查出来的。还有某地质队根据宽城县洒金河这个地名也找到了隐伏矿体，而且有相当的规模。

二、煤地名

我国煤炭蕴藏量极为丰富，因此形成了许多与煤有关的地名，许多地名直接冠以煤、煤窑、煤洞等。红煤厂在北京市门头沟区，明清时为煤炭集散地，因这里的煤附着一层硫化物，呈红色，称红煤。煤山镇，在浙江省长兴县，著名的长广煤矿公司就在这里。煤峪口，在山西大同市，年产原煤200万吨以上。煤炭海，在湖北黄石市，因资源丰富故有煤炭海之称。煤炭坝，在湖南宁乡县，年产原煤近百万吨。小煤洞，在青海省大通回族土族自治县，早年人们挖洞开煤，故称小煤洞，是省重点煤矿之一。

有些地名虽不带“煤”字，但却与煤炭开采有直接关系。因采煤执照而得名的“北票市”与“南票县”均为辽宁省著名煤炭产地。前者在朝阳地区，后者在锦州地区。明清两代，开采煤炭要经政府发给执照方能开采。“每开一煤窑，各领印票一张。旗地由奉天将军衙门给发，民地由臣衙门（奉天府）给发。”（见《朱批奏折》）印票即执照，又称龙票，一般称为票。砟子，在吉林省通化地区，那里煤藏丰富，清代人们习惯称煤为砟子，或炸子，是煤渣的意思。石炭坞在山东省淄博市南，也是煤炭产地。古时称煤为石炭，因宋代淄博一带采煤业发达，朝廷就在此设煤炭税收机关——石炭务。“务”与“坞”同音，因而得名“石炭坞”。[4]

产煤的地方，还经常以“窑”为名，如安徽怀远土窑镇、山东宁阳磁窑、山西大同白土窑、新疆乌鲁木齐西山窑、甘肃永登窑街、河北开平缸窑区、宁夏灵武磁窑堡、辽宁本溪四座窑等。同时，由于煤层底板经常是良好的耐火黏土以及煤系中常有优质瓷土，所以产煤地点，有时也是出陶瓷的地方。不过有些带“窑”的地名是因砖窑和石灰窑而得名，要注意区别。

还有由于煤层的自燃留下的遗迹命名，如陕西宜君的焦坪，甘肃景泰的黑山，辽宁北票的黑城子，河南的焦作、焦地，吉林的烟筒沟等，均有助于了解煤矿及煤炭开采的历史。

三、铜铁地名

我国进入青铜时代极早，所以凡与铜有关的地名，大都年代久远比较可靠。安徽铜陵的铜官山，就是古时产铜的地方。陵即山，“铜官”说明了过去这里曾设官开采，足见其规模之大。后来被废弃，铜矿淹没，年久日深而不再被人注意，地表露头也由于风化作用变成“铁帽”，人们以为它是铁矿。新中国成立后经过勘探，这个大铜矿又复活了。类似的地名还有安徽广德的铜官、浙江武康的铜官山、建德淳安间的铜官山，估计这些地方都炼铜设官。

江苏徐州，又名铜山，是因为该市东北有铜山产铜而得名。江苏的句容、安徽贵池和泾县，附近都有山名铜山，可能产过铜。此外，江苏江宁铜坑山，江西德兴铜厂，湖北阳新铜矿山，湖北绥宁的铜厂界、祁阳的铜矿冲，贵州纳雍的铜山口、威宁的铜厂河，云南易门的铜厂街、四川乐山铜街子、会理的大铜厂、天全的铜锡沟，陕西山阳的铜沟，山西垣曲的铜矿峪，辽宁安东的铜矿岭等，从地名上看均产过铜。所以带铜字的地名在一个区域内分布越多，则产铜的可能性就越大。

春秋战国时代，我国已开始使用铁器，所以对铁矿早有认识，地名上带“铁”字的也较普遍。当时对铜铁矿产地已做过粗略的统计，战国时代的著作《管子·地数篇》中说：“凡天下各山五千三百七十一，出铜之山四百六十七；出铁之山三千六百有九。”可见铜铁二矿的产地，古人是有数的。

辽宁的铁岭，江西弋阳的铁沙街，四川金汤的铁矿沟，江津石龙峡的铁厂沟，广东兴宁的铁山嶂，湖南洪江的铁溪，江苏溧阳的铁石墩，河北涞源支家庄的铁岭和白石口的生铁沟，山东峄县牛角岭的铁牛，河南舞阳的铁山庙，南阳的铁河等这类地名，很可能产铁，其中有些已经得到证实。[5]

与铜铁有关的地名中，还有以冶为名的，例如湖北大冶（唐宋时已置炉炼铁，现属武钢），河北滦县的古冶（铁），山西五台附近的东冶镇（铁），山西闻喜的刘庄冶（铜）等。

有时矿床成分复杂，露头风化后颜色奇异。群众便用抽象的名称“凤凰”来形容它，这种地名颇值得注意。已证实的有江宁凤凰山铁矿，江津丹凤场铁矿，甘肃凤凰山铜矿，滁县凤凰山铜矿等。古人很早就观察出颜色的特点，《管子·地数篇》中就提到：“赭者为铁类，其色若朱。”又说：“山上有赭者，其下为铁。”以现代科学知识分析是符合实际的，因为“铁帽”的颜色常为褐红色，含磁铁矿的带灰黑色；赤铁矿则常为红色，含锰时呈黑色，深浅视锰多少而定。因此有些地名若与颜色相关时，不妨加以注意。如：安徽芜湖大小赭山，江宁牛首山（黄牛皮色），江西萍乡上诛（硃）岑，湖北长阳火烧坪，河南武安红山，沁阳红固堆、红砂岭，辽宁锦州虹螺蚬、大石桥锅底山，河北大庙黑山等。

铜的氧化物多为绿色，但有时也呈赤红色。凡地名有“绿”“鹿”（南方读音）很可能有铜矿。如：湖南桂阳的绿紫坳，海南岛的石碌（绿），湖北阳新的赤马山，云南巧家的汤丹（丹即红之意），四川安顺场的芍药石曹、海棠，甘肃的火焰山等。

四、铅锌汞地名

古代工业尚不发达，铅的用途不十分大，但银子却很值钱，《管子·地数篇》中说：“上有铅，下有银。”所以对铅锌矿大多都开采提炼其中的银。因此，我国地名用银字的多半是铅锌矿。如浙江宁波的银山、福建古田的银场、江西德兴的银山、湖南隆回的银坑、海南昌感的银岭、广西永福的银厂、四川宁南的银厂沟、河南临汝的银洞洼、河北承德的银矿山、吉林通化的银厂子等，都可能有铅锌矿存在。

江西东部有个县叫铅山，可以调查是否因产铅而得名。据《辞源》记载：“铅山城西四里有山产铜铅，今山已倾陷。”文献既然有记载，可见昔日开采的规模不小。

炼丹之术起于汉代，当时丹家主张以澒（汞）为主。据《丹房奥论》说：“凡夺天地造化，修炼金丹，唯水银一味而已。”以“丹”字为名的地名，很可能过去有汞矿，如广西南丹、贵州丹寨等。贵州八寨有个地名叫朱砂厂，朱砂即硫化汞，估计可能产汞。

要特别注意以“宝”为名的地名，因为它大部分已证实有铅锌矿或其他矿产。如：广东丰顺宝山、广西全县宝坑、湖南桂阳宝山（钨钼铅矿）、福建宁德东宝山（铅银矿），四川宝兴（铅铜）、彭州市大宝山（铜），辽宁岫岩东宝山（铅）、复县观宝山（铜），吉林延吉天宝山（铜铅锌矿）。可以说，凡有“宝”字的地名，探寻之后大都不会落空的。虽然有时并非铅锌矿，如山东胶县七宝山有萤石、大理石、石墨等，辽宁铁岭大宝山有煤，便是例证。[6]

每一个与矿产有关的地名，都可以说是一份最简明的“文献”，它启示人们去发现它过去的经历和沉睡千年的宝藏，所以这是一件有趣而且又有实际意义的活动。对待各种地名，我们应本着实事求是的精神去研究探讨，并通过实践使它逐步得到检验。

参考文献：

[1] 曲言训．山东牟平地名与黄金生产［J］．地名知识，1990，(1)．
[2] 薛振勇．漫谈金地名［J］．地名知识，1984，(1)．
[3] 曹淑梅．唐山的矿产地名［J］．地名知识，1990，(4)．
[4] 徐向东，许戈泰．根据地名找金［J］．地名知识，1982，(4)．
[5] 夏之秋．地名与矿产［J］．地理知识，1979，(3)．
[6] 范金龙．天然气·石油与地名［J］．地名知识，1982，(4)．

第六章　京港澳名分层

北京地名概说

一、从北京城区的地名看城市地名的命名

北京具有悠久的历史。辽金时期是北京开始从一个军事重镇向全国政治中心过渡时期。自元代正式作为全国的政治中心至今，在这七百多年的历史长河中，北京城区的地名也是随着城区的布局和建设的发展而变化的。[1]

唐代，北京称幽州城，在今北京西南，城周 25 里，可见当时面积较小。整个城区分为 28 坊，如罽宾、肃慎、卢龙等坊。其中有些坊名是取自中国边远地区的地名或族名。此后坊制一直延续至清代。唐代后期起，幽州城设两县分治，东为蓟县，西为幽都县。辽代，燕京城内分 26 坊，每坊都有坊门，上书坊名，有些沿袭唐代坊名。辽不仅沿袭了坊的制度，也沿袭了两县治，东为析津，西为宛平。当时城内大小街道整齐端直，“大康广陌，皆有条理”。[2]

金代，北京称中都，城周围在 35—37 里之间。中都城内规划整齐，共分 62 坊。城的东半边共 20 坊，城的西半边共 42 坊。每坊有坊门。此时城区仍设两县分治，东为大兴，西为宛平。[3]

元代，北京称大都，“城方六十里，十一门”。[4]城内居民共分 50 坊，分别属左右警巡院。南城有 62 坊，属南城警巡院。[5]从大都城内坊的分布来看，很不均衡，南部和中部较多，北部较少，显然坊的划分并非按地区大小，而是按居民的多少。各坊都设有坊正。坊下面有巷、里，设巷长、里长。路→府→院→坊→巷（里），这是元朝政府管理大都城内民事的行政系统。[6]

大都城内的布局是经过比较周密规划的。全城规则整齐，井然有序。它

的中轴线，南起丽正门，穿过皇城的灵星门、宫城的崇天门和厚载门，经万宁桥，直达城中央的中心阁，它是全城的真正中心。中心阁在今北京城内鼓楼以北，鼓楼之北是钟楼。钟楼与鼓楼相对屹立。元代中心阁和钟、鼓楼构成了全城的中心区。大都城内的布局是围绕着这个中心区展开的。[7]全城的街道，都有统一的标准，大街 24 步阔，小街 12 步阔。除街道外，还有 384 大巷，29 巷通（即胡同）。[6]意大利旅行家马可·波罗也对大都的街道十分赞赏："全城中划地为方形，画线整齐……全城地面规划犹如棋盘，其美善之极，未可言宣。"全城主要街道是南北向的，小街和胡同则沿着南北大街的东西两侧平行排列。这样，城市居民的住宅，分布在小街和胡同的南北两侧，可以坐北朝南，无论是冬季防寒取暖，还是夏季通风采光，都较为便利。[7]大都以内沿着一定的纵横街道又划分为 50 坊，每坊各有名称，这就是全城的居住单位。所以总的来看，全城规划整齐，井然有序，为后来城区规划奠定了基础。另外，在朝廷的左方是太庙，右方是社稷坛。简单地说，这就叫作前朝、后市、左祖、右社。在历史上一切封建帝都的设计中，北京城堪称一个无比的杰作。它抓住了一个主题，通过平面的布局和建筑物的配置，突出地表明了封建帝王"普天之下，唯我独尊"这个抽象的概念。[8]

到了明代，北京城开始划分为五城，即中城、东城、南城、西城、北城，这就是今天北京城区的前身。在五城之下有 33 坊，中城 9 坊，东城 5 坊，南城 8 坊，西城 5 坊，北城 7 坊（按：实数有 34 坊）。坊下又有巷、胡同，共约 458 个胡同和 18 个巷名。[9]

清代，北京仍分五城，但坊数大为减少，全城共为 10 坊，即一城各有两坊。坊下有胡同名 896 条，巷名 26 条。[10]总的来看，元、明、清时期的地名分布是有规律的，大地名讲究对称，众多地名具有不同的层次。主要通名分为三级，即城、坊、巷（里、胡同），虽然有些地名今已变更了，如坊制基本消失，但却能清楚地看到古地名的骨架，至今在北京街巷担任主要角色。

目前，北京由于大规模的城市建设，开辟了许多居民区和交通干线，随之而出现了数千条新地名。在这么多地名中，通名是有限的，主要有街、路、巷、里、胡同、条等市内通名。在市郊，还有店、村、庄等乡村地名通名，这是随着市区的扩建而出现的。

根据宣武区（现并入西城区）地名录的初步统计，街巷名共约 760 个左右，胡同名有 220 条，里名 93 条，巷名 146 条，条名 111 条，街名 114 条，路名 21 条，道名 16 条。这些通名，初看杂乱无章，细看却是有特点有规律的。

从分布特点看：条名、巷名多具系列性，即一般不单独出现，而是按序列成组出现的。如：樱桃头条、樱桃二条、樱桃三条，蔡家一巷、蔡家二巷、蔡家三巷等。由于它具有序列性，便于查找，为群众所欢迎。街名、里名多具有对称性，多用方位词区别地点，如枣林前街、枣林后街、枣林斜街，平渊东里、平渊南里、平渊西里等。这些地名也为居民所欢迎。胡同名多具有片状分布特点，它不像条、里那样具有序列性和对称性，但也不是没有一点规律，而是一片一片分布着，如西城区前门大街以西、宣武门大街以东就是胡同名的分布区。但从名称的使用上看，胡同名不如以上两类便于记忆查找。路名的分布则具有相对独立性和任意性。

从历史来源看：街、巷、胡同名，元代就已出现，条名大约是在清代才大量出现。里、路名大量出现，可能是在清代以后。里虽然在中国古代是县以下的基层行政单位，但可能多用于南方，出现在北京是较迟的。如清光绪年间成书的《京师坊巷志稿》中几乎不录里名。而路名呢，今天大多分布在北京城的二环和三环或新开辟的道路上，可见路名在北京的出现也是近现代的事。

从街巷层次看：在三环路以内，北京街巷以“大街”为主，“街”“路”次之，巷、条、里、胡同再次。也就是说北京的街巷从层次分，可分为三层：第一层“大街”为市内主干线和商业中心；第二层“街、路”介于两者之间，为市区次要交通干线；第三层“巷、里、条、胡同”，为居民生活区。

北京城的地名富有层次性、对称性、序列性等特点。但历史在前进，今天在新的历史条件下，要使北京城的街巷名称具有新的特点和规律，使北京城更加美丽，就要总结规律、研究特点，使地名的命名与城市建设同步发展。

层次性、序列性和对称性是世界上物质存在的基本形式之一。北京城街巷名称的三个层次，总的来说是反映了北京街巷的实际特点的。当然其中有一些例外，如有一些胡同名实际上指的是次要街道，相当于“街、路”名，如西城区的铁门胡同、魏染胡同等。有时“街”实际上相当于“大街”，如东、西长安街，确实是北京的一条“大街”。不过，这并不影响总的层次性，但今后在新命名街巷名称时，应考虑这一总体层次和结构。

在以通名区分主干道、次干道和胡同的同时，还可以区分街道的走向，这不仅增加了街路名称的信息载负量，而且正确地反映了道路客观存在的层次。今天有的城市也是按街道的不同方向给予不同的通名。如长春市，南北走向的均称为“大街”“街”，而东西走向的均称为“大路”“路”。四平市的一个区域使用一个通名：铁西区通称“大街”“街”，而铁东区则通称“大路”“路”。这种通名本身丰富了地名的内涵，对不熟悉街路分布状况的人来说，提供了重要的信息，有助于迅速查找指称的实体。

俗话说，一张白纸，好画最新最美的图画。对具有悠久历史的古都北京来说，全部重新命名地名是不可能，也是行不通的。但不妨碍对新建居民区和街道命名或个别地名更名。在命名和更名时，最好能制定一个原则，即“体现布局，尊重历史，含义健康，方便记忆”。如辽源市在街巷名称命名时，沿用了东吉、南康、西宁、北寿的名称，并作为四条干街路名，即东吉大路、西宁大路、南康大街、北寿大街。东西向称路，南北向称街。四条交会的广场，命名为“中兴广场”。市中心形成东吉、西宁、南康、北寿四片地名群，如东吉片路的名称一律“吉”字打头，分别叫“吉阳”“吉光”“吉普”“吉照”，尾字连念“阳光普照”，形成横念路名有讲、竖念尾字成词，别有意境。[11]

地名是一份丰富的文化遗产，对语言、历史、地理及民俗学的研究具有重要价值。但更重要的价值则在于供人们交往使用，好找易记。这应当成为评价地名命名科学性的首要条件。因此可以说，以往约定俗成的、但毫无内在联系的街巷名称是不科学的。北京的街巷名称数以千计，就是“老北京”也难以记住，这给邮电、公安、消防、交通以及人们之间的交往带来极大的不便。城市街巷名称应随着城市总体规划的实施而逐步实现街巷名称的群体化，形成有区域性特征的街巷地名群。所谓群，就是单个的街名与地域总体名称有内在的联系。所谓地名群，是按照有序的科学方法将一定范围内的街巷名称排列组合起来，名称之间形成内在的联系。这种内在联系，表现为主从、有序、向心、对称、同族等形式。

二、北京胡同名的雅化

一个初来北京的外地人，一定会对北京的胡同名称所反映的乡土气味留下较深的印象，例如大耳胡同、笤帚胡同、拐棍胡同、皮裤胡同等。

胡同旧写衚衕，相当于小通路、横街、小巷等。它来自蒙古语，表示比村稍大的部落就叫胡同。打开蒙古地方的地图，立刻就会找出乌兰胡同、大拉胡同、乃尔胡同、大郎胡突、麻合图、麦合图等。[12]

胡同的流行范围，今天还不能确切地划分，但大体上限于北方。在北方，哈尔滨有守卫胡同、光觉胡同、高士胡同、安定胡同，染房胡同等；吉林有头条胡同、莱市胡同、向阳胡同、大塔胡同、花园胡同。在天津、济宁都有，河南开封特别多，可以见到臭水胡同、黑墨胡同、博爱胡同、教经胡同等。

教经胡同是因为犹太人的部落在那里，“教经”二字是“犹太教”的中国译音的传讹。

从长江沿岸看，上海叫弄，南京以西叫巷；中间的苏州，巷、弄混合使用，也是很有意思的。从以上看来，胡同的范围大体是黄河以北，曾为蒙古势力所及的地方。全国最多的还是巷，这是中国古代小路的名字。[13]

北京从民国以来，地名的改订大约达到300处以上，其中还有完全没有被当地人民承认的，这一点在寻问道路的时候就是检验。例如：礼士胡同、寿比胡同、慕义胡同、福绥境等，在群众中还是按着以前的驴肉胡同、臭皮胡同、马尾胡同、苦水井等叫法。[12]

首先试行改名的人可能是一部分官吏，从其传讹情况看，想必是一些南方人。例如：牛血胡同改为留学路，鬼门关改成国门关，马尾胡同改成慕义胡同，等等，恐怕都不是以北京人发出的声音而变化的。还有放生园改成方盛园，绳匠胡同改成丞相胡同，吊打胡同改成孝达胡同，等等。这种情况并不是从今天开始的。《天咫偶闻》引《光绪顺天府志》就把雅广梨误作呀儿光了。究其原因，可能是南方人听了北方音不好理解而致生误的。

被更改的胡同名都是些什么样的地名呢？首先是有关动物的地名被改了。在北京有很多马圈、牛圈、羊圈、牛角、马尾、驴蹄等地名，今天还有很多可以想象那个对于动物感到亲切的时代的地名。这些地名，今天都变成了佳名。

其一是带“尾巴”的胡同。例如：羊尾胡同改成扬威胡同，狗尾巴胡同改成高义伯胡同，猪尾巴胡同改成寿逾百胡同或朱苇箔胡同，猴尾胡同改成侯位胡同，等等。

其二是带“肉”的胡同。例如：驴肉胡同改成礼路胡同，羊肉胡同改成洋溢胡同，熟肉胡同改成输入胡同，生肉胡同改成寿刘胡同，灌肠胡同改成官场胡同，驴市胡同改成礼士胡同，猪市改成珠市，等等。

其三是带毛、皮、猪、粪的胡同。例如：羊毛胡同改成杨茅胡同，猪毛胡同改成朱茅胡同，臭皮胡同改成受壁胡同，臭皮厂改成寿比胡同，牛蹄胡同改成留题胡同，母猪胡同改成梅竹胡同或墨竹胡同，粪厂大院改成奋章大院，等等。

其四是带“虫鸟鸡鱼”的胡同。例如：鸡鸭市改为集雅士，鹰房胡同改为英房胡同，鸡爪胡同改为吉兆胡同，屎壳郎胡同改为时刻亮胡同，蝎虎胡同改为协和胡同，蝎子庙改为协资庙，干鱼胡同改为甘雨胡同，等等。

再有是有关人体的胡同名被改了。例如：嘴巴胡同改为醉葩胡同，胳膊胡同改为华百寿胡同，大脚、小脚胡同改为达教、晓教胡同，心尖胡同改为新建胡同，等等。

带有人名的胡同名被改了。例如：姚铸锅胡同改为尧治国胡同，张秃子胡同改为长图治胡同，王寡妇胡同改为王广福胡同，沙锅刘胡同改为沙锅琉璃胡同，豆腐陈胡同改为豆腐池胡同，汪太医胡同改为汪太乙胡同，宋姑娘胡同改为颂年胡同，张皇亲胡同改为尚勤胡同，等等。

再次是有关服饰、器物的胡同名被改了。例如：裤子胡同改为库司胡同，又为库资胡同；裤腿胡同改为库堆胡同，烟袋胡同改为燕代胡同，荷包厂改为河泊厂，烟筒胡同改为源通或淹通胡同，轿子胡同改为教子胡同，汤锅胡同改为汤公胡同，锅腔胡同改为国强胡同或国祥胡同，罗圈胡同改为罗贤胡同，等等。

其他从别的方面着眼改动的也较常见。例如：劈柴胡同改为辟才胡同，干井胡同改为甘井胡同，井儿胡同改为警尔胡同，佟府胡同改为同福胡同，烧酒胡同改为韶九胡同，廊坊胡同为良乡胡同，油炸鬼胡同改为有果胡同等。改动是各种各样的。全是把认为“下品”的地名一个个地改为“上品”，其中也有难说是“下品”名，不知为什么改的。许多地名的更改是由于人们的社会意识和观念的变化而改名的，它常常是通过语言或字形的手段来实现的。如果不把它们改回原来的样子，而想由这些地名来作为窥见北京过去生活的手段，是不可能的。

北京的胡同名在20世纪六七十年代更动很大，特别是那些带有人名的胡同名。例如50年代称为无量大人胡同，据《京师街巷记》，在清初，某朝臣在这胡同内住，做事不考虑当否，因而大多是失败的。这是因为这里有过某个思虑不足的大人居住，所以叫作无量大人胡同。另一说，是由明代《胡同集》的吴良大人胡同所附会的。在《中国人名大辞典》中，吴良从太祖起兵，与江阴张士诚对峙十余年，屡破其军，后被封为江阴侯。在《乾隆北京全图》中成了无量大人胡同，即吴良大人变成无量大，后又变成无量大人，今称红星胡同。又如今称南竹杆胡同的，50年代称八大人胡同。明《胡同集》有把台大人胡同、《八旗通志》作八达。又如宋姑娘胡同又叫颂年胡同。宋姑娘简为宋娘，又变成颂年，今称为莲子西巷。还有张秃子胡同改成长图治胡同，等等。

参考文献：

[1] 牛汝辰．中国名城的由来和传说［M］．石家庄：河北少儿出版

社，1991.

［2］（宋）许亢宗．宣和乙巳奉使金国行程录［C］//靖康稗史．北京：中华书局，1988.

［3］陈高华．元大都［M］．北京：北京出版社，1982.

［4］宋濂，王濂．元史·地理志［M］北京：中华书局，1976.

［5］扎马刺丁，虞应龙，孛兰肹，岳铉．中书省·大都路［C］//元一统志（卷一）．北京：中华书局，1966.

［6］清英廉．京城总貌［C］//日下旧闻考（卷38）．北京：北京古籍出版社，1988年．

［7］侯仁之．元大都城与明清北京城[J].故宫博物院院刊,1979,(3)．

［8］侯仁之．历史上的北京城［M］．北京：中国青年出版社，1962.

［9］（明）张爵．京师五城坊巷胡同集［M］．北京：北京古籍出版社，1982.

［10］（清）朱一新．京师坊巷志稿［M］．北京：北京古籍出版社，1983.

［11］杨光裕．对城镇街路名称层次化、序列化的探讨［J］．地名知识，1988，(3)．

［12］—［13］（日）多田贞一.北京地名志[M].张紫晨译.北京:书目文献出版社,1986.

长安街今夕

长安街，是北京著名的“十里长街”，被誉为“神州第一街”。它以天安门广场为界分为东、西长安街。全场3551米，其中东长安街长1751米，西长安街场1800米。车道宽50米。长安街是北京最主要的交通干道，它向东延伸到通州区，与京津塘高速公路相连；向西抵达石景山区，与京石、京原公路相连，成为几条主要国道的端点，因而又号称“百里长街”。

一、天街

长安街，是北京历史上有名的天街，东长安街西侧的天安门，明朝称作承天门，是取真龙天子承天授命的意思。天安门是皇城的大门，大门之外还有一道门，叫大明门。大门左右还各有一座门，左称长安左门，右称长安右门。早先从长安门到左门道长安右门的这条横街，即是长安街。长安街是个吉利的名字，取长治久安之意。

明清北京市是在元大都城上经过几次修建后完成的。明永乐年间在元故宫旧址上稍向南移，重建了新宫城，也叫紫禁城。拓展了大城的南部，即把大城南墙南移至今正阳门东西一线上，同时，在其旧城稍北，另建皇城南墙。仿效当时南京城的规划，在宫墙南门（午门）前面的东西两侧，分别修建了太庙和社稷坛，是按“左祖右社”的布局排列的。皇城南门仿照南京改名承天门，也就是现在的天安门。承天门内加筑端门，从端门到午门的御道两侧，相当于旧制东西千步廊的位置，分别建立六科值房。承天门与端门之间的东西两侧，也增建了宫墙。在承天门外开辟了“T”字形的宫廷广场，名曰“天街”，外建宫墙。天街东西两端各建“长安左门”与“长安右门”。自天街向南凸出的部分，止于“大明门”。大明门内东西两侧沿宫墙之内，修建千步廊。这样，大明门也就被看作是皇城南面的正门。从大明门向南直到大城南面的正阳门之间，保留了一段横街，叫作“棋盘天街”，俗称“棋盘街”，是商贾荟萃的中心，十分热闹。

二、改朝换称

清北京城全部承袭明代，只是把一些城门名称作了更改。例如宫廷广场南端的大明门，改称大清门，承天门改为天安门。广场上一个比较重要的变化，是乾隆十九年又把长安左门、长安右门外的一段街道，增筑围墙，作为广场两翼的延伸部分，其东西两端，又各增建一门，分别叫作“东三座门”和“右三座门”。这就等于把“T”形宫廷广场的东西两翼，又向外加以开拓。在开拓部分的南墙上，左右两边各有一门，分别向南通往官署区，左曰“东公生门”，右曰“西公生门”，都是明朝旧有的。

到了清代，长安左门改为东长安门。东长安门的位置，就在今北京市劳动人民文化宫门前80米处。长安右门改为西长安门，西长安门的位置，就在今中山公园门前80米处。在东、西长安门的东、西两侧各建有三座门，称东、西三座门。门外下马牌上用汉、满、蒙、回四种文字书写着“文武官员至此下马”，以显示天子所居之地的庄严神圣。后又在三座门东、西各建一座牌楼，上书“长安街”。这些门与牌楼把东、西长安街截成几段，阻碍交通，于是，在1912年，拆除了长安左、右门，仅剩余门洞，俗称三座门，东西长安街始得贯通。1949年辟建天安门广场时修筑了长安街的林荫大道。1952年拆除了三座门。1954年又拆除东、西牌楼。1959年扩建天安门广场后，东西长安街开敞贯连，成为宽阔的十里长街。1954 年拆除西单头条、二条，使道路加宽。

三、天上的“紫微宫”

天安门北侧是故宫，旧称紫禁城，又名大内，为明清两代皇宫。始建于明永乐四年（1406），竣工于永乐十八年（1420）。紫禁城的建筑格局是按“左祖右社，前朝后市”格局兴建的。紫禁城是禁止一般人进入的，所以又称为禁城。城内是皇帝、皇后们居住的宫殿，皇帝自诩为天子，便把他们居住的所在地称之为“紫微宫”，故而禁城又称为“紫禁城”。

四、“龙”吉“虎”凶

明清两代的统治者，更多地利用宫廷广场来进行一些活动，借以欺骗人民和滥施淫威。例如从明到清都盛行以科举制度来笼络读书人，为朝廷效忠。凡是考取进士的，都要在殿上传呼姓名，然后把姓名写在“黄榜”上，捧出午门，放进“龙亭”，用鼓乐导引，经天安门转出长安门，张挂在临时搭起的“龙棚”里，因此当时的人就把长安左门叫作“龙门”。与此相反的是统治者在长安右门玩弄另一手法，每年在广场西侧的千步廊旁，分别举行“秋审”和“朝审”，犯人们被带入长安右门以后，就等于投身虎口，很难再有活命的可能。因此当时的人，又把长安右门叫作“虎门”。

关于天安门前的宫廷广场，留下了这样一个传说：明朝末年农民起义的领袖李自成，率领起义大军，一路势如破竹，打进北京。当他胜利冲破大明门，一脚踏上这块庶民百姓不得涉足的禁地时，立刻挽臂引弓，向着承天门的匾额，射出了强有力的一箭。这件事发生在承天门前的宫廷广场上，是很不寻常的，这一箭正是对封建统治和皇帝权威的挑战。面临着这一挑战的明王朝，顷刻之间土崩瓦解，末代皇帝朱由检（崇祯），只好仓皇逃出宫城，吊死在煤山（景山）。

1900 年，八国联军入侵北京，这些野蛮强盗为了示威，竟然肆无忌惮地炮轰天安门。这座古老的建筑并没有被炮火所毁，只是正阳门箭楼和广场上的长步廊遭到破坏和焚烧。昏庸无能的清廷签订了丧权辱国的《辛丑条约》（1901 年），从此天安门广场以东的中央官署所在地和邻近地区，竟然沦为中国政府无权过问的帝国主义十一国“使馆区”，其中还包括了外国侵略者借以耀武扬威的兵营和操场。使馆内一切政权属使馆委员会管理，中国政府不得过问，俨然成为“国中之国”。

五、天安门的狮子

北京地区流传着不少关于天安门的歇后语，“天安门的狮子——对摆着”，就是流传得最广的一句。这句歇后语借天安门前有一对巨大的石狮对峙于金水桥头的景貌，来形容事物成双成对或形容在一个事件中对立的双方势均力敌、旗鼓相当。此外，还有一句：“金水桥边的狮子——望君早归。”这句引自端坐在天安门前华表顶端的一对小石狮。这对小石狮形象更为活泼生动，它坐在高高的平台上，抬起头来殷切地望着远方，那双眼睛被雕刻家赋予了十分强烈的感染力，好像在说：“出门远游的皇帝，你早一点回来料理朝政吧！”所以被俗称为“望君归”。

有意思的是，在天安门的城楼北面，还有一对华表。这对华表的高度、尺寸、造型都和金水桥边的华表一模一样，只是顶端危坐的小兽不再向外张望，而是面向宫内，好像在盼望着看见君王走出宫来，因此俗称“望君出”。它表达了老百姓希望皇帝能常到民间去体察人民疾苦的心情，据此又有一句歇后语：“天安门里的狮子——请您出去。”这是一句不客气的逐客令。

故宫的东侧是太庙，为明、清两朝皇帝祭祀祖先的地方，始建于明永乐十八年（1420）。1950 年改名为北京市劳动人民文化宫，原先供皇帝祖宗牌位的大殿，成了工人们的活动室，常有各种展览在这里举行。每逢传统节日，文化宫内彩旗飘飘，锣鼓喧天，笑语盈盈。新中国成立前，特别是在封建社会里，百姓对太庙存在着既恐惧又神秘的感情，所以北京流传一句歇后语：“皇上家的祠堂——太妙（庙）。”

六、数风流人物，还看今朝

1949 年 10 月 1 日，毛主席站在天安门城楼上庄严宣布“中国人民站起来了！”

“惜秦皇汉武，略输文采；唐宗宋祖，稍逊风骚。一代天骄，成吉思汗，只识弯弓射大雕。俱往矣，数风流人物，还看今朝。”

的确，无论是秦始皇在 2190 多年前最后一个攻陷燕都并随后下令修建从咸阳通往北京的驰道时，还是 546 年前明成祖朱棣下令大兴土木、移都北京时，他们都想不到，就在那条驰道和那座城池的基础上，中华民族的子孙们仅用了40年时间开拓出这条真正的京畿大道以及远较他们辉煌千倍的丰功伟业。

1949年9月30日，开国大典前夜，毛泽东率领全体政协委员出新华门，来到天安门广场，举行人民英雄纪念碑的奠基仪式。

按照传统思想，纪念碑的正面应该朝南，以便与坐北朝南的故宫、天安门、前门保持一致。周恩来向建筑师们建议，长安街、天安门建成后，会有更多的群众从城市的其他地方经过这里。他们进入广场，多是集中在广场北部，应当让人们一进广场就看到纪念碑的正面。建筑师们采纳了周恩来的建议，于是人民英雄纪念碑一反中国碑石的建筑传统，面向了天安门，面向了长安街。

1959年，两座庄严且具有民族风格的现代大建筑——人民大会堂和中国历史博物馆，出现在广场两侧。1977年，在广场南侧又建起了庄严肃穆的毛主席纪念堂。在这40多年的时间里，长安街仿佛换了人间。

传说北京城是按照“八臂哪吒城”的形状修建的：这正南之间的一座门，叫正阳门，是哪吒的脑袋，脑袋嘛，就应该有耳朵，它的瓮城东西开门，就是哪吒的耳朵；正阳门的两眼井，就是哪吒的眼睛；正阳门西边的宣武门、西便门、西南城门的阜成门、西直门，是哪吒那半边身子的四臂；北面城门的安定门、德胜门，是哪吒的两只脚。那城门里四方形的“皇城”，是哪吒的五脏；皇城的正门——天安门是五脏口，从五脏口到正阳门哪吒脑袋，中间这条长长的平道，是哪吒的食道。那五脏两边的两条南北大道，是哪吒的大肋骨，大肋骨上长着的小肋骨，就好似那些小胡同。

有趣的是紫禁城内的建筑都与“九”有关；天安门高九丈九；城楼是“九”楹重楼；故宫的四个角楼，其结构是九梁十八柱；皇宫大门上的门钉数是纵九横九；故宫有九龙壁；故宫内修建的房屋数，则取的是“九”之天数，为九千九百九十九间；天安门歇山式屋顶是九条脊；檐角小兽也是各九只龙、凤、狮子、天马、海马、狻猊、押鱼、獬豸、斗牛；门扇则采用的是“四九”的倍数，为“三十六扇”。

这些建筑为什么都和“九”有关呢？原来按过去阴阳的说法，奇数为阳，偶数为阴。九是阳数中的最大者，称为“极阳数”。古代常用“九”数象征天。另外，《易经》上说，九数含有吉祥之意。为此，古代的皇家建筑多用“九”或“九”的倍数来建造，以此象征是至高无上的“天子”。

现在东长安街南侧有公安部，西长安街北侧的中南海是党中央、国务院所在地，南侧有人民大会堂。东单、西单牌楼虽已拆除，但因之而形成的地名却流传下来。东单、西单已是京城十里长街的主要路口，是城区的商业最繁华的地区。

东长安街北侧，南河沿大街东侧的贵宾楼饭店是北京饭店和香港知名人士全国人大常委霍英东先生共同投资建设的豪华饭店，于 1985 年动工，1990 年正式营业。贵宾楼外形庄重、朴素，与天安门、故宫的基调和谐相衬，具有浓郁的中国民族风格。而东侧的北京饭店始建于 1900 年，是一座历史悠久、知名度较高的大型国有饭店。她在近百年的历史中，在一些重要历史时期发挥了应有的作用。1946 年至 1948 年，这里曾先后是中国共产党、国民党和美国政府三方军事停战谈判代表团的驻地。1949 年开国大典的国庆宴会也在这里举行。东单菜市场原址曾是商贩云集的市场，1917 年由法国商人管理，1938 年由日本商人管理，1953 年实行公私合营，摊商收归国有。东单菜市场为日式木结构建筑，南门上端铸雕着郭沫若所题的“东单菜市场”店名，是北京较大的菜市场之一。国家博物馆陈列从原始社会到 1840 年鸦片战争的历史文物。馆内收藏着我国古代、近代文物资料约 9000 件。这里还经常举办书法、绘画、摄影等展览。人民大会堂是全国人民共商国是的地方，拥有厅堂 300 多个；中间大厅为万人礼堂，可容纳 5000 人入席。大会堂东门前广场通常为我国领导人接见外国元首举行阅兵仪式的场所。北京电报大楼是我国国内与国际的电报通信枢纽。

天安门和长安街的街灯是多姿多彩的，有的圆球形状，它们集结在一起，仿佛一串串葡萄；有的似玉兰花状，含苞待放，人们好像能闻到它的花香。两旁的路灯，也是一种美妙的街景，夜晚到长安街上散步，给人一种迷人的美的遐想。

香港地名的殖民色彩

当你首次打开香港地图，特别是港岛地图，或漫步在港岛中西区，你一定会为这满目的不明其含义的译自英文的街道名称而惊讶。虽然路牌上也有与英文对照的每个字你都认识的汉文名称，但总是给你一种难以名状的置身于异域文化氛围的感觉，好像你不是流连在华人世界。

纵观香港地名，使我们有这样一种深切的感受，即在世界上还没有哪一个地区像香港这样，其地名受殖民统治的影响这样深刻，这样全面地反映英国殖民统治的历史。例如从英国女王、亲王到王子、公主，从英国首相到英外交大臣，从英军司令到侵华“功臣”，从历届港督到政府要员，从英军登陆地点到侵华舰船，从英国商人到西方传教士等林林总总所有为英国立下“汗马功劳”的各界“名流”“名人”，都在这小小的香港留下了他们的“芳名”。这些名字被命名到香港的大街小巷、湖海山冈、海港码头、公园广场，随后又转入医院学校等地方。同时作为一个惯例，香港政府还把地名命名作为对这些有“贡献”人士的一种极高的政治奖赏，凡是他们认可的“有功之臣”便把这些“臣名”贴在新开辟的街道等地方。因而香港地名中的殖民色彩也就愈益浓重，以致成为世界上其地名受殖民统治影响最深的地区。[1]

据苏金智对《香港街道地方指南》中的地名进行的统计，在3101个街名中有500个直接来自英语，占1/6弱；1805个大厦名称中有640个受英语影响，占1/3强；483个中学及大专学院名称中有70个受影响，占1/7弱；118个医院诊所中有41个受影响，占1/3强；74个公园名称中有12个受影响，占1/6弱；82个教堂及庙宇中有62个受影响，占3/4强；1204个地方名称中有120个直接受影响，占1/10弱。在这上述6869个地名中大约1446个受影响，约占21%。由此可见英国的殖民统治对香港地名的影响是如此深刻，如果仅就港岛而言，这种影响就更大了，大约有80%的港岛地名受到英语的影响。[2]

一、以英国女王及王室成员命名的香港地名[3]-[15]

以英国女王及王室成员命名的地名以“女王”为代表，因英国占领香港期间正是英国女王维多利亚当政的时期，因而维多利亚的名字遍布在香港的大街小巷，海港码头、公园山冈、大厦广场，俯拾即是。如皇后大道，位于港岛北部，贯通东西，是港岛最长的街道。英国占领香港后，于1842年开始在港岛北部大规模开山筑路，并于当年完成。1842年3月，将这一主干道命名为皇后大道。即今皇后大道中，以纪念维多利亚女王而命名。早期的中文译员不知Queen是女王，以为是皇后，便将原意为“女王大道”译成了“皇后大道”。

维多利亚公园（Victoria Park）位于港岛铜锣湾。该公园并不是维多利亚女王时代建成的，公园的原址是旧铜锣湾避风塘，是在19世纪50年代初将旧避风塘填成该地，辟作公园的。把公园命名为维多利亚公园，原因是和维多利亚女王的铜像有关。

维园道（Victoria Park Road）位于港岛铜锣湾。该道的英文路名意为维多利亚公园道，简称为维园道。因该路在维多利亚公园的北侧，故名维园道。

域多利道（Victoria Road）位于港岛坚尼地城之西。该道修筑于维多利亚女王时代，所以用维多利亚命名。

维多利亚港（Victoria Harbour）位于港岛和九龙之间的海域。当年英国占领这个海港时，正是维多利亚女王（1837—1901）在位，因而得名。

太平山（Victoria Peak），英文名称意为维多利亚峰。该峰为港岛最高峰。为纪念维多利亚女王而命名。

维多利亚城（Victoria City），又名女王城，俗名“君士丹”，即Queen's Town 的意译和音译。该城建于 1841 年，为香港早期的城区名。因纪念英国维多利亚女王而命名。该城分为三个区域：海岸、半山和山顶。海岸区为商业区和华人住宅区；半山区是高级住宅区，多居住外国人；山顶区为纯洋人居住区。

英皇道（King's Road）位于港岛东区。建成于 1935 年。另外还有域多利皇后街（Queen Victoria Street）、域多利监狱（Victoria Prison）、域多利戏院（Victoria Theatre）、山顶公园（Victoria Peak Garden）、域多利中心、皇后街（Queen Street）、皇后码头（Queen's Pier）、皇后山（Queen's Hill）、维多利亚公众殓房（Victoria Public Mortuary）、皇后商业大厦（Queen's Tower）、皇后戏院（Queen's Theatre）、皇后像广场（Statue Square）、皇后中心（Queen's Place）等。

乔治五世公园位于九龙油麻地，1909 年将官涌山夷为平地，并开辟成公园。因当时英王乔治五世在位，便以乔治五世命名公园。

伊丽莎白二世为英国女王，因而以伊丽莎白命名的场馆学校也有许多，如伊丽莎白体育馆、伊丽莎白医院、伊丽莎白中学、伊丽莎白青年馆、伊丽莎白大厦等。

沙田银禧体育中心，现名香港体育学院，位于新界沙田新城。1977 年为纪念英国女皇伊丽莎白银婚之禧构思新建，并获英女王银禧纪念基金资助 1260 万元。1982 年正式启用。

英王室成员也在香港街道中留下了他们的名字和对他们的纪念。如：

圣玛加利大堂（Saint Ma rgaret's Church）为香港天主教堂。建于 1923 年。位于港岛跑马地。教堂以女王妹妹的名字命名。

公主道（Princess Margaret Road）位于九龙何文田，中文名为译自英文的简称，全译应为玛嘉烈公主道。玛嘉烈公主是英国女王伊丽莎白二世的妹妹，她于 1966 年 6 月 1 日访问香港；3 月 2 日在香港主持“英国周”的英国工业展览会开幕式。为了纪念她这次访问香港，故将楠道改为公主道。

干诺道（Connaught Road）位于港岛西北部。干诺又译为康乐，康乐广场及康乐大厦同样是用Connaught这个名字命名，也由于康乐大厦（后改为怡和大厦）在干诺道中，所以用同一英文命名，只是中文译法不同而已。1890年3月31日，英国王子干诺公爵自印度来港访问，为纪念英王子来港访问，将新填海建成的海旁道命名为干诺道。

亚厘毕道（Albert Road），该道分上亚厘毕道和下亚厘毕道，前者是位于港岛中西区，环绕港督府的道路；后者是香港政府合署所在地，由此可见这两条路位于香港政治中心。亚厘毕是维多利亚女王的丈夫亚厘毕亲王。他是德国的萨克斯·库伯·哥达（Saxe·Coburg·Gotha）公爵，和维多利亚女王于1840年结婚。

太子道（Prince Edward Road）位于九龙北部，为九龙最长的街道。1922年4月6日，英王乔治五世的长子爱德华应邀赴日访问，顺道访问香港；4月8日他到九龙游览，对其中一条正在开发为花园和住宅区的街道极为欣赏。这条街道宽阔，两旁都是英式的花园别墅。当时这条街道尚未命名。次日，太子离港赴日，港府决定将太子最欣赏的这条街道命名为爱德华太子道，简称太子道。由于他坚持爱情至上，宁愿放弃王位，与Wallis Simpson结婚，成为轰动一时的“不爱江山爱美人”的风云人物。后被封为温莎公爵。

二、以港督命名的香港地名[3-105]

纵观世界各国地名，你会发出这样的感叹：真是让人难以置信！在约150年的时间里，28位香港总督中除了日本侵华时的投降港督杨慕琦和末代港督彭定康之外的所有26位港督的名字都保留在了现在的地名中。类似这种情况，在世界上是绝无仅有的，这可说是香港地名的一大特色。不仅如此，许多在历史上对港英当局的有功之臣，其名字也大量地保留在了现在的香港地名中。我们把这种现象称之为“香港地名现象”。

现在我们按担任港督的先后顺序对以港督命名的地名进行叙述。

砵甸乍街（Pottinger Street）位于今港岛上环，在德辅道与皇后大道中之间并与之相交，在利源西街西并与之并行的一条小街，就称为砵甸乍街。由于整条街是用石块铺砌，华人把它称为石板街。砵甸乍（Henry Pottinger）在我国史书和大臣奏折中称璞鼎查、波延杰。1789年生于英国。1840年在对阿富汗的战争中晋升为海军少将，并被封为男爵。1841年8月，乘“女王号”

炮艇抵港，接替义律任英驻华全权代表并任商务监督。他是率英军北上，攻占舟山和攻入长江内陆的统帅。1842 年 8 月，迫使清政府签订《南京条约》。当时，逼迫中国接受这些蛮横条款并代表英国在《南京条约》上签字的便是砵甸乍。

爹核士街（Davis Street）位于港岛坚尼地城北部，接坚尼地城海旁道与卑路乍街相交。由于早期翻译的原因，Davis 被人译作爹核士，又译作德庇时和戴维斯。戴维斯（John Francis Davis）1795 年生于英国。他既是一位英国外交官，又是一名著名的汉学家。他 18 岁时就在东印度公司服务，1816 年随外交使团访问北京，对中国历史和文学甚有研究。1834 年任英国驻华商务监督。1844 年 5 月被委任为第二任港督，并被封为爵士。

文咸街（Bonham Stand）位于港岛上环，东接皇后大道中，西接德辅道西，分东西两街。该街由填海造地建成。由于填海建街在港督文咸任内，故以其名命名。该街英文名“Strand”，意为“海滩”，可见命名此街时，此街填海工程尚未完成。文咸街的命名是纪念他的首次为香港填海得地。该街又俗称“南北行街”。

文咸（Samuel Georg Bonham），又译作文翰、文安、般含、濮亨。1803 年生于英国。早年任职于东印度公司，1837 年起，先后被任为新加坡、马六甲及威尔斯王子岛的总督。于 1848 年 3 月被委任为香港第三任总督。

宝灵街（Bowring Street）位于尖沙咀西侧，在柯士甸道北部并与之平行的街道，叫宝灵街。另外还有宝灵商业大厦 Bowring Centre 等。宝灵（John Bowring），又译作宝宁、包令、保陵。于 1792 年生于英国埃克塞特。1854 年 4 月出任第四任香港总督，并受封爵士。

罗便臣道（Robinson Road）位于港岛西环半山区，东与花园道相接，西接巴丙顿道，并与屋兰士街相交，是一条沿山开筑的山区道路，路多弯角而曲折。罗便臣（Hercules Robinson），又译作罗士敏。1824 年生于爱尔兰。曾任西印度殖民地总督，于 1859 年 9 月接任香港第五任总督。他在任期间，其财政收支由平衡达到盈余，从此，港岛的市政建设不再需要英国政府的财政补贴，并承担驻港英军每年 2 万英镑的费用。他确立了香港的货币为港元，并制定了香港的邮政制度。1865 年 3 月任满离港，赴锡兰任总督。后为纪念他，特将半山区的一条道路命名为罗便臣道。

坚尼地道（Kennedy Road），又称二马路，为第七任港督坚尼地开辟的一条道路。坚尼地在任内曾计划兴建一道海堤，连接东区和中区，因受军方反对而罢，于是在半山区开筑一条连接中区与东区的公路，即今日之坚尼地道。

该道西起坚道，东与皇后大道相接，为港岛第二条横贯东西的大路。坚尼地（Arthur Edward Kennedy）于1810年生于爱尔兰。曾两度出任赞比亚总督。1872年4月16日被委任为第七任港督。

轩尼诗道（Hennessy Road）位于港岛湾仔，为港岛的交通干道。该道兴建于轩尼诗任港督时期，此道也是在一片新填海地上筑成。全路东西横贯湾仔全区，西接金钟道，东连怡和街。此道也是香港最繁华的街道之一。轩尼诗（John Pope Hennessy），又译作亨尼西。1843年生于爱尔兰。1877年4月22日与他的欧亚混血妻子洁娣抵港，成为香港第八任总督。

宝云径（Bowen Drive），在港岛金钟道南，东接坚尼地道。宝云道（Bowen Road）在港岛半山区，西起山顶缆车宝云道车站，沿山势向东伸展至湾仔区，再向跑马地伸延至黄泥甬道交会处止。宝云任时这条路是一条小路以利铺设输水管，后来扩充为大马路，因此以他的名字命名。宝云（George Ferguson Bowen），又译作包文、鲍恩。1821年生于爱尔兰，毕业于牛津大学。1883年3月被委任为香港第九任总督。

德辅道（Des Voeux Road）位于港岛上环，与皇后大道中平行，在中央市场北，为港岛的主干道之一。德辅道分德辅道西和德辅道中两段。该道建于1859年，建成于1862年，即成今日之德辅道。该道的修建是由港督宝灵主持，故当时称宝灵海滨道，以纪念宝灵。30年后，由于中区填海工程的完成，干诺道建毕，该道又拓宽延长，故改名为德辅道，以纪念当任港督德辅。

德辅（George William Des Voeux），1834年生于英国。1887年10月6日抵港任第十任港督。

布力径（Blak's Link），位于港岛跑马地，在香港仔隧道南端。布力（Henry Arthur Blake，又译作卜力）1840年生于英国。1898年11月25日抵港接任第十二任总督。

弥敦道（Nathan Road）为九龙主要街道，呈南北走向，南起尖沙咀的梳士巴利道。南起向北贯穿尖沙咀、油麻地、旺角等地。末端止于界限街，是香港有名的“不夜街”。1904年弥敦任港督时，大力翻修扩展这条路，历时两年完成，故又改名为弥敦道。

三、以英国军官和战争命名的香港地名[3-15]

19世纪中叶的香港史，是一连串的西方国家对中国的干涉和战争史，军人在这一时期的历史舞台上扮演着重要角色，因而早年的香港地名，有许多便是为纪念率领远征军来中国作战的舰队统帅和驻港陆军将领的。

卑路乍街（Belcher's Street）位于港岛坚尼地城。该街建成较早。卑路乍是一位英国军官，他是最先率领英军登陆香港的先遣部队的指挥官。他的全名为爱德华·卑路乍（Edward Belcher）。1841 年 1 月 25 日上午 8 时，他奉命率领英军乘军舰在水坑口街登陆，为翌日正式占领香港举行升旗仪式做准备。

歌赋街（Gough Street）位于港岛中环皇后大道中南侧，南连荷里活道，东接鸭巴甸街。另外还有歌赋山，在歌赋街附近。歌赋并非是歌舞流连饮酒赋诗的风流胜地，而是人名的音译。他是 1840 年至 1841 年间，多次领兵进攻广州的歌赋中将，是臭名昭著的侵华分子。

柏架山（Mount Parke）位于港岛东区筲箕湾南部。海拔 531 米，为港岛第二高峰。柏架又译巴尔克，他是英国贵族。1781 年出生。1841 年 5 月 12 日任英国远征军总司令兼驻港英军司令 。

金马伦道（Cameron Road）位于九龙尖沙咀。金马伦为英军少将，是第七任港督宝云爵士任职期间的驻港英军司令。1885 年曾出任两个月的护督。1887 年亦曾有五个月的时间署理香港总督职务。香港有以驻港英军司令命名街道的习惯，故尖沙咀街道之一便以金马伦命名。金马伦的名字还被命名在了金马伦里和金马伦山等地方，作为对他的纪念。

奇列岛（Kellett Island），又名吉列岛，位于港岛铜锣湾畔。1839 年，英国军舰曾停靠在铜锣湾内，其中一艘军舰的舰长名叫 Kellett，突然遇到台风的袭击，他忙将舰驶靠在那里的一个小岛畔幸而平安。事后，就以他自己的名字为那小岛命名。

加士居道（Gascoine Road）位于九龙油麻地东南。又译为加斯觉。他是第十二任港督卜力任职期间的驻港英军司令。他曾参与 1898 年拓展新界界址事件，后任护督职务。

爱秩序街（Aldrich Street）位于港岛筲箕湾。爱秩序街因街尾贴近海湾边，而这个海湾原名爱秩序湾，因此用海湾的名字命名为爱秩序街。爱秩序是人名 Aldrich 的译音。爱秩序是一名英军少校。他是香港开埠初期被派到香港整顿英军军纪的一位军官。

白加士街（Parkes Street）位于九龙油麻地南端。白加士为人名，我国史书上译作巴夏礼。但当地的译员却将其译为白加士。当初为纪念白加士主持九龙半岛割让仪式而命名该街。

伊利近街（Elgin Street）位于港岛中西区，与荷李活道和鸭巴甸街相邻，为香港早期著名街道。由于每当下雨这里都十分泥泞，故又称为泥街。伊利近全称为 Earl of Elgin and Kincardine，我国史书上译作额尔金，他是第二次鸦片战争的主角。额尔金于 1857 年 7 月以英国特使名义被派往香港。订立《天津条约》和《北京条约》，九龙半岛割让给英国。而这一连串的行动的主持者就是额尔金。1861 年 1 月 19 日，中英双方在九龙举行土地割让典礼时，额尔金就在场。他可谓立下了“汗马功劳”。

海防道（Haiphong Road）位于九龙尖沙咀九龙公园附近，原名为额尔金道（Elgin Road）。该道建于 1865 年。在尖沙咀开辟道路之初，建成两条道路。一条路用港督罗便臣爵士的名字命名，另一条路便用额尔金的名字命名。1909 年香港整顿街道名称时，将额尔金道改为海防道。

四、以英港政府要员及商人传教士命名的香港地名[3-15]

在英国统治香港初期，英国为了达到其殖民统治的目的，一方面以军事武力相威胁，另一方面进行文化渗透。自英国占领香港的第一天起，英语就开始对香港的语言文字应用进行全面的渗透，如社会用字普遍使用中英文对照，如告示、路牌、门牌、单位名称、商品名称等；地名、人名各有两套；用英港政府要员的名字命名香港地名，特别是街道名，这已成为早期香港地名命名的一个惯例；凡是对英港有贡献的政府要员，其名字在香港地图上大都可以找到，这已成为文化渗透的方式之一和对这些“功臣”的政治奖赏。

卑利街（Peel Street）位于港岛中西区皇后大道中。卑利是香港开埠时期的英国首相，全名为罗伯特·卑利（Sir Robert Peel）。

梳士巴利道（Salisbury Road）位于九龙尖沙咀南端。该道源于 Marquis of Salisbury 梳士巴利侯爵名。他是 19 世纪末很有作为的政治家、首相。曾三度组阁英国政府，并兼任过外相。

鸭巴甸街（Aberdeen Street）位于港岛中环，是香港早期建成的街道。鸭巴甸为英国外交大臣的名字。加连威老道（Granville Road）位于九龙尖沙咀东北。该道源于加连威老伯爵，他是 19 世纪英国著名的殖民地大臣。金巴利道（Kimberley Road）位于九龙尖沙咀北部。金巴利为人名，全名为 Earl of Kimberley 伯爵，他曾在英国首相格莱斯顿组阁时出任英国殖民地大臣。林德赫斯特街（Lyndhurst Terrace）中文名为摆花街，位于港岛中西区。林德赫斯特是男爵，他三次出任英国大法官。

香港地名中又有许多以香港布政司的名字命名的街道。例如：必列者士街（Bridges Street）位于港岛荷李活道附近。柯士甸道（Austin Road）位于九龙尖沙咀北。马师道（Marsh Road）位于港岛湾仔区。菲林明道（Fleming

Road）位于港岛湾仔区。杜老志道（Tonnochy Road）位于港岛湾仔区中心地带。

参考文献：

[1] 中华书局(香港). 中华香港街道图[M]. 香港:中华书局,1996.

[2] 苏金智．英语对香港语言使用的影响［J］．中国语文，1997，(3)．

[3] 姚绪荣．香港地图［M］．北京：中国地图出版社，1997.

[4] 梁涛．香港街道命名考源［M］．香港：市政局出版，1992.

[5] 梁涛．九龙街道命名考源［M］．香港：市政局出版，1993.

[6] 子羽．香港掌故（3 册）［M］．香港：香港上海书局，1985.

[7] 陈乔之．港澳百科全书［M］．广州：花城出版社，1993.

[8] 朱维德．香港掌故（3 册）［M］．香港：金陵出版社，1988. 6

[9] 阿忆．香港百年［M］．广州：广东人民出版社，1997.

[10] 郑定欧．香港辞典［M］．北京：北京语言学院出版社，1996.

[11] 萧国健．香港古代史［M］．中华书局，1995.

[12] 余绳武，刘存宽．十九世纪的香港［M］．北京：中华书局，1994.

[13] 贺弘景．香港的昨天、今天和明天［M］．北京：世界知识出版社，1994.

[15] 萧国健．香港前代社会［M］．北京：中华书局，1990.

[16] 刘泽生．香港古今［M］．广州：广州文化出版社，1988.

香港地名的变迁

审视香港地名的变迁，我们认为这离不开香港人口的变迁和香港城市建设的发展，同时还与当地居民社会文化背景有密切的联系，因而谈论地名的变迁离不开香港社会历史文化。

一、街道命名三阶段

香港街道名称的命名从发展阶段上大致可分为三个时期。第一个时期是从香港开埠至中区第一次大规模填海为止，约为 1890 年以前；第二个时期从 1890 年至 1950 年止；自 1950 年到现在为第三个时期。其中在 1909 年，香港政府曾对九龙地区的街道进行过一次大规模整理，目的是解决相近和相同街道名称的混淆问题。

第一时期的街道命名的特点是政府命名街道和地产发展商命名街道同时进行。而政府多以著名的官员或英国名人的名字命名。由地产发展商命名的街道，大部分属于当时的私家路，发展商或用自己的名字命名，或用当时具有特征的名称命名。例如，罗便臣道以第五任港督夏乔士·罗便臣爵士名命名。卑路乍街以1841年1月25日最先率英军登陆香港的英军司令爱德华·卑路乍的名字命名。必列者士街以署理布政司必列者士名字命名。李升街是以香港置地公司唯一华人董事的名字命名。

第二时期为新填海阶段。政府在规划新填海区或新开发区时，先规划道路然后批给发展商，即先命名道路然后建屋。因此有些地方的命名规划整齐，如大角咀地区的街道多以树木命名，如橡树街、槐树街、杉树街、榉树街、榆树街、樱桃树街等都是那个时期的产物。这时期的私家路较少，大量的道路都由政府命名，政府亦以历史上有贡献的名人的名字命名，其中多用港督和港英政府要员的名字命名。例如，轩尼诗道以香港第八任总督的名字约翰·波普·轩尼诗爵士的名字命名。何东道以20世纪初至50年代香港最有名望和极具影响力的华人何东的名字命名。何东于1915年获得爵士头衔，早年曾在中国海关任职，1900年开始经营商业和地产，曾任怡合洋行和汇丰银行买办。他热心公益，在保良局和东华医院任总经理时期捐赠了很多善款。他曾帮助香港大学建校及资助东华医院建院，赢得慈善大富翁的美誉。庄士敦道以行政、立法两局成员，太平绅士亚历山大·罗伯特·庄士敦的名字命名。菲林明道以港督德辅任内的布政司法兰西斯·菲林明的名字命名。马师道以三位港督任内的布政司威廉·马师的名字命名。

1909年因九龙经济建设的飞速发展，当局曾对九龙各区与港岛重名的一些街道名进行过系统的整理，其中把麦当奴道改为广东道；罗便臣道改为弥敦道；东林荫路改为赫德道；第六街改为佐敦道；差馆街改为上海街；第八街改为宝灵街，等等。

第三时期，即1950年至今这段时间。虽然也有大量填海地段和新开发地区出现，道路也由政府规划和命名，但道路多以祥和、兴隆、康乐、富足、博爱等吉祥词命名。同时也有由地产发展商命名的，再经有关部门批准公布。例如治民街、竹园道、公主道等街道的名称。

二、通名和语言分析

根据1992年的街道图，香港的街道一共有2817条。此外，以街、道、路、里、径、台、坊、围这几个常见的通名来说，数目分别是1293条街、592条道、38条路、249条里、135条径、73个台、50个坊、34个围。有趣的是，这些区域的大小跟它们所有的街道数并不成正比。面积上新界最大，九龙次之，香港岛最小。但香港岛的街道密度反而是最高的，其次是九龙，最低的是新界。可见城市的发展是由南而北的，正如香港岛的割让最早，九龙半岛的租让次之，最后才是新界。随着城市的不断扩大，街道也越筑越多，命名的方式也随着时代的变迁而有所变化。

从语义上讲，香港的街道名称和一般的地方命名很相似；从构词方面来讲，除了音译采用粤语的近似音以外，其他汉语里常用的构词方法如偏正、动宾、并列等都是相当常见的。所有街道名称都分为先以英语或先以汉语命名的两类。由于街道名称和其他专有名词都要同时采用两种语言，所以先用哪种语言命名应该可以看出哪方的影响较先，或者说在当时哪方的影响较大。统计结果反映了明显的趋势。香港岛中环、上环是殖民统治的中心，发展的方向是由西至东。九龙半岛是由尖沙咀、油麻地开始，一直沿弥敦道向北．如果留意的话，把全香港的英军军营所在地跟殖民发展的沿线连接起来就会了解到两者的同步性，军事的重要性。新界由于发展得最晚，名字以英语先取的情况也最少。

如果看沙田和天水围区、长洲离岛区，前者是新发展的，居民以中产阶级为主；后者是以渔民、农民为主的地区，这些地区英译中的数字竟然都是零，可见街道名称从历史的角度来看反映了殖民影响的下降和本地化的加强。另一方面，从语义角度来看，街道名称又反映出随着民主化、都市化的发展，人名命名法和地方特色都趋于消失，加上中产阶级生活的同一性，使得街道命名的方式也由多元化变得简单化了。于是，大家都更关心居住地的环境和风水，吉祥名称开始流行。

三、填海造地，涌现无数新名

香港土地面积1094平方公里（1996年3月底），人口630多万（1995年底），是世界上人口密度最高的城市之一。香港石山、岩岛密布，平地窄小，平地只占总面积的16%。80%的土地都是呈30°~40°倾斜的山坡。这种情况，无疑对城市用地造成很大的障碍，为了维持对土地需求的使用，填海造地是香港政府扩大土地供应量、缓解城市土地匮乏的重要措施。自1841年1月26日香港的第一次填海，到19世纪80年代末开始的香港历史上规模最大的填海工程，对香港的经济发展起了很大作用。今天的中环商业区，湾仔、北角、观塘区、维多利亚公园、启德机场跑道、新机场等地方主要是移山填海的结果。沙田新市镇、葵涌码头、尖沙咀新世界中心、九龙红火车站及海底隧道出入口、九龙观塘、长沙湾、港岛的柴湾、新界大埔工业村等地，也都不同程度是由填海所得。

四、新市镇崛起，命名突出祥瑞有序

第二次世界大战后，香港人口急剧增加，面临的首要困难便是住房和工业用地的缺乏。为解决部分房屋需求和增辟工业用地，20世纪70年代初香港政府提出了新市镇发展计划。规模最大的新市镇——荃湾新市镇，首先开发建成。随后又兴建了沙田、屯门、大埔、元朗等新市镇。80年代又兴建了粉岭、上水、将军澳、天水围等新市镇。90年代又有大榄涌、梅窝、东涌、大澳、长洲、坪洲等新市镇拔地而起。由于新市镇的异军突起，产生了大量的新地名。例如：80年代起荃湾发展成为以工业为主体的现代化大市镇。各种电子、机械、成衣、纺织、印刷等工业及港口运输均集中于此。大型公共住宅区荃威花园、荃德花园、福来邨、祁德尊新村、绿杨新邨、石围角新邨等纷纷出现。而这些新兴住宅区楼宇命名的特点是：（1）用表示人们良好愿望的康、乐、兴、隆之词命名。例如：福来的永宁楼、永嘉楼、永康楼、永兴楼、永乐楼、永定楼、永昌楼、永隆楼等。（2）用内地的城市名命名。例如：荃湾中心的沈阳、济南、太原、南宁、昆明、成都、贵阳、天津、上海、重庆、安庆、广州、桂林、杭州、苏州等楼宇。又如沙田新市镇原来仅是几个零散村落，自20世纪70年代建新市镇以来，先后建起禾畲邨、沥源邨、新田围邨、愉田苑、花园城、沙角邨、博康邨、大围等大型公共住宅区。1978年很多文娱体育设施也相继投入使用，如沙田赛马场、沙田大会堂、沙田单车公园、沙田中央公园、沙田银禧体育中心、沙田运动场等。沙田新市镇街道楼宇的命名也均以祥瑞词语命名。如得基街、得利街、得荣街、得宝街、百利街、百得街等。又如：禾畲邨的美和楼、民和楼、欣和楼、富和楼、协和楼、智和楼、德和楼、顺和楼、康和楼、丰和楼等。

五、宗教流派渐多，寺庙名称密布

香港是个华洋杂处、东西方文化交会的城市，居民包括不同的种族团体，具有不同的文化背景，世界各大宗教在香港陆陆续续都有信奉者。如佛教、天主教、基督教、道教、回教、孔教、印度教、犹太教、锡克教等十多种。所以香港地名中寺观、庙宇、教堂等占有很大比重。根据《香港的昨天、今天和明天》一书的统计，香港仅佛道寺观就有350余座，基督教堂833座，天主教堂和弥撒中心94座。所有与宗教有关的场所加起来共有1200多处，平均不到一公里就有一处。其中最负盛名的有：西贡半岛的大庙、九龙的黄大仙祠、大屿山岛的宝莲禅寺及港岛的圣约翰教堂和竺利街回教礼拜总堂等。作为香港地名一部分的寺庙观堂等宗教地名，约占了香港地名的相当一部分，可见香港地名的宗教色彩异常浓重。

澳门地名的殖民色彩

自1616年葡萄牙在澳门任命第一任澳门总督算起，葡萄牙对澳门的统治约400年的历史。在这约400年的历史中有许多地名都记录了葡萄牙对澳门的殖民统治。

一、以澳门总督名字命名的澳门地名[1-9]

亚马喇马路（Estrada de Ferreira do Amaral）位于澳门半岛北部花地玛堂区，以澳门第七十九任总督亚马喇的名字命名。

亚马喇（Joõo Maria Ferreira do Amaral），又译为阿马留。他在1846年4月从里斯本抵澳门任澳督。亚马喇是海军军人，其右臂在年轻时参加葡萄牙开拓巴西殖民地战争中被大炮炸去，葡人称其为“独臂将军”。亚马喇上任后，在澳门推行疯狂的侵华政策，1846年5月，宣布对华籍居民征收地租、人头税和不动产税。1849年3月5日，他限令设在关前街的中国海关“关部行台”8天内撤出，3月13日派兵捣毁海关。他擅自审判在澳的华人。亚马喇的行径，激起了中国居民的义愤，于1849年8月22日在关闸附近，被望厦村民刺杀。澳葡当局历来视亚马喇为英雄，因而除了亚马喇马路外，东望洋街、关闸马路、铜马广场（亚马喇圆形）等都是以他的名字命名的。

连胜马路（Estrada de Coelho do Amaral）位于澳门半岛中部花王堂区。该路的葡文名字以澳门第八十五任总督亚马廖名命名。

亚马廖（Josē Rodregues Coelho do Amaral），又译作若·阿马留。于1863年6月抵澳任职。原为葡萄牙外交官。担任澳督期间兼任驻华公使。任内，他继续采取侵略行动，扩大对氹仔岛的侵占，在岛上增建兵房、捕房、教堂等。1865年侵占路环岛西部的荔枝湾等地，随后设立海岛镇行政局，作为管理氹仔、路环两岛的行政机构。

柯邦迪前地（Pra cc a de Ponte e Horta），又称司打口，位于澳门半岛南部风顺堂区。为历史上输进鸦片起货纳税之地。1969年以澳门第八十六任总督柯打命名。

柯打（Josē Maria da Ponte Horta），又译作奥尔塔。葡萄牙人，曾任葡萄牙外交官。任驻华公使期间兼任澳督。1866年10月抵澳履新。

若宪马路（Estrada do Visconde S. Januário）位于澳门半岛南部大堂区。该路的葡文名称以澳门第八十八任总督欧美德的名字命名。

欧美德（Januário Correia de Almeida），又译为阿尔梅达。1829年生于葡萄牙，1870年出任葡属印度总督，1872年3月任澳门总督。他在澳门城市建设方面多有建树，如开辟通往妈阁和马交石的道路；在一些街道铺设排水管；在烧灰炉炮台一带进行填海工程；建造山顶医院；成立澳门人图书馆，等等。1874年出任驻中国、日本和泰国的特命全权大使，并担任过葡国战争部长。于1901年逝世。

罗飞勒前地（Pra cc a do Lobo da Avila）位于澳门半岛风顺堂区。罗飞勒系人名，译自亚威拉，亚威拉（Josē Maria Lobo de A vila）又译为阿维、罗波等。是澳门第八十九任总督。他曾任葡萄牙外交官。1875年至1877年任驻华公使，1874年12月任澳门总督。今罗飞勒前地即以他的名字命名。

罗宪新街（Rua de Tomás da Rosa）位于澳门半岛南部大堂区。是澳门古老街巷之一。1887年年初为纪念澳门第九十二任总督罗沙命名。

罗沙（Tomás de Sousa Rosa）于1883年及1887年任驻华公使。1883年4月至1886年任澳门第九十二兼任总督。任内成立澳门邮政局，发行第一枚邮票，在所有山坡种植了6万棵树，美化了环境。1887年12月1日以特使资格在北京与中国政府签订了《中葡和好通商条约》。

青洲大马路（Avenida do Conselheiro Borja）又称青洲新路，位于澳门半岛北部花地玛堂区。1893年澳门第九十五任总督布渣以他自己的名字命名了该路。

布渣（Lastōdio Miguel de Borja），又译波也·波尔雅。葡萄牙人，1890 年 10 月履新，任内澳门文化教育有一定发展，创立了利宵中学。

高士德大马路（Avenida de Horta e Losta）位于澳门半岛中部，是横贯花王堂区和望德堂区的著名街道。19 世纪 80 年代初为纪念曾在澳门先后出任过两次澳督的高士德，故将原柯高马路易为今名。

高士德（José Mavia de Sousa Horta e Costa）又译作若·科斯塔。于 1894 年 3 月和 1900 年 8 月担任澳门第九十六任和第九十八任总督。1896 年在大横岛、小横岛设立兵房，公开向清廷索要两岛，被两广总督谭钟麟严词拒绝。

蒙丁尼路（Maotiaho Pĕnto de Queirōs Montenegro），又译为蒙特内格罗。葡文名称以澳门第九十九任总督蒙丁尼路名命名。任内发行澳门币。后任莫桑比克、安哥拉和佛得角总督。

高地乌街（Rua de Pedro Coutinho）位于澳门半岛中部花王堂区。

高丁玉（Pedro de Azevedo Coutinho），又译作佩·科蒂尼奥。1907 年 4 月任澳门第一百任总督。1907 年 6 月，澳葡派兵侵犯湾仔银坑，向中国渔民勒收捐税，又强迫中国渔船入澳湾停泊，并干涉中国医院，要求出院病人要有葡医证明。1908 年 2 月澳葡在九澳山筑兵房、修马路，经两广总督张人骏严词责问，才停止活动。

罗沙达街（Rua de Alves Ro cc adas）位于澳门半岛中部望德堂区。罗沙达（José Augusto Alves Ro cc adas），又译为罗莎达斯。1908 年 8 月任澳门第一百零一任总督。他任期只有一年。1908 年 12 月，澳葡擅自颁布《澳门交犯章程》共 24 条。1926 年病逝。

咩路马揸度街（Rua de Alvaro de Melo Machado）位于澳门半岛南部风顺堂区。

马沙度（Alvaro de Melo Machado），又译作阿·马查多。1910 年 12 月任澳门第一百零三任总督。在他任内的 1911 年发生“浚海交涉”事件。那一年年初，澳葡当局开始了疏浚内港工程，并与英国商人订立委托他们疏浚氹仔北海面的合同。同时又向广东官府发出最后通牒，否认大横岛、小横琴岛为中国领土，逼迫广东官府撤离岛上驻军。国人奋起进行反“疏浚”斗争，7 月，两广总督张鸣岐派人到澳门交涉，8 月底澳葡当局才被迫停止疏浚工程。

美珊枝街（Rua de Sanches de Miranda）位于澳门半岛中部望德堂区。美珊枝又译美兰德（Anēbel Augusto Sanches de Miranda），还译为米兰达。1912 年 7 月任澳门第一百零四任总督。在任内赞成华商成立商会的要求，1913 年成立旅澳华商总会，后改为澳门中华总商会。嘉路米耶圆形地（Rotunda Corlos da Maia）位于澳门半岛中部花王堂区。

米那（José Carlos da Maia），又译为嘉路米耶、马亚等。1914年6月任澳门第一百零五任总督。在任期间，创办了几间学校，为“水师厂”购置了几艘汽船，发展了路氹的无线电通信，成立了救火馆。

巴波沙大马路（Avenida de Artur Tamagnini Barbosa）位于澳门半岛北部花地玛堂区。1933年5月，为纪念曾三次出任澳督的巴波沙命名。巴波沙（Artur Tamagnini de Sousa Barbosa），又译作巴尔博札。分别在1918年10月、1926年12月、1937年4月任澳门第一百零七任、第一百一十任和第一百一十四任总督。是在20世纪内唯一三次出任澳督的人。在任内建成“巴波沙坊平民屋区”，为贫苦居民做了一件好事。建成联结澳门与中山县城石岐镇的公路。正式成立邮电局，开始使用自动电话。1919年葡人企图再筑青洲堤，开辟青洲北部地区，后经中国政府抗议并派兵阻止才作罢。1931年还以他的名字命名了巴波沙坊。1940年7月10日病逝于澳门。

罗理基博士大马路（Avenida do Dr. Rodrigo Rodrigues）位于澳门半岛东南部新填海区。是大堂区内主要道路之一。1933年5月，为纪念澳门第一百零九任总督罗德礼命名。罗德礼（Rodrigo José Rodrigues），又译作罗德里格斯。1923年1月任第一百零九任总督。

柯维纳总督街（Rua do Governador Albano Oliveira）位于澳门半岛中部望德堂区。该街于1950年2月9日为纪念澳门第一百一十六任总督柯维纳命名。柯维纳（Albano Rodrigues de Oliveina）1947年任澳门第一百一十六任总督。任内颁布《禁娼条例》。

罗必信马路（Taipa - Coloane Causeway）又称路氹连贯公路。是路环岛通往氹仔岛的公路。通过填海建成。建成于1969年，全长2225米。罗必信（António Adriano Faria Lopes Santos）于1962年4月17日任澳门第一百二十任总督。任内他积极从事地方建设，地产业和建筑业发展迅速，公私楼宇建设甚多。1964年建成新口岸外港码头，缩短两地间距离。特别是兴建氹、路连贯公路，把氹、路两岛相连，并建成澳凼大桥。为了纪念其功绩，氹、路连贯公路定名为罗必信马路。

二、以澳葡政府官员军人和传教士的名字等命名的地名[1-9]

庇山耶街（Rua de Camilo Pessanha）位于澳门半岛西南部大堂区。以澳门1899年法区局长庇山耶名命名。庇山耶（Camilo de Almeida de Ssanea），又译作卡米罗。1899年任澳门法区局局长，多次代理法官职务。1900年出任物业登记局局长。他对中国的历史和语言颇有研究。1926 年逝世，1982 年澳门发行 100 元澳币即以其肖像为版面。

文第士街（Rua de Silva Mendes）位于澳门半岛中东部，是横跨望德堂区和花地玛堂区的一条大道。以澳门法院院长文第士名命名。文第士（Manuel da Silva Mendes），于 1901 年到澳门，任教于利宵中学，后为澳门律师。先后出任澳门法院院长、检察官、议事公局主席等职。他对中国艺术甚有研究。1931 年病逝于澳门，今澳门文第士巷（Travessa de Silva Mendes）也是以他的名字命名的。

贾伯乐提督街（Rua do Almirante Costa Cabral）位于澳门半岛中部，是澳门主要街道之一。此街为花王堂区与望德堂区的行政分界线。该街以 1987 年工务暨房屋政务司贾伯乐名命名。贾伯乐（Joaquim Leitao Da Rocha Cabral）于 1987 年出任澳门工务暨房屋政务司。曾获西班牙民事功勋大十字勋章。今贾伯乐提督巷也是以其名命名。

高德华主教图书馆位于澳门半岛南部，大堂区南湾街 113 号。该图书馆以 1954 年澳门教区主教高德华名命名。高德华（Policarpo da Costa Vaii）于 1954 年任澳门教区主教，至 1960 年离任，任职达 17 年。任内创办粤华中学、圣若瑟中学，在南湾设立天主教中心和图书馆，图书馆即以高德华主教命名。

罅些喇海军上将巷（Travessa Almirante Lacerda），另外还有罅些喇提督大马路（Avenida Almirante Lacerda），罅些喇提督市北街、罅些喇提督市东街等都以罅些喇提督名命名。

华士古达嘉马公园位于澳门半岛东部东望洋街一带。华士古达嘉马系 Vasco Dagama 的译音。他是葡萄牙的著名航海家、海军将领，对葡萄牙人东方航线的开拓，建有“奇功”。于 1524 年死于葡印总督任内。澳葡政府为了纪念这位航海家，于 1898 年建成半身铜像，并以他的名字在此建成公园。

雅廉访大马路（Avenida do Ouvidor Arriaga）位于澳门半岛中部，呈东西走向，是与高士德马路平行的大马路。“廉访”为元代官职名，即“肃政廉访司”，也就是“监察御史”，明代称“提刑按察司”，而“廉访”为“肃政廉访司”的简称。“雅”指葡萄牙官员“雅利亚加”（Arriaga）。

五二八坊（Bairro 28 de Maio）又称筷子基，位于澳门半岛西北角。为纪念葡国 1976 年 5 月 28 日的革新纪念日而命名。

十月初五街（Rua Cinco de Outubro）、十月初五巷（Travessa de Cinco de Outubro），这两个地名是在 1910 年为纪念葡萄牙建国日而命名的。

光复街（Rua da Restauracc ão）、光复里（Pátio do Claridade）是为纪念

葡萄牙开埠澳门纪念日而命名的。1553 年葡萄牙人正式踏入澳门。1557 年在蚝镜居留地建永久性房屋，这一年被来澳葡人称为澳门开埠。

贾梅士石洞，位于澳门西部白鸽巢花园内。16 世纪中叶，葡国著名诗人贾梅士流放澳门两年，曾在此石洞完成长诗《葡国魂》的最后部分。他离澳后，葡国贵族子弟马葵士为了纪念贾梅士，耗资 600 法郎，于 1849 年定制了一尊贾梅士铜像置于洞内。

大三巴牌坊，即圣保禄教堂的前壁。三巴，即 San Paul 之译音。圣保禄教堂建于 1580 年，后曾两度失火，于 1602 年第三次重建。

另外还有士多钮拜斯大马路（Avenida Sidonio Pais）、圣美基街（Rua de S. Miguel）、圣美基坟场（Cemiterio de S. Miguel）、圣方济各里（Beco de S. Francisco）、约翰四世大马路（Avenida D. João Ⅳ）、殷皇子大马路（Avenida do Infante D. Henriques）、殷丰素王大马路（Avenida de D. Afonso Henriques）、殷丰素王巷（Travessa de D. Afonso）、耶稣会纪念广场（Largo da Companhia de Jesos）等。

还有一些地名是以某人的官职和头衔命名的。如：提督街市（Mercado Almirante Lacerda）、提督马路（Avenida Almirante Lacerda）、苏鸦利神父巷（Travessa do Padre Soares）、苏鸦利医生街（Rua do Dr. Soares）、燕主教街（Rua Bispo Enes）、主教巷（Travessa do Bispo）、美的路主教街（Rua Dispo Medeiros）、美副将大马路（Avenida Coronel Mesquita）、美副将街（Rua do Corenel Mesquita）、萨拉沙博士大马路（Avenida do Dr. Oliveira Salazar）、将军街（Rua do General Galhardo）、罗神父街（Rua Padre António Roliz）、罗神父里（Beco do Padre António Roliz）、罗约翰神父街（Rua do Padre João Climaco）、高利亚海军上将大马路（Avenida do Almirante Magalhães Correia）、白朗古将军大马路（Avenida do Gerieral Castelo Branco）、伯多禄局长街（Rua de Pedro Nolasco da Silva）等。

参考文献：

[1]《澳门游览地图》，中国地图出版社，1997. 9.

[2] 唐思.《澳门风物志》，澳门基金会出版，1994.

[3]《港澳大百科全书》，花城出版社，1993.

[4] 龙思泰.（瑞典）《早期澳门史》，东方出版社，1997. 10.

[5]《澳门珠海通用版最新地图》（1：6000 比例尺），香港通用出版公司，1987.

[6]《澳门观光地图》，澳门旅游杂志有限公司，1998.

[7] 李鹏翥.《澳门古今》，三联书店香港分店和澳门星光出版社联合出版，1986.

[8] 魏秀堂.《澳门面面观》，中国建设出版社，1989.

[9] 严杨帆.《亚洲十二城市街巷名称录》，群众出版社，1982.

第七章　地名研究探史

中国地名学的兴起

每门科学都是在实际需要的影响下产生和发展起来的，地名学也不例外。在我国，地名研究源远流长，而作为一门严格的地名学，则是近年来才兴起的。

远在殷商时期，就有五百多处地名的记述。[1]早在春秋战国时代，地名研究出现了萌芽。如《穀梁传》提出了“水北为阳，山南为阳”的地名命名原则。特别是这时就提出了“名从主人”[2]的原则。这对历代地名研究有很大的指导意义。值得一提的是在晋代出现了我国第一部地名词典——京相璠的《春秋土地名》，还有同代杜预的《土地名》。到了唐宋时期，地名沿革的研究占统治地位，如《括地志》《元和郡县志》《元丰九域志》《太平寰宇记》等多部问世，使地名研究不断深入发展。清代，地名研究的领域扩大了。这时不仅重视地名沿革的研究，出现了历史地名词典，如《历代地理志韵编今释》等，而且出现了许多地名语源、方位、变迁方面的著作。由于资本主义的发展，外国传教士的东渐，开始出现外国地名的翻译，特别是由于外来的入侵而重视中国边疆地名的研究，出现了《西域同文志》这样一部满、汉、蒙古、托特、藏、维吾尔六种文字对照的西域地名语源辞典。这时期地名研究著作数以百计，是历史上地名研究的高峰。但在清代，科学的地名学并没有产生，因为几千年的地名研究，只是作为史学、方志学、语文学的附庸而出现的。

民国年间，由于资本主义在我国的发展，西方文化渐进，在地名研究上也对我国有一定的影响。这时冯承钧、岭仲勉、罗常培等许多学者除了大量介绍国外研究成果之外，在各自的研究中时有新意，方法上也有新的突破，如把历史比较语言学的方法引入地名研究，取得了可喜的成果。特别是出现了《中国古今地名大词典》《中国地名大词典》等高水平的地名工具书和《禹贡半月刊》，地名研究开始出现综合研究的趋势。

新中国成立后，地名研究发展迅速，特别是地名标准化工作取得丰硕成果。在1962年中国地理学会年会上，曾世英、杜祥明提交了《地名学的国际现状与研究方向》一文，详细分析了国际上地名研究的现状，提出了我国地名研究的任务和建立我国地名学的必要性。同年，在上海史学会年会上谭其骧先生作了题为《历史地名的史料意义》的报告，希望历史学家、民族学家、人类学家和语言学家共同协作来建立“中国地名学”这一学科。粉碎“四人帮”之后，我国出现了地名研究的热潮。1977年成立了中国地名委员会，随即开始了全国范围的地名普查，为地名学的兴起奠定了基础。1978年出版了谭其骧主编的《中国历史地图集》（八册），把制图学方法运用于地名研究，可谓集中国历史地名研究之大成。汉语拼音方案在地名标准化中的运用，少数民族语地名译音规则的制定，近二十种地名词典和二百多种《地名志》的发行，都促进了中国地名学的兴起。特别是1981年曾世英先生《中国地名拼写法研究》一书的出版，1982年北京师范学院开设“地名学讲座”，1983年《普通地名学》汉译本问世，1979年和1984年《地名知识》和《地名丛刊》创刊发行，1984年和1985年又出版了《地名学研究（一）》和《地名学文集》两部专著，以及正在筹建中的中国地名学会，这些可以说是中国地名学兴起的标志。其中，杜祥明的《地名学概述》、陈桥驿的《论地名学及其发展》、王际桐的《中国地名标准化刍论》、陈仲雍的《马克思主义和地名学的理论建设》、史为乐的《谈地名学与历史研究》等文章反映了我国地名学水平，标志着我国地名学已经兴起。

地名，是人们用以区别个体地物的语言符号。它是由音、形、义（包括字面义、指位义和指类义）三要素构成的。地名学的对象和任务就是研究地名，这不是指某一个地名，而是整个地名系统，研究表示各种地物，反映独立的地理概念的词和词组。总之，“地名学是研究地名的起源、语词构成、含义、演变、分布规律、读写标准化以及与自然和社会环境之间相互关系的一门科学。”[3]地名学研究的范围是广泛的，它包括一切与地名有关的问题，由此产生了一系列边缘科学，如语言地名学、地理地名学、应用地名学、社会地名学、民族地名学、地图地名学等。

由于地名学的多缘性，对地名学的学科性质，目前还有不同的看法。有的认为地名学是语言学的一个分支，有的认为是地理学的分支，有的认为是历史地理学的分支，有的认为是语言学和地理学之间的学科。考虑到地名学有自己的特殊研究对象——地名，虽然地名与语言、地理、历史、民族、民俗、测绘、考古等多种学科有关，但它不是单纯依靠某一有关学科的资料和方法就能奏效的，它已逐渐形成了自己特有的研究方法——综合研究法，而有别于其他学科。因此我们认为地名学应是一门与多种学科有关的独立学科。[3]

与其他国家相比，我国地名学还有很大的差距。19 世纪末 20 世纪初，美、英等国先后成立了地名局和地名学会。特别是日本和苏联等国的地名学起步较早，20 世纪五六十年代已有迅速发展，各种地名学专著大量问世，取得了丰硕成果。目前我国地名学的理论研究还较薄弱，作为一门新兴的学科，尚需有志于地名学的耕耘者齐心努力，共同求索，争取早日赶上世界先进水平。

参考文献：

[1] 陈梦家．殷墟卜辞综述［M］．北京：科学出版社，1965.

[2] 十三经注疏（下）［M］．北京：中华书局影印，1977.

[3] 杜祥明．地名学概述［J］．地名知识，1985（4）.

从中国地图史看历代地名研究

“左图右史”是中国古代的传统。“史”包括“经”和“志”，它们又常是地名和历史地理文献。一方面图不能无名；另一方面历朝历代、政权的更迭、建制的兴废、地名的改易等又必须借助各种地图，才能更好地了解既往、探究原委。可见中国地图测绘与地名研究是相辅相成，有着密不可分的渊源。

我国地图测绘发展大致可分为古代、近代和现代三个阶段。古代又可分为两个阶段：一是从远古到西晋以前。这期间古代地图从原始地图逐渐发展到具有相当绘制水平的地图，无论就地图种类、地图的内容要素、地图测绘技术等方面来看，都反映了当时我国地图科学的蓬勃发展，但这时在制图的理论上还没有系统的阐述。而这时的地名研究从地名记述的神话性到科学性，从地名选择范围到叙述的详略都与地图学的发展一脉相承，并适应了当时我国的地图测绘。这时产生的著名的地名文献有《禹贡》《山海经》《水经注》和《土地名》等。但在地名研究的理论方面还较欠缺。二是从西晋到明末。这时期裴秀创“制图六体”奠定了制图的理论基础，后经贾耽、沈括、朱思本一直到罗洪先，终于形成在我国古地图中最有影响的《广舆图》体系。这时的地名研究因历史地图集的出现而促进了历史地名的研究，也就是后来的地名沿革的研究。除了正史中的《地理志》之外，还出现了《元和郡县志》《太平寰宇记》《大元一统志》等多部著作，并开始了地名理论的研究。这时期是地名研究的发展阶段。

近代，从明末到清末。这时，由于西方测绘技术传入我国，我国利用西方技术在全国范围内进行了大规模的经纬度测量，并用投影法绘制了《康熙皇舆全览图》和《乾隆内府地图》，从而使中国古代地图又有了新的发展，并接近于当时西方的先进水平。由于全国广泛的地图测绘，直接推动了全国特别是边疆地名的广泛研究。由于地名研究的广泛和深入，反过来又为地图测绘奠定了基础。如这时地名文献主要有《读史方舆纪要》《嘉庆重修一统志》和《西域同文志》等。这时不论是中原还是边疆，无论是历史地名还是当代地名，无论是地名沿革还是地名含义的研究，都有了进一步的发展。各种地名著作数以百计，成为中国历史上地名研究的高峰期。

现代，可分为两个阶段。一是民国年间。自20世纪以来世界上掀起了编制地图集的浪潮。我国在1937年出版了代表当时地图科学水平的申报馆的《中华民国地图集》。由于国际交往的扩大和读史的需要，加之地图集的迅速发展，各类地名辞书便应运而生了。地名辞书的不断出现是地名研究成熟的标志。如这时出版了《中国古今地名大辞典》等代表作。这时期另一个特点是大量地介绍国外地名研究的成果，这也与国际上掀起的中西交通和丝绸之路热是分不开的。二是自新中国成立后至今。我国陆续出版了《中华人民共和国地图集》《地质图集》《水文地质、工程地质地图集》《气候图集》以及近20个省市自治区的图集等各种专业图集。特别是引进新技术而发展了遥感资料制图和机助制图。机助制图是从20世纪60年代将计算机技术用于制图以后开始的。这时期特别是80年代，才真正把地名研究作为一门学科来研究。地名研究领域越来越广。随着机助制图的出现，为了适应现代社会的需要，我们开始建立国家地名数据库。计算机作为现代社会的标志，将越来越有力地推动地名学的研究。

一、古代（先秦至明末）

1. 从先秦至西晋前

王庸先生认为："地图的起源很早，可能在人类发明象形文字以前就有地图了。"[1]最初地图的萌芽，与原始人的绘画有密切的关系。"文字是从另一种东西——图画——发展出来的。"[2]这一时期地图的一个很重要的特点，即地图的地物符号与象形文字融为一体。例如夏禹时期传说中的九鼎图、战国时期的山海图等。据史书记载，山海图确实有，而且在宋代还有流传。由于"经"与"图"在古代融为一体，经是图的注脚和说明，所以有"山海图"便有《山海经》，而且《山海经》至今流传。由于古代原始地图不像现代的地图建立在科学的数学基础上，可以用经纬度与坐标网格直接标示各地物要素间的距离和方位，故只好在图以外，以冗长的文字来说明各地物的方位及道路的远近。《山海经》有山名 449 个、河湖名 200 多个。因山海图已佚，其内容只能从图的说明——《山海经》——进行推测。顾颉刚先生说："《山海经》是图画和文字并载的，而图画更早于文字。在《山海经》里最可看出这种情形。"[4]先秦时期的地图不同程度地带有某种神话性质，且地名也带有某些神话的色彩，如《山海经》中的昆仑区。

早在春秋战国时代，我国古地图就已开始绘制和利用了。但这时所绘制的地图因处于诸侯割据时代，多是局部地方的区域性地图，大范围的行政区域图较少。[4]如用于军事上的征实地图《管子·地图篇》，另有《孙子兵法》和《孙膑兵法》中都附有地图。在地名研究方面，《禹贡》开了征实一派。它由"九州""导山""导水"和"五服"四部分组成，对后世的影响十分深远。《汉书·地理志》《水经注》以及唐宋以下的许多著作，没有不把《禹贡》作为主要的引申和发展对象的。[5]此书已开始摆脱诸侯割据形势的局限，把广大地区作为一个整体进行研究。由于《禹贡》在地名研究方面占有重要地位，所以晋代产生了《禹贡地域图》。

秦统一全国后，对地图的需要量加大了。尽管秦朝只有十多年，但地图的数量已相当可观了。公元前 168 年（汉文帝初元十二年）前的马王堆汉墓《地形图》，是按一定的比例、方位详细地彩绘了西汉长沙国南部（今湖南、广东省、广西壮族自治区等省区的衔接地带）的山脉、山峰、河流、水源、县城、乡里、道路、里程等，内容之丰富、勘测之精度、绘画之艺术，均显示了当时的高超水平。[6]地名也与之遥相呼应。东汉有《说文解字》，收录地名450个，其中县名88个。还有以水道为纲、固水证地的《水经》问世。以及班固著有《汉书》，其中的《地理志》是我国史书中首先出现的以“地理”命名的专著，记述了103个郡国、1314个县邑、32个道和241个诸侯国，地名共超过4500处。它是我国古籍中最早解释地名渊源的。在所收4500处地名中，有地名渊源解释的达40余处。后汉的应劭，在所著《集解汉书》《十三州志》《地理风俗记》中对许多地名作了渊源的解释，至今留存的约有180条。自此，解释地名渊源含义的风气开始盛行。另外，汉代的《越绝书》不仅解释地名，而且还总结地名命名规律性，如“因事名之”，这是我国古代地方命名中广泛使用的原则。[7]这样，由于地名研究的深入，地名逐渐从地图中分立出来，人们已开始专门研究它了。由于出现了这样多的地名文献，为晋代制图提供了山川、河流、城镇、乡里等各类地名资料，无疑地促进了晋代地图学的发展。

2. 从西晋到明末

公元3世纪中叶后，在前人的基础上产生了裴秀的《禹贡地域图》。这是我国有文献可考的第一部历史地图集，而且在传统地图学史上拥有划时代的地位。这部地图集是一部以历代区域沿革图为主体的历史地图集。它也完全符合《汉书·地理志》所开创的传统。《汉书·地理志》是我国第一部真正的区域行政地理著作。第一个用一部地图集来谱列历代区域沿革就要推裴秀的《禹贡地域图》了。两者存在着密切的关系。特别应指出的是裴秀提出的“制图六体”（即分率、准望、道里、高下、方邪、迂直），这不仅在当时是绘制地图所奉行的基本准则，而且一直到明末传入西欧地图技术以前，都是我国古代地图学技术的基本准则。在历史地图的制作方面，清末杨守敬《历代舆地图》也未能跳出“六体”的规范。总之，中国第一部历史地图集，即开创了古今图幅和古今地名对照的范例，这个范例由于同代的杜预在《春秋释例》中明确记载着古今地名对照的方法而使我们看得更加清楚。杜预的《土地名》是他的《春秋盟会图》的文字说明，而京相璠的《春秋土地名》是《禹贡地域图》的文字说明。两者相互依从，仿佛一对孪生兄弟。正像杜预所说，《图》与《书》必须互相配合，才能充分发挥历史地图的效能。[8]所以，我们可以说《禹贡地域图》的产生，是得益于前世的地名著作《禹贡》和《汉书·地理志》。另外，这时京相璠的《春秋土地名》可以说是我国第一部地名辞典。在这部辞典的释文中，有不少是解释地名渊源的。同时还有《太康地记》、王隐的《晋书地道记》、袁山松的《郡国志》、乐资的《九州要记》等。东晋初，对地名渊源研究很有贡献的人物是郭璞，他著有《尔雅》一书。

南北朝时期，是我国自春秋战国以后分裂较长的一个时期。由于国家的分裂，地图的制作也从全国大规模的统一的制作发展为零散的局部的制作。就整个地图的发展来看，基本上处于衰落阶段。其标志是“经”与“记”的编撰压倒了地图的制作，出现了许多大部头的“图记”。[9]如这时期郦道元为《水经》作注，汇集大量资料，成书《水经注》四十卷，记载大小水道1252条，地名约2万条，其中解释地名渊源的有2400处左右，被认为是古代期间我国传统地名学研究较成熟的标志。这时还有《周地图记》、阚骃的《十三州志》、宋盛弘的《荆州记》、庾仲雍的《湘中记》、陈顾野王的《舆地志》等许多著作，都对地名渊源的解释占了颇大的篇幅。从此，地名渊源的研究，几乎成为我国一切地理著作中的必有项目。特别是《水经注》的产生，为后来历史地图和地图集的绘制所利用。

随着地图学的发展，隋唐时代图经的制作便蓬勃发展起来，地理记志的撰写也非常普遍。例如：北周的《周地图记》、隋代郎蔚之的《诸州图经集》、虞茂的《区宇图志》等。这些图经、图志文字的数量显著增多，地图反而成了地志的附庸。它既不同于传统的舆地图或山水画式的地图，又有别于前代的图经，成为我国地图史和地志史上的一个分水岭。从此，总地志和地方志便以图少说多这个固定的格式发展，甚至后来有些竟连篇首的区域界限图也被摒弃了，图经成了有名无实的东西，实际上成了地方志的别称。唐宪宗元和八年（813）成书的《元和郡县图志》，即使有“每镇皆图在篇首，冠于叙事之前”，但事实上它也成了图少说多的总地志，及至后来因为地图散失，书名也改为《元和郡县志》了。即图与记、志分野的局面基本形成。

这时裴秀制图理论在贾耽等制图学家的制图中，得到了恢复和发展，并出现了一些较好的以裴秀制图理论为指导的地图。贾耽的地理著作和地图主要有《关中陇右及山南九州等图》，因“图上不可备书”，所以采取撰《别录》的办法说明此图的道路里数、各州的军队人数、河流的发源与归宿。这种图说和图志也可以说是地名专著。贾耽的《关中陇右及山南九州别录》六卷和侧重说明黄河流域水系情况的《吐蕃黄河录》四卷，就是《关中陇右及山南九州等图》的说明书，史称二书为《别录》十卷。另外他编成全国一统大地图——《海内华夷图》一轴，具有历史地图的性质，并对古、今郡国地名分色注记。把“古郡国题以墨，今州县题以朱”，并撰写说明该图的《古今郡国县道四夷述》四十卷。同时还有图与记相配的《地图》十卷和《贞元十道录》四卷。

在五代，特别是宋代，在对地图的修订过程中文字增多，地图减少，甚至退化到不起作用，最后干脆把图取消成为地志。王存撰的《元丰九域志》就是由地图蜕变成地志的突出例子。同时还有乐史的《太平寰宇记》二百卷，欧阳忞的《舆地广记》，王象之的《舆地纪胜》等，其中对地名研究提供了多方面的有价值的历史地名的资料。今存西安碑林《华夷图》保存着一些唐代地名，由地名的演变可推测是神宗时期（1063—1085）时所做。另外宋代还有税安礼的《地理指掌图》，这是一部通贯古今的沿革地图，并且是现存沿革地图中最早的一本。[10]它促进了以后地名沿革的研究，并为后代所继承，在今天的地名研究中仍占有重要地位。

元、明两朝是中国历史上统一时间较长的封建王朝。元代朱思本是继裴秀、贾耽等人之后，在我国地图学史上又一位划时代的人物。他绘制的《舆地图》经罗洪先增补为“广舆图”后，支配了中国地图200多年，[11]影响之大前所罕见。继之陈祖绶绘制的《皇明职方地图》是一幅继承朱、罗二图长处，避其短处，重视绘制军事要素的地图，在地名的注记上一律按万历以后地名沿革进行注记。这时期地名研究主要详于地名沿革，地名专著较少。明代的另一特点是图与“论”“说”“志”相结合。这一结合从地图的发展规律看是一种倒退的现象，但军事上的图说、图论、图志又有别于其他的图说，其他图重于地理、沿革、风俗、物产等内容，而明代九边图说，则侧重于叙述兵马、粮草、地理险易等军事必需情况，所以这种军事上的图说、图论和图志不能认为是一种倒退现象。北方九边图的特点，在明代海防图中也有体现。

明代值得一提的是郑和七下西洋，开拓了我国在南洋群岛、印度洋沿岸国家的海外市场，带回了我国第一部航海图集——《郑和航海图》。全图包括亚、非两洲地名五百多个，其中外国地名占三百个。继《郑和航海图》之后，出现了几部与图有关的地名著作，如巩珍的《西洋诸番志》、费信的《星槎胜览》等。

二、近代（清代）

明末清初，西方的测绘技术传入我国，地图测绘进入了向近代制图学发展的新时期。康熙年间因政局稳定，生产发展，对地图测绘比较重视，加之意大利的利玛窦给我国带来了《山海舆地全图》，引起中国许多官员的珍视，从而开阔了中国人的眼界，冲击了中国人唯我独大的虚骄心理。在地图学上打破了中国传统的绘图成规，开创了一条新的制图道路。因外域地图的引进，外域地名大部分在那时已经译定。如“五大洲”的概念：“第一曰亚细亚洲（即亚洲），中凡百余国，而中国居其一。第二曰欧罗巴洲（即欧洲），中凡七十余国，而意大利亚居其一。第三曰利未亚洲（即非洲），亦百余国。第四曰亚墨利加洲（即美洲）……最后得墨瓦腊泥加洲（即南极洲）为第五洲。”[12]。至于图中大西洋、地中海、罗马尼亚、古巴、加拿大、牙买加等译名，至今仍用。

由于西方科学的经纬度制图法传入中国，康熙年间开始实测了我国第一部全国省级地图集——《皇舆全览图》。1713 年除西藏和新疆部分外，全国的测量全部完工。图上对内地各省地名的注记用汉文，而边疆则用满文。这时期地图测绘促进了地名研究，如乾隆年间对西藏和新疆又进行了地图测绘，成书《钦定皇舆西域图志》，图文并茂，为当时介绍西域情况特别是地名方面最详细的书籍之一。编成《乾隆内府地图》，使我国实测地图最终完成。杨守敬用了 15 年时间陆续完成《历代舆地沿革险要地图》共三十六卷。还有《历史舆地图》为我国历史沿革史上难得的一部地图集，为后代研究郡县变化、水道变迁等方面的问题及地名研究提供了非常有用的参考资料。在图中无法表达地名的一些内容时，他用文的方式代之。如他著有《隋书地理志考证》《汉书地理志补校》《水经注疏》等多部地名著作。我们认为杨守敬的地图集多少受到明末清初的顾祖禹的《读史方舆纪要》的影响，或是参考了此书而编成的地图集。因为《读史方舆纪要》（一百三十卷）是集我国历史沿革地理之大成，对各府州县疆域沿革变迁的考订，多为后人引用，是研究地名沿革和地理沿革的重要资料。

研究地名，不能不以图为参考，绘制地图又不能没有地名资料的积累。所以清代出现了许多既是制图专家，又是地名学者。如这时期的李兆洛，他编绘了历史地图集——《历代地理沿革图》，又用十几年时间于 1837 年撰写了以字韵为编排顺序的第一部历史地名辞典，收词 1 万余条，具有划时代的意义。另外，还有李光庭的《汉西域图考》，也是图文并茂的地名考证著作。在沿革方面还有《嘉庆重修一统志》（又名《大清一统志》），它是一部比较完善的全国性的地名、地理总志和历史地理的重要参考书。该书所收小地名较多，对许多地名的渊源含义都进行了解释。另外，《西域同文志》是我国第一本汉、满、藏、维吾尔、蒙古、托特六种文字对照的地名语源辞典，这是地名研究摆脱地图框架走上独立和深入发展轨道的标志。

清代是地图测绘发展较快的时期，也是历史上地名研究的高峰时期。由于全国广泛的地图测绘，促进了地名研究。后来在地图测绘和地名研究上都出现了以历史沿革为主的趋势。由于帝国主义的侵略刺激了我国边疆史地学的研究，出现了边疆地区地名语源的研究。这期间有关边疆地名的文献数百种，为以后地名研究和边疆地图测绘提供了丰富的资料。乾隆之后，逐渐以消极保守的闭关锁国政策代替与各国贸易文化友好往来的政策，从而导致清政府中后期发展缓慢，科学文化进展不大。在地图学方面，尽管有清初内府地图的良好开端，但中国传统的制图法这时东山再起，许多西式中式混用，有的干脆不要西式经纬度制图法，完全采用计里画方或什么控制网格都不要的制图法。在地名上的反映是，不注意吸收国外的研究成果，在研究方法上仍是旧的，几百年或上千年都是老的一套，从历史记载中排比资料。许多人没有到过边疆，不懂得少数民族语，在地名含义的解释上多有不当之处。

三、现代

1. 民国年间

这一时期，由于外来的侵略，内部的政治腐败，使国势日衰，我国制图技术才比西方国家落后。这时期我国地形图的测绘只做了一些零星工作，没有统一的大地坐标系统和水准联测，没有完善的制图作业规范。专题制图只在少数部门（如地质、气象）开展了一点工作。私营舆图社只编制出版过几本很普通的地图集。唯有申报馆1937年编制出版的《中华民国地图集》算是旧中国最好的一部地图集，在当时起过一定作用。[13]另外还有童世亨的《历代疆域图》、魏建新的《中国历代疆域形势史图》和苏甲荣的《中国地理沿革图》。总之，旧中国测绘基础十分薄弱。

地名方面，由于这时期帝国主义的侵略，许多学者认识到研究史地特别是边疆地名的重要性，并注意介绍国外的研究成果，如向达、冯承钧、张星烺等翻译介绍了大量的论著。出了82期《禹贡半月刊》，里面有许多地名研究专文。特别是出了两本大型的历史地名辞典，即1929年出版了刘钧仁的《中国地名大辞典》和1931年臧励和的《中国古今地名大辞典》，为当时地名研究的代表作。由于人们视野的开阔，为了满足国际社会交往等需要，1939年出版了葛绥成的《最新中外地名辞典》，收词2.5万条，国外地名占40%。这时岑仲勉先生开始把语言学方法应用于地名研究，使地名研究日益深入，后来出了《中外史地考证》两册和《汉书西域传地理校释》两册。

简言之，这时期地名研究已出现了一些可喜的现象，即大部头的地名工具书的问世和地名研究方法的改进。而这时期地图测绘则起色不大。地名研究已完全从为地图作注的局限中独立出来，朝着自己的方向发展。

2. 新中国成立后

新中国成立后，随着经济建设、国防军事和科研教育的发展，在党和政府的关怀下，我国地图测绘得到了很大发展，地名研究也蓬勃展开起来。第一个五年计划开始优先着手建立全国统一的大地坐标网和国家基本地形图系统，包括1∶1万至1∶100万等7种比例尺地形图，并且采用先进的航空摄影测量方法绘制全国大比例尺地形图，同时对成千上万个地名进行了调查、整理和标准化。新中国成立三十多年来，我国绘制了各种专业地图集。在历史地图集方面，出版了《中国史稿地图集》（两册），特别应提到的是，1978年出版了《中国历史地图集》共八册，具有非常重要的参考价值，既是研究历史地名及地名沿革的必备工具书，又是地图与地名相互配合的典范。

随着我国汉语拼音的推行，汉语拼音不仅对我国地名标准化和单一罗马化有重要的意义，而且已得到世界多数国家的重视和承认。这样，1977年出版了1∶600万汉语拼音《中华人民共和国地图》和汉语拼音版《中华人民共和国地图集》，得到了国外的好评。继之出版了汉文和汉语拼音对照的《中国地名录》。同时还出了内蒙古、青海、新疆、西藏等民族地区的汉文、民族文字和音译转写对照的地名录。这一切都为地名标准化和单一罗马化奠定了基础。60年代开始机助制图以来，地图制作发生了根本性的技术变革，这是实现制图自动化的主要途径，它对建立现代地图学理论、推动地图学更好地为国防和经济建设服务有重大意义。利用数据库技术对地图数据存储、管理、检索和维护是机助制图面临的一项重要课题，也是计算机应用发展的新阶段。由于地图数据的建立，随之推动了地名数据库的建立，为地名研究开拓了新的领域，从而加速了研究方法和应用能力的彻底更新的进程。今后随着机助制图和地名数据库的完善和发展，可能会出现地图上地名注记的自动化等一系列现在无法想象的奇迹。

历史上由于图与“经”“志”的不断分立，各自都朝着不同的方向发展，一方面不断分立，另一方面又相互联系和促进，同时又相互矛盾。这是一门学科从产生、成熟到日臻完善和发展的必然规律。今天的地名研究已摆脱了仅仅为图作注的局限，已发展成一门独立的多缘学科，为许多学科所利用。回顾各门学科的发展史，我们会发现各门学科都存在着许多惊人的相似之处。探索各学科间是怎样相互作用、相互渗透，又是怎样推动各学科的发展，各学科间又存在着怎样的必然联系和偶然结合，是当今科学研究的一个趋势。

从我国地图测绘和地名研究这两门性质不同但又有密切联系的相互关系中可以看到两门不同学科是怎样相互影响、相互促进和发展的，这对我们今天的地图测绘和地名研究绝非毫无益处。

参考文献：

[1] 王庸．中国地图史纲［M］．北京：商务印书馆，1959.

[2] 刘国钧，郑如斯．中国书的故事［M］．北京：中国青年出版社，1979.

[3] 顾颉刚．《山海经》中的昆仑区［J］．中国社会科学，1982，(1)．

[4] 中国科学院自然科学史地学组．中国古代地理学史［M］．北京：科学出版社，1984.

[5] 陈公善．禹贡［J］．地名知识，1979，(3)．

[6] 金应春，丘富科．中国地图史话［M］．北京：科学出版社，1984.

[7] 陈桥驿．论地名学及其发展［C］//地名学文集．北京：测绘出版社，1985.

[8] 陈连开．我国古代第一部历史地图集——裴秀《禹贡地域图》初探［J］．中央民族学院学报，1978，(3)．

[9] 卢良志．中国地图学史［M］．北京：测绘出版社，1984.

[10] 侯仁之．中国古代地理学简说［M］．北京：科学出版社，1962.

[11] 中华书局．明史·外国传·意大利亚传［M］．北京：中华书局，1974.

[12] 廖克，刘岳，傅肃性．地图概论［M］．北京：科学出版社，1985.

中国地名辞书史略

辞书是社会发展到一定历史阶段的产物，是民族文化的反映。地名辞书的发展，首先是社会的需要和地名学发展的特点决定的。

地名词典是专科知识性词典，但地名学却是一门涉及地理学、语言学、历史学、民俗学、制图学等多边缘的独立学科。这样，地名词典的选词和释文范围，比一般专科词典相对要广些，综合性要强些。它不是地理词典，也不是历史地理词典，更不是经济地理词典，而是地名词典。而且它只按地名本身所要求的信息来诠释词目。它排除不是地名而是地理现象的词目。[1]也就是从地名的角度，解答有关地理、语言、历史等方面的问题，具体地说，就是要提供地名的正音、正字、转写、起源、语义、方位、分布、演变等信息，同时还要提供命名时的地理环境与历史条件，以及与这个地名有关的自然、社会、文化活动，特别是其本身具备的特殊性的信息。这样，在内容上同专科词典（如地理的、历史的、经济的、语言的）会产生一些交叉现象，这是由地名学的性质所决定的。

中国地名研究，可以说是源远流长。商代的甲骨文中，据陈梦家估计，约有 500 多个地名。[2]战国时的《禹贡》记载地名 130 处。《山海经》以记山为主，记载的山名有 449 个，河湖名 200 多个。《汉书・地理志》记载地名 4500 处。《水经》以记水为主，水名有 1370 处。北魏郦道元为《水经》作注，记载的水名有 1252 条，加之其他山邑、关津等地名约有 2 万条。之后各代地名文献就更多了。正是由于地名研究的深入和社会的需要，地名辞书远在晋代就产生了。

一、地名辞书发展史

地名辞书的发展，大致为三个阶段。一为古代，清以前；二为近代，清至新中国成立前；三为现代，新中国成立后至今。

1. 古代

最早的地名词典，可首推晋代京相璠的《春秋土地名》。作者的初衷，可以说只是为裴秀的历史地图集《禹贡地域图》作注的。[3]该书主要对诸史中所载春秋时期的地名进行渊源、类别、方位的解释。这时期的另一部地名词典，是杜预的《土地名》。我们认为，晋以前，不仅有《尔雅》这一部语文词典问世，其中有关地名的有《释地》《释丘》《释山》《释水》等篇，而且出现了《禹贡》《山海经》《汉书・地理志》等许多地理著作，各类文献大量增加。所以，在晋代出现地名词典是历史的必然。唐宋时期，随着沿革地理和方志学的发展，出现了许多有价值的地名文献。其中有些以“志”命名的，从某种意义上说就是沿革地名词典（或叫历史地名词典）。词目以行政区划排列，词目之下详述郡县、城镇、山水、关津的沿革、方位、渊源等。如唐初的《括地志》按当时的 10 道、360 州（诸州之中包括 41 个都督府）、1517 县进行排列的，为后来的《元和郡县志》《太平寰宇记》等沿革地名词典开了先河。《元和郡县志》以当时 47 节镇为标准，每镇篇首有图，分镇记载府、州、县、户、沿革、山川、道里等项。另外还有宋代的《太平御览》和《元丰九域志》等。

2. 近代

清代是中国地名研究的一个高峰期。地名词典有顾祖禹著一百三十卷的《读史方舆纪要》，是一部按行政区划排列的历史地名词典。李兆洛的《历代地理志韵编今释》，是一部以专名后两字的韵母来确定编排顺序的历史地名词典，收词1万余条。陈芳績的《历史地理沿革表》是一部以表格形式排列的历史地名词典。这时期虽仍重沿革，但已开始出现重当代和语源的地名词典，如傅恒等编的《钦定西域同文志》就是一部先按自然区域，再按行政区划，后按类别编排的满、汉、蒙古、西藏、托特、维吾尔六种文字对照的地名词典，重在解释当代地名的语源及沿革，收词范围包括新疆、青海、西藏等省区。

民国年间，因有清代留下的大量地名文献，出现了臧励和的《中国古今地名大词典》，收词4万余条，是一部古今对照的历史地名大词典。刘均仁的《中国地名大词典》也是一部历史地名词典，后附有中西文地名对照。这两部词典都是按部首排列的，是集中国历史地名词典之大成。另外还有按三种不同方法（区划、笔画、韵汇）编排的，《中华民国省县地名之汇》和葛绥成按笔画排列编的《最新中外地名词典》，共1729页，并附有中西文对照地名索引，是我国第一部较大的中外地名词典，收词约2万条。还有冯承钧1930年编写，1955年出版的《西域地名》，收词710条，后增为920条，内容包括广义上的西域地名，注重方位和沿革，对少数民族语地名都进行了罗马字母转写，是一部有价值的西域地名的工具书。另外还有《中华民国疆域沿革录》等。

3. 现代

新中国成立后，随着各类辞书的大量问世，地名辞书也出现了欣欣向荣的景象。首先是各种类型地名辞书的出版，如各种语言对照的地名词典，如《外国地名手册》（汉俄英文对照），《汉蒙对照中外地名手册》《汉维对照中外地名手册》等；有大小不同类型的地名词典，如大型的有《世界地名录》两册，收词30万条；中型的有《世界地名译名手册》，收词5万条，《中国地名录》收词3.2万余条；小型的《汉维对照中外地名手册》，收词5000条。既有名胜词典，又有沿革词典，如《中国名胜词典》（收词4600条），《陕西名胜词典》和《中华人民共和国政区沿革》；既有汉语拼音注音地名词典，又有地名语源词典，还有民族语地名的转写词典，如《中国地名录》《外国地名语源词典》和待出版的《中国地名词源词典》以及《新疆维吾尔自治区地名录》《内蒙古自治区地名录》《西藏自治区地名录》《青海省地名录》《四川省地名录》等。特别是目前各省（自治区、直辖市）在地名普查基础上编纂的《中华人民共和国地名词典》，是一部收词最多、最完备、翔实、准确的中国地名词典，这在历史上是空前的。各市县已出版的《地名志》和《地名图志》300余种，包括边疆民族地区在内；预计出齐将达2000余种。这无疑将大大地丰富中国文化宝库。

二、地名辞书分类

根据地名词典的类别，可以分为不同性质的地名词典。

按选词释义的时间可分为共时和历史地名词典，如《世界地名词典》和《中国古今地名大词典》。

按地名检索分类，可分为：音序词典，如《中国地名录》，包括按韵部排列的，如《历代地理志韵编今释》；形序词典，按部首和笔画排列的，如《世界地名词典》；义序词典，按类别或行政区划排列的，如《读史方舆纪要》；义序加形序的词典，如《中国名胜辞典》，是先按区划，后按部首笔画排列的。

按释文方式，可分为详解词典、对译词典和描述词典，如《中国名胜辞典》就是描述性地名词典。

按语言特征，可分为：正音正字词典，如《中国地名录》等；语义词典，如《外国地名语源词典》《中国地名由来词典》等。

三、地名辞书产生的原因

地名辞书的发展不是孤立的，它是由社会的发展和社会的需要决定的。充分认识地名辞书发展的原因，对我们今天来说是非常有益的。

纵观中国地名辞书发展史，不难看到，地名辞书的发展总是与社会和文化的兴衰有着密切的关系。如最早的地名辞书《春秋土地名》的产生是与魏晋南北朝时期的民族大融合和文化的发展分不开的。当时已有多部地名著作问世，如《禹贡》《山海经》《水经》《汉书·地理志》等，特别是这时出现了我国第一部《历史地图集》（《春秋土地名》就是此图集的说明）。《括地志》的问世又是与唐代封建社会的繁荣发展密不可分。唐高祖时期，行政区划基本上因袭隋代，但大多名不副实。贞观十三年（639），唐朝政府对全国政区进行全面调整，《括地志》就是根据调整后的资料修撰成书，反映了唐朝全盛时代的区划状况，又是初唐时期的疆域志，它的道、州、县和都督府的分配及名称，都反映了时代的特点。

社会的发展，促进了民族间的交往和翻译工作的进行，也促进了地名辞书的发展。我国是一个多民族、多语言的国家，很早就开始了不同民族语言的对译工作，特别是明清以后有了更大的发展。清朝由于满、汉等民族学习的需要，以及清朝统治者注重“国语骑射”等原因，出现了大量官修和私撰的满文辞书[4]和满汉等民族语的对照辞书，如《钦定西域同文志》就是六种文字对照的人名地名词典。随着国际交往的扩大，出现了不同语言对译的世界地名词典，如民国年间的《最新中外地名辞典》。

历史上，地名多有更易，各代地名时有不同，这给历史研究和阅读古籍等带来了困难。为了解除疑难，产生了一些地名辞书，如《历代地理志韵编今释》，对正史中《地理志》里的地名作了注释和说明。1931年出版的《中国古今地名大辞典》，对历代政区建制、地名沿革和方位等情况，记载得较详尽，是治史和学史的较好工具书。历史上，西域史地文献繁乱，地名研究不足，加之语言成分的复杂，使西域史的研究受到了限制。冯承钧先生在中亚交通史的研究过程中，纂成《西域地名》，为史学界所称道。

中国地图学的发展也是地名辞书发展的重要因素。中国第一部地名词典《春秋土地名》正是得益于《禹贡地域图》。《钦定西域同文志》的问世，正是在清代大规模的地图测绘基础上才有可能尽早完成。今天的许多地名录，如《中国地名录》《世界地名录》等都是以地图为蓝本而辑成的，因为地图是汇集大量地名的重要场所。自古至今，两者都有密切联系。

语言文字规范的需要，也是促进地名辞书发展的一个重要因素。历史上汉语言文字发生了巨大的变化，地名也随之而变化，并引起了一些地名的混乱，于是就有必要对地名进行规范。19世纪初，由于“变乱分总”的历史，出现了许多同名异地、异地同名，“南北相乖，东西易向”的混乱现象，李兆洛便着手《历代地理志韵编今释》的编纂，指出地名异同及缘由，说明古今之差异。在20世纪70年代末至80年代初的地名普查基础上开始编纂的各种“地名录”和地名词典，就是当代中国的标准化地名词典。为了解决在外国地名翻译中出现的混乱，中国地名委员会组织编辑了《外国地名译名手册》等。这些标准化地名辞书，在我国现代化建设中将会起到它应有的作用。

近年来，地名辞书出现了蓬勃发展的局面，这是与近年在我国兴起的地名学热潮及党和政府的重视分不开的。只要我们不断总结经验，广泛引进国外地名学的研究成果，中国地名辞书的新局面必定会早日来临。

参考文献：

[1] 陈原．性质、权威、信念和方法——在中华人民共和国地名辞典编纂工作委员会上的讲话［J］．辞书研究，1983，(1)：14－20.

[2] 陈梦家．殷墟卜辞综述［M］．北京：科学出版社，1956.

[3] 陈连开．我国古代第一部历史地图集——裴秀《禹贡地域图》初探［J］．中央民族学院学报，1978，(3)：76－84.

[4] 戴庆夏，王远新．试论我国少数民族辞书的发展［J］．民族研究，1985，(4)：60－66.

古代新疆史地书目索引

一、汉

1. 西域风土记　（汉）班超撰（后汉书·艺文志）

2. 西域风土记　（汉）班勇撰（班勇或即班超之误刻）（后汉书·艺文志）

3. 出关志　一卷（汉）张骞撰（隋书·经籍志著录）

二、晋

1. 佛国记　一卷（又名《法显传》《游历天竺记传》）　（晋释）法显著　内府藏本佛藏本（有十多种本）

2. 佛游天竺记考释　（晋释）法显撰　（民）岑仲勉　释民国二十三年（1934）上海商务印书馆铅印本一册。

3. 晋释法显佛国记地理考证　（清）丁谦　民国四年（1915）浙江图书馆丛书本。

4. 西域志　（晋释）道安撰　古海国遗书抄本

5. 风土记　（晋）周处撰　说郛本

6. 穆天子传　六卷　（晋）郭璞注　明范氏天一阁刻本　一册（有二十多种本）

7. 穆天子传　六卷　（晋）郭璞注　（明）程荣校　聊城杨氏海源阁藏黄尧圃手校本——民国二十三年（1934）山东省立图书馆影印黄氏手校本

8. 穆天子传注疏　八卷　（晋）郭璞注　（清）檀萃疏　石渠阁刊本——碧琳琅馆丛书本

9. 穆天子传注补　六卷　（晋）郭璞注　（清）郝懿行补　清光绪三十四年（1908）金蓉镜刻本

10. 穆天子传注补正　六卷　（晋）郭璞注　（清）陈逢衡补正　陈氏丛书本

11. 穆天子传札迻　（清）孙诒让撰　札迻本

12. 穆天子传补释　（民）刘师培撰　国粹学报本

13. 穆天子传西征讲疏　（晋）郭璞注　（民）顾实讲疏　民国二十三年（1934）上海商务印书馆铅印本

14. 穆天子传注释地　六卷　（晋）郭璞注　（清）吴调阳释　观察庐丛书本

15. 穆天子传地理考证　六卷　（清）丁谦考证　民国四年（1915）浙江图书馆丛书本

三、唐

1. 大唐西域记　十二卷　（唐释）玄奘译　（唐释）辩机撰　宋崇宁二年（1103）刊本（十卷本）德化李氏木犀轩藏存四卷）（另有十八种本）

2. 唐释辩机大唐西域传地理考证　（清）丁谦　民国四年（1915）浙江图书馆丛书本

3. 大唐西域记求法高僧传　二卷　（唐释）义净撰　大藏经本

4. 经行记　（唐）杜环撰　古海国遗书抄本

5. 杜环经行记　（唐）杜环撰　（民）王国维校录　王忠悫公遗书第三集古行记四种校录本

6. 唐杜环经行记地理考证　（清）丁谦　民国四年浙江图书馆丛书

7. 慧超行五天竺国传残存（唐释）慧超撰　（日）藤田丰八笺证　日本明治庚戌日本石印本　二册

8. 沙州伊州地志残卷　唐光启元年（885）写本　大英博物馆藏沙州都督府图经　（鸣沙石室佚书影印古写本）

9. 西域道里记　三卷　（唐）程士章撰（新唐书艺文志著录）

10. 西域图志　六十卷　唐显庆三年（658）许敬宗等奉敕撰（唐书艺文志著录）

11. 西域图　（唐）敬播撰（旧唐书本传著录）

12. 唐异域归忠传　二卷　（唐）李德裕奉敕撰（玉梅艺文志著录）

13. 释迦方志　二卷　（唐释）道宣撰（唐艺文志著录）

14. 北征杂记　一卷　（唐）赵憬撰（直齐书录解题著录）

15. 黠戛斯朝贡图传　（唐）吕述撰（玉梅艺文志著录）

16. 西征记　（唐）韦弘机撰（见玉梅艺文志）

17. 黠戛斯朝贡图　（唐）李德裕撰（宋史艺文志著录）

四、宋

1. 突厥所出风俗事　一卷　（宋）不著撰人名氏（见通志艺文略）

2. 西域野人　（宋）不著撰人名氏（宋史艺文志著录）

3. 高昌行记　（宋）王延德撰　说郛本（五十六）　——会余录第十五集本

4. 王延德使高昌记校录　（宋）王延德撰　（民）王国维校录　王忠悫公遗书第三集古行记四种校录本

5. 西陲笔略　一卷　（宋）员兴宗撰　四库全书珍本初集本

6. 乌台诗案　一卷　（宋）朋友万撰　说郛本　一一忏花盒丛书本

7. 西陲泰定录　九十卷　（宋）李心传撰（直齐书录解题著录）

8. 西陲要记　三卷　（宋）曾致尧撰（宋史艺文志著录）

9. 于阗国行程记　一卷　（宋）平居海撰（通志艺文略及古今图书集成经籍典著录）

10. 于阗进奉记　一卷　（宋）不著撰人名氏（通志艺文略著录）

11. 西番会盟记　三卷　（宋）不著撰人名氏（通志艺文略著录）

五、元

1. 西游录　一卷　（元）耶律楚才　旧抄足本（日本图书寮藏）

2. 西游录注　一卷　（元）耶律楚才撰　（清）李文田注　清光绪二十

三年（1897）鄦郑学庐重刊本/民国十六年（1927）罗氏校刊铅印本

3. 河源记　一卷　（又题：“河源志”）　（元）潘昂霄撰说郛本——学海类编本

4. 西游录注略补　一卷　（元）耶律楚材撰　（清）李文田注　（清）范寿金补注　聚玉学轩丛书本

5. 西游录今注　（元）耶律楚材撰　（民）张慰西撰注　地学丛书乙编本

6. 耶律楚材西游录今释　一卷　（元）耶律楚材撰　（民）张相文撰释　南园丛稿本

7. 元耶律楚材西游录地理考证　（清）丁谦　民国四年（1915）浙江图书馆丛书本

8. 长春真人西游记　二卷　（元）丘处机撰　李常志述旧抄本（瞿氏铁琴铜剑楼藏）（有十多种本）

9. 长春真人西游记注　（元）丘处机撰　（民）王国维注　王忠悫公遗书第三集本

——蒙古史料校注四种本

10. 元长春真人西游记地理考证　一卷　（清）丁谦撰　民国四年（1915）浙江图书馆丛书本

11. 西使记　一卷　（元）刘郁著　钞本（德化李氏木犀轩藏）一册（另有十六种本）

12. 刘郁西使记　（元）刘郁撰　王国维校录　王忠悫公遗书第三集古行记四种校录本

13. 元刘郁西使记地理考证　（清）丁谦撰　民国四年（1915）浙江图书馆丛书本

14. 元张参议耀卿纪行地理考证　一卷　（清）丁谦撰　民国四年（1915）浙江图书馆丛书本

15. 西域图经　（元）瞻思撰　（补三史艺文志著录及千顷堂书目著录）

16. 西域异人传　（元）瞻思撰　（补辽金元艺文志著录及千顷堂书目著录）

六、明

1. 西域行程记　一卷　（题：西域番国志）　（明）陈诚、李暹同撰（按明史“李暹”作“李达”）　明抄本

——民国二十六年（1937）国立北平图书馆善本丛书第一集影印明抄本一册

——学海类编本（题：“使西域记”）

2. 严棲稿　三卷　（明）冯时可撰　明万历刊本　（东方文化委员会图书馆藏）

3. 西域图文河陇右图　（明）盛度撰（见成化杭州府志）

4. 使西域三记　（明）不著撰人名氏（传是楼书目著录）

5. 西番事迹　一卷　（明）王琼撰　明抄本　一册/旧抄本等

6. 西番事迹　一卷　（明）马汝骥撰　明抄本（见抱径楼藏书志）

7. 平番始末　（明）许进撰　明弘治年许董刊本（天一阁藏）

8. 西征集　（明）冯时可撰　明万历刊本（十册）　（北平东方文化委员会图书馆藏）

9. 兴复哈密记　（明）马文升撰　今献汇言本　——纪录汇编本（题：兴复哈密国王记）　（又有十种本）

10. 石城东夷哈密记　三卷　（明）马文升撰　明宁攘全编本

11. 西番馆来文、西番馆杂字　（明）火源洁译　华夷译语本

12. 高昌馆来文、高昌馆杂字　（明）火源洁译　华夷译语本

13. 回回馆来文、回回馆杂字　（明）同上

14. 高昌译语　一卷　（明）不著撰人名氏　明抄本

15. 高昌馆译语　（明）不著撰人名氏　清初刻本

16. 高昌馆课　（明）不著撰人名氏　抄本（北平东方文化委员会图书馆藏）四册

17. 马端肃三记　三卷　（明）马文升撰（四库全书存目著录）

18. 兴复哈密记国遗事　（明）不著撰人名氏（传是楼书目著录）三册

19. 西番事迹　一卷　（明）谢蕡撰（国史经籍志著录）

20. 西事纪略　一卷　（明）不著撰人名氏（千顷堂书目著录）

21. 哈密事迹　一卷　附赵全谳牍一卷　（明）不著撰人名氏（四库全书存目著录）

22. 征嗦奏议　（又作《征西奏议》）（明）梅国桢撰　（见黄州府志）

23. 绑斧西征记　一卷　（明）何镗撰（钦定续文献通考著录）

24. 平回始末　二卷　（明）李日宣撰（千顷堂书目著录）

25. 哈密行记　一卷　（明）武振撰（千顷堂书目著录）

26. 建昌疆场国图志　四卷　（明）不著撰人名氏（述古堂藏书目录）

27. 回回馆课　三卷　（明）不著撰人名氏（也是园目著录）

七、清

1. 汉西域四种　（清）李光廷编　清光绪二十二年（1896）上海文瑞楼石印本十二册（涵芬楼藏）

子目：汉西域图考七卷　（清）李光廷撰

汉西域传补注二卷　（清）徐松注

西域水道记五卷　（清）徐松撰

2. 汉西域图考　七卷　（清）李光廷撰　清同治九年（1870）刻本　四册（另有五种本）

3. 唐书西域传注　（清）沈维贤撰　清光绪第二十四年（1898）刻本　一册

4. 汉西域传补注　二卷　（清）徐松注　清道光九年（1829）阳湖张琦刻本　二册（又有十种本）

5. 西域水道记　五卷　（清）徐松撰　清道光三年（1823）刻本　五册（又有四种本）

6. 西域水道记校补　一卷　（清）钱振常撰　咫进齐丛书本

7. 西域水道记叙　（清）龙万育撰　皇朝蓄艾文编本

8. 西域诸水编　（清）齐召南撰　小方壶斋舆地丛抄第四帙本

9. 西域旧闻　青玉山房居士辑　舟车所至本

10. 西游原旨　二卷　（清）刘一明撰　道书十二种本

11. 西游补　十六卷　续杂记一卷　（清）董说撰　说库本

12. 西游记金山以东释　一卷　（清）沈垚撰　清光绪二十三年（1897）聚珍本（与塞北纪行等合订）（德化李氏木犀轩藏）　一册（又有五种本）

13. 西北地名杂考　（清）沈垚撰　落帆楼文集本

14. 汉书西域传地理考证　（清）丁谦撰　民国四年（1915）浙江图书馆丛书第一集本

15. 后汉书西域传地理考证　（清）丁谦撰　同上

16. 魏书西域传地理考证　（清）丁谦撰　同上

17. 后魏宋云西域求经记地理考证　（清）丁谦撰　同上

18. 新旧唐书西域传地理考证　（清）丁谦撰　1915 年浙江图书馆丛书第一集本

19. 新唐书回纥等国传地理考证　一卷　（清）丁谦撰　同上

20. 新唐书突厥传地理考证　（清）丁谦撰　同上

21. 新唐书吐蕃传地理考证　（清）丁谦撰　同上

22. 明史西域传地理考证　（清）丁谦撰　同上

23. 外藩列传　（清）七十一撰　小方壶斋舆地丛抄第三帙本

24. 西域土地人物略　一卷　（清）不著撰人名氏（附载于《秦边纪略》之后）

25. 蒙古西域诸国钱谱　四卷　附世系表十一张　（清）陈其镳释述（民）张美翊勘定　清宣统三年（1911）聚珍本　一册

26. 天竺字母　清乾隆钞本

27. 游历刍言　一卷　（清）黄楙材　撰得一斋杂著本

28. 中亚细亚图说略　（清）蔡锡龄撰　小方壶斋舆地丛抄第十帙本

29. 西域记略　（清）舒其绍撰　抄本（见畿辅通志）

30. 西域纪略　（清）李文曾撰　（见山东通志）

31. 西域纪事　（清）段志佺撰　（四库全书存目著录）

32. 西域纪要　（清）玉麟撰　（见长白志有道光六年序）　四册

33. （钦定）西域同文志　二十四卷　（清）博恒等奉敕撰　清乾隆二十年（1755）　白纸原刻本八册

34. （钦定）皇舆西域图志　四十八卷　卷首四卷　（清乾隆二十一年）傅恒等奉敕辑（清）英廉等增纂　清乾隆二十七年（1762）刻本等

35. 伊犁三种十八卷　（清）松筠撰　清刻本

36. （钦定）新疆识略　十二卷　卷首一巷　（清）松筠等奉敕撰　清道光元年（1821）刻本（十册）

37. 伊犁总统事略　十六卷　（清）松筠撰　清嘉庆十四年（1809）刊本/伊犁三种本

38. 藩疆览要　附清七十一撰西域闻见录一卷　（清）松筠撰　（清）宁和编　清抄本

39. 绥服纪略图诗　（清）松筠撰　清乾隆刻本

40. 新疆疆域总叙　一卷　（清）松筠撰　小方壶斋舆地丛抄续编第二帙本

41. 随缘载笔　五卷　（清）松筠撰　清刊本　四册

42. 西域闻见录　八卷　（清）七十一（椿园氏）撰　清嘉庆十九年（1814）武宁卢氏味经堂刻本一册/松氏《藩疆览要》清抄一卷本等

43. 西域记　八卷　清嘉庆十九年（1814）刊本二册——清光绪七年（1881）重刊本二册

44. 新疆舆图风土考　五卷　清乾隆四十二年（1777）刻本

45. 西域总志　四卷　（清）周宅仁改纂　旧抄本（国立北京大学图书馆藏）

46. 异域琐谈　四卷　旧抄本（德化李氏木犀轩藏）四册

47. 遐域琐谈　四卷　旧抄本（南京国学图书馆藏）四册

48. 西域琐谈　四卷　旧抄本

49. 新疆外藩纪略　二卷　清乾隆四十二年（1777）刻本二册有图

50. 新疆纪略　旧抄本　二册

51. 回疆风土记　小方壶斋舆地从抄第二帙本/古今游记从抄本

52. 军台道里表　一卷　小方壶斋舆地从抄第二帙本

53. 祁韵士著述五种　三十一卷　（清）祁韵士撰　寿阳祁氏刊本

子目：西域释地一卷

西陲要略四卷

藩部要略十八卷

藩部世系表四卷

巳庚编四卷

54. 西域释地　一卷　（清）祁韵士撰　祁韵士著述五种本等

55. 西陲要略　四卷　（清）祁韵士撰　祁韵士著述五种本　旧抄本（北大图书馆藏）另有六种本

56. （皇朝）藩部要略　十八卷　附表四卷　（清）祁韵士撰　祁韵士著述　五种本

57. 藩部世系表　四卷　（清）祁韵士撰　祁韵士著述　五种本

58. 新疆要略　四卷　（清）祁韵士撰　清光绪年石印本二册

59. 西陲总统事略　十二卷　（清）汪廷楷原辑　（清）祁韵士编纂　清嘉庆十四年（1809）程振甲刊本　十六卷

60. 总统伊犁事宜　（清）不著撰人名氏　旧抄本四册

61. 乌鲁木齐总统事宜　四卷　附塔伊喀三处事宜四卷　（清）达林、龙铎撰　旧抄本　六册

62. 徐星伯三种　（一名:四域三种)(清)徐松撰　清道光年间刻本　八册

子目：西域水道记五卷
汉书西域传补注二卷
新疆赋一卷

63. 西域四种 十五卷 （清）徐松撰 清道光九年（1829）石印本八册

子目：西域水道记五卷
汉书西域传补注二卷
新疆赋一卷
汉西域图考七卷 （清）李廷光撰

64. 新疆志略 十卷 （清）徐松撰 清刊本

65. 新疆赋 一卷 （一名：西域赋） （清）徐松撰 手稿本（有彭邦畴张琦手跋）一册

66. 星伯先生小集 （清）徐松撰 （清）缪荃孙辑 烟画东小品丛书本

67. 西域舆地三种汇刻 三卷 （清）徐崇立撰 清光绪三十二年（1906）

长沙徐氏刻本一册
子目：喀什噶尔至墨克道里记
帕米尔山水道里记
新疆勘界公牍汇抄

68. 壁勤襄公遗书三种 （清）壁昌撰 清咸丰间刻本三册

子目：守边辑要
牧令要诀一卷
兵武闻见录一卷

69. 新疆大纪 六卷 卷首一卷 （清）阚风楼撰 清光绪三十三年至三十四年（1907—1908）合肥阚铎铅印本 一册

70. 新疆图志　一百十六卷　卷首一卷　（清）袁大化修　王树枬纂　清宣统三年（1911）铅印本　一百十七册

——民国十二年（1923）东方学会重校增补铅印本三十二册

71. 新疆志略　（清）不著撰人者名氏　抄本　一册

72. 新疆条例说略　二卷　（清）吴翼先编　清乾隆六十年（1795）味余书屋重刻本

73. 回疆志　四卷（一名：新疆回部志）　（清）苏尔德纂　精抄清乾隆三十七年（1772）本　四册

74. 回疆通志　十二卷　（清）和宁撰　清嘉庆九年（1804）刻本　十二册

——民国十四年（1925）外交部铅印本　四册

75. 回疆志　（清）不著撰人者名氏　旧抄本　十册

76. 吐鲁番回部总志　十五卷　（清）不著撰人者名氏　抄校本

77. 回疆三十韵拓本　（清）高宗（乾隆）御笔　清乾隆五十六年（1791）石刻拓本

78. （钦定）回疆则例　八卷　（清）托津（理藩院）等编　清道光二十二年（1842）刻本

79. 天方典礼择要解　二十卷　（清）刘智撰　清康熙四十九年（1710）刊本

80. 回疆记　（清）不著撰人者名氏　旧抄本　十册

81. 回回通考录要　一卷　（清）王景生撰　抄本

82. 回回称解　一卷　（清）顾观光撰　顾氏遗书本

83. 回回馆译语　清初刻本

84. 西域遗闻　（清）陈克绳撰　民国二十五年（1936）北平禹贡学会铅印本　一册

85. 西域小记　一卷　（清）沈垚撰　落帆楼文集本

86. 新疆私议　一卷　附葱岭南北河考　（清）沈垚　落帆楼文集本

87. 新疆建置志　四卷　（清）宋伯鲁撰　海棠仙馆印本——民国三年（1924）北京同和书局铅印本四册

88. 西疆备乘　三卷　（清）钟广生撰　民国三年（1914）铅印本　一册

89. 新疆后事记　（清）魏源撰　小方壶斋丛抄本

90. 新疆事宜　（清）永保撰　钞本（德化李氏木犀轩藏　五册）

91. 新疆事略　（清）不著撰人名氏　清抄本　一册

92. 南疆新制通考　四卷　（清）不著撰人名氏　抄本　四册

93. 天山南北路考略　（清）龚柴撰　小方壶斋舆地丛抄二帙本

94. 新疆地略　（清）马冠群撰　小方壶斋舆地丛抄再补编第二帙本

95. 新疆省舆图说　二卷　（清）不著撰人名氏　清抄本二册

96. 新疆国界图志　十四卷　附新疆山脉图志六卷　（清）王树枏撰　清宣统元年（1909）王氏陶庐刊本　十册

97. 新疆山脉图志　六卷　（清）王树枏撰　清宣统元年（1909）王氏陶庐刊本

98. 新疆小正　（清）王树枏撰　民国七年（1918）王氏聚珍仿宋印书局铅印本一册

99. 陶庐丛稿十种　八十一卷　（清）王树枏撰　清光绪年刊本　二十六册

100. 新疆刍议　（清）杨缵绪撰　民国四年（1915）铅印本

101. 西域置行省议　（清）龚自珍撰　小方壶斋丛抄本/——小方壶斋舆地丛抄第二帙本

102. 西域设行省议　一卷　（清）朱逢甲撰　小方壶斋舆地丛抄第二帙本

103. 新疆设行省议　一卷　（清）不著撰人名氏　小方壶斋舆地丛抄二帙本

104. 番镇纪略　三卷　（清）李培撰　旧抄本

105. 南域南八城纪要　一卷　（清）王文锦撰　小方壶斋舆地丛抄再补编第二帙本

106. 绥服西属国记　一卷　（清）魏源撰　小方壶斋舆地丛抄第三帙本

107. 西辂纪略　一卷　（清）刘瑞芬撰　养云山庄遗稿四种本

108. 西陲闻见录　（清）黎士宏撰　海学类编本一册

109. 西域考古录　十卷　（清）俞浩撰　清道光二十七年（1847）刻本八册

110. 西域访古录　二卷　（清）王树枏撰　民国七年（1918）王氏聚珍仿宋印书局刻本一册

111. 西番译语　一卷　（清）不著撰人名氏　旧抄本二册

112. 西域尔雅　（清）王桐初撰　旧抄本　一册

113. 亲征平定朔漠方略　四十八卷　（清）温达等奉敕撰　清康熙四十

七年（1708）武英殿刊本十二册

114. 从征图记　（清）唐义渠撰　清同治间刊本　二册

115. 戡定新疆记　八卷　（清）魏光焘撰　清光绪二十五年（1899）邵阳魏氏铅印本四册

116.（乾隆）荡平准部记　（清）魏源撰　小方壶斋舆地丛抄第二帙本

117. 夷匪化疆录　不分卷　（清）不著撰人名氏　日本抄并　三册

118. 守边约言　（清）龄山撰　清刊本

119. 西征纪略　一卷　（清）张寅撰　抄本

120. 守边辑要　（清）壁昌撰　壁勤襄公遗本——清道光二十八年（1848）刻本　二册（与叶尔羌守城纪略合刊）

121. 叶尔羌守城纪略　（清）壁昌撰　清道光二十八年（1848）刻本

122. 新疆辛亥定变纪略　一卷　（清）钟广生撰　清宣统三年（1911）刻本

123. 新疆奏稿　（清）不著撰人名氏　抄本　五十八册

124. 筹拟阿尔泰持久办法文　（清）程克撰　铅印本/一册

125. 科布多政务总册　（清）富俊辑　民国二十五年（1936）北平禹学会 铅印本　一册

126. 新疆档案　（清）陆军部造　清光绪三十二年（1906）等年陆军部原档本　存五册

127. 俄领事新疆商务报告　（俄国）科诺特阔福撰　（清）钟广生译钞本

128. 新疆巡警章程摺撰　（清）吴引孙撰　清光绪间活字印本　一册

129. 塞外纪闻　一卷　（清）洪亮吉撰　北江杂著本

130. 塞外录　一卷　（清）洪亮吉撰　晓读书斋三录本

131. 乌鲁木齐赋　一卷（清）纪昀撰

132. 听雪集　四卷　（清）舒其绍撰　抄本（畿辅通志著录）

133. 西辕琐记　（清）宋伯鲁撰　海棠仙馆刊本　四册

134. 识小录　（清）姚莹撰　中复堂全集本

135. 轮台杂记　二卷　（清）史善长撰　清道光间史澄校刻本

136. 轮台文集　四卷　（清）高澍撰　清抄本　四册

137. 西疆杂述诗　四卷　（清）萧雄撰　清光绪十八年（1892）铅印本四册

138. 荷戈集　一卷　（清）张荫桓撰　清光绪二十三年（1897）刊本

139. 异域竹枝词　（清）福庆撰　艺海珠麈本

140. 西陲竹枝词　（清）祁韵士撰　伊犁三种本

141. 陶勤肃公行述　（清）陶葆廉述　清刊本

142. 沙大臣南疆勘界日记图说　（清）沙克都林札布撰　抄本一册（新疆通志作：《伊犁南疆勘界日记》）

143. 西疆交涉志要　六卷　（清）钟镛编　清宣统元年（1909）刻本二册

144. 接收伊犁节略　（清）总理衙门编　清光绪五年（1879）铅印本一册　（中英法德文对照）

145. 新疆勘界公牍汇抄（清）徐崇立编　西域舆地三种汇刻本

146. 新疆外交说明书　（清）新疆外交研究所编　清宣统二年（1910）新疆官方书局铅印本

147. 新疆外交报告表　（清）张绍伯、刘人俠编　清宣统二年（1910）新疆官书局铅印本一册

148. 帕米尔分界私议　一卷　（清）钱恂撰　小方壶斋舆地丛抄续编本

149. 帕米尔图说　一卷附图　（清）钱恂等辑　清光绪二十二年（1896）西山黄氏储英馆校刊本　一册

150. 帕米尔图说　一卷　（清）许景澄纂　许文肃公遗稿本

151. 西域帕米尔舆地考　（清）许克勤撰　小方壶斋舆地丛抄再补编第二帙本

152. 西域帕米尔舆地考　（清）叶瀚撰　小方壶斋舆地丛抄再补编第二帙本

153. 帕米尔辑略　（清）胡祥鑅撰　浙学庐丛书本

154. 帕米尔山水道里记　（清）徐崇立撰　西域舆地三种汇刻本

155. 巴马纪略　（清）王锡祺撰　小方壶斋舆地丛抄续编第二帙本（巴马即帕米尔）

156. 坎巨提帕米尔疏片略　（清）王锡祺撰　小方壶斋舆地丛抄再补编第二帙本

157. 帕米尔属中国考　（清）不著撰人名氏　小方壶斋舆地丛抄再补编第二帙本

158. 阿富汗土耳其斯坦志　（清）学部编译图书局编　清光绪三十年（1907）学部图书局铅印本

159. 昆仑河源考　一卷　（清）万斯同撰　抄本（南京国学图书馆

藏）——四库全书本等

160. 河海昆仑录　六卷　（清）裴景福撰　清光绪三十二年（1906）上海文明书局铅印本　四册

161. 昆仑释　（清）黄楙林撰　灵鹣阁丛书本

162. 河海异同考　一卷　（清）张穆撰　灵齐文集本

163. 昆仑释　一卷　（清）魏源撰　小方壶斋舆地丛抄续编第四帙本

164.（钦定）河源纪略　三十六卷　（清）纪昀、陆锡熊奉敕纂　清乾隆武英殿刻本　八册

165. 河源记　（清）舒兰撰　小方壶斋丛抄本

166. 河源图说　（清）吴省兰撰　小方壶斋舆地丛抄续编第四帙本

167. 河源异同辨　（清）范本礼撰　小方壶斋舆地丛抄续编第四帙本

168. 江源记　（清）吴麟撰　昭代丛书本

169. 伊江别录　（清）吴熊光撰　广雅书局刻本一册

170. 葱岭三千考　（清）魏源撰　小方壶斋舆地丛抄续编第四帙本

171. 冈底斯山考　（清）魏源撰　小方壶斋舆地丛抄续编第四帙本

172. 三州辑略　九卷　（清）和瑛撰　清旧抄本（十卷）（北平东方文化委员会图书馆藏）　十二册（三州：哈密、吐鲁番、乌鲁木齐）

173. 哈密志　（清）王世贞撰　弇州山人四部稿本明刊本

174. 哈密志　五十一卷　（清）钟方撰　抄本　八册

175. 乌鲁木齐政略　（清）不著撰人名氏　旧抄本　四册

176. 乌鲁木齐杂记　一卷　（清）纪昀撰　小方壶斋丛抄本

177. 乌鲁木齐杂诗（清）纪昀撰　舟车所至本

178. 乌鲁木齐守城纪略　（清）长庚撰　清同治年间兰州官书局铅印本　一册

179. 塔伊喀三处事宜　四卷　（清）达林、龙铎撰　抄本（乌鲁木齐总统事宜附录本）

180. 喀什噶尔至墨克道里记　（清）徐崇立撰　西域舆地三种汇刻本

181. 喀什噶尔略论　（美国）林乐知撰　小方壶斋舆地丛抄第二帙本

182. 哈萨克述略　（清）何秋涛撰　小方壶斋舆地丛抄第三帙本

183. 塔尔巴哈台事宜　四卷　（清）不著撰人名氏　清嘉庆十年（1805）官修旧抄本（北大藏）

184. 塔尔巴哈台沿革考　（清）李光廷撰　小方壶斋舆地丛抄续编第二帙本——汉西域图志卷三本

185. 库尔喀喇乌苏里沿革考　一卷　（清）李光廷撰　小方壶斋舆地丛抄续编第二帙本　——汉西域图志卷三本

186. 孚远县乡土志　（清）不著撰人名氏　1907 年印本

187. 绥定县乡上志　（清）不著撰人名氏　印本

188. 温宿府志　（清）不著撰人名氏　印本

189. 新平县乡土志　（清）不著撰人名氏　1907 年刊本

190. 库车州乡土志　（清）不著撰人名氏　1906 年印本

191. 新疆道里表　（清）不著撰人名氏　清光绪十六年

192. 甘肃至新疆路程　（清）不著撰人名氏　刊本一册

193. 出塞日记　一卷　（清）钱良择撰　稿本

194. 伊犁日记　（清）洪亮吉撰

195. 陲程纪事草　一卷　（清）观瑞撰　清嘉庆刊本

196. 征西纪　一卷　（清）陆楣撰　昭代丛书丁集本

197. 荷戈纪程　一卷　（清）林则徐撰

198. 莎车行纪　（清）倭仁撰　（自京城赴叶尔羌）

199. 西归日札　（清）王宏撰　王山史五种本

200. 辛卯侍行记　六卷　（清）陶葆廉撰　1897 刊本（记赴新疆沿途日记）

201. 东归日记　（清）方士淦撰　（自伊犁至西安）

202. 高平行记　（清）王太岳撰

203. 新疆旅行记　（清）单骑撰

204. 征西纪略　四卷　（清）曾毓瑜撰　1894 年京师官书局铅印本

205. 冰岭纪程　（清）景廉撰　稿本

206. 抚新纪程　三卷　壬子回程记　（清）袁大化　二册　1911 年天津商务印书馆铅印本

207. 西行日记　（清）冯俊光撰　1881 年上海刊本

208. 叶析纪程　（清）王廷襄撰　铅印本　二册

209. 西域游记　（英国）杨哈思班等撰

210. 新疆记略　（清）张丙嘉撰　（见山东通志）

211. 西陲今略　（清）梁份撰　（见江西通志）

212. 回疆事宜　（清）和英撰

213. 西域回部图　（清）黄楙材撰

214. 定边纪略　二卷　（清）奕湘撰

215. 天山赋　一卷　（清）欧阳镒撰

清代中国边疆地名研究综述

明末清初，西方的测绘技术传入我国，加之康熙年间政局稳定，生产发展，地图测绘有了长足的进步。地图测绘的发展，又促进了中国地名的研究，特别是边疆地名的研究。随着帝国主义对我国的侵略，许多知识分子深切感受到研究边疆地名的重要性。清政府这时也顺应了这一形势的发展，组织了大批有识之士进行地名研究。他们怀着振兴民族、安边护国的责任感，深入边塞山川，搜集了大量的第一手资料，取得一系列成果。因而清代是我国历史上地名研究的一个高峰期，为我们今天的地名研究打了下良好的基础。

中国广大边疆地区是少数民族首先开发和建设的。自夏、商、周至秦汉，正当华夏族在开发黄河流域的时候，边疆地区的各少数民（部）族广大劳动人民就开发了祖国的广大边疆地区。居住在中国东北部的肃慎、东胡、绝娄、夫余、乌桓等族首先开发了今黑龙江、辽宁、吉林广大地区，包括大兴安岭以南的大部地区；居住在祖国北部的鬼方、捡犹、荤粥、北狄、匈奴、鲜卑等族首先开发了今蒙古草原以及华北北部边沿地带广大地区（包括蒙古人民共和国)；居住在祖国西部地区的乌孙、月氏、龟兹、于阗、鄯善等诸族首先开发了今新疆广大地区；居住在祖国西部的西戎、羌、氐等族首先开发了今西藏、青海广大地区：居住在祖国南部的南越、滇越、骆越等“百越”诸族首先开发了今广西、广东地区；居住在祖国东南部的徐夷、淮夷等“东夷”诸族首先开发了今山东、江苏的江淮流域广大地区；岛夷族首先开发了今沿海的一些岛屿。自魏晋南北朝至清代鸦片战争爆发，我国少数民族依靠自己的双手，逐步地建设村落、城郭，开辟交通，发展生产，创造民族文化，辛勤地建设着祖国边疆的广大地区。

由于地名是社会的反映，又是历史的产物，因而这些古代民族所生息居住的地方就必然会留下自己民族文化的化石——地名。从今天中国边疆五颜六色的地名中也能窥见其踪迹。所以边疆地名研究虽然难度大，但有着特殊的现实意义，对于丰富地名学理论有着难以估量的学术价值。因而总结历史上我国地名研究的功过，对于我们今天地名研究是非常有益的。

下面分总论、东北、内蒙古、西北、西南、沿海六部分叙述。

一、总论

有陈麟图的《历史筹边略》，倭哩贺的《定边记略》，陈虬的《筹边议》，佚名的《外蕃疆理考》，吴承志的《唐贾耽记边州入四夷道里考实》等，这些著作对边疆地名有较多的记述。另外还有徐元文的《俄罗斯国定界碑》，王锡祺的《中俄交界记》，钱恂辑的《中俄界约料注》六卷，许景澄、谢抡元的《俄界译汉考证》，徐延旭的《中外交界各隘卡略》，还有王广文的《台湾图说》、林谦光的《台湾纪略》等，都是研究边疆地名较重要的参考书。

清代的丁谦是研究中国边疆地名最有成效的学者之一，他毕生对边疆地名研究作出了卓越的贡献。他对正史中匈奴传、西南夷粤朝鲜传、西域传、东夷传、南蛮西南夷传、西羌传、南匈奴传、乌桓鲜卑传、乌丸鲜卑东夷传、西夷传、夷貊传、外国传、异域传、突厥传、吐蕃传、回纥传、沙陀传、北狄传、外夷传、穆天子传、（晋）释法显的佛国记、（后魏）宋云的西域水经记、（唐）释辨机的大唐西域记、（唐）杜环的经行记、（元）耶律楚材的西游录、元秘史、（元）经世大典图、（元）长春真人的西游记、（元）刘郁的西使记、图理琛的异域录等47种记、传都进行了专门的地名考证。

对辽代地名进行考证的有万斯同的《辽诸地统系图》、李慎濡的《辽史地理志考》、刘师培的《辽史地理考》等。对元史进行地名考证的有施世杰的《元秘史山川地名考》、陈垣的《元秘史译音同字考》、阮惟和的《秘史地理今释》、李文田的《元史地名考》、沈垚的《元史地理志释》等。

二、东北地区

有徐相雨的《渤海疆域考》、龚柴的《满洲考略》，齐召南的《东北海诸水编》、景方昶的《东北舆地释略》、曹廷杰的《东三省舆地图说》、佚名的《东三省新设改设首府州县等奏案》，商务印书馆于1907年译自日文的《满洲地志》、温睿临的《出塞图书山川记》。关于辽宁地区的有杨同桂、孙宗翰的《盛京疆域考》、齐召南的《盛京诸水编》、马冠群的《奉天地略》、顾炎武的《营平二州地名记》、刘建封的《长白山江冈志略》、阮葵生的《长白山记》。关于吉林的有秦世铨的《吉林舆地略》两卷、马冠群的《吉林地略》、何秋涛的《北徼水道考》和《库页附近诸岛考》。关于黑龙江的有马冠群的《黑龙江地略》、西青的《黑龙江舆地图略》、齐召南的《黑龙江诸水编》、佚名的《黑龙江舆图说芳》（无图）、英和的《卜魁纪略》、何秋涛的《雅克萨考》和《尼布楚考》等。

三、内蒙古地区

有佚名的《蒙古沿革考》、魏源的《绥服内蒙记》、佚名的《蒙古志略》、马冠群的《蒙古地略》、高赓思的《塞外故城郡县考》两卷、何秋涛的《北徽山脉考》、谷思慎的《蒙古山脉志》三卷、齐召南的《塞北漠南诸水汇编》、龚自珍的《蒙古水道略》和《蒙古台卡志略》、姚锡光的《库伦卡伦经纬线详细表》、马冠群的《咋尔喀旭断芳》和《西套厄鲁特地略》、齐召南的《蒙古五十一旗考》、高赓思的《家旗疆域》、黄楙裁的《和林考》及马冠群的《察哈尔地略》等。

四、西北地区

有沈垚的《元史西北地鑫测》，傅恒等撰写的《西域阅文志》是一部包括新疆、蒙古、西藏、青海、甘肃等省区的以行政区划排列的六种文字对照的地名词典，对今天西北地区地名研究仍有较高的价值。有许景澄的《西北边界考证》和《西北边界图地名译汉考证》，魏源的《西北边域考》、戴祖启的《陕江诸山考》、齐召南的《西北诸水编》、祁韵士的《万里行程记》（自北京起，经山西、陕西、甘肃至新疆伊犁惠远城）、徐松的《元史西北地理考》、阮葵生的《西蕃名寺记》。关于宁夏的有诸大文的《贺兰山口记》、佚名的《宁藏七十九族番民考》。关于青海的有龚柴的《青海考略》、马冠群的《青海地略》、周馥的《黄河源流考》。关于新疆方面的论著较多，主要有徐松的力作《西域水道记》，是较详细的关于新疆河流的源流、变迁、名称的语源和方位考证的论著；有李广廷的《汉西域图考》七卷、齐召南的《西域诸水编》、钱振常的《西域水道记校补》、沈查的《西域地名杂考》；英廉等纂的《皇舆西域图志》四十八卷，徐松的《新疆志略》十卷、徐松的《新疆疆域总叙》、祁韵士的《西域释地》、袁大化的《新疆图志》、宋伯鲁的《新疆建置志》四卷；另外还有龚柴的《天山南北路考略》，王树楠的《新疆山脉图志》六卷和《新疆国界图志》十四卷，佚名的《新疆省舆图说》二卷，魏源的《昆仑释》和《葱岭三干考》、许克勤的《西域帕米尔舆地考》，万斯同的《昆仑河源考》、许景澄的《帕米尔图说》，李光廷的《昆仑说》和《塔尔巴哈台沿革考》、《库尔喀喇乌苏里沿革考》，徐崇立的《新疆勘界公牍汇抄》和《喀什噶尔至墨克道里记》《帕米尔山水道里记》。

五、西南地区

有徐延旭的《中越交界各隘卡略》，陈津的《水经注西南诸水考》三卷、佚名的《西南边防议》、黄林林的《西微水道》、李荣陛的《黑水考证》、张邦伸的《三黑水考》、严如煜的《苗疆水道记》《苗疆险要考》《苗疆城堡考》《苗疆村寨考》、佚名的《夷人图说》、魏源的《西南夷改流记》。关于西藏的有松筠的《西藏图说》和《西藏巡边记》、《西招图略》、黄沛翘的《西藏图考》八卷、姚莹的《前藏三十一城考》、佚名的《拟西藏置郡县议》、齐召南的《西藏诸水编》、蔡雁东的《西藏西隘考》、盛绳祖的《卫藏图志》五十卷、佚名的《西藏地理图考》两册。关于贵州的有马冠群的《贵州地略》、洪亮吉的《贵州水道考》三卷、晏斯盛的《黔中水道记》、洪亮吉的《少塞洞记》。关于广西的有马冠群的《广西地略》、周劲本重校的《广西舆地全书》、佚名的《广西道里表》、高辑的《林林诸山别记》、齐召南的《粤江诸水编》、佚名的《广西路图经》一百零六卷和《广西名山记》。关于云南的有何应清的《滇南山水考略》，马冠群的《云南地略》，赵元柞的《滇南山水纲目》两卷，李诚的《云南山川辨误》《云南水道考》五卷，李荣的《云南山川志》，陈伴的《水经注西南诸水考》三卷、齐召南的《云南诸水编》、张机南的《云南三江水道考》、姚文栋的《云南勘界筹边记》两卷，薛福成的《滇缅画界图说》和《滇缅分界疏略》，等等。

六、沿海地区

有余宏淦的《沿海险要图说》、周北堂的《七省沿海图》、龚柴的《中国海岛考略》、齐召南的《海道编》、胡凤丹的《航海图说》、卫杰的《海口图说》、朱正元的《福建沿海图说》、张之洞的《广东海图说》、张甄陶的《澳门图说》、张登岚的《沿海七省图说附考》四卷，等等。

清代地名研究的一个特点是根据历代地图来研究地名，因而产生了大批的以“图说”“图志”为名的论著；而且从历史发展的角度观察，发现此时的图说、图志作为地名研究的一种格式，已摆脱了仅为图作注的局限。另一个特点是对正史中的地理志进行考证，主要是地名的考证。这个时期的地名研究主要是地名的方位、沿革及语源等方面的研究，标志我国地名研究趋于成熟。但这时期大多数学者只是从历史文献中排比资料，注重方位和沿革的研究，而在语源的考证上多有不周之处，其原因在于许多学者不懂得边疆少数民族语言，又没有把当时的语言学的历史比较方法引入地名研究，尤其是没有吸收国外的研究成果，研究方法也没有任何突破，理论研究比较薄弱。纵观历史上我国边疆地名研究，清代的成果是空前的。尽管有些著作不是地名研究的专著，但其地名研究的价值是很高的。由于有清代留下的大量地名文献，使得以后的地名研究有了长足的进展，发展速度迅速。可以说，清代是我国地名研究的一个高潮时期。总结历史经验，我们今天更应该注重边疆地名的研究，这不仅对丰富地名学理论，对民族历史研究以及对中国领土主权都有重要现实意义和深远的历史意义。

徐松石对我国地名学的贡献

——读《粤江流域人民史》

徐松石，民国年间多年从事大学的历史地理教学。他特别注意西南两粤民族史地的研究。他的力作《粤江流域人民史》（商务印书馆）一书完稿于1938年，出版于1939年，1941年再版。此书的特点，正如作者所说：“作者在考证上所用的方法很多，最主要的一个，乃从地理而推测历史，用地名以证实古代的居民。”徐松石在地名研究上其方法和成果对于现代地名学具有不可低估的科学价值。但在我国至今还没有文章介绍过，而日本的永井秋雄在20世纪70就发表了《日本地名学的方向——徐松石“非汉语地名考证法”的效用》[载《地图》（日）1973年第4期]，对徐松石的地名研究给予了高度评价，并把他的研究方法作为日本地名学的方向。因而我们今天实有必要为读者介绍此书。

一、关于地名结构——倒装地名

在地名结构的研究上，在比较汉语的基础上，提出了地名的倒装结构。所谓倒装，指的是地名通名在前，专名在后，或修饰性词在被修饰性词之后。

1. 南方的倒装地名

徐松石说南方的倒装地名实在触目皆是。我们平时看惯了，听惯了，不觉得什么稀奇，但若稍加思索，便觉得这是世界上的一个特殊现象。例如，广东台山有冲洋、冲云墟、峒华、峒美、冲华、冲柴、冲金山，其实应作洋冲、云冲墟、华峒、美峒、华冲、柴冲和金冲山。其他如都结、云敏、板良、陇燕、布邓、那怀、纳良、渠敏、岂旗等，都是倒装。两粤实在是一个倒装地名的大海。另外川滇湘黔等地有倒装地名。通过以上分析，徐松石指出："（1）这些地名都是壮人的名称，有壮语的意义，而没有苗瑶的意义。可见西南倒装式的地名似乎是壮人的原始制作，而瑶苗杂居壮地，将它采用。现时苗瑶的倒装语法每不完全，以修仁过山瑶语为例，村呼为朗，小村叫作朗当，乃是倒装。然而大村叫潭湖，就不是倒装了。可见苗瑶的倒装法国语化后极不纯粹。江浙福建古地名仍有倒装惯例，则表明瑶语古代广用倒装。江西和湖南东部倒装地名也是古有而今已绝无矣。（2）广东潮汕地方古代虽有壮僚，但壮人数目必定很少。因为非但白话不流行于那边，而且壮意倒装地名非常稀少。江西和福建也是如此。可见这些地方古代最占势力的原是畲瑶。（3）这倒装地名之存留，在中国则包括四川、湖南、贵州、广东、广西，在国外则包括泰国、缅甸、安南（今越南）见凡是壮意倒装地名存留的地方，不是现时就是古时有很大的壮人势力。"

2. 中国古代倒装地名

中国古代倒装地名见于北部各省的，以"城"字和"都"字为最多。例如，城父、城乐、城颖、城濮、城棣等，都卢、都匀、都掌、都梦、都梁等。徐松石认为："（1）此等倒装地名以西南为大本营，似乎甘肃、四川、陕南为最初的发源地，与蜀山文化的发源区暗合。（2）除川康滇黔两湖两广外，古时江汉北邻、淮水流域、山东河北地方亦为此类倒装语法之所及。可见远古壮人以四川甘肃陕西荆楚为根据地，一支向东行而入豫皖和山东河北，一支向南行而入滇黔两粤。鲁南和江浙皖南闽汕赣湘则为苗瑶盘踞；苗以迤西为众，瑶以迤东为多。他们古代也用特殊的倒装地名。（3）北方所发现的倒装地名，多数立于汉和汉朝以前。这事表明汉时留存在北方的壮人，不是向南徙去，便是完全同化于中原汉族。"他的这些观点，今天看来仍有一定的价值。

二、常见地名字及其分布的研究

徐松石是我国最早将语言地理学的方法运用于地名研究的学者之一。他研究了常见的地名字，特别是从地理分布上加以分析，并绘制几个常见地名字的分布图，也可称之为方言地图，如那、都、思、古、禄（六、渌）、罗、云、黎等八幅地名集中分布图。他列举了很多带“那”字地名，如番禺的那都，新会的那伏等。他指出，在壮语里，这“那”字就是“田”，“那怀”就是牛田。“那”字地名，四川、云南、贵州、湖南均有，只是不及两粤之多罢了。“那”字有时写为“南”“纳”一部分。“罗”字“拉”字都是壮语的“田”。

作者分析了不同的地名用字之后指出：壮族地名有分类密集的现象。例如：“云”字地名集中于同一地方，“六”字地名集中于广东的西部、南部和广西的中部、东部，“思”字地名集中地也与“六”字相同，“蒙”字地名集中于广西的中南部分，“黎”字地名集中于广东的中部、南部并广西的正东区域；“陇”字地名集中于广西的西南，“岜”字地名也是如此；“板”字地名集中于广西的西方。“喇”字地名也是这样。“弄”字、“者”字、“百”字的地名差不多全在广西的极西。“调”字、“博”字、“潭”字的地名则多在广东的极南。至于“良”字、“都”字和“古”字的地名，就除东江和北江的北段以外，粤江流域其他各地很普遍。

三、地名的比较研究

首先徐松石以山东邛地附近的地名为例，认为“邛”字与粤江土著民族甚有关系。邛和筇通用，都是渠客切，音蛩。古西南夷有筇都和筰都。从前四川有邛州，有邛部县，有邛涞州。云南有筇川县。湖北有筇水。贵州有邛水县和邛水十五洞蛮夷长官司。现在四川的邛崃山即古代的筇筰山和筇僰山。凡从邛从巩的字，多与古代或现今壮人的区域具有关系。很有趣的是古代山东也有以邛字为名的地方。《说文》谓邛地在济阴县，按邛地即古邛城和邛国，古济阴即今山东菏泽市地。我们看见这邛城、邛国等字，便天然联想到西南壮族的地名。另外在邛地附近也有许多倒装的古地名。例如都平县，汉立侯国，在山东境；都昌县春秋齐邑，在今山东昌邑县西；都关县，秦置，在今山东濮县东南；又如汉城都县，在今山东濮县东南；汉城武县，乃春秋邛国地；汉城猩，在今河北境内。倘若我们承认倒装地名是西南壮族地方的特点，就不能不相信上列倒装地名的区域，在远古时代是与壮族很有关系的。邛地附近有古倒装地名最显著的一个还是城濮，它是濮城的倒装。这古代东方的邛地和古代东方的濮地，与今日西南的壮人必有特殊的关系。

从地名的结构上，作者也作了比较，他指出：西南壮族喜用齐头地名。这种齐头地名，古代东方也多。“句”字、“于”字、“乌”字、“馀”字、“零”字便是当中的几个。如于陵县、于越、于潜县、于馀丘、句曲山、句吴、句客县、句章县、句无山、句阳县、句卢山、句馀山、句渎、句绎、句婴等。春秋时楚有于菟、句澨两地，均在今湖北境内。又句字地名古代西南也有。像这样的东方齐头式地名，与今日西南土著民族的关系是很明显的。大约远古时代，苗瑶族的地名也是杂用齐头式的。例如，“伏那”乃“对面田”之意，“伏陆”乃“对面山”之意，为壮语地名。

四、古代地名的演变——国语化

徐松石认为远古东方土著民族的地名已经大半国语化了，因此我们看今日中国东部的地名，只觉得他们是国语地名而不知道他们本是古代所谓夷蛮的地方。国语化的途径最显著的有下列几种：1. 完全取消古代地名，而代以国语的名称。例如通志记周时东夷都邑，说戎都、戎城、夷都、夷安，都在山东境内。然而今日山东却没有这些地名了。2. 将不能望文生义的地名，使之成为望文生义。例如：须朐乃古风夷地，不能以字而解释。周时改名须句，汉时改名须昌县，唐及五代改为须城，即今山东东平县治。每改一次，字面上便多一点意义。3. 由例装改为顺装。例如春秋楚城父邑原是夷地，所以倒装。汉置父城县，故城在今河南宝丰县东，现名父城保。父城乃顺装式。4. 由齐头式变为齐尾式。例如句吴改为吴国，句越改为越国。两粤板张、板莫改为板张村，板莫村或改为张村、莫村。古劳、古朗改为古劳墟、古朗墟，亦是如此。5. 把土著音变为国语通名字。例如㖠字，指两峒交界山峡间的小岭，塱字指江岸的平地，崠字指树木丛生的山野，这原是壮语。现在广东的大部分和广西的东南已经分别采用这些字为通名字，如良峒㖠和凤凰塱。不久的将来，恐怕粤江流域的地名也会大量地国语化。

五、铜鼓地名与铜鼓出土

徐松石是我国最早注意到铜鼓地名与铜鼓出土的学者。他指出两粤铜鼓地名不少（湖南、贵州也有）。博白有铜鼓潭，廉州有铜鼓塘，钦州有铜鼓村，灵山有铜鼓岭，容县有铜鼓村，浔州有铜鼓滩，昭平有铜鼓墟，平南有铜鼓村，曲江有铜鼓岭，文昌有铜鼓山。这些地名都是因为发现古代铜鼓而得名。

另外还有僮牯考等章节都穿插着一系列地名研究，地名研究篇幅不下几万字，无论研究方法、研究的范围和深度都是当代的最高水平，至今仍有一定的学术价值。特别是徐松石通过地名来研究民族历史和民族文化，开阔了历史研究、民族研究、地理研究及民族文化研究的领域，提高了地名研究的学术价值。此书在我国地名学史上占有很重要的地位。可以说，徐松石的地名研究之作是我国地名学开始步入现代地名学的标志，因为他已将现代的科学方法运用于我国的地名研究之中，并具有很高的学术价值。

徐松石，自1922年起从事学术研究已六十余年，期间历任大学教授、出版社编辑和教会牧师。前后出版《粤江流域人民史》《傣族僮族粤族考》《东南亚民族的中国血缘》《日本民族的渊源》《百越雄风岭南铜鼓》等书，一部分由中华书局印行，一部分为东南亚研究所丛书。1983年又出了《华人发现美洲考》（共三册，已出两册），其中中册第二章为“地名族名在美留下的痕迹”。

金祖孟对地名学若干问题的论述

关于地名的构成，金祖孟认为，每一个地名可以分为类似于人的姓和名两部分，“地名中相当于‘姓’的部分，表示若干地名之通性，为同类或同级诸地名所共有，可以称为通名；地名中相当于‘名’的部分，表示某一地名之特性，为该地名所专有，可以称为专名。”并进一步指出：“地名的专名部可以不是地名，亦可以是地名。例如：‘长白山’‘扬子江’‘免渡河’，其中专名部分‘长白’‘扬子’‘免渡’都不是地名。‘浙江省’‘永康县’‘曲阜县’，‘历城县’，其专名部分‘浙江’，‘永康’，‘曲阜’，‘历城’都是地名。”

特别应提到的是，金祖孟认为：“构成地名的专名部的地名和普通地名不同。‘浙江省’的‘浙江’和‘浙江又称之江’的‘浙江’虽同是‘浙江’两字，而其地位不同，意义亦不同。”前者是地名的重要部分，而本身不算独立的地名；后者却是独立完整的地名。前者只能指示浙江省那一区域的一种特征，就是：那里有一条曲折如同“之’字的河流。后者却是代表那一条曲折如同“之”字的河流的本身。“为了容易区别这两种地名，我们称‘浙江省’的‘浙江’和‘杭州湾’的‘杭州’为‘二次地名'，以别于意义完整地位独立的普通地名。”“二次地名也可以分为专名通名两部分。这两部分，有时同时存在，有时省去通名。‘浙江省’其二次地名兼有专名通名两部分。‘浙’是专名，‘江’是通名。”“‘历城县’以城名县，意思是‘历城之县’；‘历城’以山名城，意思是‘历山之城’。”“‘历城县’之‘历’，不但与‘历山’之‘历’不同，而且与‘历城’之‘历’不同。”“‘历城县’之‘历’为‘三次地名’，与‘二次地名’同称为‘附属地名’，以别于‘主要地名’。普通政区地名只有三字，因此附属地名止于三次。有三次地名的地名，必须有二次地名的通名，否则三次地名即成二次地名。”金祖孟对地名构成的这种细致的理论分析的观点至今仍是不多见和有价值的。同时，他还提出了“复合地名”的概念：“所谓‘复合地名’就是联合几个地名而成的地名。‘宜黄’由二河名合成，‘番禺’由二山名合成。”[1-2]

金祖孟先生在《地名通论》一文中对中西地名的差异作了比较研究，列举了五个方面的不同：第一，中文重字形，而西文重读音；中文稳定而西文易变。因此，中文地名的变化由人为更换，而西文地名的演变由自身变化。长沙一名有 4000 年以上的历史，因为未加更换，所以始终不变。马德里（Madrid）本作 Magerit，虽未加更换，亦变化而成为今日的拼法。第二，中文稳定，而西文易变。所以，中国的上古地名，大多尚能望文生义，而西方的中古地名，十之九已不辨来源。“长沙”两字同新地名一样的意义明显，而柏林、维也纳的文字与意义，迄今尚异说纷纭。第三，中文地名的结构繁杂，而西文地名大多结构简单。“衡阳县”“江阴县”“泰安县”一类地名，在西文可说完全没有。第四，中文地名常能以较少的字数表示丰富的含义。如：“衡阳”“江阴”，虽仅用二字却能表示明确位置。“泰安”“江宁”，虽仅两字，而客观事实主观意志兼而有之。此类地名为西文所少有。第五，同一地名其西文“字母数”常较中文“字”数为多。在地图上中文地名宜于注点（城镇），而西文地名宜于注线（山河）；中文地名宜于小区域，而西文地名宜于大区域。

关于地名群的理论。金祖孟在《地名通论》一文中有“地名之结群”一节。他认为：“无论中外地名，都有一种‘结群’的现象。所谓‘结群’，就是若干不同的地名，由于有一个共同的来源，往往在形式上（用字）或含义上有类似的地方。这样类似的地名，‘可以很明显地自成一群。这种地名之群，我们称之为地名群。同一地名群所属各地名之间，因为有共同的来源，总有一种类似共同血统的关系。因此，‘地名群’，也可以称为‘地名属’。

所谓‘共同的来源’至少有两种：第一是构成地名的共同的语言文字的基础，第二是地名取义的共同的地理事物的根据。”

作者把以上两种地名群分为语言地名群和诱导地名群。在同一时期内，各区域的种族不同，语言文字也不同，因此，各区域的地名也就不同。反过来说，各地语言文字相同，就有相类的地名。通行法语的区域多 - ville，通行德语的区域多 - dorf。反过来说，根据地名音韵不同，我们可以约略知道各地的通行语言文字。称 Tagh 的地方大致通行突厥语，称 Jebel 或 Djebel 的地方，大致通行阿拉伯语。语言文字相同的区域，就有类似的地名。这种类似的地名结合的地名群，就是语言地名群。

在分析地名结构时，我们明白一个事实，即一个地名可以构成另一个地名的专名部分。同一个地名可以以不同的方式构成不同专名部分，也就有不同的地名。构成其他地名的专名部分的地名，可以称为“原生地名”，以另一地名构成专名部分的地名，可以称为“次生地名”。一个原生地名和一个或者几个次生地名组成一个地名群。这种地名群，因为产生方法是由一个地名诱导出另一个地名，可以称为“诱导地名群。”

诱导地名群的产生和繁衍，其方式甚多。由同一原生地名，我们可以得到许多次生地名。假如有一个原生地名，叫作“凤凰山”，按照“示山地名”的构造，我们可能得到凤凰县、凤县、凤东县、山北县等地名；按照“复合地名的构造”，我们可能得到凤安县、山安县、宁山县等。由一个地名产生多数地名，这种现象在中国非常普遍。

近年虽有人在一些文章中提及我国地名的这一特点，但并没有加以概括并上升到理论的高度。作者的“地名群”理论，实在是一大创见。

地名与相关学科的研究。金祖孟先生在《地名概说》中从四个方面作了简要而精辟的叙述。

1. 地名与地理

地名是代表地形或地域的符号，其决定与变更常受地理环境的控制或影响。所以，特种气候产生特种的地名，特种地形产生特种的地名。试以山名为例：山有山的特性，这种特性常常反映在山名上面。山的主要特性是高，因此有摩天岭、摘星山一类表示高度的山名，此其一。山地云雾较多，因此有云山、云岭、白云山一类山名，此其二。山地雨雪较多，因此有大雨山、大雷山、雪山、雪峰山等一类山名，此其三。还有山地人迹罕至，因此有神山、仙居山一类山名。再如，山地常有鸟兽出没，因此有五鹤山、野鹊山、狼山、打虎山等一类山名。又如，山深林密，因此有桐柏山、梧桐山、梅岭、椒山、茶山等一类山名。此外，山地矿产较丰富，因此有金山、银山、铜山、铁山、锡山、煤山、玉山等一类山名。

2. 地名与地域

各种不同的地域，因为自然环境与人文现象的不同，常常具有不同的特性。我们既可以地域的特性说明地名的特性，也可以地名的特性说明地域的特性。试以新疆为例：新疆地名稀少，可以表示那里人口稀疏，此其一。新疆地名分布不均，可以表示那里各地土地利用的不同，此其二。新疆地名的难读难懂难记，可以表示那里种族、语言、文字的复杂，此其三。再如，新疆汉文村落地名集中于天山东段的南北山麓，可以表示那里汉人分布情形。另外，新疆地名上与水有关字眼的普遍应用，可以表示那里气候的干旱和水之可贵。又，新疆地名历史上多变，可以表示那里村落以至都市常因沟渠的兴废与河道的改变而发生变化（参见《新疆地名与新疆地理》，载《新中华》杂志复刊第二卷第 4 期，1944 年）。其实这就是今天所说的“区域地名学”的观点和方法。

3. 地名与历史

地名的决定与变更，常受当时的人为因素的影响或控制。所以，地名常因产生的时代而不同。任何时代大体上总有一些地名，可以代表那一时代的特性或命名的特点。中国最古的地名，往往同一字包括专名通名两部分。例如：“嵩”字，上半“山”字为通名，下半“高”字为专名；“汾”字左旁“水”字为通名，右旁“分”字为专名；“郿”字左旁“眉”字为专名、右旁“阝”字为通名。山名如岐、岷等，水名如沅、洛等，地域名如邳、郑等皆是。这种古地名的产生，不仅是“用字命名”，而且是“造字命名”。这种“造字命名”的地名，大都位于五岭以北、长城以南，而以黄河中下游为最多。中国的古代文化产生于黄河中下游。所以，这些古代地名的分布情形，极有历史意义。金祖孟的这一观点确有独到之处。

4. 地名与语言

这方面作者提出了“训诂地名学”和“读写地名学”的观点。前者主要是解释地名的语言意义或寻求地名的来源，后者的目的则是确定地名的正确写法与读音。拿今天的话说，就是地名标准化或规范化。训诂地名学又分为释义，即解释地名在文字上的意义和推源，就是推究古代地名如何演变而成今日通行的地名。地名的释义，可以分为两类，一是文义的解释，二是事实的注释。

有计划地梳理我国学者对地名的研究成果，有助于了解我国地名学的发展历史，有利于现代地名学的发展。

参考文献：

[1] 金祖孟．地名通论［J］．新中华（复刊），1945，3（4）．
[2] 金祖孟．地名学既说［J］．新中华（复刊），1945，3（5）．

附：曾世英与中国现代地名学

曾世英先生是我国知名的制图学家和地名学家。20 世纪 30 年代由丁文江、翁文灏和他主编的《中华民国新地图》及其缩编本《中国分省新图》在国内外有深远影响。新中国成立后他致力于地名研究工作，积极倡导中国地名学的建立。

1962 年在中国地理学会年会上他与杜祥明联合提交的《地名学的国际现状与研究方向》一文指出："地名学在国际上已发展成为一门独立的学科，据现有材料由 1937 年到 1958 年出现的论文、报道有 6070 项，我国现在还处于弱缺状态。目前我国地名学应为地名正名（包括非汉语地名的译名）及边疆地名研究服务。"曾世英较早地提出："地名学是近代新兴的一门独立的学科，它是综合地研究地名的源流、分布情况、演变规律及其应用的一门学科。"同时他还提出了发展我国地名学的具体措施：（1）紧密围绕当前我国经济需要，加强语言、历史、地理、制图等有关单位的协作；（2）建立地名资料中心，订阅国外有关期刊图书；（3）培养专业干部及发展专业干部队伍。

文中介绍各国地名研究的历史和现状，指出"在对地名进行起源与沿革的考证以及语源、语音、语义、词形的分析研究中，逐渐发展而形成了较有系统的地名学。一般认为 1920 年出版的《法国语言地图集》把语言地理学的方法引进地名学的研究中来，并促进了欧洲各国地名学的发展。"特别是对苏联和日本等国进行了介绍，指出苏联在 1959 年和 1961 年召开了两次地名学讨论会，并有专集出版，之后有多部专著问世。认为日本地名学作为一门系统的学科，是从艾努语地名的研究开始的。研究方向有二：一为地名的语言方面，通过地名探讨历史上语言的变化和方言分布，如山口贞夫的《地名之研究》（1936 年）；二为地名的地理学方面，即研究地名的地理分布，综合解释地名与自然景观、社会环境之间的关系，如镜味完二《日本地名学》（1957年）。最后论述了我国地名学现状及今后发展方向。

1962 年，在中国地理学会和中国测绘学会联合召开的制图学年会上提交了《展开地名学的研究为地图生产服务》一文，1964 年在第二届全国人民代表大会第二次会议上作了《地名学应作为一个空白学科来建设》为题的书面发言。他指出，地名学在苏联已从地理学及语言学中分支出来，成为一门独立的学科，我们在这方面还是一个空白点。为了积极地发展这门目前还是空白的学科，赶上国际水平，我们测量制图工作者殷切地希望把地名学作为一个空白的学科，迅速建立起来。

随着社会的发展，地名学作为一门独立学科，于 20 世纪 80 年代在我国兴起了。它的兴起是与曾老的努力分不开的。20 世纪 80 年代曾世英又同杜祥明合作，写了《试论地名学》（载《地名学文集》）一文，从语言、民族、地理、社会和稳定性五个方面论述了地名学的意义，阐述了我国地名研究简史、地名学在科学体系中的地位，地名学的实用意义，论述了地名学的任务和研究方法。他指出地名学作为一门科学，必然具有一般科学所具有的共性，应用一般科学所通用的方法。特别是地名学与语言学、地理学、历史学、民族学、考古学、测绘学等有关，需要广泛应用这些学科所采用的研究方法，如描述法、分析法、归纳法、演绎法、历史法、比较法、统计法等。在当前的地名研究中，地图学的方法是不可缺少的，因为地图不仅是大量地、系统地、集中地表现地名的场合，而且位置明确，地名所指对象的类型及它们之间的相互关系也一目了然。目前，有不少学者都从各自的学科出发，认为地名学是语言学的分支，或是地理学的分支，或是历史学的分支等。曾先生认为："应当全面地、综合地研究地名，而不是孤立地借助于某一有关学科的研究方法，因而认为地名学是与语言学、地理学，历史学以及民族学、测绘学等有关的一门独立的社会科学的学科。"

曾先生对中国地名拼写法进行了深入而具体的研究，指出："用汉语拼音字母拼写少数民族语地名，是《汉语拼音方案》在应用上的发展，也是地名工作上的革新。"他在大量的地名整理工作中深切感受到汉字在音译非汉语地名时的许多缺陷，1956 年发表了《从整理外国地名译名的角度来谈谈汉语拼音文字》，1958 年发表了《统一外国地名翻译的商榷》。1958 年，周恩来总理在《当前文字改革的任务》报告中指出："《汉语拼音方案》可以在对外文件、书报中音译中国的人名地名。"对此他积极响应，1959 年发表了《地名译音在测绘科学上所占的地位》和《也来谈谈地名拼写法》，1961 年又发表了《用汉语拼音字母拼写非汉语地名》一文，提出了音形兼顾，以便于书面语的国际文化交流。1963年又发表了《汉语拼音方案在少数民族语地名调查中的应用》。他对汉译中国少数民族语地名权衡了优劣后，积极宣传音译转写法，反对汉字注音法。在许多文章中对民族地区的一名多译问题，提出了具体解决办法；对方言差别较大的民族语，如藏语地名的音译转写，也提出了具体原则，始终按党的民族政策办事。他概括地指出了音译转写法的优越性：（1）作为用汉语拼音字母拼写少数民族语地名的标准；（2）作为地图测绘工作中调查记录少数民族语地名的记音工具；（3）作为汉字音译民族语地名定音选字的主要依据；（4）为按照字母顺序统一编排我国地名资料和索引提供便利条件；（5）为国际交流提供罗马字母的统一拼写形式。

周总理提出编绘的、于1974年出版的汉语拼音版地图，曾世英给予了积极支持，并提出了一些具体办法。这是汉语拼音方案在地名中运用的重要标志，是对音译转写法的进一步肯定。

20世纪60年代初，曾世英就呼吁地名译名的统一。1965年在国务院文办张际春同志主持下成立了“人名、地名译写统一委员会”。指定由曾世英先生组织和主持、由有关单位专家参加，修订英、俄、德、法、西、阿（拉伯）语地名汉字译音表，并按期完成了修订稿。但由于“文化大革命”，成果付之东流。70年代，随着社会的发展，他又建议国家测绘总局，建立地名的权力机构，提出了机构的职能和形式等问题。今天看来，中国地名委员会的成立在地名工作中确实是一件大事，并发挥着越来越大的作用。1979年当《地名知识》公开发行时，他又写了《热烈欢迎〈地名知识〉的公开发行》一文，对地名工作中的新生事物始终给予热情的支持。

1977年，曾世英与杜祥明合作，撰写了《我国西部地区的外来地名》一文，把我国西部地区一些由外国侵略者强加给我们的54处地名从我国地图中清理出去，具有重要的现实意义。

曾先生的《中国地名拼写法研究》一书于1981年问世，从理论和实践详述了中国地名的拼写法问题，包括拼写法的统一规范的必要性和少数民族语地名的拼写方式等，是一部我国地名拼写法专著。一般认为以往我国地名的罗马化主要采用威妥玛式。因为它有一百多年的历史，至少在英语中是根深蒂固的。为此曾世英先生撰文《中国地名的罗马化》（英文），由我国代表在联合国地名专家组1981年会议上散发，论其缺陷，予以否定。该文以欧美有声誉和影响的《泰晤士地图集》中出现的近两千个汉语地名为例，其中采用旧邮电式和威妥玛式的比例为18：1，论证有力。在蒙古、维吾尔、藏等少数民族地名方面，也列举实例说明采用汉语拼音字母音译转写法的优越性。此文的散发，对我国地名依据《汉语拼音方案》拼写在国际单一罗马化上发挥了积极作用。20 世纪 90 年代，他又发表了《关于我国地图上岛礁名称的正名和通名规范化问题》。新中国成立以来，他发表了关于地名方面的文章、专著数十篇，为中国现代地名学开了先河。

附：曾世英先生地名学论著目录（1956—1985）

[1] 曾世英．从整理外国地名译名的角度上来谈谈汉语拼音文字［J］．拼音，1956，(5)．

[2] 曾世英．统一外国地名翻译的商榷［J］．地理学报，1956，(4)．

[3] 曾世英．地名译音在测绘科学上所占的地位［J］．测量制图学报，1959，(3)．

[4] 曾世英．也来谈谈地名拼写法［J］．文字改革，1959，(13)．

[5] 曾世英．用汉语拼音字母拼写非汉语地名［J］．文字改革，1961，(11)．

[6] 曾世英，杜祥明．地名学的国际现状与研究方向［C］//地理学会年会论文．1962.

[7] 曾世英．展开地名学的研究为地图生产服务［C］//一九六二年制图学年会论文选集．北京：工人出版社，1964.

[8] 曾世英．汉语拼音方案在少数民族语地名调查中的应用［J］．文字改革，1963，(7)．

[9] 曾世英．地名学应作为一个空白学科来建设［C］//中华人民共和国第二次全国人民代表大会第二次会议会刊．1964.

[10] 曾世英．关于《少数民族语地名的汉语拼音字母音转写法（草案)》［J］．文字改革，1965，(6)；测绘通报，1965，(6)．

[11] 曾世英．《汉语拼音方案》在测绘科学中的新应用［N］．光明日报，1965 -06 -09.

[12] 曾世英，杜祥明．我国西部地区的外来地名［M］．内部资料，1977.

[13] 曾世英．地名的国际标准化和中国地名拼写法［N］．光明日报，1978 -10 -25.

[14] 曾世英．热烈欢迎《地名知识》的公开发行［J］．地名知识，1979，(1)．

［15］曾世英．谈谈民族语地名音译转写法及其表音深度［J］．民族语文，1979，（1）．

［16］曾世英．怎样用汉语拼音字母拼写少数民族语地名［J］．地名知识，1979，（4）；语文现代化，（1）

［17］曾世英．依据《汉语拼音方案》拼写我国地名为地学服务——庆祝中国地理学会成立七十周年［C］//中国地理学会第四届代表大会及1979年学术年会．1980.

［18］曾世英．关于运用汉语拼音字母拼写我国地名的若干问题［C］//第三届全国地图学术会议论文选集（下）．北京：测绘出版社，1980.

［19］曾世英．民族语地名音译转写法的作用［J］．民族语文，1980，（2）．

［20］曾世英．中国地名拼写法研究［M］．北京：测绘出版社，1981.

［21］曾世英．中国地名的罗马化［C］//联合国地名标准化会议．纽约．1981.

［22］曾世英．中国地名的罗马化［J］．语文现代化，1981，（5）．

［23］曾世英．做好地名工作展开学术研究［J］．社会科学集刊，1982，（4）．

［24］曾世英．关于我国地名罗马化一些问题的商榷［J］．文字改革，1982，（3）．

［25］曾世英．关于《做好地名工作展开学术研究》一文的一点补充［J］．地名知识，1983，（6）．

［26］曾世英，孙竹．我国地名的国际标准化和民族语地名的音译转写法［C］//民族语文研究文集．西宁：青海人民出版社，1982.

［27］曾世英．采用《汉语拼音方案》拼写我国地名作为国际标准的进展情况［J］．语文现代化，1984，（7）．

［28］曾世英．地名拼写规范化的矛盾［J］．文字改革，1984，（4）．增订后见：曾世英．地名拼写规范化的矛盾［C］//汉语拼音正词法论文选．1985.

［29］曾世英．试谈地名和地图的关系［J］．地名丛刊，1984，（3）

［30］曾世英，杜祥明．试论地名学［C］//地名学文集．北京：测绘出版社，1985.

［31］曾世英．关于我国地图上岛礁名称的正名和通名规范化问题［J］．地名知识，1985，（4）．

[32] 曾世英.地名的译写和单一罗马化[J].地名知识,1985,(6).
[33] 曾世英.文字改革与地名工作的关系[J].文字改革,1985,(6).
[34] 曾世英.地名工作中的语言文字问题[J].语文建设,1986,(1-2).

新疆地名研究史略

从古至今，最早记述新疆地名和史地的著作可追溯到春秋战国时期。根据研究方法并结合中国历史分期，我们将新疆（古称西域）地名的研究大致划分为四个发展阶段：

第一阶段，为明代以前。这时期的主要地名文献有《史记·大宛列传》《汉书·西域传》《大唐西域记》《突厥语大词典》等。这个时期还没有出现地名专著，主要是一些以游记、考察为主的具有地名文献意义的地理著作。

第二阶段，清代。清代是历史上新疆地名研究的一个高峰。18 世纪中叶，在新疆开展的地图测绘为地名研究提供了条件，以后又随着边疆史地学研究的发展，进而促进了地名的研究。而新疆的史地研究又是随着沙俄帝国主义的侵略而兴起。当时我国知识分子深切感受到边疆问题的重要和研究西北史地的紧迫感。19 世纪中叶以后，中国知识分子的眼界扩大了，资料来源也扩大了，已开始注意外文资料。这对于考证地名、鉴别真伪等方面远远超过前人。但他们在研究方法上仍是旧的，像前人一样只是从历史的记载中排比资料。许多人没来过新疆，又不懂少数民族语言，因而花费大量笔墨仍不得要领。这时期出现了多种地名专著。

第三阶段，民国年间。这期间冯承钧、岑仲勉先生等在新疆地名的研究上用功为甚，成果较丰。冯先生重在介绍国外研究成果，并有《西域地名》专著刊布。岑仲勉先生运用历史比较语言学的方法（即语音对音法：把地名汉字进行古音还原，与相应时期的民族语地名的读音进行对比研究）研究新疆地名，比前人进了一大步。加上自 20 世纪初起外国的考察及地下考古发掘，又使新疆地名研究为之一新。

第四阶段，新中国成立后至 1992 年。主要成就在地名标准化和地名的综合考证上。尤其是近年来开始对新疆地名进行系统研究，刊布了许多有关新疆地名的理论文章和专著，并开始了新疆地名学史的研究。许多学科的学者开始关注和介入新疆地名的研究。

一、汉至明

我国古代记述新疆地名的著作，最早可追溯到先秦时代。最早的为《穆天子传》。战国时代的地理著作《山海经》中已提到塔里木河、开都河（敦薨之水）、罗布泊（泑泽）、天山（敦薨之山）、昆仑山、帕米尔（春山）等。公元前2世纪，汉武帝派张骞通西域，这是有信史可考的我国古代对中亚第一次地理考察，获得了有关中亚极为丰富的地理知识，其意义非常重大。著名学者司马迁写《史记·大宛列传》主要是根据张骞的见闻来写的。著名史学家班固的《汉书·西域传》基本上反映了通西域以后西汉一代对中亚的地理认识，其记载内容比《史记·大宛列传》丰富得多。首先，它记载："南北有大山，中央有河，东西六千里，南北千余里，东则接汉，阸以玉门、阳关，西则限以葱岭。其南山，东出金城，与汉南山属焉。其河有两源：一出葱岭山，一出于阗。于阗在南山下，其河北流，与葱岭河合，东注蒲昌海，一名盐泽者也，去玉门、阳关三百余里，广袤三百里。其水亭居，冬夏不增减，皆以为潜行地下，南出于积石，为中国河云。"北面的大山指天山，南面的大山指昆仑山和阿尔金山，中央的河指塔里木河，出葱岭山的河即叶尔羌河，出于阗的河即今和田河，此两河相汇合，然后流于塔里木河。蒲昌海即罗布泊。它特别提到葱岭（即帕米尔），这一地名一直沿用到清代。

晋代有关新疆地名的文献有法显撰的《佛国记》（又名《法显传》《游历天竺记传》），清代丁谦有对此书考释《晋释法显佛国地理考证》。还有道安撰的《西域志》，有郭璞注的六卷本《穆天子传》和《穆天子传注释地》（六卷），清代丁谦对此书也作了地理考释《穆天子传地理考证》（六卷）。

唐初，承战乱之后，无力经营西域，是时西突厥强盛，控制西域，中西交通受阻。当时玄奘不畏艰险，决意西行，经中亚到印度，又由中亚返回。通过他的亲身考察，对中亚、新疆的地理认识有所发展，大大超过前代。这些认识主要反映在《大唐西域记》中，此书共十二卷，贞观二十年（646）成书。采取以行程为经地理为纬的体例，将亲身经历的110个和传闻得知的28个以上的城邦、地区、国家的情况都作了概括的记载。由于书中对山川、城镇方位、风土人情、语言宗教等方面记述得翔实准确，致使后人在进行考古发掘和比定地名时往往依赖它为指针。在地名释意方面也多有新意，如玄奘记载葱岭的得名由于两点，其一是"地多出葱"，与《西河旧事》解释相仿；其二是“山崖葱翠”，这点是新增加的，为前者所无。玄奘不仅记载葱岭得名的缘由，而且还提出葱岭的地域范围，这在当时是难能可贵的。另外，玄奘在《大唐西域记》中汉文音译地名时，往往指责以前的汉译名“讹”也。这是由于他惯于用梵文去对照早先的汉译名，而那些汉名却并不都是直接从梵文译出，而是从某种“胡语”译出的。

《慧超往五天竺国传》（现藏巴黎国家图书馆）。其中记述了从播密川（帕米尔）到龟兹（库车）一段区域。《钢和泰杂卷》原出敦煌莫高窟藏经洞，原卷是925年用藏文和于阗文写的。对我们来说，最有价值的是该卷第10—24行地名表，表中列举了50来个地名。这些地名的大部分逐渐被人们解读，并找到了相应的汉名。这个地名表可能是于阗不断派出的使节们的行程记录，它记载了从于阗的媲摩城经沙、甘、凉等州到朔方，由伊、西二州到庭州及庭州以西的沿途地名。这份地名表是用于阗文书写的，这更有助于我们探讨许多汉文、回鹘文地名的语源。如元代才出现在汉文文献中的地名乌鲁木齐、吐鲁番，在本卷分别记作 yirrumcina 和 tturpaana。

五代时期张匡邺、高（平）居海于938—942年出使于阗，高居海留下了名为《于阗国行程记》（或称《居海记》）的记录，该记录见于《新五代史》卷七十四《四夷附录第三》。还有《迦湿弥罗行记》，它记录了沿途城镇、山川、桥梁、集市、寺庙的名称和分布。

宋代有成书于北宋初年的塞语文书《西天路竟》。此书首尾完整，记载了从东京汴梁（今河南开封）出发，经灵、甘、沙等州，过龟兹、于阗、疏勒、迪温弥罗等国到印度的行程；只介绍地名和相距时日，记下了一些国家的异称和交通路线。黄盛璋先生刊布了这个文书的图版和录文，并作了注释（见《历史地理》创刊号，1981年）。这时值得一提的是维吾尔族学者马赫穆德·喀什噶里的《突厥语大辞典》。该书共分三卷，收有中亚新疆地名约百条，第一卷约收70条。其中对山川、城镇、村落等名称和方位、语源等都详加叙述。本书所附的圆形地图是流传至今的最早而又最完整的中亚舆图。此书是研究中亚新疆历史地名所必须参考的。例如，关于“桃花石”，《突厥语大辞典》写道：桃花石——摩秦国名。此国和秦相距4个月的路程。实际上秦有三个：1. 上秦在东是桃花石；2. 中秦为契丹；3. 下秦为八尔罕。而八尔罕就是喀什噶尔。但现今“桃花石”被称为摩秦，契丹被称为秦。（又桃花石）也用于汗的称号。“桃花石汗”意为“国家古老而又伟大的汗”。“桃花石”意为“强有力”，曾是建立我国北魏（386—534）王朝的一个操阿尔泰语系的民族拓跋的名字。喀拉汗王朝在中国西部建立以后，大汗所上尊号中经常出现“桃花石汗”字样。汗国分为东西两部。这一称号也经常见于东、西两部。这一称号也经常见于东、西两大部大汗的全称之中。马赫穆德·喀什噶里自认是秦人，即中国人。从《词典》对“秦”所作的释文，我们可以看到，《突厥语大辞典》在处理秦/摩秦的译名时把整体的秦译为宋、契丹和喀什噶尔；而中国就是由此三者组成的整体。看来，摩秦译为宋，狭义之秦译为契丹，这才更加切合当时的实际。《突厥语大辞典》在说明塔里木河时说：“注入湖泊和沙漠的支流。在回鹘边界上的库车附近的一个地方也叫‘乌斯米·塔里木’，那儿流淌的一条河也叫‘塔里木’。‘乌斯米·塔里木’是从伊斯兰流往回鹘汗国的一条大河，此河在此注入沙漠。”这一解释说明当地居民都了解塔里木河是流入湖泊的，中亚河流还有消失于沙漠之中的特性。“塔尔”一词通常表示“传播、移动、发布、消失”之意，现代乌孜别克语中“塔尔莫克”一词就表示“急流、支脉”，这可供参考。

元代新疆地名文献多为游记性质。这时出现了许多蒙古语地名，有的是不同语种地名并存，有的原有地名被蒙古语地名取代。这时的主要文献有耶律楚材的《西游录》，清代丁谦写了《元耶律楚才西游录地理考证》，有丘处机的《长春真人西游记》、刘郁的《西使记》等。明代文献较少，主要有陈诚和李暹的《西域行程记》，收入地名约百条。

二、清代

清初，西方的测绘技术传入我国，加之康熙年间政局稳定，生产发展，地图测绘有了长足的进步。地图测绘的发展，又促进了中国地名的研究，特别是边疆地名的研究。随着帝国主义对我国的侵略，许多知识分子深切感受到研究边疆地名的重要性。清政府这时也顺应了这一形势的发展，组织了大批有识之士进行地名研究。他们怀着振兴民族、安边护国的责任感，深入边塞山川，搜集了大量的第一手资料，取得了一系列成果。因而清代是我国历史上地名研究的一个高峰期。这时期产生了大批的以“图说”“图志”为名的论著，而且从历史发展的角度观察，此时的图说、图志作为地名研究的一种格式，已摆脱了仅为图作注的局限。另一个特点是对正史中的地理志进行考证，主要是地名的考证。这时期的地名研究主要重在地名方位、地名沿革及语源等方面的研究，标志我国新疆地名研究趋于成熟。但这时期大多数学者只是从历史文献中排比资料，注重方位和沿革的研究，而在语源的考证上多有不周之处。其原因在于许多学者不懂得边疆少数民族语言，又没有把当时的语言学的历史比较方法引入地名研究，尤其是没有吸收国外的研究成果，研究方法也没有任何突破，理论研究比较薄弱。

清代与地名有关的文献不下200余种，为我们今天研究新疆地名打下了基础。徐松是清代著名的学者，其成就是多方面的，如他曾辑《宋会要稿》和编纂《全唐文》，但最主要的还是西北史地。他不仅著述了不少有关西北史地的著作，如《西域水道记》《汉书西域传补注》《新斠注地理志集释》《元史西北地理考》《西夏地理考》《长春真人西游记跋》等，而且还倡导西北史地的研究。在他的影响下，一时研究西北史地蔚然成风。徐松有关新疆地名的著作以《西域水道记》最为著名。他通过实地考察，积累了不少的资料，遂于道光元年（1821）撰写《西域水道记》。该书仿照郦道元《水经注》的体例，创造性地采用以湖泊来划分新疆的水系。这是由于新疆的河流除额尔齐斯河以外，都属内陆水系，受水体是内陆湖的缘故。《西域水道记》把当时全新疆划分为罗布淖尔（罗布泊）、哈拉淖尔（哈拉湖）、巴尔库勒淖尔（巴里坤湖）、额林格逊淖尔（玛纳斯湖）、喀喇塔拉额西柯淖尔（艾比湖）、巴勒喀什淖尔（巴尔喀什湖）、赛喇木淖尔（赛里木湖）、特穆尔图淖尔（伊赛克湖）、阿拉克图古勒淖尔（阿拉湖）、噶勒扎尔巴什淖尔（布伦托海）、宰桑淖尔（斋桑泊）11个湖区，并提纲挈领地描述上述各湖区所受之水道，旁及流域之交通、物产、城邑的兴废、民族的分布，均有详细描述。

傅恒等著的二十四卷本《西域同文志》，是一部属于地名辞典性质的工具书。该书于乾隆二十八年（1763年）编成，共二十四卷。其内容包括新疆、青海和西藏等地的地名、山名、水名及各部落统治者人名；每个名称都用满、汉、蒙古、藏、托特、维吾尔6种文字标明，并注有汉字“三合切音”；用汉文注释语源、含义、地方沿革等。由于刘统勋在随同上述测量队伍进行测量时将沿途地名加以考证纂录，为该书提供了不少重要的资料。《西域同文志》从当地一些民族语言的角度，对当时中亚新疆一些地方的地名进行考证，对中亚地名学的研究有重要的参考价值。

李光廷著有《汉西域图考》。丁谦对正史西域传、突厥传、回纥传等进行地理考证，专著不下十余种，主要是考证今地，也有语源含义的考证。四十八卷本的《皇舆西域图志》和《嘉庆重修一统志》对新疆的地名研究具有重要参考价值。祁韵士的《西域释地》和《西陲要略》，张穆的《西域释地序》，沈尧的《西北地名杂考》，许景澄的《西北边界图地名译汉考证》（两册），松筠的《新疆识略》，王树楠的《新疆山脉图志》《新疆图志》，宋伯鲁的《新疆建置志》，齐召南的《西域诸水编》等，都是新疆地名研究的重要参考书。

三、民国

民国时期，关于新疆地名的研究成就，重在翻译介绍国外的地名研究成果和地名考证的研究。19世纪下半叶以来，外国冒险家潜入新疆，进行了大规模的文化掠夺，于是在国际上掀起了一股研究丝绸之路的热潮，开始对新疆史地、语文、文化的研究，其中有许多是关于古地名的考证。冯承钧、张星良、向达等学者翻译了大量的论著。冯先生主要翻译的论著有《西域南海史地考证论著汇辑》《西域南海史地考证译丛》（共9编），主要收集介绍了近代法国汉学家一些代表人物，如沙畹、烈维、伯希和、司马帛洛等有关西域南海方面的著作，共79篇，其中1、2、5、7编主要是关于新疆中亚的地名考证。特别是1932年冯先生出版了他编著的地名工具书《西域地名》，收词700余条，后增补到900余条。该书注重地名的拉丁拼写、地名沿革和方位的考证，也有叙述地名的语别含义，对于同一地名在不同时期及文献的不同称呼，力求一一列出，可为当时的代表之作。

岑仲勉先生在西北史地和新疆地名的研究上可谓成绩卓著，1921年发表史地学成果《课余读书记》，之后又发表专著《佛游天竺记考释》。他把语言学方法应用于地名研究，把我国西域地名研究引向深入。其代表作为《中外史地考证》（两册）和《汉书西域传地里校释》（两册）。这是他在20世纪30年代到50年代末写成的。前者收有60余篇，其中对古地名的还原、交通路线的探索及史事的论证，多有创获，虽也间有可商之处，但均可供进一步研究的参考。后者对《汉书·西域传》中地名和里距两个问题进行了详细的校勘与考释，指出了前人研究的错误和不周之处。当然书中的考证也颇有可商之处，特别是作者不太熟悉古代西域语言，对音研究多有问题。

自20世纪20年代起，黄文弼先生率中国考古队先后4次去新疆考察，发表了大量的专著，1981年又整理出版了他的《西北史地论丛》，这对我们研究新疆地名提供了重要的线索。

这期间还有向达翻译斯坦因的《西域考古记》，杨炼翻译藤田丰八的《西北古地研究》，王古鲁翻译白鸟库吉的《塞外史地论文译丛》（两辑）。同时，还有相当数量的文章散见于各种刊物，如关于唐代的有冠田的《唐代西域州县考》，日本岩佐精一郎的《大唐西域记地理考证》《玄奘西行迹图》，松田寿男的《天山北路唐代州县之研究》；关于疆界方面的有刘熙的《新疆疆界变迁考略》，关于建制沿革的文章有梁启超的《西疆建置沿革考》；地名专论的有贾树模的《新疆地名沿革表》和《新疆地名释文》，金祖孟的《新疆地名与新疆地理》，于泽润的《西域地名今释》和《汉以来中国于西域兵威使节商人高僧经历之道路地名今释》，陈力等的《新疆地名学与地名释义文录》；关于汉代的文章有李思遏的《汉西域三十六国考》，张奎森的《汉书西域传地理今释》；另外还有郭庆龙的《西域诸国考略》，顾实的《穆天子传西征今地考》。

四、新中国成立至1992年

新中国成立后党和政府十分重视边疆地名。1953年更改了一批含义不妥的地名，如把迪化恢复为乌鲁木齐，镇西县改为巴里坤县，巩哈县改称倪利克县（1954年又改为尼勒克县），1954年把宁西县改称察布查尔锡伯自治县。为了便于群众使用而简化汉字，如1959年把婼羌县改为若羌县，和阗县改为和田县。经国务院批准，1977年把苏联命名的“胜利峰”改为托木尔峰，1979年还把莫诺马哈峰、罗斯塔格和鲁斯克依山三个地名改为布喀达坂峰、乔喀塔格和喀什塔什山。

1. 第一次新疆地名普查

1978年在新疆进行了第一次地名普查，解决了如下问题：

（一）清除了有损于我国主权的外来强加给我的地名和不利于民族团结的地名；

（二）更改了“文化大革命”时期以各种“新词”和数字命名的公社、大队、农场、牧场名称，初步实现了行政单位与驻地名称的统一；

（三）进行了少数民族语地名的汉字译写标准化和维吾尔语地名拼写和转写的规范化，从而克服了长期以来新疆在地名方面存在的一地多名、一名多译、音译不准、地名重复等混乱现象。

在此基础上，新疆地名委员会与国家测绘局测绘研究所合编了《新疆维吾尔自治区地名录》（甲乙两种本），为新疆的经济建设和国防建设第一次提供了较详细的标准地名资料。地名录中所提供的汉语拼音字母作为中国地名罗马字母的标准形式，提供给联合国地名标准化大会作为国际使用的标准。这次普查的不足之处在于，这次普查只限于公社和大队，而对农牧场、村庄牧点未调查；对地名语别、含义、由来、历史沿革等未深入研究。《新疆维吾尔自治区地名录》中还存在不少错漏现象，大部分边界地名未深入调查；对蒙古、哈萨克、柯尔克孜、锡伯等民族语地名未进行本民族文字的书写规范化。1983 年在全疆又进行了第二次地名普查，不同程度地弥补了以上的不足。1991 年又进行了地名补查，编辑出版了近 60 种各市县的地名图志，对各主要语种的地名都进行了规范化处理，《中华人民共和国地名词典·新疆卷》编辑出版。自 1981 年以来新疆地名委员会办公室主办了内部刊物《新疆地名通讯》，后来改为《新疆地名》（季刊）。回顾十几年来新疆的地名工作和研究，是以前任何时代无法比拟的，无论从参加的人数、政府的重视、普查研究的范围、现实意义等方面也是前代所不及的。

2. 地名研究成果

新中国成立后在地名考证、建制方位、语源含义、地名标准化、地名工具书、古文献中的地名考证、地名更名、地名理论、地名要籍介绍等方面都取得了可喜的成绩。

（1）关于地名考证的有苏北海的《西域历史地理》（新疆大学出版社，1988 年），周连宽的《大唐西域记史地研究丛稿》（中华书局，1984 年），刘迎胜的《元代曲先塔林考》（载《中亚学刊》第 1 辑），孟凡人的《别失八里考》（载《新疆社会科学》1984 年第 1 期），耿世民、张广达的《唆里迷考》（载《历史研究》1980 年第 2 期），刘义棠的《回鹘西迁居地考》（载《维吾尔研究》一书中），牛汝辰的《新疆地名概说》（中央民族大学出版社，1994），李恺的《汉“乌即”城考》（载《喀什噶尔师范学院学报》1983 年第 1 期），薛宗正的《唐轮台名实核正》（载《新疆社会科学》1983 年第 4 期），纪大椿的《六城、七城、八城——塔里木盆地周缘各城总称考略》（载《新疆地名通讯》第 5 期），田卫疆的《喀什噶尔的历史变迁》（载《新疆史学》1979 年创刊号），牛汝辰、牛汝极的《疏勒名称试辨》（载《地名知识》1986 年第 4 期），《察合台文历史文献〈热夏提王传〉（片段）注释——兼论阿克苏地名的来源及含意》（载《新疆大学学报》1987 年第 4 期），牛汝辰的《塔里木盆地地名考》（载《民族团结》1986 年第 6 期），等等。

（2）关于建制方位考证的文章，有薛宗正的《唐蒲类沽名稽址》（载《新疆社会科学》1984 年第 2 期），钱伯泉的《轮台的地理位置与乌鲁木齐渊源考》（同上刊，1982 年第 1 期）和《唐轮台位置续考》（同上刊，1984 年第 4 期），于维诚的《新疆建置沿革与地名研究》（新疆人民出版社，1986 年），殷晴的《湮埋在沙漠中的绿洲古国——扜弥故地考索》（载《新疆社会科学》1985 年第 1 期）。

（3）关于古文献中地名研究的论著，有季羡林等注释校勘的《大唐西域记校注》（中华书局，1985 年），黄盛璋的《〈钢和泰藏卷〉与西北史地研究》（载《新疆社会科学》1984 年第 2 期），《和田塞语文书〈使河西记〉地理研究》（载《中国历史地理》创刊号），依布拉音穆提义的《与新疆地名有关的古代语言——〈唐古特游记〉中的新疆地名》（载《新疆地名通讯》1982 年第 2 期），牛汝辰、牛汝极的《〈突厥语大词典〉第一卷中亚地名研究》（载《西北史地》1987 年第 2 期）、《〈突厥语大词典〉第三卷地名译释》（载《西北史地》1990 年第 2 期），王范之《〈穆天子传〉与所记古代地名和部族》（载《文史哲》1963 年第 6 期），等等。

（4）关于地名由来和语别含义的考证文章，有谷包的《为什么清朝将西域改称新疆》（载《新疆社会科学》1984 年第 1 期），李之勤的《新疆一名的由来》（载《中国历史地理论丛》第 1 辑），牛汝辰《新疆地名中“喀拉”一词辨析》（载《新疆社会科学》1984 年第 4 期），赵相如《我国“塔克拉玛干”沙漠名称的由来及含义》（载《民族团结》1987 年第 4 期），等等。

（5）关于地名标准化的论著，有国家测绘局发布杜祥明、牛汝辰制定的《维吾尔语地名译音规则》（测绘出版社，1985 年）、《哈萨克语地名译音规则》（测绘出版社，1990 年）和《柯尔克孜语地名汉字译音规则》（测绘出版社，1992 年），新疆民政厅和新疆地名委员会编的《新疆维吾尔自治区行政区划地名资料》（1987 年），牛汝辰的《新疆地名的汉字译写》（载《中国地名》1992 年第 4 期）和《参加昆仑西测区地名调绘的体会》（载《测绘科学》1991 年第 6 期），等等。

（6）关于地名志书和工具书，有冯承钧编、陆梭岭增订的《西域地名》（中华书局，1982 年），史兵的《西域地名译注》（喀什师院图书馆，1981 年），已出版的地名图志有《喀什地区地名图志》《昌吉回族自治州地名图志》等 59 种。

（7）关于帕米尔的文章，有黄盛璋的《我国历史上的帕米尔》（载《新疆社会科学》1982 年第 2 期），苏北海的《强加在帕米尔地区的俄英帝国主义地名考》（载《中亚研究资料》1984 年第 2 期）。

（8）关于地名要籍介绍的，有牛汝辰的《〈突厥语大词典〉的地理学价值》（载《辞书研究》1985 年第 1 期），张广达的《研究中亚史地的入门书和参考书》和《出土文书与穆斯林地理著作对于研究中亚历史地理的意义》（载《新疆大学学报》1983 年 3/4 期和 1984 年 1/2 期），王治来的《十世纪波斯古地理书——世界境域志》（载《新疆社会科学》1983 年第 4 期），黄盛璋《敦煌写本〈西天路竟〉》（载《历史地理》1981 年），牛汝辰译的《有价值的中亚地名文献》（载《西北史地》1985 年第 3 期），牛汝辰的《古代新疆地名书目索引》（载《新疆地名通讯》1986 年第 3 期），等等。

（9）关于地名学理论的文章，有牛汝辰的《新疆地名概说》（中央民族大学出版社，1994 年），于维诚的《试论新疆地名命名的几个规律》（载《地名知识》1983 年第 6 期），杨利普的《新疆地名的一般规律》（载《新疆地理》1983 年第 1 期），《新疆地名研究的深远意义》（载《新疆地名通讯》1981 年第 1 期），牛汝辰的《新疆地名的语言考察》（载《民族研究》1992 年第 2 期），《新中国少数民族语地名研究综述》（载《地名知识》1986 年第 3 期），《中国民族语地名的多元文化背景》（载《贵州民族研究》1990 年第 4 期），《少数民族语地名研究对发展语言学的意义》（载《西南民族学院学报》1987 年第 3 期），《清代中国边疆地名研究综述》（载《中国边疆史地研究导报》1989 年第 1 期），以及《新疆地名研究的回顾与展望》（载《新疆师大学报》1987 年第 1 期），田卫疆的《简述伯希和氏对于和田地名的研究》（载《和田师专学报》1983 年第 6 期），牛汝极的《新疆地名与文化》（载《地名知识》1990 年第 1 期），李之勤的《记新疆各县的命名、改名问题》（载《中国历史地理论丛》1985 年第 2 辑），徐伯夫的《新疆历史地名的一些问题》（载《新疆地名通讯》1982 年第 2 期），《清朝以来新疆地名的变迁》（同上刊，第 3 期），艾来提·铁木尔的《从喀什三乡地名看南疆绿洲经济的特点》（载《新疆社会科学研究》1987 年第 6 期），牛汝辰的《喀什民族手工业对地名的影响》（载《地名知识》1992 年第 1 期），等等。

参考文献：

[1] 杨利普. 新疆维吾尔自治区地理 [M]. 乌鲁木齐：新疆人民出版社，1987.

[2] 新疆维吾尔自治区民族研究所. 新疆简史 [M]. 乌鲁木齐：新疆人民出版社，1978.

[3] 于维诚. 新疆建制沿革概述 [J]. 新疆地名通讯，(4).

[4] 牛汝辰，牛汝极. 新疆地名研究的回顾与展望 [J]. 新疆师范大学学报，1987 (1).

[5]方英楷.新疆自古以来就是中国的固有领土[J].新疆地名,1991,(1).

[6] 李之勤. 新疆一名的由来 [J]. 新疆地名通讯，(3).

[7] 肖之兴. 清代的几个新疆 [J]. 历史研究，1979，(8).

[8] 牛汝辰. 地名学简说 [J]. 百科知识，1986，(5).

[9] 牛汝辰．地名与民族迁徙［J］．贵州民族研究，1987，(4)．

[10] 蒋君章．新疆经营论［M］．正中书局，1936.

[11] 杨策．新疆纵横［M］．北京：中央民族学院出版社，1991.

[12] 李经纬．新疆各民族语言与文字简况［J］．新疆大学学报，1980，(2)．

[13] 杨建新．“西域”辨正［J］．新疆大学学报，1981，(1)．

[14] 鲍里斯·塔格耶夫．在耸入云霄的地方［M］．薛雷译．北京：商务印书馆，1975.

[15] 苏北海．强加在帕米尔地区的俄英帝国主义地名考［M］//西域历史地理．乌鲁木齐：新疆大学出版社，1988.

[16] 苏北海．和田名称新考［M］//西域历史地理．乌鲁木齐：新疆大学出版社，1988.

[17] 赵相如，朱志宁．维吾尔语简志［M］．北京：民族出版社，1985.

[18]《维吾尔族简史》编写组．维吾尔族简史［M］．乌鲁木齐：新疆人民出版社，1991.

[19] 疏勒县地名办公室．疏勒县地名图志［M］．1989.

[20] 杜祥明，牛汝辰．维吾尔语地名译音规则［M］．北京：测绘出版社，1985.

[21]《哈萨克族简史》编写组．哈萨克族简史［M］．乌鲁木齐：新疆人民出版社，1987.

[22] 杜祥明，牛汝辰．哈萨克语地名译音规则［M］．北京：测绘出版社，1990.

[23] 青河县地名办公室．青河县地名图志［M］．1987.

[24] 额敏县地名办公室．额敏县地名图志［M］．1988.

[25] 张进清．浅谈哈萨克语地名的特点［J］．地名知识，1985，(6)．

[26]《柯尔克孜族简史》编写组．柯尔克孜族简史［M］．乌鲁木齐：新疆人民出版社，1985.

[27] 杜祥明，牛汝辰．柯尔克孜语地名汉字译音规则［M］．北京：测绘出版社，1993.

[28] 阿图什县地名办公室．阿图什县地名图志［M］．1985.

[29] 杜荣坤，白翠琴．西蒙古史研究［M］．乌鲁木齐：新疆人民出版社，1986.

[30] 道布．蒙古语简志［M］．北京：民族出版社，1983.

[31] 新疆社会科学院历史研究所．新疆历史研究［M］．1985.

[32] 杜祥明，牛汝辰．蒙古语地名译音规则［M］．北京：测绘出版社，1986.

[33] 青河县地名办公室．青河县地名图志［M］．1987.

[34] 孙竹．中国北方少数民族［J］．中国地名，1991，(3)．

[35] 李经伟．新疆各民族语言与文字简况［J］．新疆大学学报，1980，(2)．

[36] 杨策．新疆纵横［M］．北京：中央民族学院出版社，1991.

[37] 李树兰，仲谦．锡伯语简志［M］．北京：民族出版社，1986.

[38] 新疆社会科学院历史研究所．新疆历史研究［J］．1985：80.

[39] 英林．锡伯语地名语词浅析［M］//锡伯族研究．乌鲁木齐：新疆人民出版社，1990.

[40] 察布查尔锡伯自治县地名办公室．察布查尔锡伯自治县地名图志［M］．1988.

[41] 喀什地区地名办公室．喀什地区地名图志［M］．1987.

[42] 高尔锵．塔吉克语简志［M］．北京：民族出版社，1985.

[43] 马德里汗．中国的塔吉克人［J］丝路，1989，(1)．

[44] 陈永龄．民族词典［M］．上海：上海辞书出版社，1987.

[45] 徐伯夫．新疆历史地名的一些问题［J］．新疆地名通讯，1982，(2)．

[46] 于维诚．试论新疆地名命名的几个规律［J］．新疆地名通讯，1984，(5)．

[47] 牛汝极．新疆地名的文化透视［J］．语言与翻译，1989，(4)．

[48] 牛汝辰，牛汝极．新疆地名研究的回顾与展望［J］．新疆师范大学学报，1987，(1)．

[49] 玄奘，辩机．大唐西域记［M］．北京：中华书局，1985.

[50] 冯承钧．西域地名［M］．北京：中华书局，1982.

[51] 新疆民政厅．新疆维吾尔自治区行政区划地名资料［M］．1987.

[52] 牛汝极．新疆地名中的文化透视［J］．地名知识，1990，(1)．

[53] M. A. Оуерки. Топонимика（地名学文集）［M］．莫斯科：科学出版社，1967.

[54] 牛汝辰，牛汝极．少数民族语地名研究对发展语言学的意义［J］．西南民院学报，1987，(3)．

[55] 牛汝辰,牛汝极.试论伊斯兰教的传播对维吾尔书面语的影响[J].新疆大学学报,1984,(2).

[56] 牛汝辰.疏勒名称试辩[J].地名知识,1986,(4).

[57] 季羡林.吐火罗语的发现与考释及其在中印文化交流中的作用[J].语言研究,1956,(1).

[58] 库尔班·外力.我们的家乡(维文版)[M].乌鲁木齐:新疆人民出版社,1986.

[59] 周连宽.大唐西域记史地研究从稿[M].北京:中华书局,1984.

[60] 牛汝极.四封9~10世纪的回鹘文书信译考[J].新疆大学学报,1989,(2).

[61] 阿尔斯兰·阿不都拉.哈密名称新探[J].新疆大学学报,1990,(4).

[62] 李吟屏.和田之名解说种种[J].新疆地名,1989,(2).

[63] 牛汝辰.地名研究方法发展趋势[J].地名知识,1990,(3).

[64] 新疆地名委员会,国家测绘局研究所.新疆维吾尔自治区地名录[M].1982.

[65] 策勒县地名图志[M].1986.

[66] 杨利普.新疆维吾尔自治区地理[M].乌鲁木齐:新疆人民出版社,1987.

[67] 金祖孟.新疆地名与新疆地理[J].新中华,1944,(4).

[68] 李莹甄.新疆的泉水地名[J].新疆地名,1990,(2).

[69] 方英楷.新疆屯垦史[M].乌鲁木齐:新疆青少年出版社,1989.

[70] 董琳.清代屯田与新疆地名[J].地名知识,1990,(4).

[71] 李惠兴.屯、户、工运小议[J].新疆地名通讯,1986,(3).

[72]牛汝辰.地名与中华民族的图腾崇拜[J].社会科学战线,1988,(3).

[73] 何星亮.匈奴语试释[J].中央民族学院学报,1982,(1).

[74] 牛汝辰.新疆地名中"喀拉"一词辨析[J].新疆社会科学,1984,(4).

[75] 牛汝辰.中国民族语地名的多元文化背景[J].贵州民族研究,1990,(4).

[76] 马品彦.新疆的麻扎[J].新疆社会科学情报,1987,(9).

[77] 伊立东.和布克赛尔的敖包与地名[J].新疆地名,1991,(1).

[78] 方晓华.新疆的双语现象[J].新疆社会科学,1987,(6).

[79] 申小龙．社区文化与语言变异［M］．长春：吉林教育出版社，1991.

[80] 喀什市地名办．喀什市地名图志［M］．1984. // 喀什市史志办．喀什市志［M］．（征求意见稿《城建志》《工业志》）1990.

[81] 艾来提·铁木尔．从喀什市三乡地名看南疆绿洲经济的特点［J］．中央民族学院学报，1988，（2）．

[82] 牛汝辰．喀什民族手工业对地名的影响［J］．地名知识，1992，（1）．

[83] 戴良佐．新疆盐产地与地名［J］．地名知识，1990，（4）．

[84] 雷杰，胡丹露，胡慧萍．新疆区域制图地理［M］．北京：解放军出版社，1989.

中国现代地名学前期（民国）研究概论

一、问题的提出

地名研究在我国源远流长，至少可以说在汉代地名研究就已达到一定水准，其代表作是《汉书·地理志》。笔者在《从中国地图史看历代地名研究》[1]一文中把中国地名研究史分为三个时期：（一）古代：1. 先秦至西晋以前；2. 西晋到明末。（二）近代：1. 明末到清末；2. 民国。（三）现代：新中国成立至今。当时笔者的分期主要是考虑到中国地图史的情况，加之所阅资料的限制，把民国时期的地名研究列入近代的第二阶段。由于近年笔者对中国地名学史兴趣日增，又阅读到一些有关资料，略有一些新得。笔者认为：民国时期（1912—1949）的地名研究应列入现代的初级阶段，它是现代地名学史的有机组成部分。下面我们根据民国年间地名研究的主要内容和成果分类述之。

二、关于地名结构的研究

1. 关于地名的构成

这方面的代表人物是金祖孟先生，其代表作是《地名通论》一文[2-3]。他认为：“每一个人名都可以分为‘姓’和‘名’两部分，每一个地名也可以分为类似的两部分。地名中和当于‘姓’的部分，表示若干地名之通性，为同类或同级诸地名所共有，可以称为通名；地名中相当于‘名’的部分，表示某一地名之特性，为该地名所专有，可以称为专名。”并进一步指出：地名的专名部可以不是地名，亦可以是地名。例如：“长白山”“扬子江”“免渡河”，其中专名部分“长白”“扬子”“免渡”都不是地名。“浙江省”“曲阜县”，其专名部分“浙江”“曲阜”都是地名。

特别应提到的是，金祖孟认为：“构成地名的专名部分的地名和普通地名不同。‘浙江省’的‘浙江’和‘浙江又称之江’的‘浙江’虽同是‘浙江’两字，而其地位不同，意义亦不同。”前者是地名的重要部分，而本身不算独立的地名；后者却是独立完整的地名。前者只能指示浙江省那一区域的一种特征，就是：那里有一条曲折如同“之”字的河流。后者却是代表那一条曲折如同“之”字的河流的本身。我们称“浙江省”的“浙江”为“二次地名”，以别于意义完整地位独立的普通地名。“二次地名也可以分为专名通名两部分。这两部分，有时同时存在，有时省去通名。‘浙江省’其二次地名兼有专名通名两部分。‘浙江省’其两次地名兼有专名通名两部分。‘浙’是专名，‘江’是通名。”“‘历城县’以城名县，意思是‘历城之县’；‘历城’以山名城，意思是‘历山之城’。”“‘历城县’之‘历’为‘三次地名’与‘二次地名’同称为‘附属地名’。”作者对地名的分析是很精细的。同时他还提出了“复合地名”的概念：“所谓‘复合地名’就是联合几个地名而成的地名。如‘宜黄’由二河名合成。”

2. 关于倒装地名

徐松石在地名研究上可谓成绩卓著。他在《粤江流域人民史》（商务印书馆，1939 年）一书中详细论述了中国地名的倒装结构——倒装地名。即通名在前，专名在后，或修饰性词在被修饰性词之后。

（1）关于南方的倒装地名

他指出：南方的倒装地名实在触目皆是。我们平时看惯了，听惯了，不觉得有什么稀奇，但若稍加思索，便觉得这是世界上的一个特殊观象。例如，广东台山有冲洋、冲云墟、洞华、洞美。其实应作洋冲、云冲墟、华洞、美洞。两粤实在是一个倒装地名的大海。另外“川、康、滇、湘、黔五省也有倒装地名。”通过以上分析，他指出：“①这些地名都是壮人的名称，有壮语的意义，可见西南倒装式的地名似乎是壮人的原始制作。而瑶苗杂居壮地，将它采用。现时苗瑶的倒装语法每不完全，以修仁过山瑶语为例，村呼为朗，小村叫朗当，乃是倒装，然而大村叫潭湖，就不是倒装了。可见苗瑶的倒装惯例，则表明瑶语古代广用倒装。江西和湖南东部倒装地名也是古有而今已绝无矣。②广东潮循地方古代虽有壮僚，但壮人数目必定很少。固为非但白话不流行于那边，而且壮意倒装地名非常稀少。江西和福建也是如此。可见这些地方古代最占势力的原是畲族。③这倒装地名之存留，在中国则包括四川、湖南、贵州、西康、广东、广西，在国外则包括泰国、缅甸、安南（今越南）。可见是壮意倒装地名存留的地方，不是现时就是古时有很大的壮人势力。”

（2）关于古代倒装地名

中国古代倒装地名见于北部各省的，以“城”字和“都”字为最多。如城文、城乐、城颖、城濮、城棣等，都卢、都匀、都掌、都梦、都梁等。他认为：“①此等倒装地名以广西为大本营，似乎甘肃、四川、陕南为最初的发源地，与蜀山文化的发源区暗合。②除川、康、滇、黔、两湖、两广外，古时江汉北邻、淮水流域、山东、河北地方亦为此类倒装语法之所及。可见这时远古壮人以四川、甘肃、陕西、荆楚为根据地，一支向东行而入豫皖和山东、河北，一支向南行而东入滇黔两粤。鲁南和江浙皖南闽汕赣湘则为苗瑶盘踞；苗以迤西为众，瑶以迤东为多。他们古代也用特殊的倒装地名。③北方所发现的倒装地名，多数立于汉和汉朝以前，这是表明汉时留存在北方的壮人（按，古越人）不是向南徙去，便是完全同化于中原汉族。”作者不仅指出了倒装结构及其分布区，而且指出了古代的民族分布，又将语言地理学的方法运用于地名研究之中。同时他的这些研究方法又是区域地名学的一个范例。

三、关于地名变迁的研究

这方面以徐松石先生的观点为代表。他认为在中国地名的演变中，古代少数民族语的地名有“国语化”（汉化）的趋势。他指出：远古东方土著民族的地名已经大半国语化了。所以我们看今日中国东部的地名只觉得他们是国语地名而不知道他们本是古代所谓夷蛮的地方。国语化的途径最显著的有下列几种：1. 完全取消古代地名，而代以国语名称。例如通志记周时东夷都邑，说戎都戎城、夷都夷安、介都黔取，都在山东境内。然而今日山东却已没有这些地名了。2. 将不能望文生义的地名，使之成为望文生义。例如须朐乃古风夷地，不能以字面解释。周时改名须句，汉时改名须昌县，唐及五代改为须城，即今山东东平县治。每改一次，字面上便多一点意义。3. 由倒装变为顺装。例如春秋楚城父邑原是夷地，所以倒装。汉置父城县，故城在今河南宝丰县东，现名父城保。父城乃顺装式。4. 由齐头式变为齐尾式。例如句吴改为吴国，句越改为越国。两粤板张、板莫改为板张村、板莫村，或改为张村、莫村。5. 把土著音变为国语的公名字（按：通名）。

四、关于地名的比较研究

金祖孟先生在《地名通论》一文中对中西地名的差异作了比较研究，列举了五个方面的不同：第一，中文重字形，而西文重读音。因此，中文地名的变化由人为更换，而西文地名的演变由于自身的变化。第二，中文稳定，而西文易变。所以，中国的上古地名，大多尚能望文生义，而西方的中古地名，十之九已不辨来源。第三，中文地名的结构繁杂，而西文地名大多结构简单。第四，中文地名常能以较少的字数表示丰富的含义，如“衡阳”“江阴”，虽仅用二字却能表示明确位置。“泰安”“江宁”，虽仅两字，而客观事实与主观意志兼而有之。此类地名为西文所少有。第五，同一地名其西文“字母数”常较中文“字”数为多。西文地名较中文地名为长。

五、关于地名文化学的研究

所谓地名文化学，就是从地名来探索中国古代文化的学问。这方面的研究在民国年间就已开始了，虽然当时并无人提出“地名文化学”一语。前文所述的徐松石的论著就是其中的范例之一。

谭其骧先生的《晋永嘉丧乱后的民族迁徙》一文就是以地名为据来探索北民南迁的。西晋末年，“五胡乱华”，中原沦陷，中原人民不堪战争蹂躏，相率往江南迁徙。“要想在现存史料中搞清这次民族迁徙的情况，唯一的办法，就是要从当时侨置的州县中去找线索。”

另外，像唐兰的《与顾颉刚先生论“九丘”书》、劳干的《由“九丘”推论古代东西二民族》等许多文章，也都是这方面的代表作之一。

六、关于地名地理学的研究

地名地理学就是研究地名的地理分布的学问。在我国，地名地理学的方法迟至20世纪30年代就已运用于我国的地名研究了。[4-5]地名地理学受益于语言地理学的发展。而语言地理学是在19世纪末才产生于欧洲，20世纪二三十年代才引入我国。而徐松石先生早在30年代就把这一方法运用于地名研究。

七、关于地名群的理论

金祖孟先生在《地名通论》一文中有“地名之结群”一节。他认为：“无论中外地名，都有一种‘结群’的现象。所谓‘结群’，就是若干不同的地名，由于有一个共同的来源，往往在形式上（用字）或含义上有类似的地方；这样类似的地名，可以很明显地自成一群。这种地名之群，我们称之为地名群。同一地名群所属各地名之间，因为有共同的来源，总有一种类似共同血统的关系。”作者又分为语言地名群和诱导地名群（派生地名群）两类。

八、地名与相关学科的研究

这方面的代表作之一是金祖孟的《地名学概说》一文。

1. 地名与地理

地名是代表地形或地域的符号，其决定与变更常受地理环境的控制或影响。所以特种气候产生特种的地名，特种地形产生特种的地名。试以山名为例：山有山的特性，这种特性常常反映在山名上面。山的外部形态是高，因此有摩天岭一类山名，此其一。山地云雾较多，因此有云山、云岭一类山名，此其二。山地雨雪较多，因此有大雨山、雪山一类山名，此其三。雪呈白色，因此有白山、长白山等一类山名，此其四。山地人迹罕至，因此有仙人山、佛山一类山名，此其五。山地常有鸟兽出没，因此有凤凰山、狼山一类山名，此其六。山深林密，因此有桐柏山、梅岭一类山名，此其七。山地矿产丰富，因此有金山、锡山一类山名，此其八。

2. 地名与地域

因为自然环境与人文现象的不同，常常具有不同的特性。我们既可以地域的特性说明地名的特性，也可以地名的特性说明地域的特性。试以新疆为例：新疆地名稀少，可以表示那里人口稀疏，此其一。新疆地名的分布不均可以表示那里各地土地利用的不同，此其二。新疆地名的难读难懂难记，可以表示地理、种族、语言、文化的复杂，此其三。“迪化”“镇西”等表示政府希望或意志的地名，可以表示那里确是位于地理上及文化上的边疆，此其四。新疆汉文村落地名集中于天山东段的南北山麓，可以表示那里汉人分布情形，此其五。新疆地名中与水有关字眼的普遍运用，可以表示那里气候的干旱和水之可贵，此其六。新疆地名容易变化，可以表示那里村落以至都市常因沟渠的兴废与河道的改变而发生变化，此其七。其实，这就是我们今天所说的“区域地名学”的观点和方法。

3. 地名与文字的创制

地名的决定与变更，常受当时的人为因素的影响或控制。所以，地名常因产生的时代而不同。中国最古的地名，往往同一字包括专名通名两部分，如“嵩”字，上半“山”字为通名，下半“高”字为专名；“汾”字左旁“水”字为通名，右旁“分”字为专名；“郿”左旁“眉”字为专名，右旁“邑”字为通名。这种古地名的产生，不仅是“用字命名”，而且是“造字命名”。这种“造字命名”的地名，大都位于五岭以北、长城以南，而以黄河中下游为最多。中国的古代文化产生于黄河下游，所以，这些古代地名的分布情形，极有历史意义。金祖孟的这一观点确有独到之处，以至于今天还无人对此作过更详细的论述。

4. 地名与语言

这方面作者提出了“训诂地名学”和“读写地名学”的观点。前者主要是解释地名的语言意义或寻求地名的由来，后者的目的则是确定地名的正确写法与读音。地名的释义，可以分为两类，一是文义的解释，二是事实的解释。

九、《禹贡半月刊》地名研究述略[6]

该刊创刊于1934年3月，属历史地理杂志，所使用的方法大多是沿革地理学、综合考证法以及历史比较语言学的方法。因该刊刊登了百余篇地名方面的文章，对我国地名学的发展具有一定的推动作用，故单列一节而述之。

值得一提的是：韩儒林的《绥北的几个地名》、冯家升的《蠕蠕国号考》和《匈奴民族及其文化》等文章，已把语言学的历史比较方法运用于地名研究。钱穆的《再论楚辞地名答方君》一文指出：古史地名，其先皆有普通名词，有义可言，如《尔雅》的《释地》《释山》《释水》诸篇。探案古史地名，可以推见古代民族迁徙的遗迹。如异地同名有先后，而其人文开发较早者得名在先，等等。

十、关于甲骨文金文中的地名研究

民国年间是甲骨文研究的一个高潮。较早从事甲骨文中的地名研究的，当推王国维先生。限于篇幅，在此只列主要篇目，以便查阅。王国维《殷卜辞中所见地名考》载《雪堂丛刻》（1915年），余永梁《金文地名考》载《语历所周刊》卷5期54（1928），张希同《两周金文中古地名辑录》载《山东大学》(1937.7)，林泰辅《龟甲兽骨文所见之地名》载《支那上古之研究》，曾毅公《甲骨地名通检》(齐鲁大学国学研究所出版社，1939年)，海波《甲骨地名通检》载《中和》卷1期1(1940.1)，等等。

十一、关于地名考证及译著

关于这方面的研究成果实在太多了，若详加统计一定在千种以上。这时期的代表人物有冯承钧。他的论著、论文及译著百余种，主要有《西域地名》《西域南海史地考证论著汇辑》《西城南海史地考证译丛》(共九篇)等。岑仲勉先生在中外地名研究上可谓成绩卓著，主要著作有《中外史地考证》(上、下)、《汉书西域传地里校释》(两册)。另外，还有杨铄译的《西北古地研究》，王古鲁译的《塞外史地论文释丛》(两辑)，同时向达、张星烺、翁文灏、李长傅等先生也有一些这方面的成果。

十二、关于地名工具书的编纂

工具书是社会发展到一定历史阶段的产物，是民族文化的反映。由于清代是地名研究的一个高峰期，出现了数种地名工具书，如《历代地理志韵编今释》《西域同文志》等，使此时地名工具书的编纂蔚然成风。这时出现了臧励的《中国古今地名大辞典》(1933年)。此书上起远古，下迄现代，共收中国古今地名4万多条，是一部集中国历史地名词典之大成者。还有刘钧仁的《中国地名大辞典》(1930年)，收词2万余条，后附中西文地名对照。还有按区划、笔画、韵汇编排的《中华民国省县地名三汇》；葛绥成按笔画排列的《最新中外地名辞典》共1729页，后附中西文地名对照索引，是一部较大的中外地名词典。还有丁察庵的《中外地名辞典》(1932年)；冯承钧的《西域地名》(1930年)，收词710条，后增为920条，内容包括地名的罗马字母转写、方位、沿革及由来等，至今仍是研究中亚西域史地的必备工具书。

十三、关于地名译写的统一问题

20世纪30年代，关于外国地名译写的统一问题，已引起社会广泛的注意了，其中最积极的倡导者则是葛绥成先生。他先后发表了《地名之研究》和《统一中外地名译文之我见》。关于外国地名的翻译，他认为：首先，“依据该地名所在国的国语翻译”；其次，“国人翻译地名当尊重本国固有名称”；再次，“可以公认的适当通译。有些地名，意义虽明显而不宜用意译，则可用普通的音译。”最后，他指出：“注意地名的语首语尾。某些地名之首语或尾语，显然表示一种意义的，我们译写时应当特别注意。”他的这些观点，基本上也是我们今天地名译写的主要原则。

十四、简短结论

通过以上分析，我们可以看到，民国时期的地名研究，不仅有大量的理论方面的文章刊布，而且出现了《地名通论》《地名学概说》等文章，标志着现代地名学已开始形成。而衡量一门学科是否形成的标准，首先要看它有无独特的研究对象；其次要看它有无独特的研究方法；再次要看它有无独特的科学体系；最后要看它有无独特的研究成果。用这些原则来衡量一下，我们完全有理由说，至少从民国开始，地名学就已经算是一门独立的学科了。

我们要加强对地名学史的研究工作，围绕这个问题，我们有下面的工作要做：用先进的理论作指导，对中国历代地名学名著认真加以整理，从理论上建立起历史的联系，弄清中国地名学史的一些基本规律。

要开展断代地名学史的研究，这有利于对整个中国地名学史进行透彻的研究。要写好历代地名学家的评传。

今天我们研究中国地名学史是具有重要意义的。世界上每一个民族都有自己的文化传统，每一个民族在发展过程中都应尊重自己的文化传统，继承并发扬自己优秀的文化传统。地名学史是整个文化史的一部分，不仅研究地名的人应了解地名研究的历史，就是研究语言史、史学史、地理学史、地图学史的人也应该对地名研究的历史有一个起码的了解。古今地名学观点、方法、目的不尽相同，但历史的经验还是值得我们今天记取的。

参考文献：

[1] 牛汝辰．从中国地图史看历代地名研究［J］．测绘通报，1986（6）．

[2] 金祖孟．地名通论［J］．新中华（复刊），1945，3（4）．

[3] 金祖孟．地名学概说［J］．新中华（复刊），1945，3（5）．

[4] 牛汝辰．语言地理学与地名学说略［J］．语文导报，1987（9）．

[5] 牛汝辰．地图地名学浅谈［J］．地图，1988（1）．

[6] 牛汝辰．《禹贡半月刊》地名研究综述．

中国现代地名学中期研究概论（1950—1994）

自20世纪70年代后期的全国地名普查，经80年代全国地名研究的繁荣发展时期，到90年代，我国的地名学水平可以说基本上与国外地名学发达国家并驾齐驱。现代地名学中期大约为新中国成立后至1995年。由于新中国成立初期地名研究成果不是很多，“文化大革命”之后由于适逢国家测绘局地名研究室要为联合国提交地名单一罗马化的标准化地名资料，这时开始了我国西部民族地区的地名普查工作，先后出版了《新疆维吾尔自治区地名录》《西藏自治区地名录》《内蒙古自治区地名录》《青海省地名录》和《四川西部地名录》等，以及汉语拼音版《中国地图集》和《中国地名录》（地图出版社1983）。

1979年，在太原创刊了《地名知识》杂志，开始逐步推动了我国地名学的研究和发展；20世纪90年代，改刊为《中国方域——行政区划与地名》。20世纪80年代，在沈阳创刊了《地名丛刊》杂志，为第二本公开发行地名专业杂志，后来改刊为《中国地名》，一起为我国地名学的繁荣作出了贡献。各省内部发行的地名刊物还有十余种。截至1994年，全国已印刷出版了近2000种各市县的地名志，出版地名工具书数十种。这在任何国家都是不曾有过的，也是外国同行所惊叹的。至今已出版了地名专著数十种。以上这些都为我国地名学的创立和发展起到了积极的推动作用。由于20世纪90年代是我国地名研究最繁荣的阶段，故下面重点论述90年代前期的地名研究状况。

一、地名专著

杨光浴的《地名学简论》（东北师大出版社，1991年）是国内第一部系统论述地名学的专著。该书系统地论述了地名学的性质、对象、任务、作用，地名的基本概念、要素、结构、分类、功用，地名学的研究方法，地名标准化，标准地名社会化以及现代地名学的兴起及研究状况等，为中国地名学的建立及地名管理提出了有意义的理论导向和超前思维模式，是国内较有分量的专著。

王际桐主编的《地名学概论》（中国社会出版社，1993年）是一部目前层次较高的多人分工合写的教材性论文集。该书详细阐述了地名学研究的对象、任务、地名演变、地名特征、地名语词结构、地名标准化与译写规范化、地名调查与考证、地名管理、地名档案与信息系统、地名工具书的编纂及行政区划名称的规范等方面的内容。

杨光浴主编的《城市地名学文集》（哈尔滨地图出版社，1991 年）是在全国城市地名学研讨会提交论文的基础上编辑而成的论文集。这是我国第一本城市地名学的论文集，共收录论文 38 篇，主要涉及以下内容：城市地名的定义、范围、要素、结构、功能，城市地名学的研究对象、任务及方法，城市地名的群体化、层次化、序列化，城市地名管理及具体城市街道命名的研究。

陆耀富、李炳尧主编的《地名管理研究文集》（河北科学技术出版社，1992 年）是在西安召开的全国地名管理研讨会提交论文的基础上编辑而成的论文集。根据论文的内容分为基础理论、地名管理体制、城镇地名管理、地名法制管理、地名命名更名、地名标志设置与管理、地名图书编纂、地名档案与信息系统等专题。该论文集基本揭示了这次研讨会的面貌，在一定程度上反映了当前我国地名管理工作和理论研究的水平。

李如龙的《地名与语言学论集》（福建地图出版社，1993 年）是作者关于地名与语言，特别是闽台地区的地名与语言学问题的论文集，所收论文大多已经发表。这是我国第一部探讨地名学与语言学相互关系的论文集，所论问题深入细致，论点精辟，论据充实，对我国语言地名学的发展具有较重要的意义。

牛汝辰的《中国地名文化》（中国华侨出版社，1993 年）一书是第一部系统论述中国地名文化的学术专著。该书分地名理论研究、地名文化透视和区域地名说略三部分。地名文化透视部分主要从 19 个方面论述了地名的文化内容，包括地名与图腾崇拜、宗教信仰、姓氏渊源、避讳、民族迁徙、地名连名制、古代井田制、奴隶制遗痕、十二生肖、井盐开采、方言与地方文化和岩画等内容。

马永立主编《地名学新探》（南京大学出版社，1993 年）是一部南京大学地名专业的两届毕业生的毕业论文集，共收论文 37 篇，涉及地名学基本理论、地名学史、区域地名学、风景名胜名、城镇地名管理、地名信息系统和行政区划 7 个研究领域。其中选取了历代卓有成就的地名学者，列述其生平，评说其成就，探讨其学术源流，并对影响地名学发展较大的重要学派的地名学理论、成果和方法作了较为深透的发掘，这对发展现代地名学将产生积极影响。

徐兆奎的《中国地名史话》（中央党校出版社，1991 年）是一本系统论述我国地名发展演变史的通俗学术著作。上自远古及先秦，下至民国时期。该书分地名概述，远古及先秦、秦汉、三国南北朝、隋唐五代时期的地名，宋辽金夏、元明清和民国等朝代的地名。对各朝代的地名特点都作了系统论述，理出了我国地名演变的脉络和特点，对深入探讨我国地名的变迁和发展，探索地名演变规律具有一定意义。

吴郁芬、哈丹朝鲁等编辑的《中国地名通名集解》（测绘出版社，1993 年）是我国第一本地名通名的专业工具书。所用资料取自 1980 年以来全国地名普查材料，书中汇集了我国地名中能够区分地物类型具有相同意义的词。所收词目有读音、释义，大致分布区域，还收入了我国主要少数民族语地名通名。

翁立的《北京的胡同》（北京燕山出版社，1992 年）是一部论述北京胡同及其名称的学术专著。作者以通俗的笔调论述了"胡同"和北京胡同特点；北京胡同的形成，北京胡同的名称和胡同的发展，勾勒出了"胡同"的总体面貌。此书以"胡同"的形式、命名及其发展为框架，把格局与变迁、趣味与风情、历史与传说、人事与环境纵横交织于一体。

王际桐主编的《世界地名与民俗漫谈》（辽宁人民出版社，1993 年）是一部叙述亚洲地名和民俗关系的漫谈形式的集结之作，共收入地名约 200 条。

牛汝辰的《新疆地名概说》（中央民族大学出版社，1994 年）是我国第一部系统论述区域地名特点的学术专著。新疆地名由于历史、民族和语言的原因，是国际公认的地名研究的最难点，因而该书的出版有助于深入研究新疆地名，及其语言和历史。该书详细叙述了新疆的历史沿革、"西域""新疆"的由来，新疆地名研究的国防意义和学术价值，对人们了解我国疆域史及维护我国领土完整和统一具有重要意义。

叶林、姚顺滨的《地图与地名》（西安地图出版社，1991 年）是两人分别关于地图和地名文章的汇集，分地图五千年和地名古今谈两部分，收入文章 37 篇，其中地名文章 20 篇，主要探讨闽台关系、地名作用，谈史修志和地名管理。

雀丹《地名与民族》（成都地图出版社，1992 年）是作者已刊布的关于四川阿坝藏族自治州境内地名与当地民族、历史的个人文集。分地名与民族、地名与史志两部分，进行了多侧面的地方地名探索。

施连方的《北京街巷地名趣谈》（中国国际广播出版社，1992 年）是一本分类介绍北京街巷地名的科普读物，主要论述了地名的命名分类。

徐兆奎的《历史地理和地名研究》（海洋出版社，1993 年）是一部个人论文集。其中收入地名文章 6 篇，主要是历史地名研究和地名考证文章。

二、地名论文

1. 地名理论研究

首先是在地名学史的研究方面，有胡阿祥的《拓宽加深中国地名学史的研究》，文章论述了中国地名学史研究中存在的问题、特点、方法和地名学史的展望。这是一篇较有分量的文章。作者认为：国外地名学比较侧重语源学的研究，为语言学、人类学、文化学、民族史提供资料为主要任务，而中国的地名学，有其独特的发展过程与阶段成果。古今地名学的观点、方法、目的不尽相同，在旧时代，地名研究一直划归历史学的沿革地理学，地名考证成了为历史学服务的贴身侍女；又由于汉字的一些特点，地名音、形、义的推定也一直是语言文字学的一部分，这样就造成了我国古代地名研究的非系统性与孤立性。当然，客观地讲，我国地名研究有着两千多年的悠久历史，至今仍保持着较高活力和丰富的高水平成果，这是世界上无论哪一个国家都无法与之比拟的。另外还有韩光辉的《中国地名学的地名渊源和地名沿革的研究》，孙冬虎的《论先秦两汉传统地名学初创的文化背景》，牛汝辰的《新疆地名研究史略》，张成秋的《略谈我国地名学的兴起与发展》。关于地名考证的有史为乐《地名考证中应注意的几个问题》，文章重点论述了地名考证中的方法问题：①力求使用第一手资料，并注意资料的鉴别；②地名迁徙的来龙去脉必须弄清；③必须随时考证地名的建制沿革和离合变化；④要注意古民族语和方言，切忌望文生义。还有邱洪章的《论地名考证的科学方法》，孙关龙《我国行政区划通名的科学体系》。关于地名起源，有王宝库、马晓东的《地名的起源和发展》，李传永《地名的起源和演变》，牛汝辰的《地名的起源与演变》。关于地名学方法，有刘岩《地名的创新》、曾昭璇《地名学研究中地理学和民族学方法》、牛汝辰的《地名研究方法发展趋势》和《地名学的一般方法》及《地名研究的符号学视界》等。

2. 地名文化研究

关于地名文化研究，有朱天顺的《从台湾地名文化看两岸的密切关系》，胡阿祥《东晋南北朝侨州郡县的记载与研究》，牛汝辰《地名与文化》，牛汝极《新疆多民族的历史变迁与新疆地名的“土壤分析”》《新疆地名中的文化透视》和《从新疆地名看历史上的移民》，张树铮《河流名称

“水”和“川”的地理分布及其语言背景》，司徒尚纪《广东地名的历史地理研究》，黄家教《地名的研究和应用》，潘秀华《地名对地方志的作用》，刘庆芳《方言地名刍议》，等等。

3. 地名应用研究

关于地名命名的研究，近年已发表多篇论文。特别是新开发区的命名问题是当前我国特定历史时期面临的一个既利于当今社会发展，又影响后世的大事。近年来由于我国经济建设得到迅速发展，沿边、沿海、沿江经济开发区由南到北连成一片，因而地名命名问题也迫在眉睫，这项工作具有很强的现实性。这方面的主要文章有王际桐《新开发区地名命名初探》。该文论述了新开发区命名的四原则，叙述了命名的四方法，即地名规划与城建规划同步；根据当地历史文化地理特征命名；广征博采，听取专家意见；审定地名规划方案。最后提出了应注意的几个问题。薛光的《经济开发区道路命名的思考》，首先对江苏省昆山、江宁、无锡及南通等市县的经济开发区道路命名普遍存在的问题进行了剖析：路名土俗浅薄，缺少城市色彩；地名移植不当，错位使用欠妥；名称来历尚好，系列程度不高。然后探讨了开发区道路命名难的症结和原因。即客观上开发区自行命名、未经审批等造成以上问题；主观上地名工作者参与意识薄弱，深入论证不够，也是造成开发区建设和命名相脱节的重要原因。最后对开发区道路命名的方法和技巧进行了针对性探讨。另外，还有张爱国、张淑丽《风景感知原理及其在景点命名上的应用》，段松廷《谈风景名胜区景点建设命名中的美学意境》，张文范《我国行政区划通名及有关问题》，汤书明《关于农村聚落通名认定问题的思考》，纪焕章《造字法与地名命名艺术》，梁华忠《我国铁路路名问题浅谈》，史为乐《谈谈我国县名的命名》，李之勤《关于陕西省各县驻地建置镇的命名更名问题》，梁新《初探我国市辖区名》，周纪安《经济开发区地名规划初探》，杜祥明《国外罗马字母地图上拼写中文汉语地名的新发展》，陈灿文《地名调查》，王际桐《做好“三沿地区”的地名管理工作》，姜爱明、明月华《湖南省市辖区名的命名与更名探讨》，陈根良《我国政区名称存在哪些问题》，曾世英《为我国的地名标准化而努力》，马永立《地名管理学绪论》，张仲春《城市地名学研究中一项重要课题》，路洪昌《对臆想地名几个问题的质疑》和《试论城镇地名规划的程序和方法》，李炳尧《关于我国地名管理战略问题的思考》、《地名管理法规的实施》，王际桐《我国地名管理的科学构想》和《地名管理刍论》，褚亚平《模糊性地名的存在与管理》，等等。

4. 民族语地名研究

在我国少数民族语地名的书写和翻译方面，国家测绘局地名研究所自20世纪60年代以来就把这项工作作为一项主要任务，先后制定了十多种少数民族语的地名译音规则，1985年修订出版了蒙古、维吾尔语、藏语的地名译音规则，到90年代先后制定和修订了哈萨克语、柯尔克孜语、藏语德格话、藏语安多话、黎语、凉山彝语等地名的汉字译音规则，并作为行业标准颁布实施；正在修订的还有西双版纳傣语、德宏傣语的地名汉字译音规则。这些规则的颁布出版对我国少数民族语地名的统一规范具有重要意义。另外，关于地名翻译的文章还有曾世英《关于地名的正名——由额非尔士峰谈到第二松花江及其他》，V. 费都亚杰、颜海云《关于壮语地名的汉译规范化问题》，温存智《藏语地名翻译的标准化初探》，共由《满语地名翻译的同音同形异义问题》，牛汝辰《新疆地名的汉字译写》，昂修尼玛《试论少数民族语地名的标准化》，周定国《外国地名的汉字译写》，等等。关于民族语地名研究的文章较多，这里摘要述之。主要有：陈丁昆《双语地名的形成和发展》，牛汝极《论新疆地名传说的特点、类型和主题》，侯绍庄《十二生肖场镇名称探源及其对贵州经济发展的影响》，朝克《〈黑龙江志稿〉呼伦县和室韦县的地名考释》，唐善纯《古越语地名考释》，陈桥驿《中国的非汉语地名》，周振鹤《古代少数民族语地名分布的区域特征》，等等。

1994年3月在西双版纳召开了民族语地名国际学术交流会，收到论文38篇，主要有：孙竹《废除莫诺马哈峰，恢复原布喀达坂峰》，张仲春《满语地名的分布及其特点》，黄锡惠、李蕃多《东北地名的满语源辨正》，高正西《康巴地名的形成及其特征》，陈乃雄《地名分析与族源推定》，梁乃英《谈谈云南省的地名学研究》，复见《浅谈福建省畲族地名特点》，徐华鑫、陈灿文、李蓓《天津少数民族语地名特点与功能研究》，吴光范《探索规律　开发宝库　把少数民族语地名学术研究推向一个新的阶段》，段精德《基诺族聚落地名的源流》，王敬骝《就云南一些县的地名志谈我国多民族地区的地名研究工作》，梁乃英《关于云南少数民族地名译写汉字规范化的问题》，朱惠荣《云南民族语地名研究》，等等。

中国边疆地名学史研究构想

在我国，边疆及少数民族语地名学史的研究一直是一个极薄弱的环节。近年来随着边疆史地学的兴起及20世纪七八十年代大规模全国地名普查，大型地名工具书和近千种各市县地名志的印刷出版，地名研究队伍进一步壮大，开始有人注意到边疆及少数民族语地名研究的重要性，刊布了许多有关边疆民族语地名的文章和专著，有些研究则是作为历史地理学或语言学的一部分来对待的，而系统总结我国边疆古今地名研究成果的边疆地名学史的专著还没有。

该课题拟研究的主要问题就是系统总结自汉代至今国内外有关我国边疆及少数民族语地名研究的成果、现状、问题及其不足。研究重点就是按地区（分为东北内蒙古地区、西北地区、西南地区、中南地区、港澳台地区、南海诸岛及钓鱼列岛6个地区）和语言（分为几十种少数民族语言，如满语、朝鲜语、蒙古语、鄂温克语、鄂伦春语、达斡尔语、赫哲语、维吾尔语、哈萨克语、柯尔克孜语、锡伯语、塔吉克语、裕固语、藏语、壮语、傣语、彝语、傈僳语、土家语、苗语、瑶语、侗语、佤语、黎语、高山语、古越语等等），系统论述国内外有关边疆及少数民族语地名的各类成果（论著和人物）及其学术价值和现实意义。研究的难点则是对国外关于我国边疆及少数民族语地名的各种文献的评述。由于国外文献涉及的语言较多，而且许多文献很难见到，还需要熟悉多种外语的人才，因而该课题具有一定难度。

中国边疆及少数民族语地名学史的研究具有较高的学术价值和深远的理论和现实意义。中国的少数民族首先开发建设了广大边疆地区，并在边疆命名了大量的民族语地名，地名材料十分丰富，有许多现象是国外罕见的。充分利用中国少数民族语地名资源，对发展中国地名学及专名学理论会起到重要作用。我国民族语地名有许多特色，如双语言区或多语言区的一地多名问题，不同文种的地名转写问题，地名中反映的语言底层问题，民族地区古代民族语及已消亡民族语地名的沿革演变问题等。充分地分析、总结和吸收这些民族语地名成果，不仅能丰富完善普通地名学理论，而且也会丰富中国普通语言学理论。早在20世纪40年代，著名语言学家罗常培先生就指出："被征服民族的文化借字残留在征服者的语言里的，大部分是地名。""地名是语言学家最引人入胜的事业之一。"边疆地名研究有助于我们寻找古代民族迁徙的踪迹，如《汉书·西域传》《温宿国》条，颜师古注："今雍州（陕西）醴泉县北，有山名温宿岭者，本因汉时得温宿国人令居此田牧，因以为名。"可见，总结这方面的地名研究成果，不仅能丰富民族史的研究，而且还可以解决许多重大的历史地理问题。我国具有悠久的地名研究的历史，又有世上罕见的丰富的文献资料，但是，除了像《水经注》等几部是全面细致地加以整理和研究的文献外，大多数的地名文献还没有仔细地整理过。因而系统总结历史上的成果和经验，将有助于我们今天边疆史地学的深入。地名的研究有助于中国民族文化的研究，把中国的地名材料和中国文化史上的种种问题结合起来，可以探索地名与文化的内在联系。把我国地名的历史演变，同历史上汉民族与其他民族在政治、经济、文化上的冲突、交流、结合起来研究，是一项引人入胜的事业。民族语地名的演变是一种耗散运动，它在历史上同周围其他民族语言互相影响、互相渗透。从民族地区地名演变史往往可以映照民族交融的历史。总结这方面的成果，无疑将丰富和深化我国民族文化的研究。

中国是一个历史悠久的多民族国家，幅员辽阔，有漫长的边界线，有十多个邻国，不仅有陆疆还有海疆。鸦片战争后，列强对中国边境进行蚕食鲸吞，边界线发生了频繁的变动，并遗留下若干历史悬案。中国边疆及少数民族语地名研究作为疆域史的一部分，关系到国家领土主权和民族尊严。地名是各民族文化起源、行政管理的真实记录，"名从主人"的国际惯例，是确认领土主权归属的一个重要标志。

对边疆地名学史的研究和总结，不仅有助于我国地名学的发展，而且将有助于从事外交、边疆史地、边疆政策、民族语言、民族历史及民族文化的教学、研究和管理的同志对各自领域作更深入探讨，同时也将弥补目前中国在边疆地名研究中的空白。对我国南海诸岛和钓鱼岛等地名研究的系统总结，有助于我们扩大视野和制定相应对策。

《地名知识》与我国地名学的发展

每门学科都是在实际需要下产生和发展起来，地名学也不例外。在我国，地名研究源远流长，而作为一门现代严格的地名学，则是近年来才兴起的。20 世纪 70 年代后期随着全国地名普查的开展，各级地名机构的设立，以及 1979 年地名刊物——《地名知识》——的公开发行，更加速了地名学在我国形成的进程。今天已有数百种地名志发行，十余种地名专著及文集的刊布，十余种少数民族语地名译音规则及外语地名译音规则的制定。1982 年北京师范学院开设了“地名学讲座”，1984 年《地名丛刊》相继创刊发行，各地陆续成立了地名学研究会和刚组建的中国地名学研究会，这些迹象可以说都是地名学形成的标志。

在一门学科的形成和发展过程中，这一学科的刊物往往起着很重要的作用。《地名知识》刊于地名普查之际、我国地名研究繁荣发展之初。它是联结不同地域、不同学科、不同观点的地名工作者的纽带，起到了传播地名知识，探讨地名学理论，争鸣地名学性质，交流地名工作经验，评述地名学成果，介绍专业名著和名城，是读者、作者和编者相互了解的桥梁。这对于还处在未臻完善过程中的新兴学科——地名学——的兴起和发展起到了推动作用。

《地名知识》自 1979 年第 3 期公开发行至 1987 年第 1 期，在近八年的时间里共发行了 43 期。先后开辟了论丛、研究、考释、革命根据地区划沿革、地名与旅游、地名工作、争鸣与探讨、相关学科、地名学讲座、国外地名译文、古代地名著作介绍、地名与教学、地名与古迹、历史文化名城、书评、地名与建设、名词解释、经济特区与港口城市、资料、信息、文摘等三十多个栏目，可谓集知识性、趣味性和学术性于一刊。

该刊在地名工作方面，及时地发表了关于地名普查的总结及工作报告，提出存在的不足，强调工作重点和改进的方向，推动了地名普查工作的顺利进行。

在地名学理论研究方面，发表了一些具有指导意义和探索性的文章。例如：郭敬辉的《地名学和地名工作》，陈桥驿的《水经注与地名学》，王维屏的《地名学浅说》，许辑五的《试论地名学的性质》，王际桐的《试论地名学的基本概念》，刘盛佳的《地理学的分支学科——地名学》，等等。丁夫的《努力发展中国的地名学》一文，是大百科全书地理卷地名学词条审定会的会议纪实，总结了我国一些学者的不同观点，提出了大多数学者能够接受并更具客观性的观点，从中可以了解到地名学的一些基本理论问题。同时还发表了几篇同《试论地名学与语言学》一文争鸣的文章，活跃了学术空气。

在地名与相关学科方面，发表了许多有分量的论文，并为其他学科的学者所关注。例如：李宝田的《地名与北京的环境变化》，杨煜光的《十二生肖与云贵地名》，范玉梅的《地名在民族研究中的作用》，刘光禄的《略论地名与方志》，高阁元的《姓氏与地名》，郁越祖的《年号与地名》，高长江的

《地名学与社会语言学》，曾世英的《试论地名与地图的关系》，陈竟的《历史上地名用字的讳与嫌》，祁庆富的《古代农村公社与地名》，等等。这些文章既通俗易懂，又具有一定深度的学术价值。

另外，该刊还发表了许多关于地名异读音、地方用字和规范化方面的文章，促进了我国地名标准化的发展。地名沿革、语源及由来的考证，是本刊非常重要的内容，并占了很大的篇幅，其涉及范围之广，包括了全国各地及海外地名。这对于地方历史、地理、语言、民族等方面的研究提供了依据。

该刊还用了一定的篇幅，发表了关于国外地名特点和研究动态的文章。例如：褚亚平的《日本地名研究梗概》，牛汝辰的《日本近年地名文献三种》，唐茂恒的《美国的地名标准化》，王际桐的《苏联地名工作梗概》，王叔萍、唐茂恒的《加拿大地名研究概况》，李光斌的《阿拉伯地名纵横谈》，周定国的《伊朗地名的更改》等。这对于我国读者了解国外动态和成果，对比不同国家研究的内容及进展情况提供了方便，开阔了我们的研究视野。

更值得一提的是，《地名知识》举办了十期地名学讲座。例如：杜祥明的《什么是地名》和《地名学概述》，李如龙的《地名的分类》，褚亚平的《地名与地理的关系》，曾世英的《地名的译写和单一罗马化》，李汉杰的《我国地名普查工作的梗概》，刘盛佳的《地名学与其他学科的关系》，王际桐的《我国地名标准化》和《地名国际标准化》，周定国的《谈谈外国地名的翻译》。这十讲叙述了地名学的基本理论问题，反映了地名研究和地名工作的基本现状，对于有志于地名学研究的同志，提供了入门的教材。

《地名知识》除了对古代地名著作简述外，还发表了一些介绍我国在地名研究上有卓越贡献的知名学者的文章。例如：牛汝辰的《曾世英与中国现代地名学》，邹逸麟的《谭其骧论地名学》，吕以春的《陈桥驿论地名学》，何报侠，李蕃多的《穆晔骏与满语地名研究》，赵培成的《清代著名学者徐继畬关于一些县名的论述》，等等。

《地名知识》的另一个特色是发表了一系列关于我国少数民族语地名研究方面的文章。笔者在1986年第5期上发表了《新中国少数民族语地名研究综述》一文，文中提及的大多数文章都是刊登于此刊上的。因此作为我国第一本公开发行的地名杂志，其成绩和作用是应当充分肯定的。

随着地名学在我国的兴起，我国地名学特别是应用地名学取得了令人鼓舞的成就，而理论地名学则较薄弱，正面临自身及外部的挑战。人们已开始感到，理论地名学在现代学科的边缘步履维艰。而地名学在国外，特别是日、苏两国，在20世纪60年代就异军突起，类似《地名学导论》、《普通地名学》及各地区域地名学论文集及专著纷纷问世，七八十年代开始形成地名学的学派，出版了诸如《地名地理学》《地名学原则》《什么是地名学》《为地理学服务的地名学》《日本地名学》（地图篇、科学篇）《地图与地名》《地名学理论》《地名学研究》（杂志）等。因而相比之下，我国理论地名学还没有自己的专著，为了使我国地名学走在世界前列，就需要形成自己的一套理论。正如恩格斯所说："一个民族要想站在科学的最高峰，就一刻也不能没有理论思维。"因而笔者认为今后需要在以下几个方面多花些气力。

1. 地名学基本理论问题的深入探讨。继续对地名学的对象、性质、研究方法等问题进行研究，因为这些问题在我国还存在着许多分歧，还没有广泛地开展争鸣。许多研究者不同程度地带有各自学科的局限。今后应着重研究的是地名学与其他学科的关系，地名学的边缘学科，以及地名学的形态和地名的融合等问题，这些都是地名学的基础理论框架。

2. 对地名的普遍现象和特殊现象的研究。仅仅注意普遍现象的研究是不够的，特殊现象也反映其发展趋势，并丰富地名学内容。所谓特殊现象，是指个别区域的地名所特有的现象，如突厥语地名中存在的动词或动词性词组的现象，壮侗语地名存在的通名位于专名之前的现象，民族杂居区存在的地名融合现象等。这些特殊现象的研究至今还很薄弱，应花大力气下大功夫。因为它对于健全我国地名学，探索地名规律有重要作用。

3. 在认真总结我国地名学研究方法的基础上，深入探讨适合我国特点的地名学方法，形成一套完整的理论体系，进而把这些方法应用于每一项研究工作中去。

4. 开辟新领域，形成我们的理论学派，开展广泛而深入的学术争鸣。在探索和争鸣中才能发现真理和规律。这方面我们做得还不够，希望《地名知识》能经常开展这样的讨论争鸣活动，活跃我们的学术空气。同时，努力造就和培养理论地名学的第二、第三梯队，使我们的事业后继有人。

5. 及时介绍和吸收国外理论地名学的先进成果，培养外语人才。在介绍和吸收的过程中，实现我们的创新目的，使我们的地名学更健全。

6. 加强我国地方地名通名的研究，这是中华民族的一份宝贵文化遗产，对于民族、语言、方言、地理、历史等学科的研究是非常有益的。而目前大多数只注意常见的普通的通名，而对于地方性的，不常见的地名通名则缺乏研究，而这些通名尤其在南方大量地存在，因而也应多花气力。

《地名知识》公开发行近八周年了，虽然其作用在我国地名学的发展中是举国瞩目的，但还面临许多弱点亟待弥补，期望今后能加强以上几方面研究成果的刊布，多发表一些具有我国学术水平的论文，以便早日走在世界的前列。

第八章　外国学史钩沉

在我国，虽然地名研究起步很早，但发展缓慢。而国外，大多起始于 19 世纪或 20 世纪初，其发展相当迅速。特别是第二次世界大战后，苏、日两国异军突起，把地名学引向深入。本文主要叙述 1988 年之前的外国地名研究进展。

日本地名学研究

日本地名研究，可分为明治维新以前和明治维新以后两个时期。明治维新以前，最早可追溯到距今 1000 年前承平时期源顺的《倭名类聚钞》（914 年）。全书 20 卷，其中的第五卷至第九卷，列举了国、郡，乡的名称。以后经历了很长时间，直到 1803 年，内山真竜又发表了《地名考》（11 卷）。嘉永年间，又出版了阿部完堂的《日本州名解》（1852 年）。明治维新以前的地名研究，主要是对国郡名和大地名的历史考证。

明治维新以后，地名问题的论述就成为历史学、地理学、语言等学科中共同研究的一环。富本时次郎的《帝国地名大辞典》（1903 年），吉田东伍的《大日本地名辞书》（1907 年），太田为三郎的《帝国地名辞典》（1912 年），是当时地名学方面的重要著作，从而迎来了 20 世纪初期日本的地名大辞典的兴起时代。其中这类辞书中比较完善的是吉田东伍的《大日本地名辞书》。日本的地名科学研究工作也可以说是和阿伊努语的研究工作同时开始的。人们从语言学角度来探索地名的本质，这一方法对日本来说是很适用的。如白野夏云曾将《古代地名考》刊入明治十三年（1880 年）的地学协会报告中，他提出的一些新的观点曾引起当时学术界的震动。到了明治维新末期，柳田国另把地名研究和民俗学的研究联系起来，并开始了对地名的基本考察工作，从而注意到小地名的收集研究。1936 年出版了柳田国男的《地名的研究》一书。之后，日本的地名学的地理特色变得更加浓厚。中野弘在《地理学评论》上发表了《我国山名的分布》(1940年)，接着作者又在该刊发表了《海岸的地名》(1941—1942年)、《河流的地名》(1944年)，近藤忠教授在《人文地理》杂志上发表了《九州的地名》(1950年)。这些是地名的地理分布论的代表作。

1942年，中野文彦创办了日本专门研究地名的团体——大和地名研究所(后称日本地名学研究所)。1952年，以日本地名学研究所的名义编出了《大和地名大辞典》(1959年出了索引本)。1957—1962年，该研究所还编辑出版了《地名学研究》杂志（1972年复刊一年)，这对日本地名学的研究影响较大。

地图地名学，在第二次世界大战期间系统化起来。镜味完二的《日本地名学》(地图篇）一书，比较集中地反映了这种研究的成果和方法。他根据五万分一地形图所载的地名，分析了地名的语根型等的分布，绘制了327幅地名分布图。其方法主要是参考了欧洲的语言地理学和聚落史研究方法，并吸收了德国的地名学成果，把零碎的对个别地名语源的解释法变成了对地名分布类型和地名年代层序的研究法。山口惠一郎刊布了《地图地名学与地名问题》一文，他首次提出了地图地名学的概念。

近年来，从地理学方面研究地名的工作一直在开展。如山口惠一郎的《地图与地名》(1974年)，榍村大彬的《地理名称的表现序说》(1978年)等，均扩大了地名研究的视野和领域。对地名语源地名演变的历史，地名的现代功能问题等方面的考察和论述日益增多。例如，池田末则的《日本地名传承论》(1977年)，吉田茂树的《地名的由来》(1979年)，古川健一的《地名的话》(1979年)、《现代“地名”考》(1979年)，镜味明克的《地名关系文献解题事典》(1981年)，吉田茂树的《日本地名语源事典》(1981年)，楠原佑介的《古代地名语源辞典》(1981年)，山口襄太的《地名语源辞典》(1982年)，谷川健一的《日本的地名一历史·风土的遗产》(1982年)，一志茂树的《日本地名历史大系》(1982年)，山田秀三的《阿伊努语地名的研究》(1983年)，千叶德尔的《新·地名的研究》(1983年)，谷川健一的《地名与日本人》(1983年)，等等。在地名学理论方面，有山口惠一部的《地名的理论》(1984年)，镜味明克的《地名学入门》(1984年)，等等。20世纪80年代是日本地名学最繁荣的时期。

苏联地名学研究

1. 苏联地名研究的三个阶段

苏联地名学的发展，分为三个阶段：1812—1958 年为第一阶段；1959—1973 年为第二阶段；1974 年至今为第三阶段。

第一阶段，以地方性地名研究及地名考为主。首先以 A. X. 沃斯托阔夫院士的长文《词源学爱好者的任务》（1812 年）为标志，首次提出了水命名的一些观点。他已认识到了地名的形态，并把谱系形态学的方法运用于地名研究。

在 19 世纪从事地名研究的语言学家和历史学家有 A. M. 舍格连，M. A. 卡斯特连，ДП 叶夫洛佩乌斯，Ю·Ю·特鲁斯曼，M. П. 韦斯克等。1885 年 H. П. 巴尔索夫编辑了《俄国历史地理文集》，书中对俄国编年史中的地名进行了大量考证。1837 年 H. И. 纳吉日金注意到了地名研究对俄国历史地理的重要性。他认为，地名具有极大的稳定性，它仿佛是化石，能帮助考古学家确定民族的迁徙和居民的演变阶段。他不赞同对语源解释的随意性：“从语言学方法中想象出全部语族是难以让人接受的。”他建议使用通行的定义：“地名就是地球的语言，而地球则是一部人们在地名录中书写的史书。”

到 19 世纪末叶，历史学家、地理学家和语文学家所发表的大多数文章，都把注意力集中在地名系统科学的重要性和有效性的获得上了。如有：B. И. 拉曼斯基，И. 维尔赫拉济斯基、H. Φ. 苏穆措夫、И. A. 依孜诺斯阔夫、Ю. Ю. 特鲁斯曼、A. A. 阔丘宾斯基等。

1977 年，E. M. 诺斯聂洛夫在总结 18—19 世纪俄国地名研究时写道：“苏联地名学这一时期的发展潮流，已成为一门应用史地学而出现了。”在 19 世纪末和 20 世纪初，出现了两位东方学家：B. B. 拉德洛夫院士和 B. B. 巴尔托里德院士。前者可称为一位西伯利亚一突厥和蒙古语地名研究之父。后者根据历史材料，对中亚突厥、伊朗、阿拉伯、蒙古地名进行解释。

1907 年出版了 A. Φ. 奥尔洛夫的《苏联和西欧河流、城市、部落和地区名称的由来》一书。作者着重在书中指出了古代芬兰语对苏联大面积的河名形成中的巨大影响。1926 年在伊尔库茨克发表了 B. B. 绍斯塔科维恰的一篇长文《西伯利亚名称的历史民族学意义》，此文标志着西伯利亚地名研究的开始。到 20 世纪上半叶集中注意的对象就是地名形态。苏联卫国战争后，开始了系统的地名研究工作。苏联地名学研究的繁荣时期，正是在20世纪50年代末到60年代。

第二阶段，以Б. А. 谢列布列尼科夫院士的《论地名的研究方法》（1959）一文为标志。此文系统地论述了地名学的方法问题，为地名学方法论奠定了基础。1959—1973年，在苏联召开了大约三十次地名学会议，出版了许多地名文集和专著。如有：Б. А. 尼科诺夫的《地名学导论》，Б. А. 茹奇克维奇的《普通地名学》等；文集有《地名学原则》《东方地名学》《东方地名学的新研究》《苏联中部地名》等。还有Э. М. 穆尔扎耶夫的《地名学文集》《地方地理通名辞典》等。这时期颁布的地名文献有数十种。这时期最主要的特点是：一方面地方地名系统的深入研究，另一方面地名学理论研究更广泛而深入。

大地测量、航测、制图中心科学研究院莫斯科地名分院集中研究地方地理通名，地名译音及标准化同题。苏联地理学会莫斯科地名委员会以及科学院的地理研究所、莫斯科大学的语言学系、俄语系，民族学系和斯拉学系等也在从事这方面的研究。

第三阶段，地名研究在前苏联得到了全面和深入的发展，各自治和加盟共和国都出版了各地的地名专著及工具书。Э. М. 穆尔扎耶夫对苏联地名学作了系统的历史总结，并出现了地名学的一些学派，在斯维尔德洛夫斯克的乌拉尔大学，研究者的俄语和普通语言讲座，就是关于北部地名研究的，并时常出版《专名学问题》文集。在伏尔加河流域的乌法、契博克萨雷的楚瓦什大学、高尔基教育学院、喀山—苏联科学院的研究所和分院都在从事这些工作。伏尔加地名学家的力量放在了出版《伏尔加的方言和地名》及《伏尔加流域专名学》，西伯利亚的地名研究则是在托木斯克教育学院收集和编辑西伯到亚地理通名和专名的大型地图，并出版了《西伯利亚的语言和地名》文集。在南西伯利亚对阿尔泰地名进行了研究，出版了《阿尔泰的语言和地名》论集，并有许多关于北俄罗斯联邦、鄂毕河流域、伊尔库次科州和阿塞尔拜疆共和国的布里亚特斯克、阿尔泰山、乌拉尔、普里乌拉利亚，丘科茨基自治州，阿塞尔尔疆的雅库茨克和堪察加的地名著作大量问世。关于北高加索的地名，在北奥谢京斯基、卡巴尔金—贝加尔湖和阿塞尔拜疆的切琴因古什斯克都有撰写的专题地名论文。

乌克兰的地名水平相对要高些。乌克兰共和国科学院专名委员会在共和国各城市经常召开专名会议，并出版了专著。1980年出版了乌克兰共和国的水名词典，收词2万余条，是苏联第一本水名词典。

在白俄罗斯也撰写了大量综合性报告及论述历史和现代地名的论文。1977—1980年出版了韦捷布、布列斯特、明斯克州的地名辞典。在中亚各共和国及哈萨克斯坦，同样也出版了这方面的专著，如《中亚专名学》《南部吉尔吉斯的地名》。

之后，出版了一些边缘学科的专著，如Э. М. 穆尔扎耶夫的《名称地理学》，以及《什么是地名学》等。

关于地名学的性质和研究方法，В. А. 茹奇克维奇指出："语言、历史和地理科学的代表人物过去和现在多在进行地名研究，但他们对待同一现象的态度是不同的。语言学家在地名方面作出了巨大贡献。然而，只限于语言学范围内研究，就难免不出现错误。对地名作纯历史的或纯地理的研究也是不够的。要使地名学对其他科学有所帮助，就必须对地名进行综合研究，'以语言学研究为主，辅之以统资料及历史和地理分析'。"

2. 苏联突厥地名学的发展

在苏联，较早从事突厥地名研究的还是19世纪阿塞尔拜疆的学者А. А. 巴基哈诺夫（1794—1848年）。他首先提出应当注重地名的研究，"不仅是一个世纪，就是十个世纪也不能消除这个国家的许多地区和部落的原始名称。"19世纪末和20世纪初，著名的突厥学家В. В. 拉德洛夫院士刊布了四卷本的《突厥方言辞典》（1893—1911年）。词典中收入了大量的地方地理通名和专名，并对地名含义作了详细解释。如书中可以见到对阿尔泰"喀拉苏"（水源、泉、小河）的有趣解释。Г. Ф. 波拉果瓦（1967、1972）专门从事这位学者的地名学遗产的研究。他写道："深入研究西伯利亚和蒙古地名、地名命名的原则，有助于对古代突厥鄂尔浑—叶尼塞鲁尼文献大量的地名解释。"中亚著名史地学家В. В. 巴尔托里德在其多产的著作中涉及了许多地名注释和地理名称的语源。他原准备完成一部关于中亚各共和国的地名概论，可惜，没有来得及完成。他认为区别中亚的突厥、伊朗、阿拉伯和蒙古语地名要借助历史材料才更加有效。

大量的突厥地名学研究是苏联语言学家、历史学家、民族学家和地理学家于20世纪20年代开始的。其中较早刊布地名学文章的是：乌兹别克斯坦、哈萨克斯坦、土库曼、塔塔尔的Л. В. 维亚特金的《撒马尔罕地区历史地理文献》（1921年）；Е. Д. 波利瓦诺夫的《论塔什干名称的由来》（1925年）；Х. Х. 哈萨诺夫的《中亚地名》（1945年），还有С. 阿里耶夫的《哈萨克斯坦的地理名称》（载《中学地理》，1939. 4），А. 阿曼诺洛夫的《地理名称》（载《先驱》1941. 3），К. 吐依克的《研究之路》（载《Магариф》1928. 6. 7），

Э. М. 穆尔扎也夫的《土库曼的地理通名》（载《地理通报》，列宁格勒 1939. 71 卷 6 期）。

地名研究深入发展的时期是在 20 世纪 40 年代之后。特别是哈萨克斯坦、吉尔吉斯斯坦、塔塔尔和卡巴尔达巴尔自治共和国的历史研究和地名学的发展，这在专题研究及突厥专名学家和地理学家的文章中能反映出来。地名学在苏维埃时期取得了辉煌的成就，有 40 多种专著和大量的论文，以及博士、副博士论文。突厥地名学专集有《东方地名》（1962），其中收有苏联著名地理学家和地名学家 Э. М. 穆尔扎耶夫的长文《新疆地名》，《东方地名的新研究》（1964），《东方地名一研究及资料》（1969），《东方专名学》（1980），《中亚专名学》（1978），《中亚专名学》（1980），《西伯利亚的语言和地名》（1970、1972、1976），《伏尔加流域的方言和地名》（1972、1973），等等。

以上论集收录的是突厥语地名的研究报告、文章及苏联地名会议的论文。另外还有《全苏地名会议报告提纲》（1965），《西伯利亚土著及其语言的由来》（1969、1973），《现代突厥学问题一第三届全苏突厥学会议材料》（1976 年 9 月在阿拉木图，召开，1980），《第三届全苏突厥学会议材料一报告提纲》（塔什干，1980）等。

突厥语地名专著始于 20 世纪 30 年代后半叶。其中最早的是 Н. П. 阿尔汉格利的《中亚地理名称的通名和译音问题》（塔什干，1935）。1959 年出版了 А. А. 阿布德拉赫曼诺夫的专著《哈萨克斯坦的地理名称》（阿拉木图 1959）。作者通过语言分析，考察了哈萨克斯坦的 800 多条大的城市、乡镇、居民地、地区、中心区和火车站名称，作了词汇意义的分类，提出了词组类型及地方地名的正字法和译音问题。到 20 世纪六七十年代刊布了 Г. Ф. 萨特塔洛夫、Х. Х. 哈萨诺夫、К. А. 阿波季木拉托夫、Р. М. 尤孜巴舍夫、С. К. 卡拉耶夫，А. 玛梅多夫等人的著作。

Г・Ф・萨特塔洛夫的《苏联塔塔尔自治共和国的小地名》（喀山，1965）一书是一部大学塔塔尔语言文学专业的教科书。作者认为：小地名的收集，是塔塔尔地名学专业课和专业研究班的任务。在第二部专著《塔塔尔专名学的发展阶段和当前的任务》中，简述了塔塔尔语地名和人名的历史由来、产生和现代发展。关于该书的科学价值，著名突厥学家 Э. Р. 捷尼舍夫写道：“此书的主要内容在于阐明渊源，同时既是专业著作，又是普通读物。关于塔塔尔专名学研究史，作者分为三个研究阶段。Г. Ф. 萨特塔洛夫的著作，对苏联塔塔尔自治共和国专名学来说，具有重要意义。”（Э. Р. 捷尼舍夫，Г. Ф.

萨特塔洛夫《塔塔尔专名学的发展阶段和当前的任务》（载《苏联突厥学》，1971. 5）

著名地理专名学家 X. X. 哈萨诺夫在《地理名称正字法》（塔什干，1965）的报告中指出：译音和正字法、语源、含义问题将丰富中亚地理名称。P·M·尤孜巴舍夫的《阿塞尔拜疆地理通名》（巴库，1966）一书详细地叙述了阿塞尔拜疆地理通名的结构、组成、词组类型、特殊类型。

科普书籍有 H. П. 布金阔的《吉尔吉斯的俄罗斯人名性地名》（伏龙芝，1966），C. к. 卡拉也夫的《地名学》（塔什干，1970）。这有助于读者了解乌兹别克斯坦、吉尔吉斯斯坦、卡拉卡尔帕克地理名称的词源和历史由来。

关于突厥地名学，10 年间 1971—1981 年出版了 30 多种科学理论的论文集和专著，叙述了地名的语义分类、结构类型、词汇—语法的特殊构词法、语言结构、语音变化，地名学与地名系统的语义、历史、地方地理通名的相互关系，地方地理名称的译音和正字法等许多问题。

其中，有 Г. Ф. 萨特塔洛夫的《为何这样命名》（喀山，1971）和《苏联塔塔尔自治共和国的人名性笔名》（喀山，1973）。前者对苏联塔塔尔自治共和国的首都的市区、街道和城市、地区的地名进行了分析，后者则科学地指出了苏联整个塔塔尔加盟共和国的人名性地名系统。各方面的论文都指出了人名的地名化过程。历史词源学的比较分析使人们对人名性地名开始产生怀疑（参见《苏联突厥学》，1975，2）。

Э. M. 穆尔扎耶夫的大部头地名学论著《地名学文集》（莫斯科，1974）对中亚和哈萨克斯坦地理名称的发展、演变和构成进行了有重要价值的地方的比较分析研究。

X. X. 哈萨诺夫的《Ep Tulu》（塔什干，1977），《地理名称的含义》（塔什干，1978），Л. Г. 卡利莫娃的《乌兹别克北部方言的地名》（塔什干，1972），胡德扎莫·别尔季也夫·雅利克勤的《苏尔汉达里亚河地区地名的历史词源学研究》（塔什干，1974）等文，阐明了乌兹别克地理名称的含义、结构、词语组合方式和词源。

阿塞尔拜疆出版了大量的著作。例如：P. 尤孜巴舍夫、K. 艾里捷夫和赛季捷夫的《阿塞尔拜疆的地理名称》（巴库，1972），C. M. 毛拉－扎吉的《地名与阿塞尔拜疆语的历史》（巴库，1978），K. 艾里捷夫的《阿塞尔拜疆戈尔波地区的地名》（巴库，1975）和 P. M. 尤孜巴舍夫的《阿塞尔拜疆地理通名》。后者根据 Э. M. 穆尔扎耶夫的意见，认为此书是：“具有丰富的地方通名的材料，如地形地貌学、气象水文学。作者详细阐述了阿塞尔拜疆共和国地理通名的作用及科学的地理通名和译音形成的历史。”还有 Э. М. 穆尔扎耶夫的《地名学文集》（莫斯科，1974）。С. М. 毛拉 - 扎吉的《北阿塞尔拜疆地区的地名》一书，提出了阿塞尔拜疆北部地带所有水体地名的分类法，并进行了亲属语言材料比较的详细语言学分析。书中确定了许多古代阿塞尔拜疆地名的词源，明确了研究区域地名词汇系统、结构类型和词汇语法的特殊构成。

С. А. 阿塔尼雅佐夫的《大地的语言》（阿什哈巴德，1971）和《土库曼斯坦的地名》（同上，1981）。前者科普性地解释了土库曼地理名称的含义，后者分析了地名的结构和系统，提出了年代和语义分类法，揭示了共和国地名系统的词汇词法学、词汇语义学的特殊构成。

К. 阿杜季木拉特的小册子《为何这样称呼——关于喀拉卡尔帕克斯坦地名的历史》（努库斯，1965）和《为何这样称呼》（努库斯，1970），对苏联是有影响的，他从词源学角度阐述了苏联喀拉卡尔帕克自治共和国的地理名称。А. А. 阿波德拉合曼诺夫的《地名学与词源》（阿拉木图，1970）一书由两部分构成：第一部分是“词源学和地名学”，作者提出了词源研究的方法；第二部分是“哈萨克斯坦简明地名词源词典”，作者对哈萨克斯坦 140 条地名作了词源分析。他的另一部著作是《哈萨克斯坦的民族地名学》（阿拉木图，1979），他叙述了民族与地名的相互关系，并在历史材料的基础上对 аргын、дулам、алчхн、канглы、керей 等十多个民族地名进行了历史词源分析。

О. А. 苏勒坦雅也夫称自己的书为《易懂的莫名其妙》（понятныенепонятносми）（阿拉木图,1973）。此书是哈萨克斯坦地名学的第一本课外教科书。Г. Д. 贾努扎阔夫的《哈萨克专名学文集》（阿拉木图,1982）一书叙述了哈萨克斯坦地名的结构类型和系统,特殊构造和语源。

吉尔吉斯地名方面有两部专著和论文问世。Д. 依沙也夫的《地名之谜》（伏龙芝，1977）一书由两部分组成。第一部分叙述地名的普遍问题：地名学与其他学科的关系，专名学术语问题，地名词汇的组词和含义，及词汇—语义分类。第二部分确定了阿拉伯—伊朗和蒙古来源的地名的一般构成，并做了语源分析。К. 孔阔巴耶夫的《南部吉尔吉斯的地名》（载《苏联突厥学》，1981. 5）一文以丰富的实际材料进行叙述。作者从地名的共同体划分出伊朗（粟特—雅诺布、塔吉克、图瓦、维吾尔—乌兹别克）、阿拉伯、蒙古、斯拉夫（俄罗斯，乌克兰）语言的层次。对所列地名进行了词汇—语义和结构分析并进行了层次、词汇—语义分类。

巴尔卡尔语言学家 В. Х. 穆苏卡也夫的《巴尔卡尔的高山地名》（纳尔奇

克，1981）一书叙述了巴尔卡尔的整个地名系统，阐明了地名的历史来源和发展，确定了地名的基本层次，根据地名的词汇语义进行了分类和结构分析，叙述了地名的特殊构成。

较有影响的有 O. T. 莫勒恰诺娃的文集《阿尔泰山突厥地名的结构类型》（萨拉托夫，1982），是对以往著作的理论总结。在这一新的报告中，作者对阿尔泰突厥语地理名称进行了语言学比较，研究了地名的词组，着重从症状学（Семиотические）角度揭示了地名类型的结构、许多专名的理论问题等，首先在突厥地名资料的基础上得到解决。在 C. 巴格达伦的《雅库特地名》（雅库特，1982）一书中，叙述了雅库特地名的词汇系统、结构和命名原则。除了刊布的专著和研究文集外，还有大量的科学理论文章，1920 年至 1982 年间就有上千篇。这涉及各方面的问题：地名的词义、词源、词组、组成和结构、转写（音译）和形意。

美国地名学研究

美国地名分为印第安语地名和欧洲语言的地名。印第安语地名研究就其内容而言，比欧洲语的地名研究更注重语言学方面，而欧洲语的地名研究则主要是历史地理方面的。显然这说明印第安语地名研究较少，并因印第安语地名是古老的，逐渐受到一定的曲解，所以其语源难以还原。欧洲语言的地名语源在大多情况下是明显的，因为欧洲在美国的移民只是在 15 世纪末和 16 世纪初才开始的，这都能从各种文献中获得。在美国，多少令人满意的地名研究只有 11 个州：亚利桑那、华盛顿、西弗吉尼亚、加利福尼亚、肯塔基、明尼苏达、密苏里、缅因、内布拉斯加、俄勒冈、南达科他，约占全国总面积的五分之一。大多州都出版了本州的地名辞典，内容包括语源、方位和实体类别。在某种情况下地名辞典出现在地名的系统研究和地名分类研究的著作之前。首先，第一部著作就是关于明尼苏达和华盛顿地名的研究。之后需要提及的就是关于加利福尼亚、肯塔基、内布拉斯加的地名学著作。特别应当提到的是关于美国地理通名及其在地名形成中的作用的研究成果，如 A. F. Burrill 的《地名的地理通名分布》和《美国地名中的河流通名》，W. Zelinsky 的《美国东北部地名的地理通名分布的几个问题》，R. C. West 的《美国的通名 bayou 地名研究》。M. F. Burrill 在 18 世纪的国际地理会议上提交了《标志美国沼泽的通名》一文。1939 年，美国现代语言协会成立了地名委员会。虽然当时提出要进行地名研究，但实际上并没有着手去做。1952 年成立了美国专名学会。1953 年专名学会创办了《名称》（Names）杂志，杂志的内容包括人名、姓名、地名、鸟名、车名、《圣经》中的专名、教堂名、鬼名等。该刊登载了相当广泛的地名学论文，大多数文章是关于美国的地名，其中许多涉及地名的由来及区域地名特色。还刊登了别国地名的文章。我们特别要提到的是瑞典学者杨谢纳，他发表了《英格兰的斯堪的纳维亚地名》及《关于希腊地名的研究》《关于欧洲地名的来源》《关于苏联十月革命前的德国居民地名称》等一系列论文。为了外国地名书写的标准化，成立了美国国家地名委员会，从 1955 年起，刊布了许多国家及大的区域的地名手册，已出版的就有 50 余部。其中有欧洲的（苏联、希腊、西班牙、意大利、葡萄牙、罗马尼亚、德国），非洲的（马达加斯加、利比亚、埃及等），拉丁美洲的（智利、墨西哥、乌拉圭、古巴等），亚洲的（中国、印度尼西亚、缅甸、日本、伊朗、土耳其、阿拉伯）和南极洲的地名手册，另外还有澳大利亚和太平洋、大西洋岛礁地名录。

英国地名学研究

在英国开始有系统的地名学研究的，是著名历史学家和语言学家 A · 玛维尔。在他的倡议下，1923 年英国成立了地名学会。1929 年，他首次在伦敦大学主讲了地名学课程。同时，他撰写了《地名学问题》一书，书中详细叙述了地名同国家历史的关系、古代居民语言的不同层次以及地名的意义等问题。此书是当代地名学的教科书。地名学会出版的《著作》，其内容是关于英国各地的地名文献。《著作》的主编是现代英国地名学家 A. 斯密特。他的多卷本文集就是关于 üopk – wupa 的地名。另外的两卷本辞典《英语地名成分》，是一部关于地名学方法论研究的奠基之作。瑞典语言学家 E. 艾克瓦尔把毕生精力贡献给英国地名的研究。他的四卷本的《词源标志》一书，反映了作者对地图研究之精细，对地名的语源分析总是把地理条件结合起来。《词源标志》是作者《英国地名辞典》一书的准备。《英国河名》是他的一部水名辞典，作者根据语言对地名作了分类：前安格利语、盎格鲁—撒克逊语、斯堪的纳维亚语、拉丁语、法语等。他分析河名的结构，并不是直接从材料的分析中得出结论，而是在说明地名或水名的词组模式特点，明确地提出了地名产生的时间。单一成分结构的地名说明，这些地名是在 5

世纪盎格鲁—撒克逊人到来之前就产生了。古国名（凯尔特或更早）——大多大的河流和一些国家的城市名称是单一成分的结构。5—10 世纪，在盎格鲁—撒克逊时代，出现了复杂的结构，地名以双成分为主。合成地名在 13 世纪以后才开始出现。这类地名在英国占绝大部分。这里还要提到的是英国著名历史和语文学家 P·H·雷阿内伊。他的《英国地名的由来》一书得到了广泛发行和再版。作者把斯堪的纳维亚地名分为三种类型：（1）原有斯堪的纳维亚语地名，（2）来自斯堪的纳维亚语成分的地方英语地名，（3）英语化的斯堪的纳维亚地名。此外英国还有一系列关于区域性的地名成果。K. 卡梅伦的关于吉尔比什拉的地名报告是《吉尔比什拉的斯堪的纳维亚人》和《吉尔比什拉的地名》。吉尔比什拉是盎格鲁—撒克逊占领区中占领的较晚的一个地区，并且在历史上的各个时期斯堪的纳维亚部落都冲击过该地区，不可能不对该地的地名形成产生影响。还有一些著作是涉及英国地名的语源，如 H. G. 斯托基斯的《英国地名》一书。W. 查昔曼的《专名形容词》一书，则叙述了来自希腊和拉丁词尾用以构成英语形容词的各国地名。H. 布拉德和 R. 布里德吉斯的著作中叙述了“不列颠”这一术语及其产生的历史。他多从事历史的语义研究。《土地调查清册的英国中部地理》一书是古代地名的历史文献。牛津大学还出版了 G. M. 米勒尔的英语地名的发音辞典。

法国地名学研究

法国地名学的奠基人是 A. 龙农（1844—1911 年），他的专著《法国地名》出版于 1920—1929 年。书中分析了法国的许多居民地、河流、森林名称的由来和变迁。之后，A. 达乌扎特把地名学水平提高了一步。他的系列著作中的代表作是《法国地名学：目的和方法》和《地名的由来及其演变》。前书详细分析了法国地名的构成，叙述了今后应把地名学作为一门科学来研究的必要性，以及地名学同其他学科的关系、地名研究的方法、法国地名的历史层次、地名的变迁、地名历史文献的收集等。该书为现代语言学提供了丰富的内容。A. 温肯特的《法国地名》一书，叙述不同历史时期地名的构成方式，指出了每一条地名的最古老形式和演变形式。他是通过整理文献来解释地名的来源，阐明地名产生的历史。P. 雷波尔的著作是关于法国水名及其构成原则和研究方法。关于区域性的地名著作有 M. 格奥尔格尔的《孚日省热拉尔梅县的地名》以及 E. 内格日的关于塔思省 Rabastens 县的地名的巨著。大量的关于区域性的地名学论文刊布在国际专名协会杂志《国际专名杂志》上。该刊是 1947 年由 A. 达乌扎特创办的季刊，主要发表的文章有《王国时期热尔省的地名和人名》《新比利时地名》《地图集和意大利海图集的罗马尼亚地名》，还有苏联学者 B. A. 尼阔诺夫的《地名上的反证》《是否语源》和《地名学和方言学》等许多论文。目前法国 90 个省的大部分都已出版了地名辞典。1978 年还出版了由 A. 达乌扎特等人主编的法国河川和山脉地名辞典。A. 彼列格伦用十年心血完成的《阿尔及利亚与突尼斯地名概论》一书，分析了阿尔及利亚与突尼斯所有地名资料，其中大部分前无考证。

哈萨克斯坦的地名学研究

哈萨克斯坦地名研究开始于第二次世界大战后，那时，在这方面从事研究的主要是地理学家和历史学家。Г. 孔卡什巴耶夫写了一些关于哈萨斯坦地名方面的文章，并于 1949 年以《哈萨克民族的地理术语》为题，通过了副博士学位论文答辩。H. 巴杨津写了关于共和国东部和中心地区的地名文章（《东部和中部哈萨克斯坦的一些哈萨克语地名》，载《哈萨克苏维埃社会主义共和国科学院通报》，1949）。那时，哈萨克国立基洛夫大学的 A. B. 马拉库耶夫教授率领学生进行的地名田野调查工作具有重要意义。他将地名学归入地理学科，并发表了专题论文（参见《哈萨克国立基洛夫大学学术论丛》第 18 卷；《地质学和地理学专集》第二分册，1954 年）。

只是到了 20 世纪 50 年代，共和国的语言学家才参与地名学研究。哈萨克斯坦科学院语言文学所哈萨克语言史和方言研究室的 A. 阿卜迪拉赫曼诺夫、T. 贾努力扎科夫等人。这样，为材料的搜集、分类，详细制定工作细则，为系统地积累研究大量地名资料奠定了基础。1955 年，A. 阿卜迪拉赫曼诺夫通过了从语言学研究哈萨克斯坦地名的博士学位论文，并于 1959 年用哈萨克文出版了《哈萨克斯坦的地名》一书。他还发表了《哈萨克斯坦地名学问题》（载《东方地名》，1962），《论哈萨克斯坦地名学》（载《苏联哈萨克语言学的发展》，1980），《从族名学与地名学看西伯利亚突厥语诸民族和哈萨克族的历史相似性》（载《西伯利亚土著民族的来源及其语言》，1969），《方言学和地名学》（1973），《与阿尔泰有关哈萨克斯坦民族地名学》（载《阿尔泰的语言和地名》，1979），《论哈萨克斯坦地名词源学的研究方法》（载《突厥专名学》，1984）。1959 年，A. N. 伊斯哈科夫、Б. П. 诺米哈诺夫发表了一些有关专名学的文章。

由于许多研究者只根据哈萨克语材料解释一些地名的构成，而没有采用地名学的分类法研究哈萨克语地名，故而导致了对许多地名解释上的不一致。

我们认为地名学的迫切任务是研究共同突厥语专名类型的系统。众所周知，突厥语词汇中的特殊蒙古语成分，像阿拉伯—伊朗语借词所表现出来的一样，因而代替它们的是我们称之为“并行词”的成分。这些“并行词”不仅对突厥语，而且对蒙古语都具有共同意义的联系。这种情况对于建立突厥—蒙古语共同性的地名学而言，是完全能够接受的。

20 世纪 60 年代，哈萨克斯坦的地名不仅被科学院，而且也被地方高校有关教研室系统地研究过。B. H. 波波娃通过了副博士学位论文《巴甫洛达尔州的带“水”的地名》（1966），O. 苏丹尼雅耶夫研究了科克契塔夫州的小地名，斯维尔德洛夫斯克大学应届毕业生 A. C. 比塔诺娃研究了库斯坦奈州的地名。

著名院士 A. H. 科诺诺夫在关于 akcaŭ，akcy，akkym，ŭapacaŭ，kapacy，kapkum 等类型的意义中发现了其他述语意义，有论文《突厥语地理术语中的 ak 和 kara 的意义》（载《塔吉克科学院社会科学部通报》，1954 年第 5 卷）。

1970 年，哈萨克科学院语言所成立了专名研究室。研究室的迫切任务之一是与哈萨克斯坦部长会议国家术语委员会关于术语确定协调一致的研究。20 世纪六七十年代出版了 E. 科伊丘巴耶夫的《简明哈萨克斯坦地名详解辞典》（俄文）、《哈萨克地理名称词典》《地名学和词源学》等。语言所已汇集了通过各种历史文献资料、各种用途的科学文献及定期刊物，向居民询问而长期积累的一套 3 万张的卡片。专名室准备再版经大量补充修订过的《哈萨克斯坦地名历史词源详解辞典》。苏联著名地名学家 П. 杜利总教授所从事的地名学研究及其有关论著，是通过地名来研究突厥部落迁徙的典范。

其他国家地名学研究

加拿大的常设地名委员会不定期出版地名文献汇编“Canada”，但主要力量是以地名标准化工作为主。在德国、瑞典、保加利亚和奥地利也有许多地名学论著，同时还出版了许多地名辞典和地名录。在阿拉伯国家，这方面的研究也在进行。1969 年出版了《沙特阿拉伯地理辞典》（共 7 册），该书的宗旨是："准确清楚地确定各个地名的含义。"1970 年科威特出版了《科威特百科全书》（共 3 册），其中对科威特地名的由来及其所受地理、历史、语言影响的各个侧面都进行了一定考证，对研究海湾地区地名的形成规律很有帮助。1966 年出版了穆斯塔法·穆拉德·迪亚厄编纂的巨型地理专著《巴勒斯坦——我们的祖国》，6 卷 12 册，其中考证了当地每一个地名的由来、含义及其演变过程。1956 年黎巴嫩出版了福莱亥·艾尼斯的《黎巴嫩城乡地名及其含义解》一书。1960 年成立了联合国地名专家组，到 1986 年共召开过 12 次地名专家组会议。召开过 4 届联合国地名标准化会议，第一届是 1967 年 9 月。由于国际地名标准化和单一罗马化工作的开展，地名研究已开始遍及世界的各个角落。

附录1　作者诗赋作品

中华舆图赋

茫茫天宇，八万里岁月沧桑；泱泱九州，五千载舆图辉煌。伏羲负河图画八卦，立浑仪测北极高下；神农立地形甄度四邻；舜帝分九州制图九鼎。黄帝战蚩尤，令史皇作舆图指南车；尧命羲和占日占月，绳九道之侧匿；舜令大禹治水治河，左准绳右规矩。仰观天文，乃籍天道；俯察舆图，以示地道。三皇五帝，制图发轫，举龙为旗，道宗文明；划野分州，按图分封；颛顼制历，奥区占星；伏羲女娲，人蛇合图，执矩执规，测图启蒙；山海图经，视野昆仑；孙子兵图，指掌乾坤；苏秦谋图，合纵抗秦；齐相管仲，地图篇鸿；三代佚图，憾恨万春；矢人盘铭，测绘封疆；兆域掘图，初显华章；放马滩图，文明曙光；郑国渠，测绘工程；都江堰，巧夺天工。国有沃野，人居以庭，治国大略，以图为经。华夏源头，图炳千秋。

始皇筑就骇天霸业，统一货币和度量衡；综七国图标绘秦图，史禄测南岭修灵渠；萧何寻秦图石渠阁珍藏，张衡制浑仪灵宪图辉煌。马王堆图破土，震彻寰宇海外；帛图纸图木图，创绘舆图异彩；落下闳浑天仪，天文观星启开。刘徽著书重差，地图数学兆始；谢庄木方丈图，肇创模型立体；裴秀制图六体，光耀图学晨曦；水经失图虽憾，道元注水耀史。秦汉魏晋图盛，领超欧图千岁；帝王以德理国，版图社稷同璧。

隋唐盛世，图经咸丰，土木工程，测量准精；李吉甫编元和图志，宇文恺修运河大兴；十道图三载一测，新绘图竣呈职方；贾耽绘海内华夷，僧一行子午测量；敦煌星图绘恒座，越墨卡托六百年。盛世修宏图，图志可安邦。

两宋测图，再启辉煌。疆域勘测，土地丈量；沈括笔谈，地理宏篇；绘守令图，校准指南；禹迹华夷，咸称图范；指南望斗，海测领先。

元代开疆，横跨欧亚；测图成果，耀光天下。郭守敬创制简仪，四海测验，首创高程海拔；扎马鲁丁制天测仪地球仪，更令欧人惊讶；朱思本绘舆地图成就卓然，李约瑟称绝佳。

朱元璋明代始皇，扩疆域版图测量；罗洪先计里画方，广舆图符号见长；潘光祖考证舆图，经纬度跃然图上；郑和航海七下洋，绘制海图国威扬；利玛窦作坤舆图，科技交流知夷方；杨子器跋舆地图，彩色实测青史扬；颁万里海防图论，励精图治万里疆。

国盛则图煌，势衰则图殇。康乾盛况，疆域宏广；西学东渐，再绘华疆；皇舆全览，内府舆图，测量台藏，光复新疆；经纬实测，三角测量，约瑟慨叹，精彩辉煌。杨公守敬，历代舆图，沿革险要，图耀光芒。晚清锁国，舆图凄凉，列强虎视，蚕食沃壤；曾纪泽左宗棠，寸土不让，研地理悉地图，不失华疆；魏源海国图志，挺起中华脊梁。

民国测绘，薪火传续。摄影测量，地图投影，基础测图，经纬量度；亚新地社，中外舆图，申报新图，众星耀祖。我军理图，常胜不输，三大战役，奠定疆土。

今中国盛世开明，奏华章硕果繁星。三峡立坝，荆江分洪；西气东传，南水北运；精准规划，测图前行。基础测绘，战略指针；百万数据，全民畅饮；国家图集，寰宇留青；解析测仪，行业振兴；珠穆朗玛，再核高程；四D推广，创新里程；西部测图，优质创新；两网平差，建立地心；全数航摄，高效付罄；汶川抗震，测图神兵；干涉雷达，突破瓶颈；数字城市，赢得民心；水下导航，难题释冰；对地观测，多机飞行；北斗导航，自主新生；辅助决策，政府英明；数字测图推动转型，信息测绘帷幄乾坤。泱泱华夏千载文明，浩浩宏图安邦利民。

中国测绘科学研究院赋

燕山茫茫，逶迤宏广；海河滔滔，孕物润邦。莲花池京师宝地，花君子高洁自强；西三环华北福祉，中测院鲲鹏翱翔。家宝题字：中国测绘；克强视察，地情担纲。研究院为科研基地，助科技新创；众公司作推广平台，促产业兴旺。立目标：国内一流，国际知名；强效率：辅助决策，应急保障。学术圣坛，谓知识渊薮；文化摇篮，称精神殿堂。

浩浩中华，无数辈文化传承；赫赫先祖，五千载舆图辉煌。晋裴秀制图六体，今新图城市闪光；郭守敬创制简仪，今装备民族自强；罗洪先计里画方，网格图重塑辉煌；申报图民国典范，大图集当代聚光。今中国盛世浩荡，地图学智慧精良。五十五年岁月铿锵，二十一纪续写图煌；回顾发展三分历程，测船驶入巨澜海洋。百废待兴，传统测绘起航（1959—1983）：一九五九基业新创，十年规划茁壮成长，机构撤散起伏跌宕，拼搏重建迎来曙光。放眼国际，数字测绘成长（1984—1999）：体制改革春意盎然，九四改院华灯初上，稳住一头放开一片，3S集成数字时尚。创新图强，信息测绘飞翔（2000—2014）：进入公益万物复苏，对地观测应急保障，西部测图全球杰出，国情监测智慧城邦。

大地所：大地基准海岛礁，地心坐标中国强；航测所：干涉雷达绘横断，高分测图像素广；地信所：新图燎原行业旺，数字城市智慧网；政信所：地学之窗政务忙，辅助决策服务棒；实验室：国情监测担大任，解译系统分类详；信息中心：网络网站网书刊，贯标测评信息网；期刊中心：品牌品位品文化，《测绘科学》旗高扬；检测中心：仪器鉴定引航向，质量服务精计量；工程中心：公益市场两头忙，电视北斗拓新荒；四维远见：激光扫描快处理，三维城市亮曙光；中测新图：企管模式创联盟，监测机车赢市场；四维数码：一站服务数据精，一站供应产品棒。回望院史长廊，难忘风云巨匠。陈永龄，大家风范挑大梁，育人铺路助起航；曾世英，申报地图任主编，音译转写启新章；陈俊勇，广域差分测精准，地心布网珠峰量；刘先林，解析测图国威扬，移动测量装备强；李德仁，全才巨擘双院士，智慧中国辟新壤。

伟哉，创新基地；妙哉，科研职场。身临恢宏建筑，沐浴文化朝阳。莲花池畔建筑宏大，主楼白墙高耸云上。北门彩虹架桥，南面亭台池塘。春山蔓藤抱石，相缠生长；夏季喷泉瀑布，青草吐香；楼旁绿树成荫，春花竞芳。秋银杏金黄，石榴争香；和谐园弯柳，静谧纳芳；惟吾德馨葫，悟道自赏。苍松青青，冬雪茫茫。东有郭守敬定向仪针指青天，南有瑞祥麒麟石瓶祝福吉祥。大厅东墙镌刻测绘精神，激励新人勃勃向上；西侧步梯引君地图回廊，重温先祖赫赫辉煌。

壮哉，图新精神；快哉，应急保障。尚信厚学，鼎新思变，勇当革故头榜；务实求真，忧乐天下，志为社稷栋梁。万年华祖，千年图煌，百年测绘，创新荣光。青蓝续接，待孜孜求索；志士仁人，须勤勤拓荒。监测国情，助地信辉煌；创新智慧，可利民安邦。

西部测图工程赋

壮哉，西部测图工程；伟哉，五万圆梦宏图。二百万平方公里，浩浩山岳江湖。百分之二十陆土，漫漫沙峦溪谷。山高而水长兮，养育多元民族。疆宽而域广兮，布设高寒酷暑。青藏新甘川云，横跨六大省区。高原冰川沙漠，死亡禁区密布。走之千里兮，无恐陷车。行之万里兮，不惧路阻。西部测图，始于二〇〇五。盛世宏图，优质硕果满目。五载冬春夏秋，领略神州风雨露。万余测量勇士，翻山涉水绘版图。

以往测量兮，期长器疏。早年测图兮，百英捐躯。今测绘铁人兮，笑傲困苦。尔心志奉献兮，报效吾祖。百尖兵赴塔克拉玛，与死亡擂鼓；千英雄驶可可西里，同狼群对目。百千次越野车深陷沼泽，再奋力推驱。数百回脑缺氧头晕天旋，皆磕关继续。装备保安全，生命为上。人本心关怀，平安为纲。壮哉惜生命，伟哉零伤亡。生命之赞歌，山咏河唱。安全之管理，风赞云赏。

迎之日出日落兮，不喘不嘘。送之月升月降兮，无倦无惧。伴之北斗弯月兮，披之晚霞朝露。头枕罗布之黄沙兮，足踏横断之黑土。晓沐羌塘之既白兮，晚浴阿里之夜暮。晨吸高原之薄氧兮，日战车陷之路阻。大漠之中兮，沙上仰卧。江源之上兮，丘顶歇息。秀之山河兮，绘之华疆。服务家国兮，规划农桑。不惜寂寞兮，不惧清寒。不羡繁华兮，不慕绚烂。不追粉黛兮，不饰华妆。伴之星月兮，随之晨钟。匍匐而舞兮，慷慨而歌。青天作帐兮，高山为床。清风作酒兮，白云为粮。尔绘版图兮，助国荣疆。

沿阿尔金山麓兮，爬疏勒山之巅。上昆仑山之脉兮，感喀喇昆仑之寒。依唐古拉之经兮，登格拉丹东之干。跨巴颜喀拉山兮，越阿尔泰山之涧。翻冈底斯山兮，下横断山之峦。纵横于千峰之上兮，驰骋于万壑之间。时匍匐于沼泽兮，出没于密岭丛峦。峻岭之上兮，魂随人驶。冈峦之端兮，人伴影驰。悬崖不躲兮，险途不避。攀崖而越兮，渡涧而栖。屹于山顶兮，绕于峰翼。卧于悬崖峭壁兮，不惊不惧。跨于险谷深渊兮，不躲不移。峰巍巍峨峨兮，耸于昆仑之躯。人缠缠绵绵兮，绕于峭壁之脊。勇于担当兮，家国巨任。敢于面对兮，百困千疾。勇敢之魂兮，山钦水佩。奉献之节兮，岭峰羡赞。

渡通天河水兮，踏沱沱河岸。傍当曲之滨兮，伴河源之畔。越格尔木之波兮，跨柴达木河之澜。临塔里木之流兮，莅若羌河之漩。画青藏江河兮，写新疆盛典。描湖海之水兮，绘社稷江山。东望迢迢兮，湖海波澜。西眺遥遥兮，河山灿烂。苍山不老兮，峻岭长青。江在魂在兮，宏图昌盛。地球不碎兮，江源立魂。神州不屈兮，西域振兴。

浩浩测军勤勉，技术新创。茫茫西疆丰收，硕果满仓。辅助航摄测量，少量地控大影像。稀点高清遥感，复杂地形快测量。干涉雷达测图，透云穿霾算折光。内外综合判调，细判外查正影像。数字制图出版，快速一体多式样。集成空间数据，众系多版归一堂。GPS 数据，坐标精确省时光。工程管理系统，可视高效保顺畅。基础地信平台，信息资源建共享。新藏应急系统，快速响应指挥棒。云甘柴经济平台，满足经济政务网。三江源生态监测，分析监测绿茵场。

涌测图春潮，九州神往。揽西部皓月，全球聚光。惜太白诗老，不闻新象。东坡词快，未尽风光。裴秀再世，当挥秀图韵笔。测绘新人，更绘鸿图华章。

中华经纬赋

——期待中国测绘地信产业腾飞

浩浩乎中华复兴；巍巍乎科学发展。中华复兴如巨幅宏图，科学发展乃纬度经度。发展为经，科学是纬。发展是强国起点，科学是复兴归途。发展是撬动的杠杆，激发活力；科学是平衡的支点，协调持续。发展让人民富足，科学促统筹兼顾。

发展为经，从职责到测绘平台产业，强化保障及时；科学为纬，自测绘至测绘地理信息，拓展强测天地。三大平台为经，谋利政利社利民；测绘创新为纬，图效率效果效益。基础测绘为经，监测国情地理，绘强国版图社稷；测绘文化为纬，激发内在活力，彰时代最美景致。

山脉是历史的经，江河为文化的纬。高原是站立的经，溪水是奔流的纬。

戈壁是挺然的经，沙漠是阴柔的纬。道是纵向的经，路是横向的纬。厦是外在的经，梁是内在的纬。池是方形的经，湖是圆形的纬。城是高度的经，田是广饶的纬。天是蓝色的经，地是绿色的纬。神州是厚重的经，中国是美丽的纬。

内涵是经，它蕴含着内在规律；底蕴是纬，它珍藏着人本精髓。血脉为经，它构成了生灵不竭养料动力；筋骨为纬，它支撑着躯体领略大千韵味。心境为经，它在血脉的贯通中搭建和谐桥垒；善良为纬，它在富强的创建中感知民本民贵。发展是经，在人类走向文明的长廊里，它是火车的引擎；科学为纬，在社会实现和谐的进程中，它是平衡的双轨。人文的经，系在民族思想的脐带上，让伟大民族孕育新晖；道德的纬，照在宇宙耀眼的光芒里，为中华未来导航定位。

永恒是真理的经，它让精神的化石铭刻下亘古的记忆；瞬间是思想的纬，它为生命的意识激发出智慧的灵犀。创新是现代文明的经，它为强者舞动飞翔的双翅；传承是民族文化的纬，它让来者奏响复兴汽笛。党是伟大的经，它是领导建设事业的核心；群是光荣的纬，它是促进社会发展的动力。国是弘扬真理的天，民是厚德载物的地。江山为经，它是人民当家做主的根基；社稷为纬，它是社会驶向文明的舟楫。发展为经，它为社会进步吹响了气势磅礴的序曲；科学是纬，它为民族腾飞伸展了搏击苍穹的羽翼。

中国测绘创新基地赋

夫中国测绘基地，首都璀璨之躯，枕燕山之脉坐拥海淀，纳华夏精髓环抱京师。北连长安街，南望商贸区，西接四环路，东邻莲花池。家宝题铭：中国测绘；克强视察，赋予新职。为科研之基地，贵在创新；握统筹之经络，责在理市。绘地球村之美景，运化智慧；定国际化之目标，行健不息。学术圣坛，谓知识渊薮；文化摇篮，称精神高地。

新中国成立初，栉风沐雨启新章；共和国前进，只争朝夕测华疆。创于丙申，国家测绘总局始称，同年岁末，武汉制图学院建章。次年地图出版测绘出版社成立；己亥测绘学会测绘研究所新创。夏坚白奠基大地测量，首担纲武汉制图院长；陈永龄建测绘研究所，成一代大地测量巨匠。“文革”中测绘局撤散，七三年国家局再创。改革后建地信中心服务中心审图中心管信中心宣传中心，星辰闪亮；新世纪设发展中心鉴定中心质检中心卫星中心结算中心，星火燎疆。中国地信协，推动地信发展；中国定位协，服务定位导航。国家测绘局更名，拓业开疆；地理国情细监测，职能更强。观中国昌明盛世，绘宏图频奏华章。基础测绘，国策保障。国家图集，寰宇流芳。解析测图，行业兴旺。两网平差，地心立章。西部测图，质优技强。岛礁测量，多项首创。汶川救灾，生命保障。干涉雷达，破题推广。数字城市，决策精良。测绘卫星，数据分享。北斗导航，自主翱翔。产业园区比肩首都国际机场，地信产业腾飞瞄准世界最强。泱泱华夏地学文明，浩浩宏图利民安邦。伟哉，创新基地；妙哉，科普馆场。漫步园林楼宇，令人欣喜若狂；身临恢宏建筑，沐浴文化阳光。猎猎红旗迎风飘扬，赫赫石狮威立两旁。配楼绿石宽阔宏大，主楼白墙高耸云上。北门彩虹架桥，南面亭台池塘。假山蔓藤，缠石生长；喷泉瀑布，青草吐香；绿树成荫，春花争芳；银杏金黄，石榴争香。和谐园弯柳，静谧纳芳；唯吾德馨湖，悟道自赏。苍松青青，冬雪茫茫。东有郭守敬定向仪针指青天，南有瑞祥麒麟石瓶祝福吉祥。奇异石凳，如玉手托莲；棋桌蕴智，似征战疆场。流水潺潺，书声琅琅。大隐于市，大智心藏。创新亭四柱，诗句铿锵：春风来早超自然，夏雨润物常鲜艳。秋果映红运路漫，冬享其乐作新篇。堂中央，浑天仪硕大精良；走廊口，玉屏风团圆吉祥。东侧正墙镌刻测绘精神，激励新人积极向上。西侧步梯引君地图长廊，重温先祖巨制辉煌。报告厅是国际前沿新论坛，功能厅乃理论学习大讲堂，数字厅谓技术创新宣传廊，装备厅成仪器变迁展示场。中国测绘科技场馆，记录历代地图更迭；中央党校教学基地，培养大局战略眼光。壮哉，测绘精神；快哉，决策保障。明德厚学，图新求真，勇当创新头榜；忧乐天下，拼搏俱进，志为社稷栋梁。快干好测绘特色，德真美文化脊梁。万年华祖，千年图煌；百年测绘，十年荣光。青蓝续接，孜孜拓荒；志士仁人，勃勃向上。秉承艰苦奋斗之传统，沐浴智慧城市之朝阳。国情监测，地信辉煌；中国测绘，百年隆昌。

陈俊勇院士素描

当代院士，测绘巨匠。精算80坐标，自主方案首创。探索地球动力，统领珠峰度量。钻研广域差分，精化卫星大地测量；推导地心坐标，确立三维地心布网。完善测绘基准，擅写科技华章。兼收并蓄，博采众长。《测绘学报》担纲主编，《测绘科学》传布思想。字字珠玑，篇篇精良。

祖籍宁波，诞于沪上。幼时天资聪颖，青年崭露锋芒。翩翩才俊，潇洒倜傥。四九年参加革命怀揣理想，五五年组织调干天大学堂。学士硕士结缘武测学院，博士志士师从奥国名匠。首位博士归国，迎来奇才俊郎。推导80坐标参考，首获国际学会推广。做总工，测绘基业拓路开荒；任局长，瞄准未来追求理想。一代博学，神采飞扬。

有容为大，尊崇古训；无欲则刚，谦和宁养。引导几何大地向卫星大地进发，推动椭球大地朝空间大地转向，倡导物理大地向动力大地迈进，引领大地坐标朝地心坐标起航。完善大地重力高程基准，统一几何物理高精测量。庄重威仪，颇具大家风范，才智俊勇，更具将帅气场。倾心陆地，关注海洋。南极科考，国际流芳。探索体系升级，思索技术新创。科研硕果满仓，一生屡获大奖。学海泛舟，每日挖掘新矿；书山沥血，终得笔底琳琅。

以君书生之身，忘我积日夜之继；以公院士之位，操劳度春秋之长。呕心案牍，系测绘之大业；运筹帷幄，谱强国之新章。竭力而行，不弃职岗，怀志以远，亲躬测场。燕雀偷安，非鸿鹄之志；长鲲破浪，见丹心向阳。静以身修，俭以德养。非淡泊无以明志，非宁静无以远航。为人低调，不事张扬；生性耿直，凛然豪放。苍茫天际，春种秋藏。如梅傲雪，如菊经霜，如莲不染，如兰吐香。剑胆琴心，苍鹰骏马，大漠夕阳悬瀚海；俊勇图志，郎才佳人，伉俪风雨笑沧桑。

众期盼：再著传世佳酿，保佑身心安康，齐颂晚年颐养，恭祝地信辉煌。

测绘科研颂

——贺中测院五十五华诞

有一种力量
能穿越55年漫长的历史
这就是拼搏创新满足国家急需

有一种声音
能穿透喧嚣回荡在你我的心里
这就是创建体系引领技术升级

1959年初夏的三里河
是研究所的诞生地
第一代学者风华正茂
为新中国测绘创业奠基
大师陈永龄、曾世英我们不会忘记

陈永龄主持大地网平差
制定了新中国的大地坐标系
订规划，测珠峰，带弟子
出版第一代学术专著
创建起传统测绘体系

曾世英毕生致力于地图和地名学
将中国的外来地名逐一清理
制定了地名音译转写法
逾九旬工作不停息
开创了地名学的新天地

月有阴晴圆缺
所有跌宕起落

正当我们准备扬鞭拼搏
科技人员突遇挫折

六九年研究所被撤
“臭老九”下放“五七干校”
测绘队伍七零八落
有的打铁，有的修车
难道测绘科学要半路夭折

春风终于吹散云雾
三年磨难峰回转路
百废待兴重整旗鼓
社会急需测绘服务
国家期待新的复苏

科学的春天温暖国度
奋斗的激情开拓道路
卫星多普勒完成部署
大地网平差建立基础
推广空三程序
研究马王堆地图
编辑蒙青新藏地名录
誓将失去的损失早日弥补

八十年代瞄准国际走势
着眼理论的突破和崛起
情报研究让我们看到差距
解析测图仪让我们相信自己
把3S列入攻坚课题
支撑行业向数字化晋级

1994年华灯初上硕果璀璨
研究所更名研究院

仪器检测为权威认证
卫星观测入国际台站
国家普通地图集完成出版
百万数据库雪中送炭
辅助决策系统安家国务院
海外推广摄影测量工作站
4D 技术
为数字化测绘提供解决方案

新世纪万象更新壮阔波澜
技术、服务和内容实现转变
体制机制改革完成运转
建立重点实验室
创建高效攻关军团
跻身国家公益研究院

遥观天地五十五载
江山代代有新篇

西部测图，大胆创新
两网平差，建立地心
航摄一体，测图超前
汶川抗震，天降神兵
水下导航，十大新闻
对地观测，系列飞行
干涉雷达，突破瓶颈
保密技术，让产业振兴
政务系统，助决策英明
信息测绘成功转型
高新技术让国家复兴

能取得骄人业绩
是因各专业协作心齐

大地、航测、制图组成挺拔胡杨
各专业密切合作融为一体
大地测量如树根
打基础布控网址
摄影遥感如树干
高视野统揽全局
信息系统如树冠
金叶满枝装点大地
有分工有合作才会出佳绩

永定路是艰苦创业之地
在这里完善了传统科技
永定路是拼搏发展之地
在这里开辟了数字化体系
永定路是变革创新之地
在这里将信息测绘树起

今天已开辟创新基地——莲花池西路
莲花池是培育花中君子之地
新一代幸运的学子啊
迈步在前辈开创的路基
拼搏创新满足国家急需
创建体系引领技术升级
目标：国内一流，国际知名
大业宏图我们义不容辞

拼搏奋斗是我们的创业精髓
改革创新是我们发展的根基
满足国家急需
是我们的使命和目的
创建体系引领技术升级
是我们立足的最大价值

五十五功名尘与土
八万里路云和月
日出江花红胜火
春来江水绿如蓝
能不颂科研

五十五年欣喜回首
足够一生享受
可上九天测月球
敢下五洋量海沟
谈笑凯歌奏

强国测绘梦

采集神州所有的生机
书写大地蓬勃的景色
丈量你的幅员辽阔
攀缘你的高大巍峨
伸展你全球视野
唱响你北斗新歌
放飞你资三卫星
正观测携手嫦娥
精准地信服务
空间定格无时无刻
更新你延伸的高铁
刷新你智慧城市的蓬勃
天地图的翅膀
定能飞越地图谷歌

江河的脉搏
海洋的壮阔
耕地的紧迫
粮食的丰硕
矿产的开拓
城市的轮廓
长城的逶迤
海岸的曲折
物流的快捷
灾情的预测

国情的掌握
科学的决策
版图的神圣
民族的嘱托
无不凝聚在对地理国情的监测
和对未来国家命运的把握
测绘人的强国梦
就是这壮阔的宏图
如诗，如画，如歌

附录2　作者主要学术论著年表

一、专著和工具书

1. 地名学

（1）《源于地名的中国姓氏》，电子工业出版社，1988.

（2）《中国名城的由来和传说》，河北少儿出版社，1991.

（3）《中国地名文化》，中国华侨出版社，1993.

（4）《新疆地名概说》，中央民族大学出版社，1994. 该书获中国社会科学优秀专著专家提名奖和国家测绘局测绘科技三等奖.

（5）《维吾尔语地名译音规则》（合作），测绘出版社，1985. 获国家测绘局测绘科技三等奖.

（6）《哈萨克语地名译音规则》（起草），测绘出版社，1991. 获国家测绘局测绘科技三等奖.

（7）《柯尔克孜语地名汉字译音规则》（起草），测绘出版社，1995. 获国家测绘局测绘科技三等奖.

（8）《中国水名词典》（主编），哈尔滨地图出版社，1995. 获国家测绘局测绘科技三等奖.

（9）《地名命名理论及其应用研究》，文津出版社，1997. 获国家测绘局测绘科技奖.

（10）《中国地名由来词典》，中央民族大学出版社，1999.

（11）《香港地名词典》中国社会出版社，1999 年.

2. 专名学

（12）《怎样给公司店铺起名》，大众文艺出版社，2000.

（13）《商业命名策划》，中国文史出版社，2005.

3. **测绘文化**

（14）《地图测绘与中国疆域变迁——地图主权价值论》，人民日报出版社，2005.

（15）《中国测绘与人文社会——测绘科技对社会文明的驱动》，中国社会出版社，2008.

4. **现代机构史**

（16）《测绘科研 50 年——中国测绘科学研究院 50 年成就》，测绘出版社，2009.

（17）《中国测绘科学研究院 55 华诞纪念文集》，主编，中国测绘科学研究院，2014.

5. **综合工具书**

（18）《香港全览》，东方出版社，1998.

（19）《中国行政区划通览》，副主编，中国城市出版社，1998.

（20）《新世纪中国市县全览》，主编，人民日报出版社，2002.

6. **语言写作**

（21）《广告辞写作技巧与优秀范例大观》，中央民族大学出版，1994.

（22）《无形的资本——商标商号应用诀窍》，中国城市出版社，1995.

（23）《测绘科研与论文写作》，哈尔滨地图出版社，2004.

7. **文学纪实**

（24）《西部测图抒怀》，中国社会出版社，2011.

（25）《西部测图工程纪实》，中国社会出版社，2012.

8. **工程管理**

（26）《测绘工程项目管理的方法与实践》，测绘出版社，2014.

二、论文

1. **理论地名学**

（1）对《试论地名学与语言学》一文的质疑，《地名知识》1984，（4）.

（2）语言地名学，《地名学研究》（第二辑），辽宁人民出版社，1986.

（3）从历代北京城区的通名看地名的命名规律，《城市建设》1986，11.

（4）《地名知识》与我国地名学的发展，《地名知识》1987，（4）.

（5）目前我国理论地名学亟待解决的问题，《地名丛刊》1987，（4）. 人民日报海外版1987，（9），（7）和《中国地理》1987，（9）转载.

（6）语言地理学与地名学说略，《语文导报》1987，（9），《中国地理》1987，（10）转载.

（7）中国地名学的兴起，《地名丛刊》1987，（1）.

（8）曾世英与中国现代地名学，《地名知识》1987，（1）.

（9）地名学简说，《百科知识》1988，（5）.

（10）地图地名学浅谈，《地图》1988，（1）.

（11）徐松石对我国地名学的贡献，《地名纵横》1988，（2）.

（12）金祖孟对地名学若干问题的论述，《地名知识》1988，（6）.

（13）地名研究离不开语言学，浙江地名文汇，1989，6.

（14）地名研究方法发展趋势，《地名知识》1990，（3）.

（15）地名研究的符号学视界，《中国地名》1991，（5）.

（16）高楼如今叫广场　花园哪来许多床，《光明日报》1995，7，7头条.

（17）名不正，难免路不顺，《光明日报》1995，8，18头条.

（18）中华命名观视野下的政区命名对策研究，《测绘科学》2014年，（12）.

2. 文化地名学

（19）"七"和"四十"与新疆兄弟民族习俗，《民族文化》1984，（4）.

（20）地名与民族迁徙，《贵州民族研究》1987，（4）.

（21）地名与中华民族的图腾崇拜，《社会科学战线》1988，（3）.

（22）从方言地名看中国地方文化，《中国语文天地》1989，（3）.

（23）地名与中国文化，《中国文化报》1989，8，9.

（24）胡同名称的雅化，《燕都》1989，（2）.

（25）画山小考，《中国文化报》1989，11，9.

（26）中国民族语地名的多元文化背景，《贵州民族研究》1990，（4）.

（27）从地名看我国岩画分布，《地名丛刊》1990，（2）.

（28）喀什民族手工业对地名的影响，《地名知识》1992，（2）.

（29）长安街今昔，《街道》1994，（6）.

（30）香港地名的殖民色彩，《中国测绘科学研究院建院四十周年论文集》1999.

3. **应用地名学与经济地名学**

（31）地名标准化与宽容度，《地名集刊》1988，（3）.

（32）从北京城区的地名谈城市地名的命名，《地名纵横》1988，（1）.

（33）对目前我国市建制的商榷，《中国行政区划研究》，中国社会出版社，1991.

（34）地图测绘行业地名工作的困境及其对策，《地图》1991，（3）.

（35）地名与城市规划，《城市规划》1991，（5）.

（36）参加昆仑西测区地名调绘的体会，《测绘科技动态》1991，6.

（37）山名水称本无价　清风明月皆有情——论地名的经济价值，《北京测绘》1994，（4）.

（38）地名与矿产，《中国测绘》1994，（4）.

（39）江南归来话路名，《科技潮》1995，（9）.

（40）“州”而复使现象值得关注，《中国社会报》1995，10，19.

4. **边疆史地研究**

（41）新疆地名中“喀拉”一词辨析，《新疆社会科学》1984，4.

（42）有价值的中亚地名文献（俄译文），《西北史地》1985，（3）.

（43）乌孙山与乌孙国和乌孙人，《地名丛刊》1985，（2）.

（44）《突厥语大词典》的地理学价值，《辞书研究》1985，（1）.

（45）塔里木盆地地名考，《民族团结》1986，（6）.

（46）新中国少数民族语地名研究综述，《地名知识》1986，（5）.

（47）疏勒名称试辩，《地名知识》1986，（4）.

（48）《突厥语大词典》第一卷中亚地名研究，《西北史地》1987，（2）.

（49）新疆地名研究的回顾与展望，《新疆师范大学学报》1987，（1）.

（50）察合台文历史文献《热夏提王传》注释——兼论阿克苏地名的来源及兴涵义，《新疆大学学报》1987，（4）.

（51）少数民族语地名研究对发展语言学的意义，《西南民族学院学报》1987，（3）.

（52）双语区地名研究与语言学，《地名集刊》1987，（4）.

（53）清代中国边疆地名研究综述，《中国边疆史地研究导报》1989，（1）.

（54）《突厥语大词典》第三卷中亚地名译释，《西北史地》1990，（2）.

（55）新疆地名的汉字译写，《中国地名》1992，（4）.

（56）新疆地名的语言考察，《民族研究》1992，（2）.

（57）新疆地名反映的习俗崇尚，《中央民族学院学报》1992，（6）.

（58）哈萨克语地名规律，《伊犁师范学院学报》1993，（2）.

（59）新疆地名的变迁，《中国边政》（台湾）1993，（4）.

（60）柯尔克孜语地名规律，《语言与翻译》1993，（4）.

（61）藏族部落与西藏地名，《西藏民族学院学报》1993，（4）.

（62）阿尔泰语地名特点，《阿尔泰语论丛》（第一辑），新疆大学出版社，1994.

（63）《钢和泰藏卷》地名研究综述，《中国边政》（台湾）1995，（4）.

（64）香港街道地名特点，《测绘软科学研究》1996，（2）.

（65）港督译名趣谈，《街道》1997，（3）.

（66）由“滑铁卢”之争想到的，新加坡《联合早报》1998，12，7.

（67）香港仔与阿伯丁，《中国地名》1998，1.

（68）应重视中国岛礁及其名称的研究，《中国方域》1999，（3）.

（69）关于西域地名族名汉译对音研究，《中国边疆史地研究》1999，（1）.

（70）The Colonial Characteristics of Placenames in Hong Kong（香港地名的殖民色彩）第二十届国际专名会议论文集（西班牙），1999.

（71）澳门地名的殖民色彩，第二十一届国际专名会议论文集（瑞典），2002.

（72）关于新疆地名音转溯源问题，《测绘科学》2015，（2）.

5. 中外地名学史

（73）从中国地图史看历代地名研究，《测绘通报》1986，（6）.

（74）苏联的突厥专名学，《民族研究情报摘编》，1986，（5）.

（75）日本地名文献三种，《地名知识》1986，（4）.

（76）中国地名辞书史略，《地名集刊》1987，（3）.

（77）《专名》杂志介绍，《地名知识》1988，（1）.

（78）国外地名学的历史回顾，《地名丛刊》，1988，（1—2）.

（79）苏联突厥地名学的发展，《语言与翻译》1989，（3）.

（80）中国现代地名学前期研究概论，《地名学研究文集》，辽宁人民出版社，1989.

（81）北图所藏日本地名文献73种，《地名集刊》1991，（3）.

（82）中亚地名简述（俄译文），《突厥语研究通讯》1991，（1）.
（83）新疆地名研究史概略，《中国边疆史地研究》1992，（4）.
（84）国外有关中国地名的工具书24种，《江苏地名》1993，（1）.
（85）中国当代地名研究概述，《中国地名》1995，（1）.
（86）哈萨克斯坦的地名研究，《中国地名》1996，（5）.
（87）A Survey of the Studies on Toponymy and Personal Names in China（近三年中8的人名地名研究），《ONOMA》1996，（32）.
（88）中国边疆地名学史构想，《中国方域》1997，（2）.
（89）我国测绘地名事业的发展，《中国测绘》1997，（3）.

6. 语言学

（90）现代维吾尔语气词初探，《新疆大学学报》1982，（1）.
（91）试论伊斯兰教的传播对维吾尔书面语的影响，《新疆大学学报》1984，（2）.
（92）古代突厥文翁金碑译注，《喀什师范学院学报》1987，（3）.

7. 测绘历史及文化

（93）测绘情结——记中科院资深院士陈述彭先生，《测绘科学》2000，（1）.
（94）明末清初我国测绘科技的人文背景分析，《测绘科学》2001，（1）.
（95）国外测绘产品及其分发模式综述，《测绘软科学》2001，（2）.
（96）清代测绘科技的辉煌及其历史遗憾，《测绘软科学》2001，（4）.
（97）美国的测绘机构及其管理职责，《北京测绘》2002，（1）.
（98）传教士与中国地图，《地图》2002，（6）.
（99）测绘科技论文写作（1）——科技论文概述，《测绘科学》2003，（3）.
（100）测绘科技论文写作（2）——测绘科技论文语言的规范表达，《测绘科学》2003，（4）.
（101）对近6年中国GPS论文的统计分析，《测绘科学》2003，（2）.
（102）测绘科技论文写作的常见毛病及其纠正，《测绘科学》2004，（1）.
（103）地图测绘与中国疆域变迁，《测绘科学》2004，（3）.

（104）测绘科技论文写作的常见毛病及其纠正，《测绘科学》2004，（1）.

（105）测绘科技论文写作精髓，《测绘科学》2005，（S1）.

（106）地图主权价值论，《测绘科学》2005，（4）.

（107）自秦至元中国地图测绘的辉煌及其遗憾，《测绘科学》2007，（6）.

（108）儒家文化对宋代测绘科技的驱动，《测绘科学》2008，（1）.

（109）墨家与先秦测绘，《测绘科学》2008，（2）.

（110）中国文化的测绘人文精神研究，《中国测绘职工思想政治工作研究会重点课题研究成果》（2011 年度），中国测绘职工思想政治工作研究会编，2012.

（111）由西部测图工程管理探索中国人文精神，《中国测绘》2012，（6）.

（112）测绘科研文化建设研究，《中国测绘职工思想政治工作研究会重点课题研究成果》（2012 年度），中国测绘职工思想政治工作研究会编，2014.

（113）创新以致远，文化始立院，《中国测绘》2013，（1）.

（114）三幅图看懂清代疆域测绘，《中国测绘报》2014 年 4 月 25 日.

（115）康乾年间地图的辉煌和历史遗憾，《中国测绘报》2014 年 7 月 4 日.

（116）从《皇舆全览图》说起——康乾时期地图的辉煌和遗憾，载《地图》2014 年第 4 期.

（117）关于习近平“地图之问”的思考，刊发在《测绘地理信息发展动态》2014 年第 8 期（9 月 3 日）头条.

8. 辞赋作品

（1）中华舆图赋，《中国测绘报》2010 年 7 月 9 日//中国辞赋网.

（2）中华经纬赋，《中国测绘报》2013/12/27.

（3）陈俊勇院士赋，《测绘科学》2013 年第 5 期.

（4）中国测绘赋，《测绘科学》2014 年第 3 期.

（5）中国测绘创新基地赋，国家测绘局官方网站，2014/03/04. 10:00:31.

（6）中国测绘科学研究院赋，《测绘科学》2014 年第 9 期.

（7）测绘科研颂，《中国测绘科学研究院 55 华诞纪念文集》2014.

（8）西部测图工程赋，《中华辞赋》2015年第 4 期.

9. **获奖成果**

（1）在《测绘科学》杂志首届中国测绘优秀期刊评选中，被评为首届优秀测绘期刊一等奖（排名第一，2007）.

（2）在《测绘科学》杂志第二届全国优秀测绘期刊奖的评选中被评为测绘优秀期刊奖一等奖（排名第一，2011）.

（3）《地图测绘与中国疆域变迁》获得测绘科技进步三等奖（排名第一，2008）.

（4）《中国测绘与人文社会——测绘科技对社会文明的驱动》获得国家测绘科技进步三等奖（排名第一，2014）.

（5）《新疆地名概说》获得首届中国青年社科论著专家提名奖和国家测绘科技进步三等奖（排名第一，1996）.

（6）《中国水名词典》获得国家测绘科技进步三等奖（排名第一，1999）.

（7）《西部测图抒怀》获得“测绘地理信息文化精品奖”（排名第一，2012）.

（8）《中国文化的测绘人文精神》被评为中国测绘职工思想政治工作研究会2011年度重点课题优秀研究成果二等奖（排名第一，2011）.

（9）《测绘科研文化建设研究》被评为中国测绘职工思想政治工作研究会2012年度重点课题优秀研究成果二等奖（排名第一，2012）.

（10）《经纬赋》，国土资源部十八大礼赞系列文化活动“妙笔生花抒豪情诗歌散文比赛”诗歌类一等奖，2013.

跋

自1983年大学毕业开始从事地名研究算起，至今已经32个春秋了，我也从稚嫩朝阳正阔步迈入无限夕阳。这32年的研究时光应该算是人生最美妙的时光、最值得怀念的时光，也是最充满创新激情的时光。今年我把自己在这最富于创新热情时代撰写的部分代表作和新近的研究成果汇集出版，从中可以看出我的人生轨迹、我的专注领域、我的研究内容和我的论辩观点，也可以从中看到我国的地名学研究内容和主要进展。

回顾一生，我的工作经历可以分为两个阶段，即专职地名研究和业余地名研究。1983年大学毕业后分配在中国测绘科学研究院地名研究所，到2000年调入院期刊中心，开始编辑生涯为止，从事专职地名研究17年。在这17年中，本人出版了《源于地名的中国姓氏》《中国地名文化》《新疆地名概说》《中国名城的由来和传说》《地名命名理论及其应用研究》《中国地名由来词典》《中国水名词典》《香港地名词典》《香港全览》《中国行政区划通览》等专著和工具书，以及制定和修订了维吾尔、哈萨克和柯尔克孜语的三种地名译音规则。在自2000年至今的16年的业余地名研究中，先后出版了《怎样给公司店铺起名》《商业命名策划》《新世纪中国市县全览》等专名研究成果，还出版了测绘科技史、科技与人文社会及工程管理等方面的专著，如《测绘科研与论文写作》《地图测绘与中国疆域变迁——地图主权价值论》《中国测绘与人文社会——测绘科技对社会文明的驱动》《测绘科研50年》《西部测图工程纪实》《西部测图抒怀》《测绘工程项目管理的方法与实践》等。回顾一生，略感充实，尤对地名研究情有独钟，因为这是我追求的精神家园和事业的“私有领地”。

2015年对我来说是一个永远值得纪念的年度，这一年我的精神追求再一次升华，我梦中的“私有领地”可以落地开花。因为自2014年开始，吴岚副院长向我主动提出，希望我进行地名理论研究和丝绸之路地名研究，因为我院在地名研究所并入地图制图与地理信息系统研究所后，地名研究日渐萎缩，人员枯竭，领地荒芜，还希望我能带学生。这使我兴奋异常。于是，2015 年“丝绸之路地名研究”就被列入我院基本科研业务费的重点项目计划之中。于是，我又踏上了不分日夜的我挚爱的地名研究之路。本书就是这个课题的成果之一。

本书在写作过程中，期刊中心的程锦、曾钰、付晓曦、贾娇、邓国臣、郑岩、籍利平等，不辞辛劳帮我扫描编校了许多文稿，给我节省了不少时间，科研处的张利明博士、段敏燕工程师也给予了许多支持和帮助，在此深表感谢。囿于学识和水平，书中难免有不周和缺憾，恳请方家匡正。

作者识于京西莲花池

2015 年 5 月 29 日